Mit dem PIC-Controller erfolgreich arbeiten

Für Thomas Dumin
und
Mathias Krause

als Dank für eine
besonders erfreuliche
Schulung

Anne König

Dr. Anne König
Manfred König

Mit dem PIC-Controller erfolgreich arbeiten

Eine Sammlung
von Elementar- und
Komplettanwendungen

Ausführlicher
Nachschlageteil

Markt&Technik
Buch- und Software-Verlag GmbH

Die Deutsche Bibliothek – CIP-Einheitsaufnahme

Mit dem PIC-Controller erfolgreich arbeiten : eine Sammlung von
Elementar- und Komplettanwendungen ; ausführlicher Nachschlageteil /
Design & Elektronik. Anne König ; Manfred König. –
Haar bei München : Markt und Technik, Buch- und Software-Verl.
  (Design & Elektronik)
  ISBN 3-8272-5168-0
NE: König, Anne; König, Manfred

Buch. – 1996

CD-ROM. – 1996

Die Informationen in diesem Produkt werden ohne Rücksicht auf einen
eventuellen Patentschutz veröffentlicht.
Warennamen werden ohne Gewährleistung der freien Verwendbarkeit benutzt.
Bei der Zusammenstellung von Texten und Abbildungen wurde mit größter
Sorgfalt vorgegangen.
Trotzdem können Fehler nicht vollständig ausgeschlossen werden.
Verlag, Herausgeber und Autoren können für fehlerhafte Angaben
und deren Folgen weder eine juristische Verantwortung noch
irgendeine Haftung übernehmen.
Für Verbesserungsvorschläge und Hinweise auf Fehler sind Verlag und
Herausgeber dankbar.

Alle Rechte vorbehalten, auch die der fotomechanischen Wiedergabe und der
Speicherung in elektronischen Medien.
Die gewerbliche Nutzung der in diesem Produkt gezeigten Modelle und Arbeiten
ist nicht zulässig.

Fast alle Hardware- und Softwarebezeichnungen, die in diesem Buch erwähnt werden,
sind gleichzeitig auch eingetragene Warenzeichen oder sollten als solche betrachtet
werden.

10   9   8   7   6   5   4   3   2   1

99   98   97   96

ISBN 3-8272-5168-0

© 1996 by Markt&Technik Buch- und Software-Verlag GmbH,
Hans-Pinsel-Straße 9b, D-85540 Haar bei München/Germany
Alle Rechte vorbehalten
Einbandgestaltung: Grafikdesign Heinz H. Rauner, München
Lektorat: Angelika Ritthaler
Herstellung: Claudia Bäurle
Satz: text & form, Fürstenfeldbruck
Druck: ids, Paderborn
Dieses Produkt wurde mit Desktop-Publishing-Programmen erstellt
und auf chlorfrei gebleichtem Papier gedruckt
Printed in Germany

Inhaltsverzeichnis

Vorwort		13
1	**Einführung in die PIC16-µControllerwelt**	**15**
1.1	Was ist das Besondere am PIC16-Konzept?	17
1.2	Die Hardware-Grundausrüstung	18
1.2.1	Der Datenspeicher und die Special-Function-Register	18
1.2.2	IO-Ports	19
1.2.3	TMR0	20
1.2.4	Watchdogtimer	20
1.3	Der Befehlssatz	21
1.3.1	Die Befehlsliste der PIC16C5X und PIC16CXX	23
1.4	Der Unterschied zwischen PIC16C5X und PIC16CXX	24
1.5	Die Hardwaremodule	25
1.5.1	Eigenschaften und Bedienung der Hardwaremodule	26
1.5.2	Gehäuseformen der PIC16-Familie	36
1.6	Typenauswahl – keine Qual der Wahl	36
2	**Programmiertechnik**	**39**
2.1	Der Umgang mit Registerbänken	41
2.1.1	Registerbankselektion bei PIC16C5X	41
2.1.2	Registerbankselektion bei PIC16CXX	42
2.1.3	Makros für die Bankselektierung	42
2.2	Der Umgang mit Programmseiten	43
2.2.1	Pageselektion bei PIC16C5X	43
2.2.2	Pageselektion bei PIC16CXX	43
2.2.3	Makros für die Pageselektierung	44
2.3	Übersicht zur Register-Bank- und Programm-Page-Selektion	45
2.4	Daten aus dem Programmspeicher holen	45
2.5	Der Umgang mit Interrupts	46
2.5.1	Vor- und Nachteile	47

2.5.2	Interruptquellen der PIC16CXX	48
2.5.3	Interrupt-Register	48
2.5.4	Interruptbedienungsroutine	49
2.6	Der Umgang mit dem FSR	51
2.7	Der Umgang mit der Zeit	52
2.7.1	Zeiterfassung	52
2.7.2	Zeitschleifen	58
2.7.3	Zeitberechnungen	61
2.7.4	Genauigkeit	63
2.7.5	Brainware contra Hardware	64
2.8	Der Umgang mit dem Assembler	69
2.8.1	EQU-Anweisung	70
2.8.2	#DEFINE-Anweisung	71
2.8.3	Label	72
2.8.4	LIST-Anweisung	72
2.8.5	INCLUDE-Anweisung	73
2.8.6	TITLE-Anweisung	74
2.8.7	ORG-Anweisung	74
2.8.8	END-Anweisung	74
2.8.9	FILL-Anweisung	74
2.8.10	MACRO-Anweisung	75
2.8.11	Beispiel: Programmgerüst	76
2.9	Die Verwendung von Makros	77
2.9.1	Vor- und Nachteile	77
2.9.2	Vordefinierte Makros	78
2.9.3	Makros und Unterprogramme	79
3	**Anzeigen und Ausgeben**	**81**
3.1	Musteranwendung: PIC16 macht Musik	82
3.1.1	Schritt 1: Recherche	82
3.1.2	Schritt 2: Zeitberechnung	82
3.1.3	Schritt 3: Gesamtstrategie	85
3.1.4	Schritt 4: Entwurf im Detail	88
3.1.5	Schritt 5: Erstellen des Assemblerfiles	89
3.1.6	Schritt 6: Test und Korrektur	97
3.1.7	Variation für den PIC16C5X	99

3.2	LED-Anzeige	100
3.2.1	Erstellen der Code-Tabellen	101
3.2.2	Das Codierprogramm	103
3.2.3	Das Auffrisch-Programm	104
3.2.4	Das Modul LED.AM	105
3.2.5	Ein kleiner Test	107
3.3	Musteranwendung: Uhr mit LED-Anzeige	115
3.3.1	Problemstellung: Uhr	115
3.3.2	Zusammenbau des Gesamtprogramms	117
3.4	Blinkende Anzeigen	127
3.5	LCD-Anzeige	141
3.5.1	Anleitung zum Erstellen der LCD-Ansteuerungstabelle	143
3.5.2	Vorbereitung der Ausgabe von Ziffern an die Treiberports	149
3.5.3	Dunkelschalten der LCD-Anzeige	151
3.5.4	Refresh (Umladen) der LCD-Anzeige	151
3.5.5	Ausgabe von Ziffern an eine LCD-Anzeige	152
3.5.6	Gesamtbedienung der LCD-Anzeige	152
3.5.7	LCD-Anzeigen im Multiplexbetrieb	155
3.5.8	Unterschiede des Multiplexbetriebs zum bisherigen Verfahren	156
3.6	Pulsausgabe mit dem PWM-Modul	161
3.7	Erzeugen von Wechselspannung	166
3.7.1	Erzeugen einer einzelnen Wechselspannung	167
3.7.2	Erzeugen zweier phasenverschobener Wechselspannungen	170
3.8	Schrittmotor	173
3.9	Der PIC16 als Funktionsgenerator	178
3.10	Pintreibertest für die PIC16C64, -65 und -74	183
4	**Eingänge erfassen**	**191**
4.1	High oder Low	192
4.2	Erfassungstechniken	193
4.3	Einlesen von Schaltern und Tastern	194
4.3.1	Dreh-Codierschalter	197
4.3.2	Inkrementalgeber	198
4.4	Pulse zählen	205
4.4.1	Zählen mit dem TMR1	206
4.4.2	Zählen mit dem TMR0	211

4.4.3	Zählen mit Hilfe des Interrupts	221
4.4.4	Zählen mit Hilfe eines Capture-Eingangs	226
4.4.5	Zählen per Software	231
4.4.6	Vergleich der Ergebnisse beim Schaltertest	235
4.4.7	Erfassen kurzer Pulse mit dem PIC16C5X	235
4.5	Lesen der Centronics-Schnittstelle	238
4.6	Der Parallel-Slave-Port	240
4.7	Analoge Eingänge erfassen	244
4.7.1	LED-Dimmer	246
4.7.2	Akkuspannungsüberwachung	249
4.8	Der PIC16 als Magnetkartenleser	258
4.8.1	Schritt 1: Recherche	258
4.8.2	Schritt 2: Zeitüberlegung	258
4.8.3	Schritt 3: Gesamtablaufstrategie	259
4.8.4	Schritt 4: Realisierung der Abläufe	261
4.9	Decodierung des DCF-Signals	265
4.9.1	Schritt 1: Recherche	265
4.9.2	Schritt 2: Zeitüberlegung	268
4.9.3	Schritt 3: Gesamte Ablaufstrategie	269
4.9.4	Schritt 4: Detail-Lösungen	273
4.9.5	Schritt 5: Erstellen des Assemblerprogramms:	275
5	**Serielle Kommunikationen**	**281**
5.1	Synchrone Kommunikation	283
5.1.1	Realisierung ohne Hardwareunterstützung	283
5.1.2	Realisierung mit Hardwareunterstützung	286
5.1.3	DA- und AD-Wandler	287
5.1.4	Die seriellen EEPROMs 93LCX6	300
5.1.5	Das digitale Thermometer DS1620	322
5.1.6	Das serielle EEPROM 24C01A mit I²C-Bus	337
5.1.7	Die K2-Schnittstelle	353
5.1.8	Die K3-Schnittstelle	363
5.2	Asynchrone Kommunikation	366
5.2.1	Realisierung mit dem TMR0	369
5.2.2	Realisierung mit Software-Warteschleifen	373
5.2.3	Realisierung mit dem CCP-Modul	374

5.2.4	Realisierung mit dem SCI-Modul	378
5.2.5	Parallel-Seriell-Wandler	379
6	**Innere Angelegenheiten**	**385**
6.1	Doppelregister	386
6.1.1	Addieren und Subtrahieren	386
6.1.2	Inkrementieren und Dekrementieren	387
6.1.3	Rotieren	388
6.2	Multiplikation	388
6.2.1	Multiplikation von zwei Bytes	388
6.2.2	Multiplikation von einem Byte mit einem 16-Bit-Wort	390
6.2.3	Multiplikation von zwei 16-Bit-Worten	392
6.2.4	Multiplikation eines 16-Bit-Wortes mit 10	393
6.3	Division	395
6.3.1	Echter Bruch	395
6.3.2	Ganzzahlige Division	398
6.4	Zahlenstring dekodieren	400
6.4.1	Einlesen ganzzahliger Werte	400
6.4.2	Einlesen von Short-Real-Werten	402
6.5	Anwendungsbeispiele	405
6.5.1	Umrechnen von 8-Bit-AD-Wandlerwerten	405
6.5.2	Kalibrierung einer Anzeige	408
6.5.3	Berechnen von DA-Wandlerwerten	410
6.6	Erzeugen von Zahlenstrings	412
6.7	BCD-Formate	414
6.8	Das Modul ZEIT.AM	416
6.9	Textstring dekodieren	421
6.10	Barcode erzeugen	424
7	**Komplexe Systeme**	**429**
7.1	Jumba	432
7.1.1	Funktion	432
7.1.2	Hardware-Entwurf	433
7.1.3	Programm-Entwurf	439
7.1.4	Weiterentwicklung	451
7.2	Einsteckkarte PICMONSTER	452
7.2.1	Funktion	452

7.2.2	Hardware-Entwurf	453
7.2.3	Programm-Entwurf	454
7.2.4	Befehle	456
7.2.5	Der Programm-Kern	465
7.3	LPT-Modul	472
7.3.1	Hardware-Entwurf	473
7.3.2	Programm-Entwurf	476
8	**PIC16-Interfacing**	**477**
8.1	Minimal-Stromversorgungen	478
8.1.1	Nur diskrete Bauelemente	478
8.1.2	Mit integrierten Bauelementen	481
8.2	Taktversorgung	483
8.2.1	Prüfstrategie bei unterschiedlichen Oszillatortypen	483
8.2.2	Taktprobleme bei der Verwendung des In-Circuit-Emulators PIC-Master	484
8.2.3	Herstellung des Betriebstaktes	484
8.2.4	Zusätzliche Takte	486
8.3	Reset und Brown-out	489
8.3.1	Reset	489
8.3.2	Brown-out	490
8.4	Resetzustände	490
8.5	LEDs	491
8.6	Optokoppler	493
8.6.1	Der Typ: PC817	493
8.6.2	Der Typ: ILQ 30	494
8.6.3	Der Typ: 6N139	495
8.7	Leistungstreiber	496
8.7.1	Diskrete Transistoren	496
8.7.2	ULN2003	498
8.7.3	Elektronische Lastrelais	499
8.8	230 Volt diskret schalten	500
8.8.1	Netzspannung ein- und ausschalten	500
8.8.2	Netzspannung kontinuierlich steuern	501
8.9	Lautsprecher und Buzzer	503
8.10	Relais	504
8.10.1	Reed-Relais	505

8.10.2	Normale Relais	505
8.11	Spezielle Bausteine in diesem Buch	505
8.11.1	MAX471, MAX472	506
8.11.2	DS1620	506
8.11.3	LCD-Anzeige LTD202	507
8.11.4	LED-Anzeigestelle HPSP-7303	508
8.11.5	LR645	508
8.11.6	HIP5600	509
8.11.7	DS1233	510
8.11.8	LTC1382	510
8.11.9	LTC1286	511
8.11.10	AD7249	512
8.11.11	CD4060	513
8.11.12	CD4069UB	514
8.11.13	6N139	515
9	**Entwicklungssysteme und Programmiersprachen**	**517**
9.1	Assembler	518
9.1.1	MPASM, Microchip	519
9.1.2	Parallax, Wilke Technology und Elektronik Laden	519
9.1.3	UCASM, Elektronik Laden	520
9.2	Simulatoren	520
9.2.1	MPSIM bzw. MPLAB, Microchip	520
9.2.2	PSIM, Wilke Technology	521
9.3	In-Circuit-Emulatoren	521
9.3.1	Anwendungsbeispiele	522
9.3.2	Microchip	526
9.3.3	Parallax	527
9.3.4	Yahya	527
9.4	Demoboards	527
9.4.1	Microchip	528
9.4.2	Parallax	528
9.4.3	Demoboard zu diesem Buch	528
9.5	Programmiergeräte	529
9.5.1	Microchip	529
9.5.2	Elektronikladen Detmold	530

9.5.3	Wilke Technology	531
9.6	Hochsprachen	531
9.6.1	Pascal	531
9.6.2	C	531
9.7	Programmgeneratoren	532
10	**Anhang**	**533**
10.1	PIC16C5X-Überblick	534
10.2	PIC16CXX-Überblick	535
10.3	Die Befehlsliste der PIC16C5X und PIC16CXX	536
10.4	Programmpages und Registerbänke	537
10.5	Registeradressliste	538
10.6	Die Special-Function-Register der PIC16CXX	539
10.6.1	Nur PIC16C62X	550
10.6.2	Nur PIC16C8X	552
10.7	Registergruppen für bestimmte Module	553
10.7.1	TMR0 als Zähler	553
10.7.2	TMR0 als Timer	554
10.7.3	TMR1 als Zähler	555
10.7.4	TMR1 als Timer	556
10.7.5	TMR2 als Timer	557
10.7.6	TMR1 und CAPTURE	558
10.7.7	TMR1 und COMPARE	559
10.7.8	TMR2 und PWM	560
10.7.9	PSP-Operation	561
10.7.10	SPI-Operation	562
10.7.11	I²C-Operation	563
10.7.12	Asynchrone V24-Operation	564
10.7.13	Synchrone V24-Operation	565
10.7.14	A/D-Wandler-Funktion für die PIC16C72, 73, 74	566
10.7.15	Komparator-Modul: betrifft nur PIC16C62X	567
10.7.16	Internes EEPROM: betrifft nur PIC16C8X	568
10.8	Resetwerte der Special-Function-Register der PIC16CXX	569
10.9	Anmerkungen zu Bausatz und Platine	572
10.10	Bezugsquellen	575
10.11	Der Inhalt der CD	581
Stichwortverzeichnis		**583**

Vorwort

Das Buch ist einerseits gedacht, dem Einsteiger alle nötigen Kenntnisse für eine schnelle Realisierung von PIC16-Anwendungen zu vermitteln. Andererseits sind detaillierte Erfahrungen aus dem Entwickleralltag beschrieben, welche auch dem fortgeschrittenen Anwender nützliche Anregungen geben.

Jeder Leser sollte Grundkenntnisse in der digitalen Elektronik besitzen. Die Kenntnis irgendeiner Assemblersprache ist ebenso nützlich wie die Freude an logischem und organisatorischem Denken.

Die minimale Ausrüstung, die Sie brauchen, besteht in einem Programmiergerät und einem kleinen Multimeter. Je nach Anwendung ist ein Oszilloskop sinnvoll bzw. notwendig. Die Autoren sind selber lange Zeit ohne In-Circuit-Emulator ausgekommen. Der Komfort eines solchen Systems erleichtert die Arbeit jedoch sehr.

Unser Dank gilt in erster Linie den Mitarbeitern des Verlages, welche in der Lage waren, uns außerordentlich zu motivieren. Für die Unterstützung bei den Netzteilschaltungen danken wir dem Kollegen Mayer von den Ritterwerken in Olching. Beim Beschaffen aller erforderlichen Informationen stand uns Bill O'Connell von Future Elektronics München (Hi Bill) jederzeit zur Verfügung.

Dieter Peter aus Wuppertal stellte uns eine Beta-Version seines Pascalcompilers zur Verfügung. Unser Dank gilt auch Arizona Microchip, da sie die umfangreichen Entwicklungswerkzeuge für unsere CD-ROM zur Verfügung stellten, was den Leser von langen Stunden am Modem entlastet.

Ferner danken wir der Firma Aisys Inc. für das Demopaket »MP-Driveway«.

Unsere drei Hausgenossinen Lili, Zuckerschnäuzchen und Weiße Pfote waren drei angespannte Monate lang verständnisvoll und geduldig. Ihnen widmen wir dieses Buch, Wuff!

Kapitel 1

**Einführung in die
PIC16-µControllerwelt**

Es war Liebe auf den ersten Blick, als wir vor einigen Jahren die PIC16C5X-Familie kennenlernten. Dennoch mußten wir uns in der ersten Zeit immer wieder mit der Frage auseinandersetzen, ob es nicht riskant sei, mit so einem exotischen Controller zu arbeiten. Man wisse ja nie, ob so ein Bauteil in einiger Zeit noch verfügbar ist. Die Zweifel sind mittlerweile vollkommen ausgeräumt. Von exotisch kann keine Rede mehr sein. Wir sind in allerbester Gesellschaft mit unserer Begeisterung, und die Verkaufszahlen sowie die Entwicklung der Firma Arizona Microchip geben uns die Gewißheit, daß wir auch noch in ferner Zukunft auf das richtige Pferd gesetzt haben. Die PIC16-Familie hat sich unter den bekannten Größen der µControllerwelt mittlerweile einen der vordersten Plätze erobert.

Seit den Anfängen im Jahre 1990 hat die PIC16-Familie eine Menge Zuwachs bekommen. Mittlerweile gibt es vier verschiedene Klassen von µControllern, die alle auf dem Grundkonzept der **PIC16C5X** aufbauen.

Die nächste komfortablere Klasse umfaßt derzeit die Controller **PIC16C6X, -7X und -8X**. Der gemeinsame Name dieser Klasse ist PIC16CXX. Diese werden als Mid-Range bezeichnet, im Gegensatz zu den PIC16C5X, welche Base Line genannt werden. Für die beiden Klassen PIC16C5X und PIC16CXX werden wir im folgenden die **gemeinsame Bezeichnung PIC16** benutzen.

Mit den PIC12C50X, den PIC14000 und PIC16C9XX werden in naher Zukunft interessante Derivate verfügbar sein.

- Die **PIC12C50X** sind die ersten 8 Bit-µController im 8-Pingehäuse. Sie stellen einen verbesserten PIC16C5X dar, ausgestattet mit sechs Portpins, wovon einer auch Eingang für den TMR0 sein kann.

- Die **PIC16C9XX** sind Derivate mit einem flexiblen integrierten LCD-Ansteuermodul. Die Pinanzahl liegt zwischen 64 und 68 je nach Gehäuseform. Bei den Peripheriemodulen sind sie ausgestattet wie der PIC16C64 jedoch mit 4k-x-14-Programmspeicher und wahlweise einem fünfkanaligen 8 Bit AD-Wandler.

- Der **PIC14000** ist besonders geeignet für Akku-Lade- und Überwachungssysteme sowie USV's. Ferner bietet er sich für Datenerfassungsysteme und Regelungsaufgaben an. Er besitzt zu den bereits bekannten Peripherals auch noch einen onboard-Temperatursensor und einen 4-Bit-Strom-DA-Wandler.

Zusätzlich zu den PIC16-Klassen gibt es noch die High-End-Klasse mit den **PIC17C4X**-µControllern, welche in naher Zukunft auch noch einige Mitglieder erhalten wird. Darüber hinaus wurden verschiedene **applikationsspezifische Standardprodukte (ASSP)** entwickelt. Eine ausführliche Behandlung all dieser Typen und Derivate ist hier nicht sinnvoll. Wenn Sie auch zu dem Schluß kommen, daß die PIC16-µController mehr als nur einen Blick wert sind, kontaktieren Sie einen Distributor, und Sie werden mit Informationen versorgt. Im Anhang dieses Buches finden Sie zwei Tabellen (5X-Überblick und XX-Überblick), damit Sie eine kleine Vorstellung von der Typenvielfalt bekommen.

Wir werden uns in diesem Buch mit den PIC16-Derivaten beschäftigen, d.h. mit der Base Line und den Mid-Range-Produkten. Dabei werden wir den kleineren Derivaten besondere Aufmerksamkeit schenken. Wir sind uns ganz sicher, daß sie auf lange Zeit nicht von den größeren verdrängt werden. Ihre enorme Leistungsfähigkeit bei erstaunlich niedrigen Preisen eröffnet unzählige Einsatzmöglichkeiten, bei denen der Komfort der größeren absichtlich nicht genutzt wird, weil die Peripheriemodule durch Software realisiert werden können.

Das Ziel dieses Buches ist, konkrete elementare und komplexe Anwendungen darzulegen. Bezüglich der technischen Einzelheiten und Spezifikationen der PIC16 verweisen wir auf die entsprechenden Datenbücher von Arizona Microchip. Eine komprimierte Darstellung der Special-Function-Register und ihrer Bits im Anhang soll das lästige Blättern im Datenbuch reduzieren.

1.1 Was ist das Besondere am PIC16-Konzept?

- einfache Harvard-Architektur
- kleiner, aber gut durchdachter Befehlssatz
- alle Befehle bestehen aus einem Wort (12 bzw. 14 Bit)
- hohe Geschwindigkeit
- alle Befehle dauern einen Zyklus; Sprungbefehle zwei Zyklen
- ordentliche Treiberleistung der Ausgänge (25 mA)
- sehr kostengünstige OTP-Bausteine
- preiswerte Entwicklungswerkzeuge

Die einfache Architektur bedeutet für den Anwender, daß Programm- und Datenspeicher getrennt sind. Damit war es möglich, eine unterschiedliche Wortlänge für Daten und Programm zu schaffen.

Während die Daten 8-Bit-Format haben, bestehen die Programmworte aus 12 bzw. 14 Bit. Zusammen mit dem kleinen Befehlssatz hat dies zur Folge, daß alle Befehle zusammen mit ihren Argumenten in ein Wort passen.

Zudem ist die Abarbeitungsstrategie der Befehle so, daß jeder Befehl gleich lange dauert – mit Ausnahme der Fälle, in denen eine Verzweigung stattfindet. Diese Befehlsfrequenz ist ein Viertel der externen Oszillatorfrequenz.

Die Vorteile dieses Konzepts liegen auf der Hand: Man kann sich die wenigen Befehle gut merken. Trotz einiger akrobatischer Klimmzüge, die gelegentlich nötig werden, läßt sich schnell und sehr kompakt programmieren, d.h. man bekommt in einen kleinen Programmspeicher unglaublich viel hinein und man hat immer einen guten Überblick über den Zeit- und Platzbedarf der einzelnen Programmteile.

Ein wichtiger Sicherheitsaspekt der Ein-Wort-Befehle ist der, daß man mit einem unkontrollierten Sprungbefehl nie zwischen ein Befehlswort und das zugehörige Datenbyte geraten kann, wenn ein Programm einmal abstürzen sollte.

1.2 Die Hardware-Grundausrüstung

Alle PIC16 besitzen eine unterschiedliche Anzahl IO-Pins, welche alle einzeln als Ein- bzw. Ausgänge konfiguriert werden können. Ein 8-Bit-Timer/Counter gehört auch zur Minimalausstattung, welcher ursprünglich den Namen RTCC trug. Von diesem Namen distanzierte sich Arizona Microchip seit dem Auftauchen der PIC16CXX-Linie und nannte ihn um in TMR0. Logisch – warum soll er denn anders heißen als TMR1 und TMR2? Es gibt außerdem bei allen PIC16 einen Watchdogtimer und einen Vorteiler, der entweder dem TMR0 oder dem Watchdogtimer zugeordnet werden kann.

1.2.1 Der Datenspeicher und die Special-Function-Register

Die Register des Datenspeichers werden »File Register« genannt. Bei allen PIC16 ist ein Teil des Datenspeichers für spezielle File Register reserviert. Zu den Special-Function-Registern gehören das TMR0-Zählerregister, die Port-Register, ein Zeigerregister FSR, das Statusregister und der Program Counter. Der verbleibende Rest des Datenspeichers wird als »General Purpose Registers« bezeichnet und dient dem Programmierer als Variablenbereich.

Bei den meisten Mitgliedern der PIC16-Familie ist der Datenspeicher in zwei bis vier Bänke aufgeteilt. Bei den PIC16C5X enthält jede Bank 32 Register, davon 8 Special-Function-Register. Diese 8 Register finden wir auch bei allen größeren PIC16 an den Adressen 0 bis 7 wieder.

Es sind:

ADR	Name	Funktion
0	INDF	benutzt für indirekte Adressierung
1	TMR0	8-Bit-Timer
2	PC	Program Counter
3	STATUS	Status Register
4	FSR	File Select Register (Zeigerregister)
5	PORTA	
6	PORTB	
7	PORTC	(nur bei PIC16C55 und '57)

Zum TMR0 gibt es ein Konfigurationsregister, welches seit den historischen Anfängen den Namen OPTION-Register trägt. Es programmiert den Vorteiler mit Werten von 1:2 bis 1:256, die Zuordnung des Vorteilers und die Verwendung von TMR0 als Timer bzw. Counter mit positiver oder negativer Flanke. Wenn man einen Vorteiler von 1:1 möchte, muß man den Vorteiler dem Watchdog zuordnen.

1.2.2 IO-Ports

Zu allen Ports gibt es Konfigurationsregister, welche den Namen TRISA, TRISB und TRISC haben, und welche die Verwendung der Portpins als Ein- bzw. Ausgänge festlegen (1 = Eingang, 0 = Ausgang). Resetzustand ist »1«, d.h. alle Portpins der PIC16-Bausteine sind als Eingänge definiert. Für die Zeit vom Einschalten der Versorgungsspannung bis die Software die entsprechenden Ports auf die richtigen Ausgangspegel gebracht hat, muß der Entwickler mit Pullup- oder Pulldown-Widerständen dafür sorgen, daß nichts passiert, was die Elektronik beschädigt! Diesen Nachteil hat bislang jeder uns bekannte µController. Wir würden uns freuen, wenn bald der erste µController kommt, der diesen Nachteil nicht aufweist. Vielleicht wird es ein PIC16CXX.

Bei den PIC16CXX liegen die TRIS-Register und das OPTION-Register in der Bank1 und können wie jedes andere Register behandelt werden. Bei den »kleinen« PIC16C5X können sie nur mit Spezialbefehlen beschrieben werden.

Bei den größeren PIC16-Typen hat jede Registerbank 128 Plätze, davon 32 Special-Function-Register. Die zusätzlichen Special-Function-Register sind u.a. die Register PORTD und PORTE sowie ihre zugehörigen TRIS-Register.

Über die Grundausrüstung hinaus gibt es bei vielen PIC16CXX zwei weitere Timer mit speziellen Eigenschaften:

- TMR1, 16 Bit breit, ist Capture- und Compare-fähig
- TMR2, zusätzlicher Postscaler, Autoreloadwert, PWM-fähig

Die übrigen Special-Function-Register sind Control- und Statusregister für die Hardwaremodule.

1.2.3 TMR0

Der TMR0 ist ein Timer/Counter mit einem 8-Bit-Register. Er hat keinen Postscaler. Den Vorteiler teilt er sich mit dem Watchdogtimer. Durch die interne Clocksource für den TMR0 ist er geeignet, eine genaue Zeitbasis für Zeitschleifen zu bilden. Außerdem hat er die Möglichkeit, von außen Clockimpulse zu bekommen. Somit kann eine vom Befehlstakt unabhängige Frequenz als Basis dienen, oder der TMR0 zählt den oder die am Eingang auftretenden Pulse. Der T0CKI-Eingang, der dafür vorgesehen ist, heißt bei den PIC16C55 RTCC-Eingang. Er war nur Eingang und hatte nichts mit dem PortA zu tun. Bei den Typen der PIC16CXX-Reihe ist dieser Eingang der PortA.4. Er kann auch als unabhängiger Ein- oder Ausgang fungieren, wenn er vom TMR0 nicht als Clockeingang benötigt wird. Dieser Pin ist übrigens bislang der einzige echte open-collector-Pin bei den PIC16-µControllern. Bei der Verwendung als Ausgang ist also darauf zu achten, daß ein Pullup-Widerstand vorhanden ist.

1.2.4 Watchdogtimer

Dieser Timer ist unabhängig vom Rest des µControllers. Er hat seinen eigenen internen unabhängigen RC-Oszillator, egal ob der Baustein ein HS- oder XT-Typ ist. Wenn z.B. ein PIC16C55RC verwendet wird, hat der RC-Oszillator für den Betriebsclock nichts mit dem RC-Oszillator des Watchdogs zu tun. Wie im vorigen Abschnitt bereits angesprochen, teilt sich der Watchdogtimer den Vorteiler mit dem TMR0 (RTCC). Mit Hilfe des OPTION-Registers kann der Vorteiler dem einen oder dem anderen zugeordnet werden. Die Tiefe des Vorteilers ist ebenfalls im OPTION-Register wählbar. Für den Fall, daß eine Applikation keinen Watchdogtimer wünscht, kann beim Programmieren des Bausteins im Programmiergerät ein Konfigurationsbit so gesetzt werden, daß der Watchdogtimer ausgeschaltet ist. In diesem Zustand muß er nicht mehr beruhigt werden.

1.3 Der Befehlssatz

Den Befehlssatz finden Sie in den Datenbüchern in drei Kategorien eingeteilt. Wir übernehmen diese Einteilung und Anordnung, obwohl sie nicht unseren Vorstellungen entspricht (siehe Tabelle am Ende dieses Abschnitts).

Die erste Kategorie enthält die Operationen mit File-Registern, in die sich auch die Befehle NOP und CLRW verirrt haben.

An der Befehlsliste erkennen Sie, daß es keine Operationen mit zwei File-Registern gibt, und auch keine Operationen zwischen File-Registern und Konstanten. Das ist logisch, weil alle Befehle nur ein Wort lang sind. Der zweite Operand ist immer das W-Register. Das bedeutet natürlich, daß für solche Operationen immer zwei Befehle nötig sind.

Sehr nützlich ist, daß alle Befehle mit File-Register-Operanden wahlweise das File-Register oder das W-Register als Ziel haben. In der Assemblermnemonik wird das so geregelt, daß das Ziel hinter dem Operanden, durch Komma abgetrennt, angegeben wird.

- 0 oder W bedeutet: Ziel ist W
- 1 oder F bedeutet: Ziel ist File Register (default)

Wir haben uns zur Gewohnheit gemacht, die Angabe wegzulassen, wenn das File-Register als Ziel gemeint ist, und wenn das W-Register als Ziel gelten soll, schreiben wir »,W« hinter den Operanden.

Beispiel:
```
DECF   COUNT,W ; W:=COUNT-1
DECF   COUNT   ; COUNT := COUNT-1
```

Beachten Sie bitte sorgfältig die Anmerkungen über die Flags. Ungewöhnlich ist die Verwendung des CY-Flags beim Befehl SUBWF, das gesetzt wird, wenn es **keinen** Übertrag gab!!! Beachten Sie auch, daß zwar bei den Befehlen DECF und INCF das ZR-Flag gesetzt wird, nicht aber bei DECFSZ und INCFSZ.

Unüblich, aber nützlich ist das Setzen des ZR-Flags beim Befehl MOVF. Beim MOVWF wird dagegen das ZR-Flag nicht gesetzt. Der Befehl MOVF FREG tut also scheinbar gar nichts, er setzt aber das ZR-Flag, wenn FREG den Wert 0 hat.

Wenn Sie die Operationen mit Fileregistern betrachten, könnten Sie meinen, es gäbe nur eine Art der Adressierung, nämlich die direkte, bei der die Adresse des angesprochenen Fileregisters direkt als Teil des Befehls aufgenommen wird. Es gibt jedoch eine indirekte Adressierung, die sich aber in der Form des Befehls von der direkten nicht unterscheidet. Das Register FSR (File Select Register) enthält dabei die

Adresse des indirekt adressierten Registers. Wenn man in einem Befehl nun die Adresse 0 angibt, wird die Operation mit dem indirekt adressierten File-Register durchgeführt. (Es gibt kein physikalisches File-Register mit der Adresse 0).

Die File-Register-Adressen sind bei den PIC16C5X fünf Bit, bei den PIC16CXX sieben Bit breit. Dies hat zur Folge, daß man 32 bzw. 128 File-Register adressieren kann. Bei vielen Typen gibt es noch ein oder zwei Adreßbits mehr, welche aber im Befehl keinen Platz mehr haben und deshalb ausgelagert werden. Wie dies genau geschieht, wird in Kapitel 2.1 erklärt.

Bei der indirekten Adressierung wird die Adresse mitsamt den zusätzlichen Bits einfach in das FSR geschrieben. Bei den PIC16C5X ist aber zu beachten, daß die ungenutzten Bits des FSR immer als 1 gelesen werden. Wenn man das FSR abfragt, darf man nicht vergessen, die ungenutzten Bits herauszumaskieren.

An den Befehlen der zweiten Kategorie (Bit-Orientierte File-Register-Operationen) erkennen Sie, daß man jedes Bit des Datenspeichers einzeln setzen und löschen kann und daß man aufgrund eines jeden Bits eine Programmverzweigung durchführen kann. Es gibt keine besonderen Befehle, welche aufgrund der Flags im STATUS-Register bedingte Sprünge ausführen, so wie Sie das vielleicht von anderen Assemblersprachen kennen. Wenn Sie in einem PIC16-Programm »Befehle« wie BZ oder BNC lesen, dann handelt es sich um kleine Makros, welche alle uns bekannten PIC16-Assembler als Service zur Verfügung stellen.

Hinter dem Makro BZ LABEL stehen also die beiden Befehle:

```
    BTFSC   STATUS,ZR
    GOTO    LABEL
```

Die Assembler erlauben auch die Abkürzung SKPZ anstelle von BTFSS STATUS,ZR und entsprechend die Schreibweisen SKPNZ, SKPC, SCPNC.

Zu den Befehlen der dritten Kategorie gehören diejenigen, welche Operationen zwischen dem W-Register und Konstanten ausführen. Die beiden Befehle SUBLW und ADDLW gibt es bei den PIC16C5X noch nicht. Beim Befehl SUBLW wird das CY-Flag genauso ungewöhnlich gesetzt wie beim Befehl SUBWF.

Dazu gesellen sich die Befehle GOTO und CALL. Für den Anfänger bieten diese Befehle einige Tücken. Die konstanten Argumente dieser Befehle sind Programmadressen, zu denen verzweigt wird. Der Platz in den Befehlen für diese Argumente umfaßt nur eine bestimmte Anzahl Bits. Das hat zur Folge, daß man mit ihnen nur einen begrenzten Adreßraum erreichen kann. Der physikalisch vorhandene Programmspeicher ist aber meist größer. Zum Umgang mit diesem Problemkreis lesen Sie bitte Kapitel 2.2.

Ein wichtiger Befehl ist der Befehl RETLW. Er hat die Funktion »Return from Subroutine«, jedoch lädt er zusätzlich noch ein konstantes Argument in das W-Register. Damit ist dieser Befehl in der Lage, Daten aus dem Programmspeicher zu lesen, wie in Kapitel 2.3 näher beschrieben wird.

Die Befehle TRIS und OPTION sind bei den PIC16C5X notwendig, da die entsprechenden Register dort keine normalen schreib- und lesbaren Fileregister sind. Obwohl sie bei den Mid-Range-Typen nicht notwendig sind, sind sie dort auch implementiert, werden aber vom Assembler als »not recommended« bezeichnet. Um also mit zukünftigen Entwicklungen der PIC16-µController nicht zu kollidieren, sollte man diesen Hinweis ernstnehmen und auf die Verwendung dieser Befehle verzichten.

1.3.1 Die Befehlsliste der PIC16C5X und PIC16CXX

Befehle, die nur der PIC16CXX kennt, sind gekennzeichnet. Ebenso sind Befehle markiert, die bei den PIC16CXX nicht mehr verwendet werden sollen.

Byteorientierte Registeroperationen

Befehl + Operanden	Operation	Status Flags	Kommentar
ADDWF F,D	D = W + F	CY,DC,ZF	
ANDWF F,D	D = W AND F	ZF	
CLRF F	F = 0	ZF	
CLRW	W = 0	ZF	
COMF F,D	D = NOT F	ZF	
DECF F,D	D = F − 1	ZF	
DECFSZ F,D	D = F − 1, SKIP IF ZR	none	
INCF F,D	D = F + 1	ZF	
INCFSZ F,D	D = F + 1, SKIP IF ZR	none	
IORWF F,D	D = W OR F	ZF	
MOVF F,D	D = F	ZF	
MOVWF F	F = W	none	
NOP	no operation	none	
RLF F,D	rot left thru CY	CY	
RRF F,D	rot right thru CY	CY	
SUBWF F,D	D = F − W	CY,DC,ZF	
SWAPF F,D	D = F, nibble swap	none	
XORWF F,D	D = W XOR F	ZF	

Bitorientierte Registeroperationen Bitnummer B = 0...7

Befehl + Operanden	Operation	Status Flags	Kommentar
BCF F,B	clear F(B)	none	
BSF F,B	set F(B)	none	
BTFSC F,B	skip IF F(B) clear	none	
BTFSS F,	skip IF F(B) set	none	

Konstanten- und Kontrollbefehle

Befehl + Operanden	Operation	Status Flags	Kommentar
ADDLW K	W = W + K	CY,DC,ZF	nur PIC16CXX
ANDLW K	W = W AND K	ZF	
CALL ADR	CALL subroutine	none	
CLRWDT	clear watchdogtimer	TO,PD	
GOTO ADR	go to adress	none	
IORLW K	W = W OR K	ZF	
MOVLW K	W = K	none	
RETFIE	return from INT	GIE	nur PIC16CXX
RETLW K	return with W = K	none	
RETURN	return	none	nur PIC16CXX
SLEEP	go to Standby mode	TO, PD	
SUBLW K	W = K - W	CY, DC, ZF	nur PIC16CXX
TRIS F	trisreg = W		nur PIC16C5X
XORLW K	W = W XOR K	ZF	

1.4 Der Unterschied zwischen PIC16C5X und PIC16CXX

Die PIC16C5X werden von Arizona Microchip als »Base line« und die PIC16CXX als »Mid range« bezeichnet. Das Grundkonzept beider Gruppen und der Befehlssatz sind im wesentlichen gleich. Die Unterschiede:

Die **PIC16C5X** haben eine Befehlsbreite von 12 Bit, eine Stacktiefe von 2 Worten und keine Interrupts. Einige Spezialregister, wie TRIS und OPTION, sind nicht lesbar und auch nur mit einem Spezialbefehl beschreibbar. Die verschiedenen Familienmitglieder unterscheiden sich in der Größe der Programm- und Datenspeicher sowie in der Anzahl der Portpins, d.h. der Gehäusegröße.

Die **PIC16CXX** haben eine Befehlsbreite von 14 Bit, folglich einen größeren RAM-Bereich, eine Stacktiefe von 8 Worten und eine Menge Interruptquellen. Außerdem wurden zwei neue Befehle implementiert (Addition und Subtraktion mit Konstanten). Alle Spezialregister sind jetzt mit normalen MOV-Befehlen schreib- und lesbar. Bestimmte, von der Hardware, zur Verfügung gestellte Statusbits sind natürlich nur lesbar.

Das Besondere an den Mitgliedern der PIC16CXX-Gruppe ist, daß sie unterschiedliche Hardwaremodule besitzen wie AD-Wandler, Timerfunktionen zum Teil mit Autoreload, Capture, Compare, PWM, serielle Module und viele andere. Man wartet mit Spannung darauf, was in der nächsten Zeit alles hinzukommen wird.

Einen Überblick über die zur Zeit verfügbaren Derivate finden Sie im Anhang. Es wird jedoch empfohlen, sich über den aktuellen Stand jeweils neu beim Distributor zu erkundigen.

1.5 Die Hardwaremodule

Ein Hardwaremodul ist ein funktionales Gebilde, das per Software angesprochen wird und hardwaremäßig Funktionen realisiert. Jedes Hardwaremodul hat zugehörige Register, über welche die Eigenschaften konfiguriert werden und über die der Zustand bzw. Daten abgefragt werden können. Ein Modul kann eine Schnittstelle nach draußen haben; das muß aber nicht sein. Das simpleste Hardwaremodul ist ein IO-Port; und ein Hardwaremodul ohne Schnittstelle nach draußen ist der TMR2.

Zwei Kategorien von Hardwaremodulen möchten wir noch unterscheiden, weil eine dieser Gruppen darüber entscheidet, welche Bausteine für eine bestimmte Aufgabe in Frage kommen, und welche nicht. Das Unterscheidungsmerkmal dieser beiden Klassen ist, ob das jeweilige Hardwaremodul, wenn auch mit Einschränkungen, auch per Software realisiert werden kann oder nicht.

Hardwaremodule, die zur entscheidenden Kategorie gehören, sind die Ports, der AD-Wandler und der EE-Datenspeicher.

Dabei stellen sich also die Fragen:

♦ Wie viele Pin werden benötigt?

♦ Ist der on-board-AD-Wandler einsetzbar?

♦ Ist der on-board-EE-Datenspeicher groß genug?

Weitergehende Erörterungen zu dieser Thematik finden Sie im Abschnitt »*Typenauswahl – keine Qual der Wahl*«.

1.5.1 Eigenschaften und Bedienung der Hardwaremodule

IO-Ports

Je nach Gehäusegröße eines PIC16-Bausteins werden unterschiedlich viele Portpins zur Verfügung gestellt. Mit Ausnahme eines open-drain-Ausgangs sind alle anderen Portpins in tris-state ausgeführt. Die Eingänge sind entweder als TTL- oder ST-Eingangsstufen realisiert (ST = Schmitt-Trigger).

Alle Portpins sind bitweise als Ein- oder Ausgang konfigurierbar. Bei den PIC16CXX-Typen kommt noch hinzu, daß der PortB über je einen weak-pullup-Widerstand pro Pin verfügt. Sie sind gemeinsam mit einem Bit im OPTION-Register ein- und ausschaltbar.

Den einzelnen Ports sind folgende Register zugeordnet:

- Port A: PORTA-Register, TRISA-Register, gegebenenfalls ADCON1-Register oder CMCON-Register
- Port B: PORTB-Register, TRISB-Register, OPTION-Register
- Port C: PORTC-Register, TRISC-Register
- Port D: PORTD-Register, TRISD-Register, TRISE-Register
- Port E: PORTE-Register, TRISE-Register, gegebenenfalls ADCON1-Register

Die Bedienung der IO-Ports ist im Grunde genommen sehr einfach. Die Ausgabewerte werden in das PORTx-Register geschrieben, und die Eingangswerte werden von derselben Registeradresse gelesen. Beim Lesen wird der Wert zurückgegeben, der direkt am Portpin anliegt. Die Auswahl, welcher Portpin Ein- oder Ausgang sein soll, geschieht über das TRISx-Register. Beim Reset sind die Bits in diesem Register 1, und das heißt »Eingang«, eine 0 heißt »Ausgang«. Das TRISx-Register ist bei den PIC16CXX auch wieder lesbar. Bei den PIC16C5X ist das TRISx-Register nicht mit einem MOV-Befehl ansprechbar, deshalb ist es auch nicht zurücklesbar. Es ist nur mit einem Spezialbefehl beschreibbar, den es bei den künftigen Versionen nicht mehr gibt. Falls beim PIC16C5X ein einzelner Portpin in seiner Richtung veränderlich sein soll, muß man sich eine extra Variable aufrechterhalten, in der immer der jeweilige Wert des TRIS-Registers gespeichert ist. Wir nennen eine solche Variable ein »Schattenbyte«.

Beispiel: TRISB = 0FH; die vier Pintreiber <4...7> sind auf Ausgang geschaltet, die Pintreiber <0...3> sind auf Eingang geschaltet. Auf den Pins <4...7> werden die Werte im PORTB-Register ausgegeben. Beim Einlesen der Pins < 0...3 > werden die Werte gelesen, die direkt an den Pins anliegen. Bei den Pins < 4...7 > wird der Wert gelesen, der auch im PORTB-Register steht und zuvor ausgegeben wurde.

Achtung: Bei Verwendung von Portpins mit ständig wechselnder Richtung muß man vorsichtig mit den »read-modify-write-Befehlen« umgehen!

Stellen Sie sich folgende Befehlsfolge vor:

```
BSF     PortB,0
MOVLW   1
TRIS    PortB
NOP
CLRW
TRIS    PortB
```

Nach dieser Befehlsfolge ist logischerweise das Bit 0 des PortB noch 1, obwohl wir zwischenzeitlich die Richtung des Ports umgedreht haben. Wenn wir aber anstelle des NOP-Befehls beispielsweise den Befehl BCF PortB,1 ausgeführt hätten, dann wäre der Wert von PortB,0 möglicherweise nicht mehr 1, obwohl dieser Befehl das Bit 0 eigentlich gar nicht betrifft. Es ist aber ein read-modify-write-Befehl, der alle Bits liest, so wie sie an den Pins anliegen, und nach der Manipulation wieder ausgibt. Alle Pins, die zum Zeitpunkt des read-modify-write-Befehls Eingänge waren, können ihren Wert verändern.

> **Merke:**
>
> Verlasse Dich nie darauf, daß ein Portbit einen einmal geschriebenen Wert noch hat, wenn der Pin zwischenzeitlich Eingang war.

Es kann drei weitere Gründe geben, warum der eingelesene Wert nicht gleich dem ist, der er sein sollte:

- Zum ersten ist ein Kurzschluß möglich.

- Zweitens kann es sich um den Pin PortA.4 handeln, weil sein Ausgang vom Typ »open collector« ist.

- Als letzter Grund kann noch sein, daß ein Hardwaremodul wie etwa der AD-Wandler, der Parallel Slave Port oder die analogen Comparatoren von einem Port Besitz ergriffen haben. D.h., daß die entsprechenden Control-Register falsch oder gar nicht programmiert wurden und dadurch die normale Funktion eines Portpins abgeschaltet wurde.

Im folgenden Abschnitt sollen die Besonderheiten der einzelnen Ports aufgezeigt werden.

- Die Ports A und E sind bei einem PIC16CXX mit AD-Wandler nach dem Reset analoge Eingänge. Um sie als digitale Ein- oder Ausgänge verwenden zu können, muß in das ADCON1-Register der entsprechende Wert geschrieben werden. »0000 0011« bzw. »0000 0111«, je nach Typ, setzt alle diese Pins von Port A und E auf digitale Verwendung.

- Bei den PIC16C62X-Typen sind an den Pins des PortA auch die Comparatoreingänge. Deshalb ist bei Verwendung eines dieser Bausteine darauf zu achten, daß das CMCON-Register bei der Initialisierung auf den gewünschten Wert gestellt wird. Der Resetwert dieses Registers unterbindet digitale und analoge IO-Fähigkeiten. Um die digitale Funktion zu erhalten, muß eine 07H in das CMCON-Register geschrieben werden.

- Am Port B kann per Software pro Pin ein weak pull-up Widerstand zugeschaltet werden. Diese pull-up's ersetzen keine externen pull-up-Widerstände, die für ordentliche Resetzustände sorgen sollen. Sie sind für das Lesen einer Tastenmatrix gedacht.

- Der Port C beinhaltet Pins, die auch zu seriellen Modulen gehören können. Hier muß der Programmierer selbst aufpassen, daß er das TRISC-Register in entsprechender Weise lädt. So kann der Oszillator des TMR1 nicht schwingen, wenn die Portpins 0 und 1 auf Ausgang geschaltet sind. Ebenso sind die CCP-Ein- bzw. Ausgänge in korrekter Weise zu definieren, entweder als Capture-EINGANG oder als Compare- bzw. PWM-AUSGANG.

- Der Port D wird automatisch zum Eingang gemacht, wenn das TRISE-Register versehentlich ganz mit Einsen geladen wird. Der Parallel Slave Mode wurde damit eingeschaltet!

- Der Port E gehört ebenfalls dem PSP-Modul an. Er stellt die Eingangspins für die Steuerleitungen zur Verfügung. Diese Pins werden also beim Einschalten des PSP-Modus auf Eingang geschaltet.

AD-Wandler

Bei den PIC16C7X-Bausteinen ist ein on-board-AD-Wandler vorhanden. Er hat eine 8-Bit-Auflösung, und seine Eingänge sowie die zu verwendende Referenzspannungsquelle sind sehr flexibel zu konfigurieren. Als Richtwert kann man bei einem Quellenwiderstand des zu messenden Signals von 10 kOhm von einer Sampling- und Wandlungszeit von etwa 20 µsek ausgehen. Im konkreten Anwendungsfall sind die Zeiten basierend auf dem Wert Ri der Quelle und der Wandlungsfrequenz des PIC16 nach den im Datenbuch abgedruckten Formeln zu berechnen. Je nachdem, welcher Typ verwendet wird, stehen vier oder acht analoge Eingänge bereit, wovon der Pin PortA.3 für eine externe Referenzquelle verwendbar ist, wenn VDD als Referenz nicht gewünscht ist.

Die dem AD-Wandler zugeordneten Register sind:

ADRES-Register, ADCON0-Register, ADCON1-Register

Egal, welcher PIC16C7X verwendet wird, bei der Benützung des AD-Wandlers sind folgende Punkte zu beachten:

Als erstes ist bereits bei der Hardwareinitialisierung, am Anfang des PIC16-Programms, das ADCON1-Register entsprechend der aktuellen Beschaltung zu setzen. Damit wird festgelegt, welche Pins als analoge Eingangspins verwendet werden und welche Pins zu digitalen Ein- bzw. Ausgängen werden. Die Auswahl der Referenzspannungsquelle wird damit auch getroffen. Im ADCON0 sind die Clockauswahl, gemäß der verwendeten Taktfrequenz, und die Kanalauswahl zu treffen. Die Bits für die Kanalauswahl müssen bei der Kanalumschaltung immer wieder verändert werden. Die Clockauswahl bleibt immer bestehen. Mit dem ADCON0.0 (ADON-Bit) wird der AD-Wandler eingeschaltet. Mit dem ADCON0.2 (GO-Bit) wird der Wandlungsvorgang gestartet. Per Hardware wird dieses Bit wieder zurückgesetzt. Es signalisiert damit, daß die Wandlung fertig ist. Die Wandlungszeit ist direkt aus dem gewählten AD Conversion Clock abzuleiten. Die Samplingzeit, die auch beim Umschalten und anschließenden Wandlungsstart zum tragen kommt, sollte für jede Anwendung berechnet werden (Berechnungsbeispiel: siehe Datenbuch, Abschnitt AD-Wandler).

Achtung:
Nach dem Power-on-Reset sind die dem AD-Wandler zugeordneten Pins grundsätzlich analoge Eingänge. Damit sind die digitalen Funktionen der Pins, die u.a. analoge Eingänge sein können, komplett außer Betrieb gesetzt. Das Beschreiben des TRISA- oder TRISE-Registers hat keinen Sinn! Das ADCON1-Register muß entsprechend gesetzt werden!

Drei verschiedene Timer/Counter

TMR0:

Dieser Timer/Counter ist ein 8-Bit-Zähler mit einem 8-Bit-Prescaler. Er ist die Standardausrüstung jedes PIC16. Bei den PIC16C5X gab es bisher keinen Überlauf-Interrupt. Dieser Mangel wurde aber durch die Nachfolgetpyen PIC16C55X behoben. Diese Typen unterscheiden sich nur durch die zusätzliche Interruptstruktur von den alten PIC16C5X-Derivaten. Bei den PIC16CXX ist der Interrupt verfügbar. Der Zählereingang wird grundsätzlich mit der Taktfrequenz synchronisiert. Damit werden zwei Eigenschaften des TMR0 festgelegt. Zum einen *steht* der Timer im Sleep-Modus und zum anderen wird dadurch die maximale Eingangsfrequenz definiert. Bei einem Tastverhältnis von 1:1 ist sie knapp Fosc/4.

Die Register des TMR0 sind:

TMR0-Register (RTCC), OPTION-Register

Das TMR0-Register (früher RTCC) ist das Zählerregister des Timer 0. Es kann gelesen, geschrieben und gelöscht werden. Bei Schreiben und Löschen des TMR0-Registers wird der Vorteiler, sofern er dem TMR0 zugeordnet ist, gelöscht. Aus diesem Grunde ist es nicht ratsam, in Applikationen, bei denen es um genaue Zeiten geht, das TMR0-Register zu manipulieren. Mit den sechs unteren Bits des OPTION-Registers wird die Betriebsart eingestellt. D.h. Clocksource und Prescaler werden ausgewählt. Bei externer Speisung des Timers kann sogar die Flanke programmiert werden, bei der der Zähler inkrementiert wird. Übrigens, der Prescaler ist nur einmal vorhanden. Er muß entweder dem TMR0 oder dem Watchdogtimer zugeordnet werden.

TMR1:

Der TMR1 ist ein 16-Bit-Zähler mit programmierbarem Prescaler. Die Werte für den Prescaler sind 1, 2, 4 oder 8. Hinter dem Prescaler kann das Signal für den TMR1 synchronisiert werden. Wird es nicht synchronisiert, läuft der Timer im Sleep-Modus weiter. Damit sind Echtzeitaufgaben lösbar, und der Baustein kann trotzdem in den stromsparenden Sleep-Modus gefahren werden. Beim Interrupt durch den TMR1-Überlauf kann dann der PIC-Kern aufgeweckt werden und in entsprechender Weise auf die Situation reagieren. Außer der Eigenschaft, daß der TMR1 aus- und wieder einschaltbar ist, kann er wahlweise mit dem internen Takt oder mit einem externen Takt arbeiten. Der externe Takt kann zudem noch durch die integrierte Oszillatorschaltung erzeugt werden. Es sind nur ein Quarz und zwei Kondensatoren notwendig.

Wie bereits erwähnt, ist der TMR1 ein 16-Bit-Zähler: Da wir ihn aber nur byteweise lesen können, ergibt sich ein Problem, wenn zwischen dem Lesen des ersten und zweiten Bytes der Timer einen Byte-Übertrag vollzieht. Die Lösung mittels Software sieht so aus, daß Sie zuerst das high-Byte lesen, dann das low-Byte und zum Abschluß noch einmal das high-Byte auf Gleichheit prüfen. Wenn beide Male das high-Byte gleich war, ist alles in Ordnung. Wenn nicht, muß das low-Byte noch einmal gelesen werden, und dann ist der Wert auch fehlerfrei. Dieses Verfahren kostet aber Zeit. Wer diese Zeit nicht hat, muß die Captureeigenschaft eines CCP-Moduls verwenden.

Die Register des TMR1 sind:

TMR1L-Register, TMR1H-Register, T1CON-Register

Mit dem Register T1CON wird der TMR1 konfiguriert. Dabei kann ausgewählt werden, ob der Timer vom internen Clock oder von extern getaktet wird. Das Bit T1CON.2 (T1INSYNC) ist dafür zuständig, ob der Timer synchronisiert wird. Ferner ist der TMR1 abschaltbar und hat, wie bereits erwähnt, einen eigenen Oszillatorkreis, der ein- und ausgeschaltet werden kann. Damit ist ein völlig unabhängiger 32-kHz-Quarzgenerator mit Timer realisierbar, der auch im Sleep-Modus weiterarbeitet. Bei Verwendung des eingebauten Oszillatorkreises für den Quarz werden, im Gegensatz zur einfachen Einspeisung, am Pin RC.0 eines externen Clocks zwei Portpins benötigt. Als zusätzlicher Pin wird C.1 benötigt.

TMR2:

Der TMR2 ist wiederum ein 8-Bit-Zähler. Die einzig mögliche Clocksource ist der interne Takt (OSC / 4). Sie gelangt über einen Prescaler an den Zählereingang, der die Werte 1, 4 und 16 haben kann. Der nachgeschaltete Postscaler, der alle Werte von 1 bis 16 annehmen kann, zählt die TMR2-Überläufe und gibt den eigenen Überlauf dann an die Interruptstruktur des PIC16 weiter. Das Ausgangssignal des TMR2, ohne Postscaler, kann wahlweise auch als Baudclock für das SSP-Modul verwendet werden. In Verbindung mit einem CCP-Modul kann mit dem TMR2 ein pulsweitenmoduliertes Ausgangssignal erzeugt werden. Im Gegensatz zu den anderen Zählern, die von »0« bis »0FFH« zählen und dann wieder bei »0« beginnen, ist es beim TMR2 möglich, das Hochzählen auf einen vorgegebenen Wert zu begrenzen, d.h. die Periodendauer des Timers zu verkürzen.

Die Register des TMR2 sind:

TMR2-Register, T2CON-Register, PR2-Register

Mit dem T2CON sind der Prescaler und der Postscaler programmierbar. Genauso wie der TMR1 ist auch der TMR2 als Ganzes ein- und ausschaltbar. Der Zähler selbst ist, wie erwähnt, ein 8-Bit-Zähler, der über das Register TMR2 schreib- und lesbar ist. Über das PR2-Register, genannt Period-Register, kann das Hochzählen des Zählers auf den Wert begrenzt werden, der im PR2-Register steht. Wichtig ist dabei, daß das Umladen des Register PR2 weder den Prescaler noch den Zähler selbst beeinflußt. Jeder Zählerstand von »0« bis zu dem Wert, der im PR2-Register steht, liegt gleich lange an. Damit ist die Periodendauer des TMR2 gleich (PR2-Wert + 1). Der begrenzte TMR2 ist damit auch für genaue Timingaufgaben geeignet.

CCP-Modul

Das CCP-Modul ist eine programmierbare, hardwaremäßig realisierte Erweiterung zu den Zählern TMR1 und TMR2. Beide CCP-Module können mit dem TMR1 Capture- und Compareaufgaben erledigen und mit TMR2 die PWM-Ausgabe realisieren.

Je nach PIC16-Typ, sind bis zu zwei CCP-Module vorhanden, welche unabhängig voneinander verwendbar sind.

Die Register des CCP-Moduls sind:

CCP1CON-Register, CCPR1L-Register, CCPR1H-Register

CCP2CON-Register, CCPR2L-Register, CCPR2H-Register

Mit dem CCPxCON-Register wird das Modul in den gewünschten Modus geschaltet. Dabei sind drei grundsätzlich verschiedene Modi zu unterscheiden:

1. Der erste ist der Capture-Modus, mit dem die Werte in den Registern TMRxL und TMRxH in die Register CCPRxL und CCPRxH übernommen werden, wenn ein bestimmtes, programmierbares Ereignis eintritt. Diese sind: Welche und die wievielte Flanke soll den Capturevorgang auslösen?

2. Der zweite Modus ist der Compare-Modus. Die Meldungen, die dabei vom CCP-Modul abgegeben werden können, sind dreierlei. Das Setzen des Interrrupts ist in jedem Falle dabei, sofern dieser im Interrupt-Enable-Register freigeschaltet ist. Eine wohlbekannte Meldung ist das Setzen oder Rücksetzen des zum Modul gehörenden CCPx-Ausgangs (Port C.1 bzw. C.2). Die letzte Art der Reaktion ist abhängig vom CCP-Modul, welches die Meldung absetzt. Das CCP1-Modul kann im Mode »0BH« den TMR1 zurücksetzen. Das CCP2-Modul kann zusätzlich dazu auch noch den AD-Wandler starten; natürlich nur dann, wenn er entsprechend vorbereitet wurde und auch eingeschaltet ist.

3. Die bisher beschriebenen Modi sind ausschließlich mit dem TMR1 verknüpft. Der PWM-Modus funktioniert nur zusammen mit dem TMR2. Dabei wird mit dem PR2-Register die gesamte Periode des Signals eingestellt, und das CCPRxL-Register stellt das Duty-cyle-Register dar. Der entsprechende Pin vom Port C gibt dann das pulsweitenmodulierte Signal ab.

SSP-Modul, synchroner serieller Port

Dieses Modul ist sehr vielseitig, und deshalb ist es auch nicht ganz mühelos anzuwenden. Seitdem wir Übung im Umgang mit diesem Modul haben, schätzen wir seine Vorzüge.

Es unterstützt primär zwei Protokolle:

♦ SPI-Modus

♦ I²C-Modus

Wie der Name schon sagt, sind das serielle Protokolle zur Datenkommunikation mit verschiedenen Bausteinen.

Der SPI-Modus ist hervorragend zur Controllerkoppelung einzusetzen. Schieberegister und Anzeigentreiber sind ebenfalls einfach ansteuerbar.

Der I²C-Modus dient hauptsächlich zur Ankopplung von seriellen EEPROM und Uhrenbausteinen. Bei Arizona Microchip heißen diese Bausteine z.B. 24C01 (siehe Demoboard 2).

Dieses Modul mit seinen variantenreichen Modi hier zu beschreiben, würde derart ausufern, daß wir in diesem Falle auf das Datenbuch und die vielen Applikationsschriften von Arizona Microchip verweisen möchten.

Nur zwei Anwendungen, die wir hier in unserem Buch vorstellen, möchten wir noch erwähnen:

Die Behandlung des seriellen EEPROMs 24C01 wird im Kapitel 5 »serielle Kommunikationen« besprochen. Das Ansprechen eines seriellen EEPROMs vom Typ 93LC56, welches eigentlich das Microwire-Protocoll von National Semiconductor unterstützt, haben wir auch mit dem SPI-Modus des SSP-Moduls bedient. Daß wir dabei zu einem kleinen Trick greifen mußten, werden Sie ebenfalls im Kapitel 5 über »serielle Kommunikationen« finden. Des weiteren werden serielle AD- und DA-Wandler mit dem SPI-Modus bedient.

SCI-Modul

Mit dem SCI-Modul ist eine komplette Standardschnittstelle implementiert worden, die bei einer µProzessorlösung immer einen Baustein erfordert hatte, wie den 8250 alleine oder den 8251 mit Baudratengenerator. Das SCI-Modul in den PIC16CXX-Bausteinen stellt den Baudratengenerator zur Verfügung, ohne daß dadurch ein Timer geopfert werden müßte. Außer den beiden synchronen Master und Slavemodi wird auch der bestens vom PC-Benutzer bekannte asynchrone Modus unterstützt. Leider hat dieses Modul nicht jeder größere Baustein. Gelegentlich mußten wir statt dem PIC16C64 auf seinen größeren Bruder, den PIC16C65, ausweichen, obwohl der größere Speicher und die zusätzlichen Register nicht benötigt wurden.

Die Register des SCI-Moduls sind:

TXSTA-Register, RCSTA-Register, TXREG-Register, RCREG-Register, SPBRG-Register

Die Register TXSTA und RCSTA sind kombinierte Control- und Statusregister, mit denen das SCI-Modul konfiguriert wird und Informationen für den Anwender zurückgeben werden. Diese sind im TXSTA-Register das Bit TRMT, welches anzeigt, daß der Transmitbuffer leer ist und das nächste Byte zum Senden übergeben werden kann. Ebenso im TXSTA-Register enthalten ist das Bit zum Auswählen des Baudratenbereiches. Im RCSTA-Register befinden sich Errorbits und das neunte gelesene Datenbit. Beim Erfragen, ob ein Byte empfangen wurde, ohne den Interrupt zu benützen, muß das RCIF-Bit im Interruptregister abgefragt werden. Die Datenregister TXREG und RCREG beinhalten die 8-Bit-Daten, die gesendet werden bzw. empfangen wurden. Das SPBRG-Register, das Baudratengenerator-Steuerregister, ist einfach mit einem Teilerwert zu beschreiben, der oft direkt aus einer im Datenbuch abgedruckten Tabelle zu entnehmen ist. Er ist sehr flexibel und bietet Baudraten an, die weit über das Übliche hinausgehen.

PSP-Modul

Mit Hilfe der Eingänge /CS, /WR und /RD des Parallel Slave Ports kann ein µProzessor genauso einfach auf einen PIC16 zugreifen wie auf eine PIO. Er stellt also einen bidirektionalen Eingangsspeicher dar, der über einen /WR-Puls beschrieben und über einen /RD-Puls ausgelesen werden kann. Zusammen mit den entsprechenden Interruptroutinen kann damit eine sehr schnelle 8 Bit breite Kommunikation realisiert werden. Der PIC16CXX kann damit also einen intelligenten und mächtigen IO-Baustein für ein Prozessorsystem darstellen.

Die Register des PSP-Moduls sind:

TRISE-Register, PORTD-Register

Nur ein Bit des TRISE-Registers schaltet dieses mächtige Feature ein. Die am PSP beteiligten Portpins werden damit sofort in ihrer Verwendung und Richtung entsprechend gesetzt. Ein unachtsam gesetztes TRISE-Register reißt die Ports D und E aus dem gewohnten Rhythmus, und man muß sich nicht wundern, wenn die Bitset- und Bitresetbefehle nichts mehr bewirken. Wenn Sie einmal darauf hereingefallen sind, vergessen Sie dieses Feature nie wieder. Durch das Interruptbit PSPIF erfährt der µController, daß auf den PSP zugegriffen wurde. Um Timingprobleme und zusätzliche externe Logik zu vermeiden, halten wir eine Regelung für sinnvoll, die entsprechend der verwendeten Taktfrequenz vorschreibt, mit welchen bestimmten, minimalen Wartezeiten zwischen zwei Zugriffen auf den PSP gearbeitet werden darf.

Einführung in die PIC16-µControllerwelt 35

EE-Datenspeicher

Das EEPROM-Speichermodul, das es nur bei den Typen PIC16C8X gibt, ermöglicht es, über einen Stromausfall oder das Abschalten des Gerätes hinaus, Informationen zu behalten.

Die Register des EEPROM-Speichermoduls sind:

EEADR-Register, EEDATA-Register, EECON1-Register, EECON2-Register

Die Bedienung dieses Speichers ist einfacher und schneller als bei seriellen EEPROM. Beim on-board-EEPROM-Speicher ist das Datenbyte und die Zieladresse parallel in die Register EEDATA und EEADR zu schreiben. Das Starten des Schreibvorgangs geschieht einfach durch das Setzen des WR-Bits im EECON1-Register. Vorher muß allerdings noch sichergestellt werden, daß es sich nicht um ein zufälliges oder sogar fehlerhaftes Schreiben handelt. Dazu muß in das Register EECON2 zuerst eine »055H« und dann eine »0AAH« geschrieben werden. Die Erlaubnis, den nächsten Wert ins EEPROM zu schreiben, bekommt man von den Bits 3 und 4 des EECON1-Registers.

Watchdogtimer

Er ist ein unabhängiger, selbständiger RC-Oszillator, der keinerlei externe Komponenten benötigt. Durch das Bit WDTE im Konfigurationswort wird **beim Programmieren des Bausteins** im Programmiergerät festgelegt, ob der Watchdog scharf sein soll oder ob er nicht arbeiten soll. Wenn diese EPROM-Zelle nicht programmiert wird, ist sie »1«, und der Watchdog arbeitet. Beruhigt wird er regelmäßig per Programm. Dazu ist der Spezialbefehl »CLRWDT« zu benützen. Er ist der letzte Spezialbefehl, der auch noch bei den Controllern der PIC16CXX-Reihe vorhanden ist.

Das OPTION-Register ist das einzige Register, das für den Watchdogtimer zuständig ist. Es entscheidet über die Verwendung und den Wert des Prescalers.

Die analogen Comparatoren mit integriertem Referenzspannungsgenerator

Dieses Peripheriemodul ist nur bei den Bausteinen der PIC16C62X verfügbar. Auch hier gleich zu Anfang der wichtige Hinweis: Nach dem Power on Reset sind die Pins von PortA analoge Eingänge. Um digitale Ein- oder Ausgabe zu ermöglichen, muß zuerst das CMCON-Register mit dem Wert »07H« beschrieben werden. Dieses Register ist auch zum Einstellen der anderen sieben Comparatormodi zu verwenden und auch für die Comparator-input-Schalter und die Ausgangszuweisung. Ohne Veränderung dieses Registers sind die Comparatoren im Reset-Zustand.

Im Gegensatz zum PSP-Modul und dem AD-Wandler, werden die TRISA-Werte nicht durch die Komparatormodi überschrieben. Sie müssen vom Anwender in der Weise gesetzt werden, daß sie mit dem gewählten Modus konform sind.

Mit dem VRCON-Register wird der interne Referenzspannungsgenerator gesteuert. In zwei unterschiedlich groß abgestuften Bereichen kann eine V_{ref} von 0 ... 3,125 Volt oder 1,25 V... 3,59 Volt erzeugt werden. Voraussetzung für diese Werte sind 5 Volt VDD. Die erzeugte V_{ref} dient den Comparatoren als Vergleichsspannung, sie kann aber auch auf dem Portpin A.2 ausgegeben werden. In diesem Falle ist das TRISA.2 auf Eingang (1) zu setzen, damit die analoge Ausgabe nicht vom digitalen Ausgang überlagert wird. Die Belastbarkeit des analogen Ausgangssignals ist gering, so daß am besten ein Pufferverstärker einzufügen ist. Für eine ordentliche, stabile VDD ist auch zu sorgen, weil V_{ref}, wie erwähnt, von ihr abgeleitet wird.

1.5.2 Gehäuseformen der PIC16-Familie

Die Pinanzahl reicht von 18 bis momentan 44. In Kürze werden 8- bzw. bis 68-polige Gehäuse hinzukommen. Wie üblich werden auch die PIC16-Bausteine in verschiedenen Gehäuseausführungen geliefert. Wir möchten hier nur eine kleine Aufzählung vornehmen. Bezüglich der genauen Abmessungen der Gehäuse, und welcher Typ mit welchem Gehäuse lieferbar ist, möchten wir auf das Datenbuch bzw. die Datenblätter verweisen.

Folgende Gehäusearten stehen zur Auswahl:

PDIP, SDIP, PLCC, SOIC, SSOP, PQFP

Außer den PIC16C8X-Bausteinen sind alle PIC16C-Typen mit einem EPROM-Speicher ausgestattet. Deshalb ist ist es nicht verwunderlich, daß es auch Fenstertypen gibt, allerdings nur von den DIL-Gehäuse-Typen. Sie heißen dann CERDIP-Gehäuse.

1.6 Typenauswahl – keine Qual der Wahl

Wie wir aus unserer langjährigen Erfahrung gesehen haben, ist die Auswahl des optimalen PIC16-Typs nur in den seltensten Fällen eine Qual der Wahl. Mit nur wenigen Überlegungen läßt sich meist feststellen, welcher Baustein der günstigste ist.

- Die erste Frage, die aufgrund der Gesamtschaltung geklärt werden muß, ist die, wie viele Pins benötigt werden. Damit steht die Mindestgröße schon einmal fest.

  In Anbetracht der Preise der PIC16-Familie lohnt es sich kaum, Leitungen zu multiplexen, um mit einem kleineren Typen auszukommen. Der externe Aufwand für das Multiplexen besteht aus den Kosten für die zusätzlichen Bauteile und mehr Platzbedarf auf der Leiterplatte. Außerdem muß selektiert, und danach ein Read- oder Write-Befehl ausgegeben werden, wodurch sich die Geschwindigkeit der IO-Zugriffe deutlich reduziert. Wenn es sehr viele Leitungen werden, die eingelesen oder geschaltet werden müssen, stellt sich die Frage, ob das überhaupt noch eine µController-Anwendung ist oder ob nicht bereits ein µProzessor mit externem Bus sinnvoll ist (PIC17C4X-Serie).

- Die zweite Frage gilt dem AD-Wandler. Wenn ein AD-Umsetzer benötigt wird, und die 8-Bit-Auflösung des on-board-Wandlers ausreicht, beschränkt sich die Auswahl nur noch auf wenige Typen.
- Die letzte Frage gilt den benötigten Peripherals. Grundsätzlich läßt sich sagen, daß fast jedes Peripheriemodul auch per Software mit normalen Pins realisiert werden kann.

Gewisse Einschränkungen muß man hier natürlich zugestehen:

- Die wichtigste ist wohl die zur Verfügung stehende Zeit. Viele Applikationen lassen es nicht zu, daß sich der Controller beispielsweise ausschließlich einer seriellen Schnittstelle widmet, da andere Teile der Anwendung zwischenzeitlich auch bedient werden müssen. So muß die Bedienung des Peripheriemoduls häufig mit anderen Aufgaben geschachtelt werden. Dies erfordert eine Menge Akrobatik vom Entwickler, welche natürlich Kosten verursacht. Manchmal ist aber auch diese Vorgehensweise aus Zeitgründen nicht möglich. Die Lösung, einen schnelleren PIC16 zu wählen, um ein Peripheriemodul durch Software zu ersetzen, ist meist nicht empfehlenswert. Der Preis für einen bis zu 20 MHz geeigneten Typen ist erheblich höher als der eines langsameren. Außerdem sind aus Gründen der EMV-Problematik die Taktfrequenzen immer so niedrig wie möglich zu wählen.
- Als zweite Einschränkung muß noch in Erwägung gezogen werden, wie komplex das restliche Programm ohnehin schon ist. Die Überschaubarkeit, Wartbarkeit und Stabilität eines Programmes sollte nicht außer acht gelassen werden.

Vielleicht ist es etwas gewagt und nicht immer zutreffend, aber trotzdem möchten wir folgende Unterschiede aufzeigen. Inwieweit sie für Sie bzw. Ihren speziellen Fall anzuwenden sind bzw. zutreffen, können Sie sicher selbst entscheiden.

Teurerer PIC16	Billigerer PIC16
kurze Entwicklungszeit	längere Entwicklungszeit
einfaches Programm	komplexeres Programm
gute Überschaubarkeit	geringere Überschaubarkeit
leichte Wartbarkeit	schwierigere Wartbarkeit
geringere Fehleranfälligkeit	höhere Fehleranfälligkeit
Routineprogrammierung	höherer Anspruch an den Entwickler

Wie sehr die Nachteile der komplexeren Programmierung ins Gewicht fallen, hängt natürlich von der Gesamtkomplexität ab. Häufig ist der PIC16 für eine Applikation ohnehin unterfordert, und es macht kaum Mühe, ihn mit einer seriellen Kommunikation oder einer pulsweitenmodulierten Ausgabe zu beschäftigen. Ist jedoch der zusätzliche Entwicklungsauswand für den Verzicht auf ein Peripheriemodul sehr hoch, so entscheidet die angestrebte Stückzahl, ob die gesparten Bauteilkosten den Aufwand rechtfertigen.

Für den Fall, daß man einen Vertreter der PIC16C5X-Serie gewählt hat, ist noch zu beachten, daß man außer dem Verzicht auf Peripheriemodule auch noch weitere Einschränkungen in Kauf nehmen muß: die geringe Stacktiefe, kein Interrupt, weniger File-Register...

Kapitel 2

Programmiertechnik

Die Programmierung eines µControllers unterscheidet sich beträchtlich von der PC-Programmierung. Der zur Verfügung stehende Programmspeicherplatz und der Raum für Variable ist um Größenordnungen kleiner. Während die PC-Programmierung immer mehr mit der Verwaltung abstrakter Strukturen zu tun hat, muß die µController-Software, die auch Firmware genannt wird, sehr nahe an der harten Wirklichkeit bleiben. Die Nachfrage nach komplexen Programmen mit minimalem Hardwareaufwand ist groß. Bei Entwicklungen, die in großen Stückzahlen produziert werden, muß man oft wirklich jedes einzelne Byte zweimal in der Hand rumdrehen, um Kosten zu sparen. Es gibt aber im Bereich kleiner und mittlerer Stückzahlen eine Tendenz, komfortabel programmieren zu können, nach Möglichkeit mit einer Hochsprache. Die Konsequenz wird auch die Verwendung von Echtzeit-Betriebssystemen in µControllern sein.

Die Entwicklung eines komplexen µControllerprojektes besteht in der Regel aus folgenden Schritten:

1. Recherche der Parameter und Eigenschaften der Hardware-Umgebung.
2. Zeit und Ereignisanalyse
3. Entwickeln der gesamten Ablaufstrategie. Erstellen von Flußdiagrammen oder Struktogrammen, Entscheidung für PIC16-Typ
4. Entwerfen der Teilaufgaben
5. Erstellen des Assemblercodes:
   - Deklarationen/Resetwerte!
   - INIT (Special-Function-Register, Variable)
   - Unterprogramme, Interruptroutine
   - Hauptprogramm
6. Testen und Korrekturen

Wir können uns schlecht vorstellen, daß solche Arbeiten von zwei Profis durchgeführt werden, von denen einer nur etwas von Hardware versteht, während der andere in abstrakten Programmierstrukturen zu Hause ist. Schon das Verständnis für den µController selbst erfordert hardwarenahes Denken.

Wir werden immer wieder zeigen, wie wichtig die Punkte 2. und 3. sind. Vom gesamten Zeitaufwand für eine komplexe Entwicklung benötigt man nach unseren Erfahrungen für die Erstellung des Assemblercodes nur 10 bis 20 Prozent der gesamten Arbeitszeit, wenn man die Programmierung richtig vorbereitet hat.

Die Diskussion, wie man den Assemblercode erstellt, scheint uns deshalb nicht von überragender Bedeutung. Die Programmierung in C hat zwar den Vorteil der besseren Übersichtlichkeit für denjenigen, der an C gewöhnt ist, jedoch birgt sie die Gefahr, daß man die Architektur des µControllers aus den Augen verliert.

Wichtiger ist, daß man die häufigsten Aufgaben komfortabel als Unterprogramme, Makros, Textvorlagen oder Tabellen in übersichtlichen Dateien sammelt. Im Umgang mit den Utilities unterscheidet sich die µController-Programmierung von der PC-Programmierung beträchtlich. Die in der Schublade liegenden Programme und Programmteile werden mehr zusammengebastelt als gelinkt. Man darf aber nicht vergessen, daß diese Arbeiten wahrscheinlich weniger Zeit benötigen, als die Einarbeitung in die Version 3.21 von PICLINK, wenn es dieses Programm demnächst einmal geben sollte.

Im folgenden Kapitel werden wir ein paar technische Gesichtspunkte der Programmierung und einige strategische Überlegungen darlegen, bevor wir an die Beispiele herangehen, damit wir diese nicht immer wieder erklären müssen.

2.1 Der Umgang mit Registerbänken

Die meisten PIC16-Typen haben einen Datenspeicher, der in mehrere Banken aufgeteilt ist. Das bedeutet, daß mehr zusätzliche Bits zur Adressierung von Datenspeicher nötig sind, als in den Befehl hineinpassen. Diese Bits müssen in andere Register ausgelagert werden. Diesen Vorgang nennt man Bankselektierung. Bei den Low End PIC16 gibt es bisher nur den PIC16C57 und den PIC16C58A, welche vier Bänke besitzen, während bei den PIC16CXX grundsätzlich zwei Registerbänke vorhanden sind.

Wir wiederholen hier die wichtige Tatsache, daß bei den PIC16C5X der Befehl 12 Bit breit ist, davon stehen bei den File-Register-Befehlen 5 Bit für die Register-Adresse zur Verfügung. Bei den Mid-Range-Typen ist der Befehl 14 Bit breit, und davon stehen 7 Bit für die Register-Adresse zur Verfügung. Somit hat eine Registerbank bei den PIC16C5X-Typen 32 Register und bei den PIC16CXX 128 Register.

2.1.1 Registerbankselektion bei PIC16C5X

Wie bereits erwähnt, gibt es bei den PIC16C5X die Typen PIC16C57 und PIC16C58A, die mehrere Registerbänke besitzen. Zur Selektion dieser Bänke sind 2 Bits im FSR zu setzen. Das sind die Bits 5 und 6, welche im Falle einer indirekten Adressierung sowieso gesetzt wären. Denn bei der indirekten Adressierung schreibt man die gesamte Register-Adresse einschließlich der zusätzlichen Bits einfach in das FSR, und man braucht sich daher um das Selektieren von Register-Bänken nicht mehr zu kümmern.

2.1.2 Registerbankselektion bei PIC16CXX

Etwas anders verhält es sich bei den PIC16CXX-Derivaten. Sie haben zur Zeit alle zwei Register-Bänke mit je 128 Registern. Das höchste Bit wird in das Status-Register geschrieben (Bit 5). Bei der Adressierung über das FSR können alle Register über eine 8-Bit-Adresse angesprochen werden.

Bei zukünftigen Derivaten wird jedoch unausweichlich mehr Datenplatz benötigt, so daß mehr als 8 Bit zur Adressierung nötig werden. Im Status-Register sind wohl schon die Bits 6 und 7 für diesen Zweck vorgesehen. Bei der Adressierung über das FSR wird dann auch ein Bankselektieren durchzuführen sein.

2.1.3 Makros für die Bankselektierung

Damit beim Programmieren keine Probleme entstehen, schreiben Sie sich am besten ein paar Makros, welche BANK_0, BANK_1... heißen.

Für den PIC16C57 und PIC16C58A lauten diese:

```
BANK_0    MACRO              BANK_1    MACRO
          BCF     FSR,5                BSF     FSR,5
          BCF     FSR,6                BCF     FSR,6
          ENDM                         ENDM
```

```
BANK_2    MACRO              BANK_3    MACRO
          BCF     FSR,5                BSF     FSR,5
          BSF     FSR,6                BSF     FSR,6
          ENDM                         ENDM
```

Für die PIC16CXX-Typen reicht vorläufig noch:

```
BANK_0    MACRO              BANK_1    MACRO
          BCF     STEUER,5             BSF     STEUER,5
          ENDM                         ENDM
```

Ein guter Rat noch am Schluß, um Fehler zu vermeiden, die durch falsche Bankselektion entstehen. Betrachten Sie die Selektion der Bank_0 als Grundzustand. Lassen Sie die Bankselektion nur so lange auf einer anderen Bank als der Bank_0 stehen, wie unbedingt nötig.

2.2 Der Umgang mit Programmseiten

Eine ähnliche Situation wie beim Datenspeicher findet man auch beim Programmspeicher. Es gibt zwei Verzweigungsbefehle GOTO und CALL, und außerdem kann man auch noch verzweigen, indem man direkt auf den Programmcounter zugreift, welcher ein normales Special-Function-Register ist. Bei den PIC16C5X hat der GOTO-Befehl 9 Bit für die Verzweigungsadresse, so daß man damit innerhalb eines Programmraumes von 512 Byte verzweigen kann. Diesen Block von Programmspeicher nennt man eine Page, das deutsche Wort Seite ist ungebräuchlich. Bei den PIC16CXX sind es 11 Bit, so daß eine Page 2Kbyte groß ist.

Die höheren Programmadressbits werden wiederum in andere Register ausgelagert.

2.2.1 Pageselektion bei PIC16C5X

Beim PIC16C5X sind es im Statusregister die Bits 5 und 6, nur die PIC16C57 und PIC16C58A benötigen bisher diese beiden Bits, der PIC16C56 benötigt nur Bit 5. Bei den Typen, die keine Pageselektion haben, stehen diese Bits für beliebigen Gebrauch zur Verfügung.

2.2.2 Pageselektion bei PIC16CXX

Beim PIC16CXX gibt es ein File Register, welches PCLATH heißt. Es ist das zwischengespeicherte höhere Byte des Programmcounters. Zwischengespeichert werden muß es deshalb, weil das Programm sonst beim Setzen dieses Bytes sofort ab in die Prärie geriete, noch bevor man in die Lage käme, das lower Byte des Programmcounters zu schreiben. Es bleibt ohne Beachtung, solange der Programmablauf keinen Verzweigungsbefehl enthält. Beim nächstfolgenden GOTO, CALL oder Schreibbefehl in das PC-Register wird das PCLATH-Register übernommen. Bei Adressen im Bereich oberhalb von 2K ist das Bit 3 des PCLATH und eventuell die höheren Bits zuständig.

2.2.3 Makros für die Pageselektierung

Die entsprechenden Makros für die Pageselektierung lauten für die PIC16C56/57:

```
PAGE0     MACRO
          BCF       Status,5
          BCF       Status,6
          ENDM
```

```
PAGE1     MACRO
          BSF       Status,5
          BCF       Status,6
          ENDM
```

```
PAGE2     MACRO
          BCF       Status,5
          BSF       Status,6
          ENDM
```

```
PAGE3     MACRO
          BSF       STATUS,5
          BSF       STATUS,6
          ENDM
```

Für die PIC16CXX-Typen reicht für 4K:

```
PAGE0     MACRO
          BCF       PCLATH,3
          ENDM
```

```
PAGE0     MACRO
          BSF       PCLATH,3
          ENDM
```

Nun gibt es noch eine weitere Einschränkung, wenn man den CALL-Befehl benutzt. Dieser hat nämlich bei allen Typen ein Bit weniger für die Programmadresse in seinem Befehlscode, so daß man ohne weitere Vorkehrungen nur in die erste Hälfte einer Page mit einem CALL verzweigen kann.

Bei den PIC16C5X hilft da auch kein Page Select, da die Statusbits nur für die höheren Adressbits zuständig sind. Man hilft sich einfach, indem man die Unterprogramme in die erste Pagehälfte legt. Es genügt, daß nur die erste Zeile eines Unterprogramms in der ersten Hälfte der Page liegt, welche natürlich eine GOTO-Anweisung auf den weiteren Teil des Unterprogramms ist.

Bei den PIC16CXX kann man natürlich auch ebenso vorgehen, zumal eine halbe Page hier 1K groß ist und viel Platz für Unterprogramme bietet. Es gibt aber hier auch die Möglichkeit, einen CALL in die höhere Hälfte einer Page durchzuführen, indem man das Bit 2 des PCLATH setzt. Ein zerstreuter Programmierer könnte dabei allerdings das Rücksetzen vergessen. Aber das kommt ja nicht vor, denn Programmierer stehen nie unter Streß und machen demzufolge keine Fehler.

2.3 Übersicht zur Register-Bank- und Programm-Page-Selektion

Da das Status-Register im einen Fall für die Programm-Selektion benutzt wird, im anderen dagegen für die Registerbank-Selektion, fassen wir hier noch einmal zusammen:

	Program-Page-select	Register-Bank-select
PIC16C5XC	STATUS <5:6> (7:future)	FSR <5:6>
PIC16CXX	PCLATH	STATUS <5:6> (7:future)

Zusammenstellung der Page- und Bank-Selektionen

2.4 Daten aus dem Programmspeicher holen

Ein Controller, der nicht in der Lage ist, Tabellen im Programmspeicher abzulegen, hat nur einen sehr begrenzten Wert. Beispiele sind: Pulsweitentabellen, Pixelgrafikmuster, Barcodes oder andere Code- oder Umsetzungstabellen. Ein Programm zum Lesen von Tabellenwerten heißt Table-Read-Programm.

Die Methode, Tabellenwerte aus dem Programmspeicher zu holen, basiert auf dem Umstand, daß das niederwertige Byte des Programmcounters bei allen PIC16 als normales Special-Function-Register beschrieben werden kann. Man kann mit diesem Register, welches wir PC nennen, alle Operationen durchführen, die auch mit allen anderen File-Registern möglich sind. Bisher haben wir zwar noch keine sinnvolle Verwendung für den Befehl RRF PC gefunden, aber vielleicht fällt Ihnen dazu etwas ein. Sinnvoll ist jedoch der Befehl ADDWF PC im folgenden Beispiel:

```
MUL10   MOVF    ZIF,W
        ANDLW   0FH
        ADDWF   PC
        RETLW   0
        RETLW   .10
        RETLW   .20
        RETLW   .30
        ...
```
Table-Read-Programm

Wir gehen davon aus, daß ZIF eine Zahl 0..9 ist. Die Anweisung ANDLW 0FH ist als Vorsichtsmaßnahme gedacht, für den Fall, daß ZIF den erlaubten Bereich verläßt. ZIF kann daher auch im ASCII-Format 30H..39H vorliegen. Addiert man zum augenblicklichen Wert des PC das W-Register, dann springt man in die entsprechende RETLW-Anweisung. Bei W = 0 ist dies die direkt hinter dem ADDWF-Befehl stehende Anweisung.

Im vorliegenden Fall liefert der Aufruf CALL MUL10 im W-Register das zehnfache von ZIF zurück. Auf diese Weise wurde die Multiplikation mit 10 in nur sieben Befehlszyklen durchgeführt. Man beachte dabei, daß CALL und RETLW jeweils zwei Befehlszyklen benötigen.

Zwei wichtige Dinge müssen beim Aufruf von Table-Read-Programmen beachtet werden:

- Falls die Eingangsgröße, im obigen Falle ZIF, fälschlicherweise einen Wert besitzt, der die Tabellenlänge übersteigt, kann man an ungeahnten Programmstellen landen. Man sollte vorsichtig sein mit der Zuversicht, daß dies schon nicht passiert. Sicherer ist es, den Eingangswert auf den Maximalwert abzufragen oder die Tabelle mit einigen zusätzlichen Werten aufzufüllen. Im vorliegenden Fall haben wir den Eingangswert schon durch ANDLW 0FH auf 0.. 15 begrenzt. Zusätzlich könnte man die Tabelle noch mit sechs Zeilen RETLW 0FFH auffüllen. Die Programmzeilen, mit denen abgefragt wird, ob der Eingangswert kleiner als 10 ist, würde nämlich Zeit kosten. Der Rückgabewert 0FFH weist jedoch sofort auf einen Fehlerfall hin.

- Der zweite wichtige Punkt, auf den man zu achten hat, ist, daß ein Übertrag vom niederwertigen Byte auf das höherwertige Byte des Programcounters zu vermeiden ist. Alle Versuche, einen solchen Übertrag während der Laufzeit zu entdecken, sind in der Regel unsinnige Spielereien, da ja nach dem Feststellen des Übertrages durch das Abfragen der Programm-Counter wieder verändert wird. Es gibt nur eine sinnvolle Lösung, dieses Problem zu lösen, nämlich den Übertrag zu vermeiden. Bezüglich der Tabellen, die eventuell in der zweiten Hälfte einer Page liegen, gilt beim Aufruf das, was oben über den CALL-Befehl und die Lage der Unterprogramme gesagt wurde. Zusätzlich dazu muß sich die ganze Tabelle innerhalb eines Blocks von 256 Speicherplätzen befinden.

2.5 Der Umgang mit Interrupts

Ein Interrupt ist eine Programmunterbrechung, welche aufgrund bestimmter Ereignisse stattfinden kann. Ein Ereignis, welches einen Interrupt hervorrufen kann, heißt Interruptquelle. Das laufende Programm kann natürlich bestimmen, ob es unterbrochen werden will oder nicht.

Zunächst erklären wir kurz, was bei einer Programmunterbrechung geschieht: Der Programm-Counter wird gerettet, und das Programm verzweigt an eine Bedienungsadresse, genannt Interruptvektor, welche bei der PIC16CXX-Reihe bei Adresse 4 liegt. Damit man weiß, welche Interruptquelle die Ursache war, wird ein Bit in einem Interrupt-Control-Register gesetzt. Diese Bit muß meist per Software wieder zurückgesetzt werden, damit nicht sofort nach der Rückkehr aus dem Bedienungsprogramm der gleiche Interrupt wieder ausgelöst wird.

Das Bedienungsprogramm muß mit dem Befehl RETFIE (Return From Interrupt) beendet werden. Dadurch wird der gerettete Programm-Counter wieder geladen, und das Programm fährt dort fort, wo es unterbrochen wurde. Damit während einer Interruptbedienung keine weiteren Interrupts stören, wird das globale Interrupt-Enable-Bit (GIE) im INTCON automatisch gelöscht. Durch den Befehl RETFIE wird es wieder gesetzt. Ein Problem kann auftreten, wenn man im Verlauf eines Programms das GIE-Bit löschen will. Wenn nämlich gerade während dieses BCF-Befehls ein Interrupt eintritt, wird er noch zugelassen, und bei Beendigung der Bedienungsroutine wird das GIE-Bit wieder gesetzt.

Abhilfe schafft man dadurch, daß man das GIE-Bit in einer Schleife so lange löscht, bis es wirklich »0« ist.

```
LOOP    BCF     INTCON,GIE
        BTFSC   INTCON,GIE
        GOTO    LOOP
```

2.5.1 Vor- und Nachteile

Bevor wir uns mit der Handhabung dieser Vorgänge beschäftigen, wollen wir gleich bemerken, daß die PIC16C5X keine Interrupts besitzen. Es gibt viele Situationen, in denen das Fehlen der Interrupts ein echtes Handicap darstellt, aber auch viele, wo man durch die Interrupts eine Menge Schwierigkeiten bekommt. Wir werden bei vielen Anwendungen darüber diskutieren, welchen Vor- bzw. Nachteil die Lösung mit Hilfe von Interrupts hat.

Nützlich oder gar notwendig sind Interrupts dann, wenn man schnell auf Ereignisse reagieren muß, besonders wenn es sich um sehr kurze Vorgänge handelt. Auch wenn man bestimmte Prozesse bequem ein- und ausschalten möchte, können Interrupts nützlich sein.

Zwei schwerwiegende Nachteile sind aber zu berücksichtigen:

- Im gesamten Programm kann an jeder beliebigen Stelle zwischen zwei Befehlen eine Unterbrechung auftreten. Man hat immer die Folgen im Auge zu behalten.
- Außerdem sind Interrupts beim Testen von Programmen ziemlich lästig. Manche Anwender berichten auch, daß sie dem Emulator nicht ganz trauen, wenn einmal im Zusammenhang mit einem Interrupt etwas nicht so läuft, wie gedacht.

> Eine Aussage gilt aus unserer Sicht immer: Wenn es keine wichtigen Gründe für die Benutzung von Interrupts gibt, ist dies bereits ein Grund dagegen.

2.5.2 Interruptquellen der PIC16CXX

Es gibt eine Fülle von Interruptquellen, die glücklicherweise sehr übersichtlich zu bedienen sind. Dabei ist es hilfreich, daß die Interruptquellen klar in zwei Gruppen eingeteilt sind.

Die erste Gruppe ist die Grundausstattung, die jedes Derivat der PIC16CXX-Familie besitzt. Diese sind:

- TMR0 Overflow
- Flanke an PORTB,0 (wahlweise positive oder negative Flanke)
- Änderung an PORTB,4-7

Der Pin PORTB,0 wird auch als INT bezeichnet.

Die zweite Gruppe sind die Interrupts, welche den Hardwaremodulen zugeordnet sind.

2.5.3 Interrupt-Register

Für den Umgang mit Interrupts stehen einige Register zur Verfügung, mit deren Hilfe man festlegt, welche Interrupts erlaubt sind, und solche, die die Information enthalten, welche Quelle die Ursache eines Interrupts war. Die entsprechenden Bits heißen Interruptflags.

Für die drei Quellen der ersten Gruppe ist dies das Register INTCON, welches sowohl die Enable-Bits als auch die zugehörigen Interruptflags enthält. Im INTCON-Register befindet sich auch das GIE-Bit, welches das globale Interrupt-Enable-Bit ist. Außerdem enthält es das Enable-Bit (PEIE) für die Gesamtheit der zweiten Gruppe.

Für die zweite Gruppe sind es die individuellen Enable-Bits in den Registern PIE1 und PIE2. Die zugehörigen Interruptflags, die anzeigen, welche Quelle den Interrupt ausgelöst hat, befinden sich in PIR1 und PIR2.

Weitere Register sind eventuell zu bedienen, um bestimmte Optionen festzulegen. Im Register OPTION ist beispielsweise das Bit 6 reserviert für die Festlegung der Flanke am PORTB,0. Dieses Bit ist »1« zu setzen für Interrupt bei positiver Flanke, bei negativer Flanke setzt man es »0«.

2.5.4 Interruptbedienungsroutine

Das Interruptprogramm muß im allgemeinen Falle, außer der eigentlichen Bedienungsroutine, folgende Schritte enthalten:

- Retten des W- und STATUS-Registers
- Interruptflags prüfen und in die richtige Bedienung verzweigen
- Interruptflag löschen – sonst kommt er immer wieder!
- Zurückladen von STATUS- und W-Register

Das Retten des STATUS- und W-Registers ist nötig, da ja ein Interrupt an jeder beliebigen Stelle des Programms auftreten kann. Zum Retten dieser beiden Register benötigen wir zwei Register, die wir hier S-Stack und W-Stack nennen. Das Retten geschieht mit der Befehlsfolge:

```
PUSH    MOVWF   W_STACK
        MOVF    STATUS,W
        MOVWF   S_STACK
```

Beim Zurückladen muß man sich eines Tricks bedienen.

Falsch ist:

```
NOPOP   MOVF    S-STACK,W
        MOVWF   STATUS
        MOVF    W_STACK,W   ; verändert STATUS,ZR
```

Nach dieser Befehlsfolge hat das STATUS-Register zwar kurzfristig seinen alten Wert wieder, aber durch den Befehl MOVF W_STACK dauert diese Freude nicht lange. Manchmal stört es doch sehr, daß der MOVF-Befehl das ZR-Flag verändert.

Richtig ist:

```
POP     MOVWF   S_STACK,W
        MOVWF   STATUS
        SWAPF   W_STACK     ; verändert STATUS nicht
        SWAPF   W_STACK,W
```

Der SWAPF-Befehl beeinträchtigt das STATUS-Register nicht, so daß durch zweimaliges Aufrufen dieses Befehls der MOVF-Befehl umgangen werden kann.

Wenn nur das STATUS-Register zu ändern ist, weil das W-Register in der Interruptroutine nicht benutzt wird, dann muß auch in der PUSH-Routine zweimal der SWAPF-Befehl anstelle der MOVF-Befehle benutzt werden.

Man erkennt, daß mit Interrupts zwar ein schnelles Reagieren auf ein Ereignis möglich ist, jedoch das Bedienungsprogramm einige Befehle in Anspruch nimmt, vor allem, wenn mehrere Interrupts zugelassen sind und noch ein Verzweigungsteil nötig ist. Das einfache Umladen eines Registers, z.B. eines Timerstandes oder eines AD-Wandlerwertes, benötigt das W-Register. Durch den Trick mit dem SWAPF-Befehl kann man sich wenigstens das Retten des STATUS-Registers ersparen.

Es gibt einige wichtige Anwendungsfälle für Interrupts, bei denen in der Interruptroutine weder das STATUS- noch das W-Register verwendet werden, so daß man sich das Retten und Zurückladen sparen kann. Ein wichtiges Beispiel ist der Fall, bei dem man nur die Anzahl Interrupts in einer Variablen ICOUNT zählen will.

Als Beispiel betrachten wir den Sachverhalt, daß wir am INT-Eingang Flanken zählen wollen. Das zugehörige Interruptflag ist im INTCON-Register und heißt INTF.

Da der Befehl INCF das ZR-Flag verändert, umgeht man das Problem trickreich, indem man den Befehl INCFSZ verwendet, welcher sich »flagneutral« verhält:

```
INTPRG   INCFSZ    ICOUNT          ;verändert STATUS nicht
         NOP
         BCF       INTCON,INTF
         RETFIE
```

Sogar ein Doppelregister ICOUNTL, ICOUNTH kann man so hochzählen:

```
INTPRG   INCFSZ    ICOUNTL
         GOTO      FERTIG
         INCFSZ    ICOUNTH
         NOP
FERTIG   BCF       INTCON,INTF
         RETFIE
```

Achtung:

Man sollte übrigens auch dann ein Interruptprogramm schreiben, wenn man gar keinen Interrupt verwendet. Es könnte ja sein, daß ein Interruptregister einmal nicht den Wert hat, den es haben soll. Für diesen Fall sollte an der Stelle des Interruptvektors wenigstens ein RETFIE oder sogar eine Fehlerroutine stehen. In der Zeit der Programmentwicklung und Fehlerbeseitigung kann es ja vorkommen, daß wie von Geisterhand in File-Register geschrieben wird, die gar nicht gemeint waren.

Auf jeden Fall ist es wichtig, nicht nur das vom Interrupt zu lösende Problem zu betrachten, sondern auch das Restprogramm. Wieviel Unterbrechung verträgt das Restprogramm? Zeitkritische Anwendungen können durch das zwischenzeitliche Auftauchen eines Interrupts eventuell empfindlich gestört werden.

Wir haben es uns zur Gewohnheit gemacht, innerhalb einer Interruptroutine nur das notwendigste zu erledigen. Dem Hauptprogramm wird dann ein Flag hinterlassen, damit es den weniger zeitkritischen Teil erledigen kann. Da das Interruptflag selbst vor Verlassen der Interruptroutine gelöscht werden muß, wählt man dafür ein Bit in einer Steuervariablen.

2.6 Der Umgang mit dem FSR

Die Adressierung der Variablen erfolgt entweder direkt oder über ein Zeigerregister, genannt FSR (File Select Register). Wenn man die direkte Adressierung benutzt, muß man daran denken, daß man je nach verwendeten PIC16-Typen das höchste Bit bzw. die höheren Bits der Adresse durch Selektion einer Bank bewerkstelligen muß. Bei den PIC16C5X ist hierbei das FSR-Register zu beachten, bei den PIC16CXX das Registerpage-Bit im STATUS-Register. Am besten ist es, wenn man die Selection der Bank_0 als Grundzustand betrachtet und nur auf Bank_1 oder höher umschaltet, wenn man eine Variable in diesem Bereich anspricht.

Das Problem der Bankselektion hat man gegenwärtig noch nicht, wenn man die Adressierung über das FSR vornimmt. In Zukunft kann es sein, daß bei den großen PIC16CXX noch die Registerbank 2 und 3 dazukommt, wodurch auch bei der indirekten Adressierung über das FSR ein weiteres Bit benötigt wird (IRP; STATUS.7). Das Register, auf welches das FSR zeigt, wird angesprochen, als hätte es die Adresse 0. Man bezeichnet dieses File-Register auch mit INDF (Indirektes File Register). Damit gibt es keinen formalen Unteschied zwischen Operationen mit direkter Adressierung und solchen mit Adressierung über das FSR. Man beachte aber, daß es kein physikalisch vorhandenes Register mit der Adresse 0 gibt.

Eine Tücke gibt es bei der Verwendung des FSR beim PIC16C5X. Auf diese sind wir mehrmals hereingefallen, obwohl wir informiert waren, daß das FSR-Register nur 6 Bit breit ist und die höchsten beiden Bits, auch wenn man sie mit 0 beschreibt, beim Lesen als 1 zurückkommen. Eine typische Verwendung des FSR ist die, daß man auf einen Variablenblock zeigt, dessen Register nacheinander bearbeitet werden. Man erhöht das FSR dabei so lange, bis man am Ende des Variablenblocks ankommt. Wenn man nun das Ende des Variablenblocks dadurch erkennen möchte, daß das FSR den Endwert erreicht hat, dann kommt man an diesem Ende nie an, wenn man vergißt, aus dem gelesenen Wert des FSR die zwei höchsten Bits zu entfernen. Wenn es sich dabei um einen ganz simplen Vorgang handelt, der eigentlich gar nicht fehlerhaft sein kann, kommt Ratlosigkeit auf.

2.7 Der Umgang mit der Zeit

Zeitorganisationen sind bei den meisten µController-Entwicklungen ein wichtiges Thema. Bei jeder Anwendung muß zunächst Klarheit darüber geschaffen werden, welche Zeiten zu erfassen und zu verwalten sind. Man hat zu überlegen, welche Aufgaben zwischen zwei Ereignissen zu bearbeiten sind und wie viele Befehle bei einer gewünschten Taktfrequenz dafür zur Verfügung stehen. Bei vielen Entwicklungen bestimmen Zeitereignisse den Ablauf und die Struktur des gesamten Programms.

Die Fragestellungen, die sich in diesem Zusammenhang ergeben, sind:

- Wie erfaßt man die Zeitereignisse am günstigsten?
- Wie ermittelt man Vorteiler, Timerwerte und andere Zeitparameter?
- Wie organisiert man komplexe Zeitabläufe?
- Welche Ansprüche an Genauigkeit sind zu stellen?

2.7.1 Zeiterfassung

Wenn man ein Problem mit einem PIC16CXX zu lösen hat, gibt es luxuriöse Möglichkeiten der Zeiterfassung. Drei Timer – mit oder ohne Interrupt – lassen kaum Probleme entstehen. Einige Zeitaufgaben entstehen gar nicht, weil die Hardware sie ohne Zutun des Programms erledigen kann, wie z.B. die serielle Kommunikation, das Pulsezählen oder die PWM-Ausgabe.

Beim PIC16C5X hat man alle Zeiterfassungen ohne Interrupt und nur mit dem guten alten TMR0 durchzuführen. Dabei gibt es einige Tücken und auch einige Tricks, ihnen zu entgehen. Die folgenden Ausführungen gelten aber auch analog für die anderen Timer der höheren PIC16-Derivate.

Zeiterfassung ohne Interrupt

Die einfachste Art eine Zeit zu erfassen ist, den TMR0 auf einen bestimmten Wert abzufragen. Daß dies problematisch sein kann, zeigt folgendes Beispiel:

```
WUNTIL  MOVF  EVENT,W
        SUBW  TMR0,W
        BNZ   WUNTIL
```

Diese Programmschleife wird so lange durchlaufen, bis TMR0 = EVENT. Der Label WUNTIL ist eine Abkürzung für Wait Until und wird in diesem Zusammenhang von uns häufiger gebraucht. Wenn TMR0 < > EVENT ist, dann dauert es fünf Befehlszyklen, bis man wieder an den Subtraktionsbefehl kommt.

Der Befehl BNZ ist ja in Wirklichkeit ein Makro, welches aus den Befehlen

```
SKPZ
GOTO    WUNTIL
```

besteht. Wenn das ZR-Flag nicht gesetzt ist, wird der SKIP-Befehl nicht ausgeführt, wohl aber der GOTO-Befehl. Falls der TMR0 einen Vorteiler < 8 besitzt, ist es mit einer Schleife wie der obigen reiner Zufall, wann man den Zeitpunkt EVENT erwischt. Das Problem tritt auch bei größeren Vorteilern auf, wenn man an die Zeitabfrage nicht pünktlich ankommt. Schließlich hat ein Programm ja auch noch etwas anderes zu tun, als immer nur nach der Uhrzeit zu fragen.

Die Lösung dieses Problems besteht darin, den TMR0 nicht abzufragen, ob er **gleich** EVENT ist, sondern ihn abzufragen, ob er **größer** als EVENT ist. Wenn wir dazu anstelle des BNZ-Befehls den BNC-Befehl benutzen, stoßen wir auf ein neues Problem: Was ist, wenn EVENT einen Wert kurz vor dem Überlauf hat, der TMR0 aber kurz dahinter steht?

Am folgenden Beispiel machen wir uns klar, wie wir mit diesem Problem umgehen können.

Es sei EVENT = 254 und TMR0 = 3. Der Befehl SUBWF TMR0,W ergibt als Ergebnis W = 5. Das CY-Flag ist aber nicht gesetzt, weil es einen Übertrag gab. Also würde die Zeile BNC das Programm wieder nach WUNTIL zurückführen.

Für den Fall, daß Sie noch Probleme mit der Verwendung des CY-Flags bei der Subtraktion haben, fügen wir an dieser Stelle eine kleine Beispieltabelle an:

TMR0	EVENT	TMR0-EVENT	CY
10H	20H	0F0H	0
20H	10H	10H	1
80H	90H	0F0H	0
90H	80H	10H	1
0F0H	20H	0D0H	1
20H	0F0H	30H	0

Hier stellt sich also die Frage, bis zu welchem Wert kann man sagen, der TMR0 hat den Wert EVENT überschritten? Die Antwort auf diese Frage ist ungefähr so eindeutig wie die, ob man sich zu einem Zeitpunkt vor oder nach dem Essen befindet.

Wir werden den Überschreitungsbereich des Timers, der noch als **nach EVENT** gilt, als **Event-Bereich** bezeichnen. Die Länge dieses Bereiches nennen wir TDEL (von

»delayed« abgeleitet). Ist TDEL zu klein, riskieren wir, einen Zeitpunkt zu verpassen. Er muß also mindestens 5 Befehlszyklen lang sein. Sollte die Gefahr eines verspäteten Ankommens an der Abfrage groß sein, dann muß man den Bereich entsprechend groß wählen. Bei der Bedienung einer Aufgabe ist es nicht so, wie bei einer verspäteten Ankunft zu einem Rendezvous. Ist eine gewisse Zeit überschritten, geht der Wartende nach Hause. Die Aufgabe aber muß in jedem Fall erledigt werden.

Andererseits darf man TDEL aber auch nicht zu groß wählen, da man sonst das Ereignis unsinnig oft erfaßt.

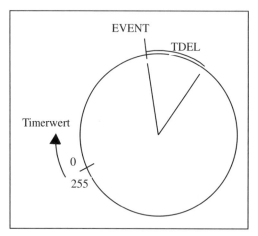

Abbildung 2.1: Timerüberlauf außerhalb des Event-Bereich

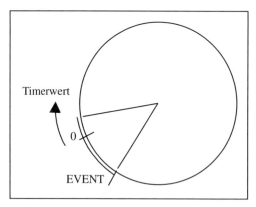

Abbildung 2.2: Timerüberlauf im Event-Bereich

Um nicht zu abstrakt zu bleiben, wählen wir im folgenden für TDEL den WERT 10H, was oft ein guter Kompromiß ist. Nun stellt sich die Frage, wie man programmtechnisch den zugehörigen Event-Bereich erfaßt. Wie wir oben gesehen haben, ist die Abfrage mit dem CY-Flag dann nicht geeignet, wenn der Event-Bereich über den Wert 255 hinausgeht. Die Differenz TMR0 – EVENT ist aber eine positive Zahl, die kleiner ist als 10H, falls TMR0 im Eventbereich liegt, auch dann, wenn EVENT sich im Bereich unter 255 befindet und TMR0 etwas über 0 liegt.

Wir müssen jetzt eigentlich von dieser Differenz noch einmal 10H subtrahieren und dann das CY-Flag abfragen. Wir verwenden aber meist eine elegantere Methode. Falls nämlich TDEL eine Zweierpotenz ist, wie z.B. 10H, können wir dieses umständliche Verfahren umgehen. Wenn

```
        W = TMR0 - EVENT
```

ist, läßt sich die Abfrage, ob W kleiner ist als 10H, einfach durchführen, indem man die niedrigsten 4 Bits von W löscht mit dem Befehl

```
        ANDLW   0F0H.
```

Für alle Werte W < 10H ist das Ergebnis 0.

Die obige Schleife lautet damit

```
WUNTIL  MOVF    EVENT,W
        SUBW    TMR0,W
        ANDLW   0F0H            ; Ergebnis=0, wenn W<10H
        BNZ     WUNTIL
```

Zeiterfassen ohne TIMER

Die Programmzeilen WUNTIL benötigen insgesamt 6 Befehlszyklen. Wenn man an die Stelle SUBWF TMR0 gerade zu einem Zeitpunkt kommt, an dem das Ereignis noch nicht eingetroffen war, kommen wir das nächste Mal also erst wieder 6 Befehlszyklen später an diese Stelle, d.h., die Erfassung ist nur bis auf 6 Befehlszyklen genau. Es gibt genügend viele Fälle, in denen diese Genauigkeit nicht ausreicht.

Ein ernstzunehmender Ausweg ist es, die Zeitschleife so zu gestalten, daß sie immer eine feste Anzahl von Befehlszyklen dauert. Als Dienstleister wissen wir, wie bitter ernst es vielen Kunden mit dem Wunsch nach einem sehr preisgünstigen µController ist. Die Methode des Befehlezählens ist nun einmal die genaueste, wenn sie auch ihre Grenzen hat. Die Erhöhung der Taktfrequenz für eine größere Genauigkeit erscheint uns dagegen als kein standesgemäßer Lösungsansatz.

Die Event-Methode

Bei den meisten Zeitereignissen handelt es sich um Aufgaben, welche in gleichen oder veränderlichen Zeitabständen wiederholt werden müssen. Wir wollen die Länge der Zeitabstände, gemessen in Timerwerten mit TDIFF bezeichnen. Wenn der Timer den Wert EVENT überschritten hat, wird die zu diesem Zeitpunkt auszuführende Aufgabe erledigt, und die Variable EVENT wird um TDIFF erhöht, um den Zeitpunkt für die nächste Bedienung zu setzen. Der Timer bleibt dabei unberührt!

Wir werden uns auf dieses Verfahren als **Event-Methode** beziehen.

Man muß dabei darauf achten, daß EVENT nach der Addition von TDIFF den vorigen Eventbereich verläßt, da sonst das Ereignis sofort wieder als eingetreten gilt, obwohl der Timer sich noch gar nicht vom Fleck gerührt hat. Das bedeutet, daß

```
TDIFF > TDEL
```

sein muß. Es muß aber auch gewährleistet werden, daß der neue Wert von EVENT nicht »hintenherum« wieder in den Eventbereich hineingerät, d.h. es muß

```
TDIFF < 256 - TDEL
```

sein.

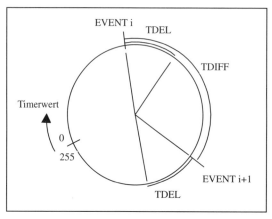

Abbildung 2.3: Lage des nachfolgenden Eventbereiches

Die zweite Bedingung kann dadurch umgangen werden, daß man ein Flag setzt, wenn nach dem Erfassen eines Ereignisses der Timer mindestens einmal den Event-Bereich verlassen hat. Nur wenn dieses Flag gesetzt ist, wird das Ereignis wieder erfaßt. Nach Eintreten des Ereignisses wird das Flag gelöscht. Diese Methode verwendet man besonders dann, wenn TDIFF = 256, d.h., wenn der Timer-Überlauf der zu erfassende Zeitpunkt ist. Mit diesem Sonderfall befassen wir uns jetzt ausführlich.

Timer-Überlauf erfassen

Ein Überlauf ist durch einen Wechsel des Bit 7 von High nach Low gekennzeichnet. Will man ein solches Ereignis abfragen, muß man erstens prüfen, ob Bit 7 des Timers = 0 ist und zweitens, ob bei der vorigen Abfrage dieses Bit = 1 war.

Für den vorigen Zustand dieses Bits benötigt man ein Flag, welches wir im folgenden Assemblerteil TOVER mit STEUER,T7 bezeichnen wollen.

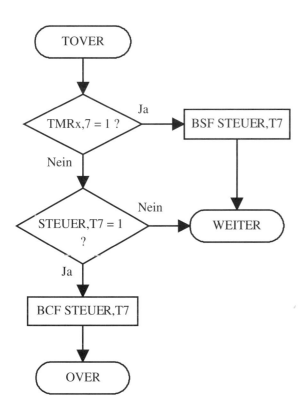

Abbildung 2.4: Erfassung des Timerüberlaufs

Den Namen TOVER für den folgenden Programmteil, werden wir in den Anwendungen noch öfter benutzen. Er kommt am Label OVER immer dann, wenn beim vorigen Aufruf das Bit 7 des Timers High war, und beim jetzigen Low. Wir verwenden diesen Programmteil jedoch nicht als Makro oder Unterprogramm, sondern nur als Mustertext, da sich das Umfeld immer anders darstellt.

58 Kapitel 2

```
TOVER   BTFSS   TMR0,7
        GOTO    TLOW
        BSF     STEUER,T7
        GOTO    WEITER          ; kein Überlauf
TLOW    BTFSC   STEUER,T7
        GOTO    WEITER
        BCF     STEUER,T7
OVER    ...                     ;Überlauf
WEITER  ....
```

Natürlich kann man dieses Programmfragment genauso für beliebige andere Bits eines Timers verwenden, oder eines sonstigen Ereigniszählers.

2.7.2 Zeitschleifen

Bei der obigen WUNTIL-Schleife geht man davon aus, daß das Programm hinreichend pünktlich an die Stelle WUNTIL kommt und dort verharrt, bis der TMR0 den Wert EVENT erreicht oder überschritten hat. Das gesamte übrige Programm wird zwischen zwei solchen Warteschleifen ausgeführt. Eine solche Programmschleife nennen wir eine **getaktete Schleife (synchrone Schleife)**.

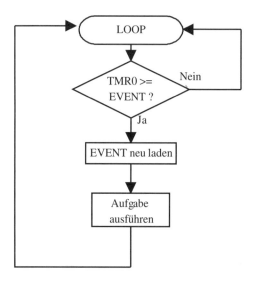

Abbildung 2.5: Synchrone Zeitschleife

Eine getaktete Schleife kann man immer dann anwenden, wenn ein Ereignis den gesamten Takt des Programms bestimmen kann. Andere Zeitereignisse müssen dabei entweder mit Sicherheit nach dem taktgebenden Ereignis kommen, oder sie sind in Abständen von Vielfachen des Zeittaktes zu bearbeiten, da ja die WUNTIL-Schleife alle anderen Tätigkeiten über mehr oder weniger lange Zeit blockiert.

Getaktete Zeitschleifen können zu einem sehr schön geordneten Programmablauf führen. Mit einem einzigen Timer lassen sich mit dieser Technik große Mengen unterschiedlicher Ereignisse abarbeiten.

Ein Beispiel wäre die Bedienung eines Schrittmotors und zusätzlich dazu eine Ausgabe von blinkenden Anzeigen, eine Akku-Überwachung und noch die Verwaltung der Echtzeit. In diesem Falle dürfte der Schrittmotor den Takt angeben. Seine Frequenz muß dabei wegen der Echtzeit ganzzahlig sein. Die Zeiten für die Anzeige und die Akku-Überwachung sind nicht zeitkritisch. Sie können so gewählt werden, daß sie Vielfache der Motorschritte sind.

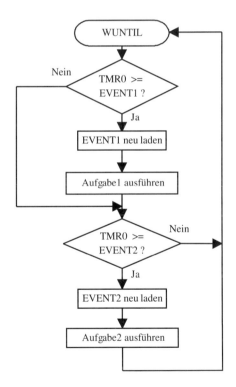

Abbildung 2.6: Asynchrone Zeitschleife

Wenn mehrere Zeitereignisse nicht durch einen gemeinsamen Grundtakt abgearbeitet werden können, werden sie als **asynchron** zueinander bezeichnet. Eine Schleife, die mehrere asynchrone Ereignisse erfassen muß, darf natürlich nicht auf ein Ereignis warten, sondern muß abwechselnd abfragen, ob der eine oder der andere Zeitpunkt erreicht bzw. überschritten ist. Die Abfragen sind jetzt nicht mehr vom Typ »Warte bis«, sondern »Prüfe ob«.

```
CHECK1   MOVF    EVENT1,W
         SUBWF   TMR0,W
         ANDLW   0F0H            ; ZR, wenn W<16
         BZ      CHECK2
         MOVLW   TDIFF1
         ADDWF   EVENT1
         .....                   ; Bediene Ereignis1
CHECK2   MOVF    EVENT2,W
         .....
```

Hier stehen wir also zu dem zu erreichenden Zeitpunkt nicht mehr Gewehr bei Fuß, sondern durch das abwechselnde Abfragen und Bedienen der jeweils anderen Aufgabe können bei Erreichen der Zeitabfrage schon größere Verspätungen eintreten als bei der getakteten Schleife. Man sollte dabei natürlich nichts dem Zufall überlassen, sondern ausrechnen, wie spät man im ungünstigsten Fall bei der Abfrage ankommt.

Zeitschleifen mit Interrupt

Wenn man ein Zeitereignis mit einem Interrupt erfaßt, wird man natürlich nicht die ganze Bedienung des Zeitereignisses in den Interrupt packen, sondern nur den zeitkritischen Teil. Als Beispiel betrachten wir den Fall, daß man zu einem bestimmten Zeitpunkt Pulse an einen Motor auszugeben hat und anschließend das Bitmuster für den nächsten Motorschritt errechnen muß. Der zeitkritische Teil ist das Ausgeben der Motorsignale. Die Berechnung der nächsten Motorsignale kann unter Umständen ein längeres Programm sein, welches wir im Hauptprogramm durchführen wollen. Dem Hauptprogramm muß daher nach jedem Interrupt Mitteilung gemacht werden, daß die letzten Motorsignale ausgegeben wurden und es nun neue bereitstellen muß. Man realisiert diese Mitteilung derart, daß man ein Bit (Visitenkarte) in einer Steuervariablen setzt, welches dann vom Hauptprogramm wieder zurückgesetzt wird.

Die Hauptprogrammschleife kann also genauso aussehen, wie bei der Erfassung ohne Interrupt, getaktet oder asynchron, nur mit dem Unterschied, daß in diesem Falle nicht das Zeitereignis selbst abgefragt wird, sondern die Visitenkarte des Interrupts.

Jede Interruptquelle kann als Taktereignis fungieren, z.B. Timerüberlaufinterrupt, Compareinterrupt, TMR2-Reloadinterrupt.

2.7.3 Zeitberechnungen

Wenn in einer Anwendung Zeiten zu erfassen sind, dann liegen die gegebenen Zeiten meist in Form von Bruchteilen von Sekunden oder in Form von Frequenzen vor. Vor der Programmplanung müssen einige Rechenaufgaben durchgeführt werden. Meist liegt die Oszillatorfrequenz durch die Art der Anwendung schon fest, oder ist zumindest als vorläufig vorgegeben zu betrachten. Als erstes sind zunächst die geeigneten Vorteiler bei gegebener Oszillatorfrequenz zu ermitteln. Die entsprechenden Timerwerte sind dann bei gegebenem Vorteiler auszurechnen.

Wir haben die Angewohnheit, bei solchen Berechnungen die Frequenzen der Anwendung immer in Zeiten (µsek, msek oder sek) umzurechnen. Das hat nur einen psychologischen Sinn, da wir beim Programmieren in Zeitabschnitten denken.

Berechnungsformel

Es gibt eine einzige Grundformel für die Zeitberechnungen. Wir raten Ihnen, sie sich zu merken:

$$\text{TMRX} = (\text{FTIM} / \text{VT}) * \text{ZEIT}$$

Dabei ist FTIM die Oszillatorfrequenz des Timers. Wenn der Timer durch die innere Oszillatorfrequenz getaktet wird, dann ist FTIM = FOSC/4. Mit VT bezeichnen wir den Vorteiler, TMRX ist der Zuwachs des Timerwertes in der Zeit, welche wir mit ZEIT bezeichnen.

Beispiel 1:

Für eine Anzeige wollen wir ein Zeitintervall von ZEIT = 5 msek mit dem TMR0 erfassen. Die Oszillatorfrequenz des PIC16 sei 4 MHz, und der TMR0 läuft mit dem internen Befehlstakt, d.h. FTIM = 1 MHz. Der Vorteiler sei 16.

Achten Sie bei der obigen Formel auf die Zehnerpotenzen, die in den Einheiten MHz und msek stecken! Wir erhalten TMR0 = (1000000/16)*(5/1000) = 312.5. Man erkennt, daß mit dem Vorteiler von 16 das Zeitintervall von 5 msek nicht ohne Erfassung des Überlaufs gezählt werden kann. Der Vorteiler müßte für diesen Fall 32 sein. In 5 msek würde der TMR0 dann 156.25 Mal inkrementiert. Wenn man diese Berechnung für die Event-Methode zugrundelegen würde, müßte man TDIFF durch 156 nähern.

Wenn die Ungenauigkeit, die durch das Runden entsteht, nicht akzeptiert werden kann, gibt es noch die Möglichkeit, jedes vierte Mal den Wert für TDIFF auf 157 zu setzen.

Beispiel 2:

Wir möchten berechnen, welcher Vorteiler zu wählen ist, damit die 5 msek ohne Erfassung von Überläufen gezählt werden können, wenn die Oszillatorfrequenz 10 MHz beträgt.

In diesem Fall ist FTIM = 2.5 MHz. Jetzt ist VT gesucht. Wir setzen TMRX gleich dem größten erlaubten Wert, nämlich 256, und erhalten 256 = (2,5*1000000/VT)* (5/1000). Nach dem Kürzen ergibt dies 256 = 12500/VT, woraus wir VT = 12500/256 = 48,828 ermitteln. Wir müssen natürlich den nächstgrößeren möglichen Vorteiler wählen, nämlich VT = 64. Wiederum eingesetzt in die Formel TMRX = 12500/64 ergibt sich für TMRX = 195,3. Wenn wir dies durch den ganzzahligen Wert 195 nähern, erhalten wir einen Fehler von etwa 0,15%. Ob dies zu tolerieren ist, hängt von der jeweiligen Anwendung ab.

Typische Werte für den 4 MHz-PIC16

Wir erinnern noch einmal daran, daß der Befehlstakt und Timertakt ein Viertel des Oszillatortaktes sind. Daher gelten für eine Oszillatorfrequenz von 4 MHz folgende einfache Grundbeziehungen:

- Ein Befehlzyklus dauert 1µsek.
- TMR0 kann bis ca. 65 msek zählen
- TMR1 kann bis etwa 0,5 sek zählen

TMR0 hat einen maximalen Vorteiler von 256. TMR1 ist ein Zwei-Byte-Zähler, der aber nur einen Vorteiler von maximal 8 erlaubt. Damit beträgt die maximale Zeit, die man mit diesem Zähler erfassen kann, 256*256*8 µsek, das ist etwa eine halbe Sekunde.

Typische Zeiten, mit denen man in der Praxis oft zu tun hat, liegen im Bereich von ein bis zehn Millisekunden. Sie werden auch von einem 4MHz PIC16 als langsame Vorgänge betrachtet. Beispielsweise erfolgt die Bedienung einer LCD-Anzeige im Multiplexbetrieb alle 5 msek. In dieser Zeit kann der PIC16 5000 Befehlszyklen abarbeiten.

Gleichzeitig einen Schrittmotor zu bedienen, der etwa alle 3000 µsek einen neuen Halbschritt bekommt und zwischen zwei Schritten noch einfache Rampenberechnungen braucht, ist für ihn auch kein Zeitproblem.

Eine serielle Schnittstelle mit 9600 Baud würde dem 4 MHz PIC16 zwischen zwei Bits noch etwa 100 Befehle übriglassen.

2.7.4 Genauigkeit

Die Genauigkeit, mit der man ein Ereignis ohne Interrupt erfaßt, hängt also davon ab, mit wieviel Verspätung man im ungünstigsten Fall an eine Abfrage kommt. Käme man immer gleichviel zu spät, würde das in der Regel wenig ausmachen, da es sich ja meist nur um die Abstände der Zeiten handelt. Wenn man aber einmal etwas weniger, ein anderes mal etwas mehr verspätet ankommt, sind die Abstände unregelmäßig, und man hat bei jeder konkreten Anwendung zu prüfen, wieviel an Ungenauigkeiten dieser Art tolerierbar ist. Bei einer großen Anzahl von Anwendungen fallen die unregelmäßig variierenden Zeitabstände nicht so schwer ins Gewicht.

Systematische Zeitfehler entstehen beispielsweise, wenn man den Wert von TDIFF runden muß. Im oben genannten Berechnungsbeispiel erhielten wir 156,25 für 5 msek. Wenn man dies durch den ganzzahligen Wert 156 nähert, hat man zwar nur einen relativen Fehler von etwa 0,16% gemacht, aber die Ungenauigkeit summiert sich mit jedem Zeitschritt. Es gibt Anwendungsfälle, in denen dies nicht akzeptabel ist. Ein Fehler, der sich summiert, entsteht auch, wenn man bei Erreichen von EVENT den TMRX löscht und danach wieder auf den gleichen Wert EVENT abfragt. Das Abfragen dauert einige Zyklen, und darüber hinaus wird beim Löschen eines Timers automatisch auch der Vorzähler gelöscht, so daß dieses Verfahren zu immer verlängerten Zeitzyklen führt.

An einigen Beispielen demonstrieren wir die typischen Situationen:

- Beim Erfassen der Echtzeit ist eine verspätete Erfassung meist nicht tragisch. Der aktuelle Wert der Echtzeit ist ja nur dann von Bedeutung, wenn sie von einem Programmteil abgefragt wird. Verspätungen, die sich addieren, würden bald zu einer falschgehenden Uhr führen. Selbst Ungenauigkeiten von einem »tausendstel« Prozent führen zu fast einer Sekunde Fehler pro Tag, was in der heutigen Zeit den Ansprüchen an eine präzise Uhr nicht mehr genügt.

- Bei einer seriellen Kommunikation kann man innerhalb eines Bits ruhig 10% Zeitabweichung verkraften. Wenn sich diese Fehler jedoch summieren, dann wären es beim zweiten Bit schon 20%, und vor Erreichen des achten Bits wäre man schon längst aus dem gültigen Bereich heraus (Framing error).

- Ein weiteres Beispiel ist die Bedienung eines Schrittmotors. Hierbei ist es ratsam, nicht allzu großzügig mit Unregelmäßigkeiten bei den einzelnen Schritten zu sein, auch wenn diese sich nicht summieren. Die Ansprüche an die Genauigkeit sind dabei vom verwendeten Motor und von der Art der Anwendung abhängig.

2.7.5 Brainware contra Hardware

Wenn man aus Kostengründen mehrere Zeitprozesse ohne entsprechende Hardwaremodule nur mit einem TMR0 erledigen muß, kann das Programmieren des PIC16 richtig Spaß machen. Man muß von allen möglichen Tricks Gebrauch machen. Wenn es darum geht, aus einem PIC16C5X das letzte herauszuholen, darf man sich auch nicht scheuen, Zeiten durch Abzählen von Befehlszyklen zu erfassen. Falls Ihnen solche Techniken steinzeitlich vorkommen, dann denken Sie einmal darüber nach, wieviel Geld durch einige Stunden Nachdenken gespart werden kann, wenn Sie bei einem in zigtausend Stückzahlen produzierten Gerät einen PIC16C55 anstatt eines PIC16C65 einsetzen können.

Beispiel: Rechteckimpuls

Im folgenden Beispiel wollen wir an einem Ausgangspin ein Rechtecksignal von 12,5 kHz erzeugen. Das entspricht einer Periodendauer von 80µsek. Dazu müssen wir das Bit alle 40 µsek toggeln. Das Toggeln eines Pins geschieht am einfachsten, indem man den Ausgabeport, den wir PUPORT nennen wollen, mit einem Maskenbyte »x-odert«. Das Maskenbyte nennen wir PUMASK, seine Bits sind alle 0, außer demjenigen an der Stelle des Pulspins.

Wir nehmen einen Timerzyklus von 1 µsek an. Den Vorteiler wählen wir gleich 1. Damit erhöht sich der TMR0 in 40 µsek um den Wert 40. Ein höherer Vorteiler ist für diese Aufgabe nicht nötig. Er würde nur die Auflösung des Timers verschlechtern und außerdem bei einer Änderung der geforderten Frequenz vielleicht wieder geändert werden müssen. Die Variable EVENT wird benutzt, um den Zeitpunkt für das nächste Toggeln zu speichern. Sie wird jedesmal nach Erreichen um 40 erhöht. Die Programmfolge lautet dann:

```
WUNTIL  MOVF   EVENT,W
        SUBWF  TMR0,W
        ANDLW  0F0H       ; TDEL = 10H
        BNZ    WUNTIL
        MOVLW  TDIFF      ; TDIFF  EQU  .40 am Kopf des Programms
        ADDWF  EVENT
        MOVLW  PUMASK     ; Toggeln
        XORLW  PUPORT
WEITER  ...    ;          ; Platz für weitere Aufgaben
        ...
        ...
        GOTO   WUNTIL
```

Da die Abfrage bei WUNTIL 6 Befehlszyklen dauert, ist eine maximale Verspätung von 5 Befehlszyklen möglich. Wenn man sich bei einer Abfrage abwechselnd um diese 5 Zyklen verspätet, bei der nächsten aber pünktlich ist, was durchaus vorkommen kann, dann dauert der Puls abwechselnd 35 µsek und 45 µsek anstatt 40 µsek. Das sind Abweichungen um ±12,5%, die nur von wenigen Anwendungen zähneknirschend akzeptiert werden können. Die Lösung mit einem schnelleren Quarz ist auch nicht das Ei des Columbus, zumal bei doppelter Frequenz die Ungenauigkeit immer noch ±6,25% beträgt.

Wenn man jedoch bedenkt, daß die Schleife beim 4 MHz-Takt nur 40 Befehlszyklen lang ist, lädt die Aufgabe zu einer gezählten Schleife ein.

Wenn die Programmteile, die mit WEITER angedeutet wurden, zwar zeitunkritisch, aber länger als 40 Befehlszyklen lang sind, dann wird es sicher einen Weg geben, diese Aufgaben in kleinere Brocken zu zerlegen. Die drei Worte »das geht nicht« kamen in vielen Jahren noch nicht oft vor. Wenn WEITER zu kurz ist, fügen wir eine Warteschleife ein.

Weitere Aufgaben zusätzlich zum 12,5kHz-Puls

Nun nehmen wir an, daß zusätzlich noch ein Schrittmotor mit 360 Hz zu bedienen ist. Bei 360 Hz beträgt die Schrittdauer 2778 µsek. Wir betrachten wieder zunächst die Lösung mit dem TMR0. Die Schrittdauer von 2778 können wir mit dem TMR0 bei einem Vorteiler von 1 nicht zählen, auch nicht, wenn wir uns bezüglich des Vorteilers auf den maximal für 40 µsek zulässigen Wert von 8 heraufhandeln ließen.

Das einfachste Verfahren wäre, die Schrittweite des Motors geringfügig zu verändern, so daß sie ein ganzes Vielfaches von 40 µsek wird. Das wäre im vorliegenden Falle eine aufgerundete Schrittweite von 2800. Der Rundungsfehler beträgt etwa 0,8 Prozent. Wenn dies zulässig ist, wird man alle 70 Halbperioden einmal den Schrittmotor bedienen. Wir führen eine Zählvariable PCOUNT ein, welche Modulo 70 abwärts zählt. Immer wenn sie auf 0 heruntergezählt ist, wird sie wieder mit 70 geladen, und der Motor wird bedient.

```
WEITER  DECFSZ  PCOUNT
        GOTO    WUNTIL
        MOVLW   RELOAD          ;RELOAD = 70
        MOVWF   PCOUNT
        CALL    NEXTSTEP        ;gibt nächsten Motorschritt aus
        GOTO    WUNTIL
```

Wenn der Rundungsfehler von 0,8 Prozent in der gegebenen Anwendung nicht statthaft ist, dann gibt es noch die Möglichkeit, den Wert PCOUNT abwechselnd einmal mit 70 und einmal mit 69 zu laden. Dann hat man eine mittlere Schrittweite von 69,5 * 40 µsek = 2780 µsek. Ob solch eine Korrektur statthaft ist, muß immer im Hinblick auf die jeweilige Anwendung geprüft werden. Das abwechselnde Auf-

und Abrunden kann zum Beispiel beim Auffrischen einer LCD-Anzeige zum Aufbau einer Gleichspannung führen, der man unbedingt durch rechtzeitiges Entladen entgegenwirken muß. Andererseits macht es der LCD-Anzeige nichts aus, wenn sie einige Hz schneller oder langsamer bedient wird.

Vom gesamten Zeitaufwand gibt es keine Probleme. Das Unterprogramm NEXTSTEP, über das wir bei der Anwendung Schrittmotor sprechen werden, braucht nur etwa 7 Befehlszyklen, so daß wir problemlos rechtzeitig wieder bei WUNTIL ankommen. Wir haben sogar noch für ein paar weitere Kleinigkeiten Zeit, z.B. die Abfrage eines Schalters oder eine einfache Rampenberechnung für den Schrittmotor.

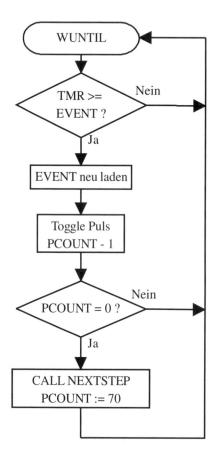

Abbildung 2.7: Getaktete Zeitschleife

Bezüglich der Genauigkeit des 12,5-kHz-Pulses hat sich in diesem Fall nichts geändert. Da wir auch mit dem Schrittmotor-Programm rechtzeitig an der Zeitabfrage ankommen, geht die Ungenauigkeit alleine auf das Konto der Zeitabfrageschleife. Ein Abzählen würde hier genauso Abhilfe schaffen, wie im Falle ohne den Schrittmotor. Das Zählen wird ein wenig mühsamer, weil man eine Fallunterscheidung zu treffen hat, je nachdem, ob der Motor zu bedienen ist oder nicht.

Ausgabe zweier Pulse unterschiedlicher Frequenzen

Jetzt wollen wir annehmen, daß zusätzlich zu dem 12,5-kHz-Signal noch eine Puls von 10 kHz zu erzeugen ist. Hier handelt es sich um einen Vorgang, der im Gegensatz zum Schrittmotor von der gleichen Größenordnung wie der 12,5-kHz-Puls ist. Die Zeit, in welcher der zweite Puls getoggelt werden muß, beträgt 50 µsek. Diese Zeit läßt sich mit Hilfe einer zweiten EVENT-Variablen erfassen. Beachten Sie bitte, daß Sie jetzt die beiden Zeiten abwechselnd abfragen müssen und daher nicht mehr die »Warten bis TMR0 > EVENT«-Methode, sondern die »Prüfen ob TMR0 > EVENT«-Methode anwenden müssen:

```
PRUEF1  MOVF    EVENT1,W
        SUBWF   TMR0,W
        ANDLW   0E0H            ;TDEL = 20H
        BNZ     PRUEF2
        MOVLW   .40
        ADDWF   EVENT1
        MOVLW   PUMASK1         ; Toggle Puls1
        XORWF   PUPORT
PRUEF2  MOVF    EVENT2,W
        SUBWF   TMR0,W
        ANDLW   0E0H            ;TDEL = 20H
        BNZ     WEITER
        MOVLW   .50             ;Bediene zweite Aufgabe
        ADDWF...EVENT2
        MOVLW   PUMASK2         ;Toggle Puls2
        XORWF   PUPORT
        GOTO    PRUEF1
```

Das ist zwar ein schönes Beispiel für eine asynchrone Schleife, jedoch kommt die Abfrage für den ersten Puls erst nach 18 Zyklen wieder, wenn man sie gerade verpaßt hat. Dem zweiten Puls geht es nicht besser.

68 Kapitel 2

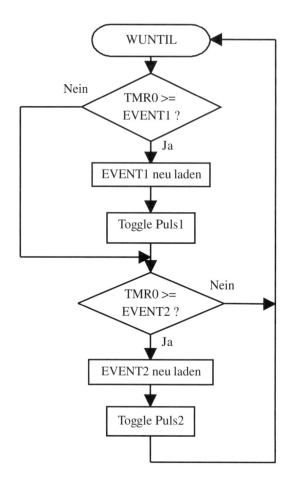

Abbildung 2.8: Asynchrone Zeitschleife

Eine Lösung lautet hier: fünf Programme der Länge 40 μsek (durch Abzählen) zu installieren, welche den ersten Puls am Anfang toggeln, und den zweiten jeweils 10 μsek später. In der letzten Schleife kommt das Toggeln des zweiten Pulses gar nicht vor.

Im folgenden Beispiel nehmen wir an, daß Puls1 am Pin 0 und Puls2 am Pin 1 des PortB liegen. PUMASK1 = 1 und PUMASK2 = 2.

Die als WAI_xx bezeichneten Zeilen sollen keine Makros sein, sondern symbolische Bezeichnungen für Warteprogramme von xx Befehlen. Diese können dabei noch nützliche Programmteile enthalten.

```
LOOP    MOVLW   3               ;Puls1+2
        XORWF   PUPORT
        WAI_38
        MOVLW   1               ;Puls1
        XORWF   PUPORT
        WAI_8
        MOVLW   2               ;Puls2
        XORWF   PUPORT
        WAI_28
        MOVLW   1               ;Puls1
        XORWF   PUPORT
        WAI_18
        MOVLW   2               ;Puls2
        XORWF   PUPORT
        WAI_18
        MOVLW   1               ;Puls1
        XORWF   PUPORT
        WAI_28
        MOVLW   2               ;Puls2
        XORWF   PUPORT
        WAI_8
        MOVLW   1               ;Puls1
        XORWF   PUPORT
        WAI_38
        GOTO    LOOP
```

Wenn nun unser Kunde kommt und sagt, er möchte statt des 10-kHz-Taktes doch lieber einen 11,5-kHz-Takt haben, müssen wir noch einmal heimgehen zum Nachdenken. Programmkonstruktionen wie die obige sind immer nur Einzellösungen für große Stückzahlen. Nur die Idee gehört ins Repertoire, nicht das Programm.

2.8 Der Umgang mit dem Assembler

Alle in diesem Buch vorgestellten Programme und Programmteile sind in der Syntax des von Arizona Microchip auf dem BBS (Bulletin Board System) kostenlos verbreiteten Assemblers »MPASM« geschrieben. Neben diesem gibt es noch Assembler von Drittanbietern, wie z.B. Parallax und UCASM (von Elektronikläden und Wilke Technology vertrieben) und diverse Sharewareassembler.

Bezüglich anderer Assembler und sonstiger Tools, möchte ich Sie auf das Kapitel 7 (Programmiersprachen und Entwicklungssysteme) verweisen.

Ein Assembler übersetzt den Quellcode Zeile für Zeile, entdeckt Fehler gegen die Syntaxregeln und legt Listen von allen im Quellcode benutzten Namen an. Dem Assembler müssen daher außer dem Programm auch noch weitere Mitteilungen gemacht werden, welche man Assembleranweisungen nennt. Die Assembleranweisungen des MPASM entsprechen den üblichen Gepflogenheiten. Wir werden über diese Anweisungen nur soweit sprechen, wie sie für die Anwendungen in diesem Buch von Bedeutung sind.

2.8.1 EQU-Anweisung

Wenn Sie bereits Programmiererfahrung in Assembler auf dem PC haben, fragen Sie sich vielleicht, warum der PIC16-Assembler MPASM keine DEFINE-BYTE-Anweisung besitzt. Der Grund dafür ist einfach: Die PC-Anweisung »DB« lädt die betreffende RAM-Variable mit einem vorgegebenen Wert, was in dem Moment geschieht, wo das Programm gestartet wird. Dabei handelt es sich bereits um die Ausführung von Programmschritten, welche von der übergeordneten Organisation des PCs durchgeführt wird. Dem PC steht für solcherlei Aufgaben Speicherplatz zur Verfügung, der außerhalb des Bereiches liegt, den Sie für Ihr Programm beanspruchen. In einem µController arbeitet man zur Zeit aber in der Regel ohne internes Betriebssystem, da dieses Platz wegnimmt und man selbst bei komplexen Programmen auch ganz gut ohne ein solches auskommt.

Folglich deklarieren Sie die Variablen mit einer EQU-Anweisung, wobei Sie dem Variablennamen einen Wert zuordnen, welcher seine Adresse im RAM hat. Formal gibt es also keinen Unterschied zwischen der Deklaration einer Konstanten und einer Variablen. Dennoch ist dringend anzuraten, im Deklarationsteil Variablen und Konstanten getrennt aufzuführen und sie auch gut zu kommentieren. Wenn man die Variablen in der Reihenfolge ihrer Adressen deklariert, riskiert man nicht, eine Adresse versehentlich zweimal zu vergeben.

Ob ein deklarierter Name als Konstante oder als Variable gilt, wird nur durch den Befehl entschieden, in dem der Name benutzt wird. Der Assembler wird sich nicht aufregen, wenn Sie den gleichen Namen einmal in einer MOVF-Anweisung und ein anderes Mal in einer MOVLW-Anweisung benutzen. Sinnvoll ist dies in der Regel dann, wenn Sie die Adresse einer Variablen in das Zeigerregister FSR laden.

Nehmen wir an, Sie haben eine Variable namens QUELLE. Sie deklarieren diese Variable beispielsweise mit:

```
QUELLE    EQU    20H
```

Damit haben Sie der Variablenquelle die Adresse 20H zugeordnet.

Die Anweisung MOVF QUELLE,W bringt den Inhalt des File-Registers 20H in das W-Register, während die Anweisung MOVLW QUELLE das W-Register mit 20H lädt. Der Assembler wird also keine Meldung wie »Type mismatch« bringen.

Denken Sie auch daran, daß Sie jeder Variablen, bevor Sie sie zum ersten Mal benutzen, im Programm einen Anfangswert zuordnen müssen. Die normalen File-Register haben nach dem Reset keinen definierten Wert (einen sogenannten Resetvalue). Lediglich die Special-Function-Register haben zum Teil einen definierten Resetwert, welchen man aus dem Datenbuch entnehmen kann.

2.8.2 #DEFINE-Anweisung

Mit der #DEFINE-Anweisung kann man einen beliebigen String durch einen Namen ersetzen. Wir machen von dieser Anweisung im Zusammenhang mit der Bezeichnung von Bits gerne Gebrauch. Obwohl die Bit-Befehle, z.B. BSF, BCF, zwei Argumente haben (File-Register und Bitnummer), ist es trotzdem möglich, mit der #DEFINE-Anweisung den ganzen Ausdruck durch einen Namen zu ersetzen.

Wenn man z.B. einen Signalausgang hat, welcher an PortB,2 liegt, kann man diesen mit dem Namen SIGNAL benennen, wenn man im Deklarationsteil dies mit der Anweisung

```
#DEFINE SIGNAL    PORTB,2
```

vereinbart hat.

Die Frage ist, welchen Vorteil bzw. welchen Nachteil diese Benennung hat. Bei den Portpins handelt es sich um Signale, deren Namen für den Anwender eine feste Bedeutung haben. Für den Programmierer ist es nicht von großer Bedeutung, in welchem Port und an welchem Pin sich ein bestimmtes Signal befindet. Hinzukommt, daß die Pinbelegung sich im Verlaufe der Projektentwicklung noch ändern kann. Aus diesen Gründen machen wir in der Regel bei den Portpins von der #DEFINE-Anweisung Gebrauch.

Anders verhält es sich, bei den Bits, welche sich in Steuer- oder Fehlervariablen befinden. Hier kann es vorkommen, daß der Programmierer gerne wissen möchte, in welcher Variablen sich das entsprechende Bit befindet, woraus er erkennen kann, welche Bedeutung es hat. Es kommt auch sehr oft vor, daß man beim Programmerstellen einen Suchlauf nach Variablen wie STEUER oder FEHLER durchführt, was nicht funktionieren würde, wenn man die Benennung wie bei den Port-Signalen handhabt. Außerdem ist es manchmal praktisch, Bits aus verschiedenen Variablen mit gleichen Namen zu benennen. Deshalb werden wir bei Bits in normalen Registern die #DEFINE-Anweisung häufig nicht benutzen, sondern nur die EQU-Anweisung für die Nummer der Bits.

Beispiel:

```
        BSF     INTCON,GIE
```

Hier sieht man sofort, daß es um das Zulassen der Interrupts geht. Dazu kommt, daß jeder Entwickler diese Bits bei ihren Namen kennt und eine Umbenennung nur zu Verwirrungen führt.

2.8.3 Label

Label sind Namen für Programmadressen. Man benutzt sie meist dann, wenn man auf eine Programmzeile mit GOTO- oder CALL-Befehl verzweigen will. Die Namen der Label werden dadurch deklariert, daß man sie in die entsprechende Programmzeile vor den Befehl schreibt.

Wichtig ist dabei die folgende Regel:

> Label müssen in der ersten Spalte beginnen, dagegen dürfen Befehle oder Assembler-Anweisungen nicht in der ersten Spalte beginnen.

Diese Regel hat einen sehr wichtigen Sinn: Dem Assembler wird auf diese Weise signalisiert, daß es sich um einen Label handelt und nicht um einen Befehl. Ohne diese Regel würde er bei einem falsch geschriebenen Befehl glauben, es handle sich um einen Label, und folglich diesen Fehler nicht melden.

Die Namen von Labeln müssen mit einem Buchstaben oder einem Unterstrich beginnen. Innerhalb des Labels dürfen alphanumerische Zeichen, Unterstrich und Fragezeichen vorkommen. Label dürfen bis zu 31 Zeichen lang sein.

2.8.4 LIST-Anweisung

Mit der LIST-Anweisung werden dem Assembler verschiedene Mitteilungen über die Form des Listfiles gemacht. Die wichtigste Option dieser Anweisung ist die Deklaration des verwendeten Prozessors, welche aber auch mit der PROZESSOR-Anweisung durchgeführt werden kann. Auch das Ausgabeformat des HEX-Files wird mit einer Option festgelegt.

Option	Default	Tätigkeit
c = nnn	132	Spaltenbreite des LST-Files
n = nnn	59	Zeilen pro Seite
f = < Format >	inhx8m	HEX-Fileformat
p = < Typ >	kein Default	alle PIC16- und PIC17-Typen
r = < radix >	hex	hexadezimal, octal, dezimal

Auszug aus den LIST-Optionen

Falls Sie in Ihrem MPASM User's Guide nicht alle Optionen finden, fragen Sie nach der CD, die Arizona Microchip im 2.Quartal 1996 herausgab. Auf dieser CD werden Sie im Kapitel »Developement Systems User's Guides« die komplette Auflistung aller Optionen finden.

2.8.5 INCLUDE-Anweisung

Mit dieser Anweisung wird eine externe Datei geladen, die während des Assemblierens mit übersetzt wird. Die INCLUDE-Anweisung kommt genau an die Stelle im Programmtext, wo der externe Text hingehört. Die Stellung der INCLUDE-Anweisung ist ganz besonders wichtig, wenn damit der Programmcode für Unterprogramme und Tabellen eingebunden wird.

Im Programmkopf wird in der Regel mit dieser Methode eine Standarddefinitionsdatei eingebunden. Sinn und Zweck dieser Datei ist es, allgemeine Definitionen wie Namen von Special-Function-Registern, Bitnummern dieser Register und die Resetvektoren der PIC16C5X-Reihe vorab zu deklarieren. Bei den PIC16CXX ist der Resetvektor »000«.

Im Programmpaket »MPLAB« sind INCLUDE-Dateien für alle PIC16-Typen enthalten. Auch für PIC17-Typen und solche Controller von Arizona Microchip, die aus dem ASSP-Bereich kommen und völlig andere Bezeichnungen tragen, gibt es solche Includefiles.

Die Endung dieser Art von INCLUDE-Dateien ist üblicherweise ».INC« oder ».EQU«. Letztere weist auf den Inhalt hin, der natürlich aus einer Menge von EQU-Anweisungen besteht.

Da es für den MPASM noch keinen LINKER und keine Libraryverwaltung gibt, ist es oft praktisch, das Paket von Unterprogrammen, welches für ein Programmwerk benötigt wird, in einer INCLUDE-Datei abzulegen und durch den Assembler an den Anfang des Programmspeicherplatzes zu legen.

2.8.6 TITLE-Anweisung

Mit dieser Anweisung wird ein Ausdruck festgelegt, der beim LST-File auf jeder Seite erscheinen wird. Falls man verschiedene Versionen eines Programms hat, kann man den Titel oder den Platz darunter für Notizen verwenden, damit man beim Öffnen eines Programmtextes sofort sieht, welche besonderen Eigenschaften das jeweilige Programm hat.

2.8.7 ORG-Anweisung

Diese Anweisung teilt dem Assembler mit, an welche Programmspeicherzelle er das nächste Wort Programmcode legen soll. Im Programmspeicher kann nur Programmcode sein (siehe Architektur der PIC16 µController). Wenn Daten im EPROM-Speicher liegen, so sind sie in einen RETLW-Befehl eingebettet.

2.8.8 END-Anweisung

Wie üblich bei allen Assemblern, gibt es auch hier die END-Anweisung, die das Programm beendet. Alle Zeichen hinter dieser Anweisung werden nicht mehr berücksichtigt. Auch das ist eine Assembleranweisung, die nicht in der ersten Spalte beginnen darf. Wenn Sie das bis zum Ende Ihres Programms vergessen haben, macht das auch nichts. Mein MPASM hat das auch schon einige Male moniert.

2.8.9 FILL-Anweisung

Dieser Assemblerbefehl gibt dem Programmierer die Möglichkeit, alle unbenutzten Programmspeicherzellen mit einem bestimmten Wert zu füllen.

Die sinnvollste Nutzung dieser Anweisung ist, den unbenutzten Speicherbereich mit einem GOTO-Befehl zu füllen. In der Entwicklungsphase ist dies nützlich, falls man aufgrund eines Programmierfehlers an eine Stelle gerät, die man eigentlich nicht erreichen sollte. Wenn man den unbenützten Speicherbereich mit dem Code für »GOTO FORREST« füllt, muß nur der Label »Forrest« mit einem »NOP«-Befehl dahinter existieren, dann kann ein Breakpoint auf diese Adresse gelegt werden, und das Ereignis kann mit dem In-Circuit-Emulator sicher erkannt werden.

Auch in der endgültigen Version ist das Füllen mit einem GOTO Befehl aus Sicherheitsgründen sinnvoll, denn theoretisch kann aufgrund eines defekten Bits oder einer starken elektromagnetischen Einwirkung das Programm aus dem Tritt geraten. In diesem Fall kann man das Programm schnell wieder in einen sicheren Zustand bringen.

2.8.10 MACRO-Anweisung

Die MACRO-Anweisung ist ein wichtiges Mittel zur übersichtlichen Gestaltung der Quell-Datei. Der Programm-Text, der auf die MACRO-Anweisung folgt, wird als Textblock gespeichert. Dieser Textblock kann an jeder Stelle des Programms durch den Namen des Makros ersetzt werden. Ein Makro ist also die Vereinbarung eines Namens als Abkürzung für einen aus einer oder mehreren Zeilen bestehenden Programm-Textes. Das Ende dieses Programmtextes wird mit der Anweisung ENDM gekennzeichnet.

Wieviel Komfort dabei angeboten wird, hängt vom jeweiligen Assembler ab. In der heutigen Zeit kann man auf jeden Fall von einem ordentlichen Assembler erwarten, daß er symbolische Namen für Variablen, Konstanten und Label zuläßt, die erst beim »Aufruf« des Makros festgelegt werden. Symbolische Parameter schreibt man einfach hinter die MAKRO-Anweisung. Wenn es mehrere Parameter sind, werden sie durch Komma getrennt.

Wenn der Assembler den Namen eines Makros im Programm findet, fügt er an dieser Stelle das zum Makro gehörige Maschinenprogramm ein. Dabei setzt er an die Stellen, die durch symbolische Namen noch undefiniert blieben, die Werte ein, die am Ort des Aufrufes angegeben werden.

Ein Beispiel für eine MACRO-Anweisung

```
SERIN   MACRO   TRANS
        CLRF    TRANS
        ...                 ;
        ENDM
```

Ein Makro-Aufruf könnte lauten:

```
        SERIN   ZEICHEN
```

Dann wird die Registeradresse von ZEICHEN in den entsprechenden Maschinencode überall da eingefügt, wo Platz für die Registeradresse des symbolischen Parameters TRANS freigelassen wurde.

Lokale Label in Makros:

Wenn in Makros Label verwendet werden, müssen diese als lokale Label definiert werden. Diese geschieht mit der Anweisung »local«.

```
DELAY   MACRO   X
LOCAL   LOOP
        MOVLW   X
        MOVWF   COUNT
```

```
LOOP      DECFSZ   COUNT
          GOTO     LOOP
          ENDM
```

2.8.11 Beispiel: Programmgerüst

Um dem PIC16-Einsteiger zu vermitteln, wie er die Assembleranweisungen anzuwenden hat, und zu zeigen, wie ein komplettes Programmgerüst aussieht, haben wir das Skelett eines typischen Programms dargestellt.

```
          TITLE    "Monster Firmware V.1.13"
; Platz für Programmbeschreibung
          INCLUDE  "PICREG.INC"
          LIST     P=16C74,F=INHX8M
VAR1      EQU      20H                  ;Variablen- und Signaldefinitionen
          ...
#DEFINE SIGNAL     PORTB,0
;
MACRO     WUNTIL                        ;Macro-Definitionen
          ...
          ENDM
;
          ORG      0
          GOTO     INIT
          ORG      INTVECT              ;muß in PICREG.INC definiert sein
INTPROG   ...
          RETFIE
          INCLUDE  „MATHE.INC"          ;mathematische Unterprogramme
          INCLUDE  „DISP.INC"           ;Ausgabe-Unterprogramme
INIT      ...                           ;Hardwareinitialisierungen
          ...                           ;Variableninitialisierung
LOOP      WUNTIL
          ...
          GOTO     LOOP
          END
```

Beispiel für ein Programmgerüst

2.9 Die Verwendung von Makros

Wie ausgiebig man Gebrauch von Makros macht, hängt von einer Fülle von Umständen ab. Jemand, der immer ähnliche Problemkreise zu behandeln hat, wird sicher auf die Dauer ausgiebig mit Makros arbeiten. Man kann mit Hilfe der Verwendung von Makros aus der Assemblersprache eine Art Hochsprache entwickeln. Hier wollen wir nur ein paar Argumente für und wider die Verwendung von Makros aufführen.

2.9.1 Vor- und Nachteile

Es gibt eine Reihe von Gründen, warum man Makros verwendet. Der erste, aber bei weitem nicht der wichtigste ist die Bequemlichkeit. Man kann mit Hilfe von Makros eine ganze Menge Schreibarbeit sparen, vor allem deshalb, weil symbolische Namen der Parameter dabei automatisch durch die aktuellen Werte ersetzt werden. Wichtiger aber als die gesparte Schreibarbeit ist die Übersichtlichkeit des Programmes. Ein Programm liest sich sicher leichter, wenn beispielsweise an einer Stelle SERIN ZEICHEN steht, als wenn eine 20 Zeilen lange Prozedur zum seriellen Einlesen eines Wertes in die Variable ZEICHEN dort stünde.

Einen weiteren Grund für die Verwendung von Makros erkennen Sie an dem Beispiel BANK_1. Dieses Makro enthält beim PIC16CXX nur die einzige Zeile: BSF STATUS.5. Der Nutzen des Makros ist hier die Entlastung des Gedächtnisses von Einzelheiten: War es jetzt das STATUS-Register oder das FSR, und welches Bit war es auch noch?

Ein dritter Grund für die Verwendung eines Makros ist die Flexibilität. Es gibt viele Programmzeilen, die Gegenstand späterer Änderungen sind. Wenn solche Programmzeilen als Makros ausgeführt sind, braucht man die Änderung nur einmal in der Makro-Anweisung durchzuführen, und nicht an allen Stellen, wo das Makro aufgerufen wird.

Wie immer im Leben, gibt es zu allen Vorteilen auch Nachteile. Wenn man ein Makro aufrufen will, muß man genau wissen, was dieses Makro tut, welche Variablen und Portpins es verändert, welche Parameter es benutzt und in welcher Reihenfolge. Das gleiche gilt, wenn man an Programmen arbeitet, die viele Makros enthalten. Da wir in unserem Enwicklungswerkzeug noch keine adäquate HELP-Organisation haben, ist bei uns die Verwendung von Makros auf ganz bestimmte Fälle beschränkt. Das eine sind sehr kleine und sehr alltägliche Makros, wie z.B. BANK_0 und BANK_1. Das andere sind Makros, die nur für ein Projekt lokal verwendet werden und für die Projektdauer soweit wie nötig im Kopf bleiben.

Ein weiterer Nachteil ist manchmal, daß man den Überblick über die tatsächliche Länge und Dauer von Programmteilen verliert. Dieser Nachteil ist durch einen

Assemblerlauf und anschließendes Nachschauen im List-File zu beheben, was allerdings einige Mühe bereitet.

Auf eine kleine Tücke möchten wir aufmerksam machen, auf die auch ein fortgeschrittener Programmentwickler bei mangelnder Aufmerksamkeit hereinfallen kann. Ein Makro sieht nämlich so ähnlich aus wie ein Befehl. Wenn man diesen »Befehl« aber beispielsweise mit SKPZ oder BTFSS ... überspringen möchte, kann dies eine ganz unvorhergesehene Verzweigung geben.

Einen weiteren Gesichtspunkt bei der Verwendung von Makros sollte man nicht vergessen, nämlich die Handhabung von Makros durch die In-Circuit-Emulator-Software. Der PICMASTER von Microchip läßt keinen Breakpoint auf einen Makroaufruf zu, wenn man das Quellfile zum Debuggen geladen hat. Da die Software während des Single-Step-Programms auch keine Kenntnis von der Adresse des Makro-Endes hat, gibt es auch keine Option, welche das Makro als ganzes überspringt, so wie beim Unterprogramm.

2.9.2 Vordefinierte Makros

Es gibt Kurz-Makros, die vom Assembler vordefiniert sind, die also verwendet werden können, ohne zuvor deklariert zu werden.

Einige dieser Makros bestehen aus einem Befehl und dienen nur der Übersichtlichkeit. Für den Befehl

```
       BTFSS    STATUS,ZR
```

läßt der Assembler auch die Schreibweise

```
       SKPZ
```

zu. Von diesem freundlichen Angebot sollte man unbedingt Gebrauch machen. Man beachte, daß die Flags des Status-Registers bei den Verzweigungen keinerlei Sonderposition gegenüber allen anderen Bits besitzen.

Außer SKPZ sind auch noch die Kurzschreibweisen SKPNZ, SKPC, SKPNC erlaubt.

Auch die Zwei-Zeilen-Makros sind sehr nützlich, jedoch mit Vorsicht zu benutzen. Anstelle der beiden Befehle

```
       SKPNZ    ;
       GOTO     LABEL
```

ist die Schreibweise

```
       BZ       LABEL
```

erlaubt. Ebenso gibt es die Schreibweisen BNZ, BC, BNC.

Diesen Komfort sollte man nicht verschmähen. Dennoch ist es ratsam, nicht zu vergessen, daß sich hinter diesen »Befehlen« in Wirklichkeit jeweils zwei Befehle verbergen. Unschön ist die folgende Befehlsfolge:

```
        BNZ     LABEL
        BSF     BIT
LABEL   ...
```

Der Assembler macht daraus nämlich

```
        SKPZ
        GOTO    LABEL
        BSF     BIT
LABEL   ...
```

Schöner und kürzer wäre statt dessen:

```
        SKPNZ
        BSF     BIT
LABEL   ...
```

Wobei im letzteren Falle auch noch der Label überflüssig ist, was für ein übersichtliches Quellfile von Nutzen ist. Eine unnötig lange Symboltabelle ist auch kein Qualitätsmerkmal. Sie behindert komfortables Arbeiten mit dem In-Circuit-Emulator.

2.9.3 Makros und Unterprogramme

Auch Unterprogramme bestehen aus Blöcken von Befehlen. Im Gegensatz zu den Makros verkürzen sie nicht nur den Quellcode, sondern auch das Maschinen-Programm, denn sie stehen nur einmal im Programm. Der Aufruf eines Unterprogramms kostet zwar vier Befehlszyklen (CALL und RETURN brauchen jeweils zwei Zyklen), doch der Aufruf eines Unterprogrammes ist tatsächlich nur ein einziger Befehl. Den Namen »Aufruf« verwenden wir daher in bezug auf ein Makro nicht gerne, da es eigentlich nur das Einfügen einer Abkürzung ist.

Man braucht nicht zu erwähnen, daß symbolische Namen bei Unterprogrammen nicht möglich sind, da das Unterprogramm ja nur ein einziges Mal im Speicher liegt, und dort muß es sich für feste Werte entscheiden. Die einzige Möglichkeit, ein Unterprogramm flexibel zu machen, ist die Verwendung von Variablen oder Variablenblöcken, auf die das FSR-Register zeigt.

Kapitel 3

Anzeigen und Ausgeben

3.1 Musteranwendung: PIC16 macht Musik

Der PIC16 soll ein Lied singen, sagen wir »Kommt ein Vogel geflogen«. Die Töne werden mit einem digitalen Ausgang erzeugt, d.h. mit Rechteckimpulsen, welche über einem mindestens 200 Ohm großen Widerstand auf einen Lautsprecher gegeben werden. Die 200 Ohm sind zur Strombegrenzung am PIC16-Ausgang. Alternativ kann man über ein Lautstärke-Potentiometer und eine kapazitive Kopplung auf die Aktivboxen der Soundkarte gehen. Die Art der Tonausgabe soll hier von untergeordneter Bedeutung sein.

Das hier durchgearbeitete Beispiel enthält viele typische Aufgabenstellungen:

- die Zeitüberlegungen,
- die Organisation der Zeitabläufe mit und ohne Interrupt
- sowie den Umgang mit Tabellen

3.1.1 Schritt 1: Recherche

Ein Lied zu spielen, bedeutet, eine bestimmte Folge von Tönen unterschiedlicher Frequenz und unterschiedlicher Länge auszugeben.

Auch nach jahrelanger Erfahrung gibt es immer wieder Probleme, mit denen man noch nie konfrontiert war. In diesem Falle tauchte die Frage auf, welche ganzzahligen Werte die Frequenzen der Töne einer Tonleiter haben. Die Musikbücher aus der Schulzeit gaben keine Auskunft. Wir erinnerten uns, daß zwischen 2 Oktaven der Faktor 2 liegt, und daß der Kammerton »a« die Frequenz 440 hat. Ein altes Physikbuch bestätigte dann, daß die Frequenzen einer C-Dur-Tonleiter die ganzzahlig genäherten Verhältnisse haben:

40:	45:	48:	54:	60:	64:	72:	80:	90:	96
a	h	c	d	e	f	g	a	h	c	...

3.1.2 Schritt 2: Zeitberechnung

Die Zeiten, über die wir nachdenken müssen, sind die Perioden der in Frage kommenden Töne und die Tonlängen.

Aus den oben aufgeführten Frequenzverhältnissen konnten wir mit Hilfe der Dreisatzrechnung mit einem kleinen Pascal-Programm die Periodendauer der interessanten Töne berechnen. In der folgenden Tabelle werden die Pulslängen in μsek angegeben, welche die halbe Periodendauer betragen.

```
PROGRAM TOENE;
(* erzeugt Pulsdauer der Toene    BEI FOSC=1 MHz*)
(* FREL ist die Anzahl von Grundwellen für 1/11 Sekunde siehe *)
USES CRT;
TYPE STR4=STRING[4];
CONST FREL:ARRAY[1..15] OF
BYTE=(40,45,48,54,60,64,72,80,90,96,108,120,128,144,160);
      NAME:string[15]=('ahcdefgahcdefga');
VAR I:INTEGER;
    FREQUENZ,PULSDAUER:ARRAY[1..15] OF REAL ;
    PUDA:WORD;
    TL:BOOLEAN;

  FUNCTION HEXSTR (ZAHL:WORD):STR4;
  VAR  ASC:BYTE;
       HEX:STR4;
  BEGIN
  HEX:='';
    REPEAT
      ASC:=(ZAHL MOD 16)+$30;IF ASC> $39 THEN ASC:=ASC+7 ;
HEX:=CHR(ASC)+HEX;
      ZAHL:=ZAHL DIV 16;
    UNTIL ZAHL=0;
    HEXSTR:=HEX;
  END;

BEGIN
  CLRSCR;
  WRITELN('Ton  Pulse   Frequenz  Pulsdauer  HEX(Pulsdauer)');
  writeln('----------------------------------------------');
  FOR I:=1 TO 15 DO
  BEGIN
    FREQUENZ[I]:=220*(FREL[I]/FREL[1]);
    PULSDAUER[I]:= 500000/ FREQUENZ[I];
    PUDA:=ROUND(PULSDAUER[I]);
    WRITELN(NAME[I], FREL[I]:8,FREQUENZ[I]:10:0,
PULSDAUER[I]:12:2,HEXSTR(PUDA):8);
  END;
  READLN;
END.
```

TOENE.PAS

Ton	Pulse	Frequenz	Pulsdauer	HEX(Pulsdauer)
a	40	220	2272.73	8E1
h	45	247	2020.20	7E4
c	48	264	1893.94	766
d	54	297	1683.50	694
e	60	330	1515.15	5EB
f	64	352	1420.45	58C
g	72	396	1262.63	4EF
a	80	440	1136.36	470
h	90	495	1010.10	3F2
c	96	528	946.97	3B3
d	108	594	841.75	34A
e	120	660	757.58	2F6
f	128	704	710.23	2C6
g	144	792	631.31	277
a	160	880	568.18	238

Frequenztabelle

Sie sehen, daß die Frequenzen ganzzahlig sind, die Pulslängen müssen dagegen gerundet werden. An der Tabelle erkennen wir, daß im ungünstigsten Falle die Rundung weniger als 0,04 % beträgt, was auch für ein sehr musikalisches Ohr tolerierbar sein müßte.

Die Dauer der Töne liegt im Bereich von Sekundenbruchteilen. Es handelt sich also um sehr langsame Vorgänge, die wir gewiß auch mit einem PIC16C5X programmieren könnten. Aber wir wollen uns zunächst etwas Luxus gönnen und annehmen, daß wir einen Zwei-Byte-Timer (TMR1) mit Compareinterrupt zur Verfügung haben.

Wir werden natürlich keinen Vorteiler wählen, da es keinen Grund dafür gibt. Mit einem Vorteiler würden wir ja nur Genauigkeit verlieren. Wenn wir den Interrupt benutzen, brauchen wir dann über Genauigkeit nicht weiter zu diskutieren. Die Lösung ohne Interrupt besprechen wir dann anschließend.

Das PASCAL-Programm erhebt nicht den Anspruch, ein Musterprogramm zu sein, aber es funktioniert.

3.1.3 Schritt 3: Gesamtstrategie

Wenn man sich die Arbeit nicht unnötig schwer machen will, läßt man bei der Entwicklung der Gesamtstrategie zunächst alle unwichtigen Einzelheiten weg. Im vorliegenden Falle z.B. die Frage: Wie starte bzw. beende ich das Lied? Die Aufgabe muß zunächst formuliert und in möglichst kleine Grundaufgaben zerlegt werden:

1. Ein Ton muß ausgegeben werden: Das bedeutet, daß ein Ausgangspin im Abstand der Pulsdauer getoggelt werden muß. Die Pulsdauer ist von der Tonhöhe abhängig.
2. Der Ton soll eine bestimmte Länge haben. Diese Länge überwachen wir am günstigsten dadurch, daß wir die Anzahl von Pulsen zählen.
3. Die Tonhöhe und die Anzahl Pulse müssen für ein bestimmtes Lied aus einer Tabelle geholt werden. Der Zeiger auf die Tabelle muß danach auf den nächsten Ton zeigen.

Die dritte Aufgabe besprechen wir zuletzt, obwohl es vom zeitlichen Ablauf her als erstes ausgeführt werden muß. Aber zunächst müssen die ersten beiden Teilprobleme gelöst werden, damit wir wissen, welche Form unsere Liedtabelle überhaupt bekommt.

Tonerzeugung

Die erste Aufgabe ist am einfachsten: Wir überlassen das Toggeln der Interruptroutine. Die Pulsdauer, welche zwei Byte lang ist, schreiben wir in die Compare-Register CCPR1H und CCPR1L. Wenn der TMR1 diesen Wert erreicht, wird sofort die Interruptroutine ausgeführt, vorausgesetzt, daß wir die entsprechenden Control-Register richtig gesetzt haben. Der Interruptroutine überlassen wir auch die zweite Aufgabe, das Herunterzählen der Anzahl von Pulsen. Dies widerspricht nicht unserer Regel, das Interruptprogramm so kurz wie möglich zu gestalten. Die dritte Aufgabe wird vom Hauptprogramm erledigt. Das Hauptprogramm muß nur davon unterrichtet werden, wenn die Pulse heruntergezählt sind. In diesem Falle müssen nämlich der Interruptroutine neue Pulsdauerwerte und eine neue Pulsanzahl vermittelt werden.

Zusammenfassend lautet unsere Gesamtstrategie:

♦ Die Interruptroutine erzeugt die Pulse und gibt Nachricht, wenn ein ganzer Ton zu Ende ist.

- Das Hauptprogramm holt die Tonparameter aus der Liedtabelle für den nächsten Ton und berechnet daraus Länge und Anzahl der Pulse für die Interruptroutine. Falls eine Pause auftritt (TONUM = 0), muß dennoch eine Pulsdauer und Anzahl Pulse berechnet werden, da ja die Dauer einer Pause auch gezählt werden muß. Um die Tonausgabe zu verhindern, setzen wir ein Flag STEUER,PAUSE.

Tonlänge

Die Anzahl von Pulsen eines längeren Tones ist mit einem Byte nicht zu erfassen. Bei 440 Hz sind beispielsweise pro Sekunde 880 Pulse auszugeben. Wie immer, wenn man zwei Byte lange Werte hat, ist zu überlegen, wie man die zwei Byte aufteilt. Man kann die Werte einfach als 16-Bit-Wort darstellen. Vielfach zählt man aber in der niedrigwertigen Variablen nur bis zu einem Wert, der einer sinnvollen Grundeinheit entspricht. Das höherwertige Byte entspricht dann dem Vielfachen dieser Grundeinheit. Damit Sie das wirklich verstehen, ein Vergleich: Sie sagen nicht 1085 Minuten, sondern 18 Stunden und 5 Minuten.

In unserem Beispiel ist eine solche Aufteilung sinnvoll, denn die Länge eines Tones ist immer ein Vielfaches einer Elementarlänge. Unsere Liedtabelle braucht daher nicht die zwei Byte langen Pulsanzahlen zu enthalten, sondern nur die Vielfachen der Grundlänge. Damit wird die Tabelle kürzer, man spart Mühe bei der Erstellung einer Liedtabelle und kann vor allem mit der gleichen Tabelle das Lied schneller oder langsamer spielen, man braucht nur die Grundlänge zu verändern. Die Anzahl Pulse, die man für die Grundlänge ausgeben muß, ist abhängig von der Tonhöhe.

Da man mit der Tonhöhe in mehrere Tabellen gehen muß, ist es sinnvoll, sie als Ordnungszahl zu definieren.

Aus der Tabelle erkennen Sie, daß alle Frequenzen Vielfache von 11 sind. Es liegt daher nahe, als elementare Zeiteinheit 1/11 Sekunde zu wählen, da dann die Anzahl Pulse pro Zeiteinheit ganzzahlig ist und nicht genähert werden muß. Bei einer Frequenz von 440 Hz muß man in 1/11 Sekunde 40 Pulswechsel erzeugen.

Um unsere Beschreibung nicht zu abstrakt werden zu lassen, benennen wir an dieser Stelle die wichtigen Größen:

- TONUM: Tonhöhe
- TOCNT: Tonlänge in Vielfachen von 1/11 Sekunden
- PULSE: Anzahl Ausgangspulse pro 1/11 Sekunden (abhängig von der Tonhöhe)

Anzeigen und Ausgeben

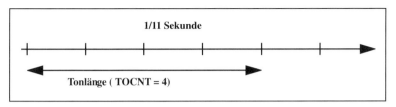

Abbildung 3.1: Tonaufteilung

Für die Interruptroutine, welche diese Gesamtzahl herunterzählen muß, ist es natürlich am praktischsten, wenn sie diese Gesamtanzahl als 16-Bit-Wort erhält, Dieser Wert ist das Produkt von PULSE mit TOCNT. Den 16-Bit-Wert bezeichnen wir mit PUH:PUL. Die Schreibweise verwenden wir immer, wenn zwei Register zusammen einen 16-Bit-Wert ergeben. Die Gesamtpulslänge berechnet sich als

```
PUH:PUL := TOCNT * PULSE
```

Die Liedtabelle

Unsere Liedtabelle erhält zu jedem Ton zwei Werte, nämlich TONUM und TOCNT. In der vorliegenden Applikation werden wir zur Vereinfachung annehmen, daß es nur 15 verschiedene Töne und 15 verschiedene Tonlängen gibt. In diesem Fall können wir die beiden Größen Tonhöhe und Tonlänge in ein Byte packen, die Tonhöhe als Low Nibble und die Tonlänge als High Nibble. Bei den Tonhöhen beschränken wir uns dabei auf die C-Dur-Tonleiter. Dabei erhält das c die Nummer 1 und das zweigestrichene c die Nummer 15. Die Nummer 0 reservieren wir für die Pause. Mit 15 verschiedenen Tonlängen können wir Tonlängen von 1/11 bis zu 15/11 Sekunden erzeugen. Die Nummer 0 reservieren wir als Code für das Liedende. Wenn wir z.B. die Zahl 44H in unserer Tabelle finden, bedeutet dies ein »f« der Länge 4/11 Sekunde.

Um den jeweiligen Ton aus der Tabelle zu holen, benötigen wir einen Liedzeiger, welcher zu Beginn gleich 0 ist und nach jedem Ton um eins erhöht wird.

Es hätte uns natürlich sehr gereizt, dieses Beispiel ein wenig detaillierter auszuführen, mit allen Halbtönen und viel mehr musikalischen Details. Aber zum Bücherschreiben hat man heutzutage kein halbes Jahr Zeit, und so überlassen wir Ihnen die musikalische Ausschmückung dieses Beispiels als nützliche Übung.

88 Kapitel 3

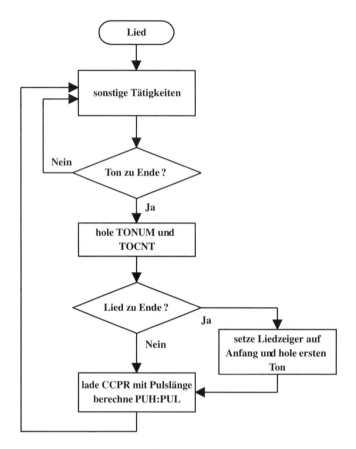

Abbildung 3.2: Hauptprogrammablauf

3.1.4 Schritt 4: Entwurf im Detail

Beim Entwurf der Gesamtstrategie sind auch fast alle Details schon behandelt worden. Das ist sehr häufig so, denn der Ablauf eines Programms hängt immer davon ab, in welcher Form man die Parameter zur Verfügung stellt. Wir wollen hier noch einmal die Vorgehensweise bei der Berechnung der Parameter für einen Ton zusammenstellen.

Schritt 1: Aus der Liedtabelle werden die beiden Werte TONUM und TOCNT geholt.

Schritt 2: Zu TONUM wird der 16-Bit-Wert für die Pulsdauer geholt. Diese Werte werden in die Register CPR1H und CPR1L geschrieben

Schritt 3: Zu TONUM wird die Anzahl Pulse für 1/11 Sekunde geholt. Die Variable PULSE ist nur eine Hilfsgröße. Aus ihr ermitteln wir durch die Multiplikation TOCNT*PULSE die 16-Bit-Werte PUH und PUL, welche von der Interruptroutine nach jedem Pulswechsel heruntergezählt werden.

Bevor wir ans Programmieren gehen, müssen wir noch ein Detail klären:

Wie starten bzw. beenden wir das Lied? Wir entscheiden uns hier, das Lied sofort nach dem Reset zu beginnen und immer wieder von vorne anzufangen, wenn es zuende ist. Hier stellt sich die Frage, woran man das Liedende in der Liedtabelle erkennt. Die Lösung, die Liedlänge als Parameter mitzugeben, ist in solchen Fällen nicht sehr elegant, schon deshalb, weil man bei der Erstellung der Tabelle immer mitzählen müßte. Wenn möglich gibt man als Tabellenende einen Wert ein, der als normaler Tabellenwert sinnlos ist. Im vorliegenden Falle wäre das eine 0 für die Tonlänge.

3.1.5 Schritt 5: Erstellen des Assemblerfiles

Dieser Schritt besteht in allen Gesamtanwendungen aus fünf Schritten:

a) Erstellen des Deklarationsteils/Resetwerte deklarieren (häufige Fehlerquelle!)

b) Programmanfang und Interruptroutine

c) Unterprogramme

d) INIT: Resetwerte setzen und Variablen initiieren

e) LOOP: Hauptschleife

Wir werden diese Programmschritte jetzt der Reihe nach aufführen:

a) Deklarationsteil

Es wird nur ein einziger Portpin, nämlich PORTB,7 für die Tonausgabe benutzt. Trotzdem sollte man es sich zur Gewohnheit machen, für alle PORT-und TRIS-Register Resetwerte zu deklarieren, die später bei der Initialisierung in die entsprechenden Register geladen werden. Auf diese Weise sichert man ab, daß man nichts vergißt, und außerdem ist es auch wichtig, die freien Pins in einen definierten Zustand zu bringen.

```
TITLE     "Tongenerator"
;
          INCLUDE  "PICREG.INC"
          LIST     P=16C74,F=INHX8M
;===========================================================
```

```
;-----Variablenbereich--------
STEUER    EQU     20H
TONUM     EQU     21H
TOCNT     EQU     22H
LIEDPTR   EQU     23H
PULSE     EQU     24H
PUL       EQU     25H
PUH       EQU     26H
UCOUNT    EQU     27H
;-------------------BITSINSTEUER
TOVER     EQU     0
PAUSE     EQU     1
;=======================================================
;               TRIS   RESETVALUE
;========================PORTA
RES_A     EQU     0
TR_A      EQU     0
;========================PORTB
#define   TONBIT  PORTB,7
RES_B     EQU     0
TR_B      EQU     0
;===================    PORTC
RES_C     EQU     0
TR_C      EQU     0
;===================    PORTD
RES_D     EQU     0
TR_D      EQU     0
;===================    PORTE
RES_E     EQU     0
TR_E      EQU     0
;
BANK_0    MACRO
          BCF     STATUS,5
          ENDM

BANK_1    MACRO
          BSF     STATUS,5
          ENDM
```

b) Programmbeginn

Der Programmbeginn sieht für den PIC16CXX folgendermaßen aus:

```
        ORG     0
        CLRF    STATUS
        GOTO    MAIN
        NOP
        NOP
        GOTO    ISR     ; Interrupt-Service-Routines
;               wenn es eilt, kann hier gleich die ISR beginnen.
;               Dann entfallen die 2 Zyclen für den GOTO ISR
;
```

Die Interruptroutine wurde so geschrieben, daß kein Bit im Statusregister verändert wird und daß auch das W-Register nicht benutzt wird. Wir sparen uns damit das lästige Retten und Zurückspeichern von STATUS- und W-Register. Dazu benutzen wir den Befehl DECFSZ anstelle DECF, weil DECF das ZR-Flag verändert. Einen Trick müssen wir verwenden bei der Abfrage, ob PUH = 0 ist. Auch hierfür verwenden wir den DECFSZ-Befehl. Das bedeutet aber, daß wir im PUH-Register einen Wert übergeben müssen, der um 1 größer ist als das höherwertige Byte der Pulsanzahl, sofern nicht PUL = 0 ist.

```
ISR     BCF     PIR1,2          ; Interruptflag zurücksetzen
        BTFSC   STEUER,PAUSE
        GOTO    PUDE
        BTFSS   TONBIT          ; Ausgangspin toggeln
        GOTO    SILO            ;
        BCF     TONBIT          ;
        BTFSC   TONBIT          ;
SILO    BSF     TONBIT          ;
PUDE    DECFSZ  PUL             ; = Anzahl Pulse low
        RETFIE
        DECFSZ  PUH             ; = Anzahl Pulse high
        RETFIE
OVER    BSF     STEUER,TOVER
        RETFIE
```

c) INIT

```
;==============================================================================
MAIN    MOVLW   RES_A
        MOVWF   PORTA
        MOVLW   RES_B
        MOVWF   PORTB
        MOVLW   RES_C
        MOVWF   PORTC
        MOVLW   RES_D
        MOVWF   PORTD
        MOVLW   RES_E
        MOVWF   PORTE
        CLRF    ADCON0
        BANK_1          ; switch to Bank1
        MOVLW   07H     ; Wichtig, damit alle Pins digital
        MOVWF   ADCON1  ; zur Verfügung stehen
        MOVLW   TR_A
        MOVWF   TRISA
        MOVLW   TR_B
        MOVWF   TRISB
        MOVLW   TR_C
        MOVWF   TRISC
        MOVLW   TR_D
        MOVWF   TRISD
        MOVLW   TR_E
        MOVWF   TRISE
        BANK_0
;
        MOVLW   01H     ; Initialisierung des TMR1
        MOVWF   T1CON
        MOVLW   0BH     ; Initialisierung des CCP1-Moduls
        MOVWF   CCP1CON
        MOVLW   0C0H    ; Interrupts definieren
        MOVWF   INTCON
        BANK_1
        MOVLW   04H     ; peripheres Enablebit setzen
        MOVWF   PIE1
        BANK_0
;
```

```
            CLRF    STEUER           ; Initialwerte für
            BSF     STEUER,PAUSE     ; verschiedene
            MOVLW   0                ; Variable
            MOVWF   CCPR1H           ; und
            MOVLW   10               ; Register
            MOVWF   CCPR1L           ;
            MOVLW   1                ;
            MOVWF   PULSE            ;
            CLRF    LIEDPTR          ;
```

d) Unterprogramme

```
;=================== Liste der Unterprogramme:
;GETPULEN  Hole Wert aus Pulslängentabelle
;GETPULSE  Hole Anzahl Pulse für die Grundlänge
;GETTON    Hole TON aus der Liedtabelle
;BMUL      Multiplikation von TOCNT und PULSE

GETPULEN    NOP              ;Pulslänge High Byte:Low Byte
ADDWF       PC
            RETLW   8        ; Pause, Tonhöhe beliebig
            RETLW   0E1
            RETLW   8H       ; a  High
            RETLW   0E1H     ;    Low
            RETLW   7H       ; h  High
            RETLW   0E4H     ;    Low
            RETLW   7H       ; c
            RETLW   066H
            RETLW   6H       ; d
            RETLW   094H
            RETLW   5H       ; e
            RETLW   0EBH
            RETLW   5H       ; f
            RETLW   8CH
            RETLW   4H       ; g
            RETLW   0EFH
            RETLW   4H       ; a
            RETLW   70H
            RETLW   3H       ; h
            RETLW   0F2H
```

```
            RETLW       3H          ; c
            RETLW       0B3H
            RETLW       3H          ; d
            RETLW       04AH
            RETLW       2H          ; e
            RETLW       0F6H
            RETLW       2H          ; f
            RETLW       0C6H
            RETLW       2H          ; g
            RETLW       077H
            RETLW       2H          ; a
            RETLW       038H
;
GETPULSE    MOVF        TONUM,W     ; Anzahl Pulse pro 1/11 Sekunde
            ANDLW       0FH
            ADDWF       PC
            RETLW       .40         ; Pause,Tonhöhe beliebig
            RETLW       .40         ; a
            RETLW       .45         ; h
            RETLW       .48         ; c
            RETLW       .54         ; d
            RETLW       .60         ; e
            RETLW       .64         ; f
            RETLW       .72         ; g
            RETLW       .80         ; a
            RETLW       .90         ; h
            RETLW       .96         ; c
            RETLW       .108        ; d
            RETLW       .120        ; e
            RETLW       .128        ; f
            RETLW       .144        ; g
            RETLW       .160        ; a
;
GETTON      MOVF        LIEDPTR,W
            ADDWF       PC
```

```
RETLW     25H
          RETLW     26H
          RETLW     47H
          RETLW     45H
          RETLW     45H
          RETLW     45H
          RETLW     44H
          RETLW     24H
          RETLW     25H
          RETLW     46H
          RETLW     44H
          RETLW     28H
          RETLW     28H
          RETLW     87H
          RETLW     25H
          RETLW     26H
          RETLW     47H
          RETLW     45H
          RETLW     45H
          RETLW     45H
          RETLW     44H
          RETLW     24H
          RETLW     25H
          RETLW     46H
          RETLW     42H
          RETLW     42H
          RETLW     83H
          RETLW     0
;
```

Listing MUSI.ASM

Das Unterprogramm BMUL wird im Abschnitt »Innere Angelegenheiten« erläutert. Es ist hier insofern abgeändert, als der Multiplikand im Register PULSE und der Multiplikator im Register TOCNT übergeben wird. Das Ergebnis steht direkt im Doppelregister PUH:PUL.

```
BMUL      MOVLW     8           ; Multiplikation PULSE * TOCNT
          MOVWF     UCOUNT
          CLRF      PUL
          CLRF      PUH
          MOVF      PULSE,W     ; Multiplikand
```

```
BM0       RLF       TOCNT
          BC        BAD
          DECFSZ    UCOUNT
          GOTO      BM0
BMLO      BCF       STATUS,CY
          RLF       PUL
          RLF       PUH
          RLF       TOCNT
          BNC       MRR
BAD       ADDWF     PUL
          BNC       BMR
          MOVF      PUL
          SKPZ
          INCF      PUH
BMR       DECFSZ    UCOUNT
          GOTO      BMLO          ; Ende der Multiplikation
          RETLW     0
;====================================Ende der Unterprogramme
```

e) LOOP

```
LOOP      NOP
          BTFSS     STEUER,TOVER
          GOTO      LOOP
          BCF       STEUER,TOVER
          CALL      GETTON
          INCF      LIEDPTR
          MOVWF     TONUM
          MOVWF     TOCNT
          SWAPF     TOCNT
          MOVLW     0FH
          ANDWF     TONUM
          ANDWF     TOCNT
          BNZ       HOLPARA
          CLRF      LIEDPTR
          GOTO      NXTTON
HOLPARA   BCF       STATUS,CY
          RLF       TONUM,W
          CALL      GETPULEN
          MOVWF     CCPR1H
          BSF       STATUS,CY
          RLF       TONUM,W
```

```
            CALL    GETPULEN
            MOVWF   CCPR1L
            CALL    GETPULSE
            MOVWF   PULSE
            CALL    BMUL
            MOVF    PUL
            SKPZ
            INCF    PUH         ; siehe Interruptroutine
            GOTO    LOOP
;
            END
```
Korrigiertes Programm MUSI.ASM

3.1.6 Schritt 6: Test und Korrektur

Beim Test des Programms fällt uns eine Unschönheit auf. In dem Lied »Kommt ein Vogel geflogen« kommen einige gleiche Töne hintereinander vor. Aber statt drei gleichlanger Töne hören wir nur einen dreifach langen Ton. Wir werden deshalb nach jedem Ton eine kleine Pause von 4 Pulsen einlegen. Die Anzahl Pulse eines Tones muß zu diesem Zweck um 4 erniedrigt werden.

Die korrigierte LOOP

```
LOOP        NOP
            BTFSS   STEUER,TOVER
            GOTO    LOOP
            BCF     STEUER,TOVER
;=========================
; Die folgenden Programmzeilen kamen erst nach dem ersten
; Test hinzu, nachdem sich herausstellte, daß die Töne
; voneinander abgesetzt sein müssen.
            BTFSC   STEUER,PAUSE; Nach einer Pause kommt immer neuer
                                ; Ton
            GOTO    NXTTON
TONEND      BSF     STEUER,PAUSE; Am Ende eines Tones: 4 PULSE Pause
            MOVLW   4
            MOVWF   PUL
            INCF    PUH
            GOTO    LOOP
NXTTON      BCF     STEUER,PAUSE
```

;========================
```
          CALL    GETTON
          INCF    LIEDPTR
          MOVWF   TONUM
          MOVWF   TOCNT
          SWAPF   TOCNT
          MOVLW   0FH
          ANDWF   TONUM
          ANDWF   TOCNT
          BNZ     HOLPARA
          CLRF    LIEDPTR
          GOTO    NXTTON
HOLPARA   BCF     STATUS,CY
          RLF     TONUM,W
          CALL    GETPULEN
          MOVWF   CCPR1H
          BSF     STATUS,CY
          RLF     TONUM,W
          CALL    GETPULEN
          MOVWF   CCPR1L
          CALL    GETPULSE
          MOVWF   PULSE
          CALL    BMUL
```
;========================
```
          MOVLW   4          ; Die Pause am Ende jeden Tones
          SUBWF   PUL        ; muß von der Tonlänge abgezogen
          SKPC               ; werden.
          DECF    PUH
```
;========================
```
          MOVF    PUL
          SKPZ
          INCF    PUH        ; siehe Interruptroutine
          GOTO    LOOP
```
;
```
          END
```

3.1.7 Variation für den PIC16C5X

Der Unterschied zum bisherigen Entwurf ist lediglich, daß wir die Interruptfunktion softwaremäßig durchführen müssen und daß wir auch keinen Zwei-Byte-Timer zur Verfügung haben, sondern nur unseren guten alten TMR0. Wir haben aber für Fälle wie diesen vorgesorgt und das Makro COMPARE geschrieben. Dieses Makro benötigt einige zusätzliche Register nämlich TMR0H, CCPR0L, CCPR0H, welche ja beim PIC16C5X nicht als Special-Function-Register vorhanden sind und daher als normale Register deklariert werden müssen. Außerdem benötigt es eine Variable Memo als Hilfsregister.

Unser Deklarationsteil muß also ergänzt werden durch:

```
MEMO      EQU     8H      ; Diese Register sind beim PIC16C5X
TMR0H     EQU     9H      ; frei verfügbar.
CCPR0L    EQU     0AH     ;
CCPR0H    EQU     0BH     ;
```

Das Makro COMPARE setzt das CY-Flag, wenn TMR0H:TMR0 <= CCPR0H:CCPR0L ist, also wenn der Vergleichswert NICHT überschritten wurde.

Die softwaremäßig durchgeführte Interruptroutine nennen wir SOFTINT.

Im Normalfall besteht sie nur aus dem Makro COMPARE. Falls kein Überschreiten des Vergleichswertes entdeckt wurde (NC), ist SOFTINT zu Ende. Falls aber COMPARE mit CY endet, wird der Tonausgang getoggelt und PULSE heruntergezählt, genauso wie wir es oben in INTROU gemacht haben:

```
SOFTINT   COMPARE                 ; Makro
          SKPC
          RETURN                  ; Vergleichswert nicht überschritten
          BTFSC   STEUER,PAUSE    ; wie Interrupt
          GOTO    PUDEC           ;
          TOGGLE  TON             ; Makro!
PUDEC     DECFSZ  PULSE           ;
          RETURN
          BSF     STEUER,TOVER    ;
          RETURN
```

SOFTINT wird in jeder LOOP einmal durchgeführt. Wenn unter sonstige Tätigkeiten nichts weiter ansteht, geschieht das alle paar µsek. Lediglich wenn STEUER,TOVER gesetzt ist, dauert es etwas länger, aber in diesem Fall erwarten wir ja so bald kein neues Pulsende.

Nun müssen wir uns ein paar Gedanken über die Genauigkeit machen.

Grundsätzlich muß man unterscheiden zwischen zwei Arten von Fehlern, nämlich den unregelmäßigen, die sich nicht kumulieren, und den systematischen Fehlern. Auf unser Beispiel angewendet, bedeutet das: Wenn die Routine SOFTINT mal etwas früher, mal etwas später kommt, dann wird das Ohr dies nicht wahrnehmen.

Würde man jedoch aus Bequemlichkeit die Pulslänge mit Hilfe eines Vorteilers nur noch mit einem Byte angeben, dann würde das beim einen Ton zum Aufrunden, beim anderen zum Abrunden führen, und ein musikalisches Ohr würde wahrscheinlich davonlaufen. Leider hatten wir nicht die Zeit, dies auszuprobieren.

3.2 LED-Anzeige

Wenn die einzelnen Leuchtdioden zu einer Siebensegmentanzeige zusammengestellt sind, ergeben sich sehr viel mehr Möglichkeiten, Daten darzustellen. Diese Art der Anzeigen ist unkompliziert, preisgünstig und flexibel. Wählt man low-current-Typen, kann man auf zusätzliche Treiberbausteine völlig verzichten. Wir werden also mit einem Port die Segmentansteuerung vornehmen und mit einem weiteren einzelnen Pin den gemeinsamen Anschluß der Segmente bedienen.

Bei der von uns gewählten Anzeige ist der gemeinsame Anschluß für alle Segmente die gemeinsame Kathode. Um ein Segment der Anzeige zum Leuchten zu bringen, wird die gemeinsame Kathode auf 0 Volt gelegt und der Segmentanschluß (Anode) auf eine positive Spannung. Zwischen dem Segmentanschluß und dem Portausgang müssen wir noch einen Widerstand zur Strombegrenzung einfügen, weil der Portausgang 5 Volt liefert, und das ist zu viel für die LEDs. Bei dem gewünschten Strom von etwa 3,6 mA ist der Widerstand 1 kOhm. Aufmerksamkeit hat man hier der Strombilanz zu schenken. Bei sieben Segmenten und dem Dezimalpunkt fließen maximal 8 mal 3,6 mA, d.h. 28,8 mA, die von einem PIC16-Port spielend verkraftet werden. Bei größeren Anzeigen muß man beachten, daß ein ganzer Port maximal 200 mA treiben kann.

Der Vorteil dieser Ansteuerungsart ist, daß man mehrere Anzeigen parallel an die Segmenttreiber anschalten kann. Jede Anzeige hat ihre eigene gemeinsame Kathode. Damit ist es möglich, über die Segmentleitungen den Code für eine Anzeige auszugeben, während die anderen Kathodenleitungen hochohmig sind (die Portpins sind Eingänge). Da sich die Anzeigen die Segmentleitungen teilen, wird reihum der Ausgabecode auf die Segmentleitungen geschaltet und mit der entsprechenden Kathodenleitung die zugehörige Anzeige aktiviert. Wir nennen diesen Vorgang auch Auffrischen.

Anzeigen und Ausgeben 101

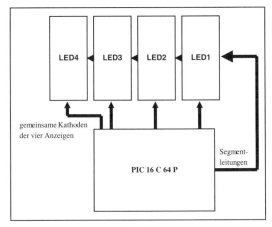

Abbildung 3.3: Blockschaltbild

Die Zeit für das Reihum-Schalten ist nicht kritisch. Da die LEDs praktisch nicht nachleuchten, ist nur die Trägheit des Auges maßgebend für die Wiederholfrequenz. Die Erfahrung zeigt, daß mit 50 Hertz eine flackerfreie Anzeige realisiert werden kann. D.h., daß wir alle 20 msek die Ausgabe auffrischen müssen. Bei einer vierstelligen Anzeige ist daher alle 5 msek eine Auffrischung fällig.

3.2.1 Erstellen der Code-Tabellen

Um die Tabellen erstellen zu können, müssen wir das Bild der Siebensegmentanzeige vor Augen haben, mit den üblichen Bezeichnungen der einzelnen Segmente.

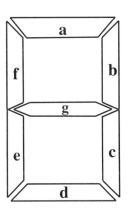

Abbildung 3.4: Bezeichnung der einzelnen Segmente

Die folgende Tabelle ist die Grundlage der Siebensegment-Codeerstellung. Sie gibt an, welche Segmente bei welchen Zeichen zu leuchten haben. Die auszugebenden Zeichen sind die Ziffern 0 bis 9 und die Buchstaben a bis f.

	dp	g	f	e	d	c	b	a		Ausgabecode
0			X	X	X	X	X	X		3FH
1						X	X			06H
2		X		X	X		X	X		5BH
3		X			X	X	X	X		4FH
4		X	X			X	X			66H
5		X	X		X	X		X		6DH
6		X	X	X	X	X		X		7DH
7						X	X	X		07H
8		X	X	X	X	X	X	X		7FH
9		X	X		X	X	X	X		6FH
A		X	X	X		X	X	X		77H
B		X	X	X	X	X				7CH
C			X	X	X			X		39H
D		X		X	X	X	X			5EH
E		X	X	X	X			X		79H
F		X	X	X				X		71H

Ausgabecodes für die darstellbaren Zeichen

In unserem Beispiel wurden die µController-Portpins mit den Segmenten 1 : 1 verbunden. Es gab keine zwingenden Gründe, durch Vertauschungen das Layout zu vereinfachen. Wenn sich in einer anderen Umgebung die Notwendigkeit ergibt, muß die untenstehende Tabelle korrigiert werden. In späteren Anwendungen werden Sie Beispiele sehen, bei denen die Segmente auf mehrere Ports verteilt werden mußten.

In dem hier dargestellten Beispiel verwenden wir den ganzen PortD für die Segmentansteuerung.

PortD	7	6	5	4	3	2	1	0
Segmente	dp	g	f	e	d	c	b	a

Verknüpfung zwischen PortD und den Anzeigesegmenten

Durch diese Verknüpfung können die Ausgabecodes der ober stehenden Tabelle direkt am PortD ausgegeben werden.

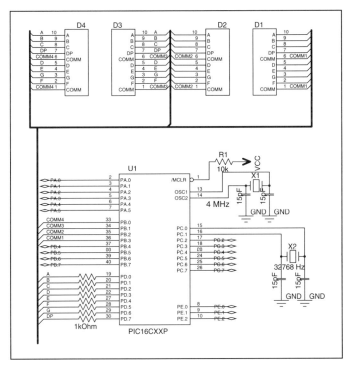

Abbildung 3.5: Schaltplan der LED-Applikation

3.2.2 Das Codierprogramm

Das Unterprogramm MKCODE erzeugt aus einer zweistelligen Zahl zwei Codes, welche im RAM an den Stellen abgelegt werden, auf die der FSR zeigt. Der Eingang des Programms MKCODE ist die Variable ZAHL, welche entweder im hexadezimalen Format angezeigt oder als BCD-Zahl angenommen wird. Als erstes wird die niederwertigere Hälfte der Zahl verwendet, um den ersten Code aus der Tabelle für die Ausgabecodes zu lesen. Nach dem Wegschreiben des ersten Ausgabecodes und Inkrementieren des Zeigers wird die höherwertige Hälfte für die gleiche Prozedur verwendet und der zweite Ausgabecode erzeugt. Vor dem Verlassen von MKCODE wird der FSR noch einmal inkrementiert, für den Fall, daß anschließend ein zweites Ziffernpaar umzurechnen ist.

3.2.3 Das Auffrisch-Programm

Dieses Programm wir vom Rahmenprogramm alle 5 msek aufgerufen. An dem folgenden Struktogramm erkennen Sie, daß wir nicht sofort die neuen Werte ausgeben, sondern zuerst die Kathodenleitung der alten Anzeige abschalten. Würden wir das nicht tun, wären für einige µsek die neuen Anzeigecodes an der alten Stelle. Dies ist optisch zwar nicht erkennbar, aber es werden unnötige Schaltvorgänge durchgeführt, die die Abstrahlung der Schaltung erhöhen. Nach dem bereits erwähnten Abschalten der alten Kathodenleitung ändern wir den Portausgang ohne Belastung, und anschließend aktivieren wir die neue Kathodenleitung.

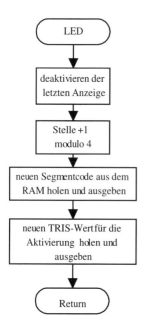

Abbildung 3.6: LED-Auffrischroutine

Bei dieser Routine wird davon ausgegangen, daß die Ausgabecodes aufeinanderfolgend im RAM abgelegt wurden. Im Rahmenprogramm wird jedesmal, wenn sich die Werte ändern, der zugehörigen LED-Code aus einer Tabelle geholt und wieder in diese RAM-Variablen geladen.

3.2.4 Das Modul LED.AM

Die LED-Ansteuerung wird immer wieder gebraucht, so daß wir die dafür benötigten Variablen, Konstanten, Tabellen und Unterprogramme im Modul LED.AM zusammengefaßt haben.

```
;========================= Variable LED
;
V_LED     EQU       ???
CODE1     EQU       V_LED+0
CODE2     EQU       V_LED+1
CODE3     EQU       V_LED+2
CODE4     EQU       V_LED+3
STELLE    EQU       V_LED+5
ZAHL      EQU       V_LED+6
ANZEVE    EQU       V_LED+7
;
ANZDIFF   EQU       .164
;
;========================= Unterprogramme für LED
;
GETCODE   ANDLW     0FH             ; Tableread-Programm gemäß
          ADDWF     PC              ; Ausgabecode-Tabelle
          RETLW     3FH       ;0
          RETLW     06H       ;1
          RETLW     5BH       ;2
          RETLW     4FH       ;3
          RETLW     66H       ;4
          RETLW     6DH       ;5
          RETLW     7DH       ;6
          RETLW     07H       ;7
          RETLW     7FH       ;8
          RETLW     6FH       ;9
          RETLW     77H       ;A
          RETLW     7CH       ;B
          RETLW     39H       ;C
          RETLW     5EH       ;D
          RETLW     79H       ;E
          RETLW     71H       ;F
;
```

```
GETDRV    ANDLW     03H
          ADDWF     PC
          RETLW     0EH       ;0
          RETLW     0DH       ;1
          RETLW     0BH       ;2
          RETLW     07H       ;3
;
MKCODE    MOVF      ZAHL,W    ;
          CALL      GETCODE   ; W=Bitmuster für Stelle 0
          MOVWF     0         ; CODE1
          INCF      FSR
          SWAPF     ZAHL,W
          CALL      GETCODE   ; W=Bitmuster für Stelle 1
          MOVWF     0         ; CODE2
          INCF      FSR
          RETURN
;
LEDOUT    MOVLW     0FH       ; alle Segment-Treiber sind Eingänge
          BANK_1
          IORWF     TRISB     ; Ausgabe an PORTB
          BANK_0
          INCF      STELLE,W
          ANDLW     03H
          MOVWF     STELLE
          MOVLW     CODE1
          ADDWF     STELLE,W
          MOVWF     FSR
          MOVF      0,W
          MOVWF     PORT_D
          MOVF      STELLE,W
          CALL      GETDRV
          BANK_1
          ANDWF     TRISB
          BANK_0
          RETURN
; Modul-Ende
;
; Beispiel einer typischen LOOP
;
```

```
;       Im Anschluß an MAIN und die Variableninitialisierung
;       kann dieser Code folgen:
            MOVLW       ANZDIFF
            MOVWF       ANZEVE
;
LOOP        MOVF        ANZEVE,W
            SUBWF       TMR1L,W
            ANDLW       0F0H
            BNZ         L01
            MOVLW       ANZDIFF
            ADDWF       ANZEVE
            CALL        LEDOUT
L01                                 ; andere Tätigkeit
                                    ; Entscheidung, ob neue Anzeigecodes
            MOVLW       CODE1       ; berechnet werden müssen
            MOVWF       FSR
            MOVF        ZAHL1,W     ; rechtes Anzeigepaar
            MOVWF       ZAHL
            CALL        MKCODE
            MOVF        ZAHL2,W     ; linkes Anzeigepaar
            MOVWF       ZAIIL
            CALL        MKCODE
            GOTO        LOOP
;
            END
```

Listing des Moduls LED.AM

3.2.5 Ein kleiner Test

Um uns davon zu überzeugen, daß unsere Routinen für die LED-Anzeige auch wirklich funktionieren, binden wir sie schnell in einen kleinen Rahmen ein, in dem wir ein 16-Bit-Wort hochzählen und dieses ausgeben lassen. Dieses Wort besteht aus den beiden Bytes ZAHL_LO und ZAHL_HI. Die zeitliche Organisation sieht dabei so aus, daß nach jeweils 8 Auffrischzyklen dieses Wort erhöht wird. Die Zählvariable, welche die Auffrischzyklen zählt, heißt AUFZYC.

```
            TITLE       "LED-Testprogramm für den Testaufbau mit 16C74"
;
            INCLUDE     "PICREG.INC"
            LIST        P=16C74,F=INHX8M
;
```

```
;===========================================================
;==========================PORTA
RES_A       EQU     0
TR_A        EQU     0       ; frei
;=====================       PORT_B
RES_B       EQU     0
TR_B        EQU     0FH     ; Kathodenleitungen
;=====================       PORT_C
RES_C       EQU     0H
TR_C        EQU     03H     ; 32768 Hz Quarz für TMR1
;=====================       PORT_D
RES_D       EQU     0
TR_D        EQU     0       ; Segmenttreiber
;=====================       PORT_E
RES_E       EQU     0
TR_E        EQU     0       ; frei
;
;============================ Variable LED
;
V_LED       EQU     30H
CODE1       EQU     V_LED+0
CODE2       EQU     V_LED+1
CODE3       EQU     V_LED+2
CODE4       EQU     V_LED+3
STELLE      EQU     V_LED+5
ZAHL        EQU     V_LED+6
ANZEVE      EQU     V_LED+7
AUFZYC      EQU     V_LED+8
ZAHL_LO     EQU     V_LED+9
ZAHL_HI     EQU     V_LED+.10
;
ANZDIFF     EQU     .40
;
BANK_0      MACRO
            BCF     STATUS,5
            ENDM

BANK_1      MACRO
            BSF     STATUS,5
            ENDM
;
```

```
            ORG     0
            CLRF    STATUS
            GOTO    MAIN
            NOP
            NOP
            GOTO    ISR         ; Interrupt-Service-Routines
;
            ORG     10
;
ISR         RETFIE
;=========================== Unterprogramme für LED
;
GETCODE     ANDLW   0FH
            ADDWF   PC
            RETLW   3FH         ;0
            RETLW   06H         ;1
            RETLW   5BH         ;2
            RETLW   4FH         ;3
            RETLW   66H         ;4
            RETLW   6DH         ;5
            RETLW   7DH         ;6
            RETLW   07H         ;7
            RETLW   7FH         ;8
            RETLW   6FH         ;9
            RETLW   77H         ;A
            RETLW   7CH         ;B
            RETLW   39H         ;C
            RETLW   5EH         ;D
            RETLW   79H         ;E
            RETLW   71H         ;F
;
GETDRV      ANDLW   03H
            ADDWF   PC
            RETLW   0EH         ;0
            RETLW   0DH         ;1
            RETLW   0BH         ;2
            RETLW   07H         ;3
;
MKCODE      MOVF    ZAHL,W      ;
            CALL    GETCODE     ; W=Bitmuster für Stelle 0
            MOVWF   0           ; CODE1
```

```
                INCF      FSR
                SWAPF     ZAHL,W
                CALL      GETCODE     ; W=Bitmuster für Stelle 1
                MOVWF     0           ; CODE2
                INCF      FSR
                RETURN
;
LEDOUT          MOVLW     0FH         ; alle Segment-Treiber sind Eingänge
                BANK_1
                IORWF     TRISB       ; Ausgabe an PORTB
                BANK_0
                INCF      STELLE,W
                ANDLW     03H
                MOVWF     STELLE
                MOVLW     CODE1
                ADDWF     STELLE,W
                MOVWF     FSR
                MOVF      0,W
                MOVWF     PORT_D
                MOVF      STELLE,W
                CALL      GETDRV
                BANK_1
                ANDWF     TRISB
                BANK_0
                RETURN
;
;=============================== Hauptprogramm
MAIN            MOVLW     RES_A
                MOVWF     PORT_A
                MOVLW     RES_B
                MOVWF     PORT_B
                MOVLW     RES_C
                MOVWF     PORT_C
                MOVLW     RES_D
                MOVWF     PORT_D
                MOVLW     RES_E
                MOVWF     PORT_E
                CLRF      ADCON0
                BANK_1                ; switch to Bank1
                MOVLW     07H
                MOVWF     ADCON1
```

```
            MOVLW     TR_A
            MOVWF     TRISA
            MOVLW     TR_B
            MOVWF     TRISB
            MOVLW     TR_C
            MOVWF     TRISC
            MOVLW     TR_D
            MOVWF     TRISD
            MOVLW     TR_E
            MOVWF     TRISE
;
            MOVLW     081H      ; RTCC-Rate = Clockout/4
            MOVWF     R_OPTION
            BANK_0              ; switch to Bank0
            MOVLW     0BH
            MOVWF     T1CON
            MOVLW     ANZDIFF
            MOVWF     ANZEVE
            CLRF      AUFZYC
            CLRF      ZAHL_LO
            CLRF      ZAHl_HI
;
LOOP        MOVF      ANZEVE,W
            SUBWF     IMRIL,W
            ANDLW     0F0H
            BNZ       LOOP
            MOVLW     ANZDIFF
            ADDWF     ANZEVE
            CALL      LEDOUT
            INCF      AUFZYC
            MOVF      AUFZYC,W
            XORLW     .8
            BNZ       LOOP
            CLRF      AUFZYC
            INCF      ZAHL_LO
            SKPNZ
            INCF      ZAHL_HI
            MOVLW     CODE1
            MOVWF     FSR
            MOVF      ZAHL_LO,W
            MOVWF     ZAHL
```

112 Kapitel 3

```
            CALL    MKCODE
            MOVF    ZAHL_HI,W
            MOVWF   ZAHL
            CALL    MKCODE
            GOTO    LOOP
;
            END
```

Listing von LEDTEST.ASM

Anhand der Spieldatei LED_FUN.ASM soll demonstriert werden, wie einfach mit Hilfe der Routinen aus dem Modul LED.AM das Ausgeben von beliebigen Zeichen ist.

```
            TITLE   "LED-Fun-Testprogramm für den Testaufbau mit 16C74"
;
            INCLUDE "PICREG.INC"
            LIST    P=16C74,F=INHX8M
;
;========================PORTA
; die Portdefinitionen haben sich nicht geändert
;========================= Variable LED
;
V_LED       EQU     30H
CODE1       EQU     V_LED+0
CODE2       EQU     V_LED+1
CODE3       EQU     V_LED+2
CODE4       EQU     V_LED+3
STELLE      EQU     V_LED+5
ZAHL        EQU     V_LED+6
ANZEVE      EQU     V_LED+7
AUFZYC      EQU     V_LED+8
POINTER     EQU     V_LED+9
COUNT       EQU     V_LED+.10
;
ANZDIFF     EQU     .80         ;.164
;
BANK_0      MACRO
; auch bei den MACROs hat sich nichts geändert
;
            ORG     0
            CLRF    STATUS
```

```
            GOTO       MAIN
            NOP
            NOP
            GOTO       ISR       ; Interrupt-Service-Routines
;
            ORG        10
;
ISR         RETFIE
;=========================== Unterprogramme für LED
CODETAB     ANDLW      0FH
            ADDWF      PC
            RETLW      01H
            RETLW      08H
            RETLW      00H
            RETLW      020H
;
            RETLW      02H
            RETLW      00H
            RETLW      08H
            RETLW      01H
;
            RETLW      04H
            RETLW      00H
            RETLW      01H
            RETLW      08H

            RETLW      08H
            RETLW      01H
            RETLW      00H
            RETLW      010H
;
GETDRV      ANDLW      03H
; ist unverändert geblieben
LEDOUT      MOVLW      0FH       ; alle Segment-Treiber sind Eingänge
; ist unverändert geblieben

;================================ Hauptprogramm
MAIN        MOVLW      RES_A
; ist unverändert geblieben
;
            MOVLW      081H      ;RTCC-Rate = Clockout/4
```

```
                MOVWF       R_OPTION
                BANK_0      ; switch to Bank0
                MOVLW       0BH
                MOVWF       T1CON
                MOVLW       ANZDIFF
                MOVWF       ANZEVE
                CLRF        AUFZYC
                CLRF        POINTER
;
LOOP            MOVF        ANZEVE,W
                SUBWF       TMR1L,W
                ANDLW       0F0H
                BNZ         LOOP
                MOVLW       ANZDIFF
                ADDWF       ANZEVE
                CALL        LEDOUT
                INCF        AUFZYC
                MOVF        AUFZYC,W
                XORLW       .20
                BNZ         LOOP
                CLRF        AUFZYC
                MOVLW       04
                MOVWF       COUNT
                MOVLW       CODE1
                MOVWF       FSR
L01             MOVF        POINTER,W
                CALL        CODETAB
                MOVWF       0
                INCF        FSR
                INCF        POINTER
                MOVLW       0FH
                ANDWF       POINTER
                DECFSZ      COUNT
                GOTO        L01
                GOTO        LOOP
;
                END
```

Listing des Programms LED_FUN.ASM, wobei unveränderte Teile entfielen

3.3 Musteranwendung: Uhr mit LED-Anzeige

Im folgenden Beispiel werden wir über eine LED-Anzeige die Uhrzeit ausgeben. Hierzu benötigen wir sowohl das Modul LED.AM als auch ein weiteres Modul ZEIT.AM. Das Letztere werden wir in diesem Abschnitt besprechen.

Das wichtigste an dieser Applikation ist jedoch zu zeigen, wie wir die beiden Module in ein Rahmenprogramm einfügen. Hilfsmittel wie ein LINK-Programm stehen derzeit noch nicht zur Verfügung, so daß wir die beiden Module per Hand und Kopf zusammenfügen müssen. Man hat ohnehin jedes Modul beim Einbinden in eine Anwendung zu prüfen, ob nicht noch Modifikationen nötig sind, denn so allgemein wie eine Hochsprachenroutine kann man so ein Modul nicht ablegen. Hinzu kommt, daß die Variablen in unseren Modulen relokierbar angelegt werden und im Gesamtprogramm einen festen Platz zugewiesen bekommen müssen. Ein weiterer Schritt beim Zusammenfügen ist, daß man die Deklarationsteile der Module der Übersichtlichkeit halber zusammenführt. Dabei hat man auch zu beachten, ob in den Modulen Variablennamen, Programme oder Makros doppelt vorhanden sind. Eventuell können Variablen auch zusammengelegt werden.

Für die beiden PIC16-Klassen haben wir uns die Rahmen als Dateien abgelegt. Sie dienen als Vorlage und Gedächtnisstütze, damit keine Details bei der Initialisierung vergessen werden.

Unsere meistbenutzten Rahmendateien sind:

- RAHMEN55.A
- RAHMEN74.A

Nach dem ersten Versuch, das gesamte Programm zu assemblieren, muß überprüft werden, ob alle Programmteile »richtig« liegen. D.h., daß beispielsweise keine Tabellen über eine 100H-Grenze gehen oder bei den PIC16C5X die Unterprogramme in der unteren Page liegen. Gegebenenfalls muß man Programmteile verschieben oder beim Aufruf durch das Setzen des PCLATH ihre Lage berücksichtigen. Siehe Kapitel 2.2 Umgang mit den Programmseiten.

3.3.1 Problemstellung: Uhr

Für die Darstellung einer Uhrzeit mit einer LED-Anzeige haben wir zwei Zeitereignisse regelmäßig zu überwachen.

- 5 msek für die LED-Auffrischung
- Sekundenüberlauf, zum Hochzählen der Uhr

Da die Zeitbasis für eine Uhr sehr genau sein muß, verwenden wir für Echtzeitanwendungen meist einen sehr präzisen Uhrenquarz. Man bedenke, daß ein Tag 86400 Sekunden hat, so daß ein Fehler der Zeitbasis von einem 1000stel bereits zu einer Ungenauigkeit von 1,5 Minuten pro Tag führen würde.

Wie immer bei Zeitüberlegungen ziehen wir unsere einzige Formel (AGµC) zu Rate:

$$\text{TMR} * \text{VT} = \text{Zeit} * \text{Ftmr}$$

Wobei: Ftmr = 32768 Hz, Zeit = 5 msek; d.h. Tosc * Zeit = 163,84

Da 164 ein problemlos abfragbarer Wert ist, wählen wir den Vorteiler VT zu 1. Unser zweites Zeitereignis, der Sekundenüberlauf, ergib sich durch Abfragen der negativen Flanke des Bit 6 von TMR1H, so wie in dem Programmteil TOVER (Kapitel 2.7, Zeitüberlegungen) beschrieben. Wir realisieren die beiden Abfragen in einer asynchronen Loop, da die 5 msek als Takt für die Echtzeit nicht in Frage kommen. Sie sind gerundet. Die Hauptschleife des Programms sieht also folgendermaßen aus:

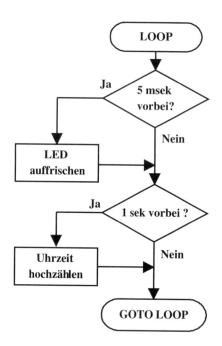

Abbildung 3.7: Asynchrone Hauptschleife

```
LOOP    MOVF    ANZEVE,W
        SUBWF   TMR1L,W
        ANDLW   0F0H
        BNZ     L01
        MOVLW   ANZDIFF
        ADDWF   ANZEVE
        CALL    LEDOUT
L01     CALL    TIMUP
        BTFSS   TSTATUS,ISEK
        GOTO    LOOP
```

asynchrone Schleife, codiert

3.3.2 Zusammenbau des Gesamtprogramms

Als ersten Schritt holen wir uns den Rahmen für den PIC16C74 in den Programmeditor. Der Rahmen ist als Formular zu sehen, damit keine Definitionen vergessen werden. Insbesondere soll das Setzen der Resetwerte und TRIS-Werte erleichtert werden. Die dann untereinanderstehenden Bits werden zu einem Byte zusammengefaßt und in die TR_x-(Initialwert für das TRIS-Register) bzw. RES_x-(Initialwert für das PORTx-Register)-Definition eingetragen.

```
        TITLE    " "
;
        INCLUDE  "PICREG.INC"
        LIST     P=16C74,F=INHX8M
;
;====================================================
;                        TRIS    RESETVALUE
;=================== PORTA
        EQU     0       ;0       0 ;
        EQU     1       ;0       0 ;
        EQU     2       ;0       0 ;
        EQU     3       ;0       0 ;
        EQU     4       ;0       0 ;
        EQU     5       ;0       0 ;
RES_A   EQU
TR_A    EQU
;=================== PORT_B
        EQU     0       ;0       0 ;
        EQU     1       ;0       0 ;
        EQU     2       ;0       0 ;
```

	EQU	3	;0	0	;
	EQU	4	;0	0	;
	EQU	5	;0	0	;
	EQU	6	;0	0	;
	EQU	7	;0	0	;
RES_B	EQU				
TR_B	EQU				

;===================== PORT_C

	EQU	0	;0	0	;
	EQU	1	;0	0	;
	EQU	2	;0	0	;
	EQU	3	;0	0	;
	EQU	4	;0	0	;
	EQU	5	;0	0	;
	EQU	6	;0	0	;
	EQU	7	;0	0	;
RES_C	EQU				
TR_C	EQU				

;===================== PORT_D

	EQU	0	;1	x	;
	EQU	1	;1	x	;
	EQU	2	;1	x	;
	EQU	3	;1	x	;
	EQU	4	;1	x	;
	EQU	5	;1	x	;
	EQU	6	;1	x	;
	EQU	7	;1	x	;
RES_D	EQU				
TR_D	EQU				

;===================== PORT_E

	EQU	0	;0	1	;
	EQU	1	;0	1	;
	EQU	2	;0	1	;
RES_E	EQU				
TR_E	EQU				

;
BANK_0	MACRO	
	BCF	STATUS,5
	ENDM	

```
BANK_1    MACRO
          BSF       STATUS,5
          ENDM
;
          ORG       0
          CLRF      STATUS
          GOTO      MAIN
          NOP
          NOP
          GOTO      ISR       ; Interrupt-Service-Routines
;
          ORG       10
;
ISR       RETFIE
;
;===================================================================
          Platz für die Unterprogramme
;
;===================================================================
MAIN      MOVLW     RES_A
          MOVWF     PORT_A
          MOVLW     RES_B
          MOVWF     PORT_B
          MOVLW     RES_C
          MOVWF     PORT_C
          MOVLW     RES_D
          MOVWF     PORT_D
          MOVLW     RES_E
          MOVWF     PORT_E
          CLRF      ADCON0    ;
          BANK_1              ; switch to Bank1
          MOVLW     07H
          MOVWF     ADCON1    ; Pins digital verwendet
          MOVLW     TR_A
          MOVWF     TRISA
          MOVLW     TR_B
          MOVWF     TRISB
          MOVLW     TR_C
          MOVWF     TRISC
          MOVLW     TR_D
          MOVWF     TRISD
```

```
               MOVLW    TR_E      ; auf die höheren Bits aufpassen!
               MOVWF    TRISE
;
               MOVLW    081H      ;RTCC intern getaktet; Vorteiler = 4
               MOVWF    R_OPTION
               BANK_0             ; switch to Bank0
;
               Variableninitialisierung
;
LOOP           Hauptschleife
               GOTO     LOOP
               END
```

Programm RAHMEN74.A

In der Reihenfolge der untenstehenden Auflistung wird nun das Gesamtprogramm zusammengebaut:

1. Ändern des Rahmens:

    ♦ Title-Anweisung vervollständigt

    ♦ Portdefinitionen und Resetwerte erstellt

2. Einfügen von Teilen des Moduls ZEIT.AM:

    ♦ abgespeckte Variablen- und Konstantendefinitionen hinter den Portdefs eingefügt

    ♦ das Macro INCBCD in den Macroteil übernommen

    ♦ Unterprogramm TIMUP ohne den Kalenderteil in den Bereich Unterprogramme kopiert

    ♦ TMR1-Konfiguration hinter MAIN gestellt

    ♦ Variablen initialisiert

    ♦ die kleine LOOP aus ZEIT.AM als Basis in das Rahmenfile kopiert

3. Einfügen von Teilen des Moduls LED.AM:

    ♦ gesamte Variablen- und Konstantendefinitionen hinter den Variablen und Konstanten von ZEIT eingefügt

    ♦ alle Unterprogramme aus LED in den Bereich für Unterprogramme kopiert

- ♦ Variable ANZEVE initialisiert
- ♦ restlichen Teil der Beispiel-LOOP aus LED.AM in das Rahmenfile kopiert
4. Aus den zwei Teil-LOOPs die Gesamt-LOOP gemäß den vorherigen Überlegungen erstellen.
5. Assemblerlauf durchführen, um Syntaxverstöße und ähnliche Unstimmigkeiten zu finden.
6. Überprüfung des LST-Files, ob Unterprogramme und Tabellen sich in zulässigen Bereichen befinden.
7. Erster Test im In-Circuit-Emulator.
8. An dieser Stelle erkennt man manchmal den Unterschied zwischen Theorie und Praxis.

Diese Arbeiten sind komfortabel durchzuführen, wenn man einen Editor verwendet, der zwei Dateien gleichzeitig, nebeneinander darstellen kann und in der Lage ist, von einem Text in den anderen zu kopieren. Im vorliegenden Fall benötigten wir nicht mehr als 15 Minuten. Dabei kam uns zu Hilfe, daß die LOOP, die wir gemäß dem obigen Flußdiagramm schreiben wollten, durch die beiden Beispiel-LOOPs schon komplett war.

```
TITLE     " Muster-LED-Uhr "
;
          INCLUDE   "PICREG.INC"
          LIST      P=16C74,F=INHX8M
;
;=============================================
;=====================PORTA
RES_A     EQU       0
TR_A      EQU       0    ; wird derzeit nicht verwendet
;=====================       PORT_B
;EQU      0;1       0    ;COMM4
;EQU      1;1       0    ;COMM3
;EQU      2;1       0    ;COMM2
;EQU      3;1       0    ;COMM1
;EQU      4;0       0    ;frei
;EQU      5;0       0    ;frei
;EQU      6;0       0    ;frei
;EQU      7;0       0    ;frei
RES_B     EQU       0
TR_B      EQU       0FH
```

```
;==================         PORT_C
;EQU      0;1  1          ;Oscillator
;EQU      1;1  1          ;  - " -
;EQU      2;0  0          ;frei
;EQU      3;0  0          ;frei
;EQU      4;0  0          ;frei
;EQU      5;0  0          ;frei
;EQU      6;0  0          ;frei
;EQU      7;0  0          ;frei
RES_C     EQU       0
TR_C      EQU       03H
;==================         PORT_D
;EQU      0;0  0          ;Segm. a
;EQU      1;0  0          ;Segm. b
;EQU      2;0  0          ;Segm. c
;EQU      3;0  0          ;Segm. d
;EQU      4;0  0          ;Segm. e
;EQU      5;0  0          ;Segm. f
;EQU      6;0  0          ;Segm. g
;EQU      7;0  0          ;Segm. dp
RES_D     EQU       0
TR_D      EQU       0
;==================         PORT_E
;EQU      0;0  0          ;frei
;EQU      1;0  0          ;frei
;EQU      2;0  0          ;frei
RES_E     EQU       0
TR_E      EQU       0
;
;========================= Konstante für TIMBCD
;
OSEK      EQU       60H
OMIN      EQU       60H
OSTD      EQU       24H
;========================= Konstante für LED
ANZDIFF   EQU       .164
;========================= Variable für TIMBCD
V_TIM     EQU       20H      ; Startadresse ggfs. korrigieren
TSTATUS   EQU       V_TIM+0
SEK       EQU       V_TIM+1
MIN       EQU       V_TIM+2
```

```
STD     EQU     V_TIM+3
;========================= Variable für LED
V_LED   EQU     30H
CODE1   EQU     V_LED+0
CODE2   EQU     V_LED+1
CODE3   EQU     V_LED+2
CODE4   EQU     V_LED+3
STELLE  EQU     V_LED+5
ZAHL    EQU     V_LED+6
ANZEVE  EQU     V_LED+7
;------------------------- BITS IN TSTATUS
TOV     EQU     0           ;TMR OVERFLOW = ISEK
ISEK    EQU     1
IMIN    EQU     2
ISTD    EQU     3
ITAG    EQU     4
;
INCBCD  MACRO   REGISTER
        INCF    REGISTER
        MOVF    REGISTER,W
        ANDLW   0FH
        XORLW   0AH
        MOVLW   6
        SKPNZ
        ADDWF   REGISTER
        ENDM
;
BANK_0  MACRO
        BCF     STATUS,5
        ENDM

BANK_1  MACRO
        BSF     STATUS,5
        ENDM
;
        ORG     0
        CLRF    STATUS
        GOTO    MAIN
        NOP
        NOP
        GOTO    ISR     ; Interrupt-Service-Routines
```

```
;
        ORG     10
;
ISR     RETFIE
;
TIMUP   BTFSS   TMR1H,6
        GOTO    TL0
        BSF     TSTATUS,TOV
        RETURN
TL0     BTFSS   TSTATUS,TOV
        RETURN
        CLRF    TSTATUS
        BSF     TSTATUS,ISEK
        INCBCD  SEK     ;
        MOVLW   OSEK
        XORWF   SEK,W
        BNZ     TIMEND
;
        CLRF    SEK
        BSF     TSTATUS,IMIN
        INCBCD  MIN     ;
        MOVLW   OMIN
        XORWF   MIN,W
        BNZ     TIMEND
;
        CLRF    MIN
        BSF     TSTATUS,ISTD
        INCBCD  STD     ;
        MOVLW   OSTD
        XORWF   STD,W
        BNZ     TIMEND
;
        CLRF    STD
        BSF     TSTATUS,ITAG
TIMEND  RETURN
;
GETCODE ANDLW   0FH
        ADDWF   PC
        RETLW   3FH     ;0
        RETLW   06H     ;1
        RETLW   5BH     ;2
```

```
        RETLW   4FH     ;3
        RETLW   66H     ;4
        RETLW   6DH     ;5
        RETLW   7DH     ;6
        RETLW   07H     ;7
        RETLW   7FH     ;8
        RETLW   6FH     ;9
        RETLW   77H     ;A
        RETLW   7CH     ;B
        RETLW   39H     ;C
        RETLW   5EH     ;D
        RETLW   79H     ;E
        RETLW   71H     ;F
;
GETDRV  ANDLW   03H
        ADDWF   PC
        RETLW   0EH     ;0
        RETLW   0DH     ;1
        RETLW   0BH     ;2
        RETLW   07H     ;3
;
MKCODE  MOVF    ZAHL,W  ;
        CALL    GETCODE ; W=Bitmuster für Stelle 0
        MOVWF   0       ; CODE1
        INCF    FSR
        SWAPF   ZAHL,W
        CALL    GETCODE ; W=Bitmuster für Stelle 1
        MOVWF   0       ; CODE2
        INCF    FSR
        RETURN
;
LEDOUT  MOVLW   0FH     ; alle Segment-Treiber sind Eingänge
        BANK_1
        IORWF   TRISB   ; Ausgabe an PORTB
        BANK_0
        INCF    STELLE,W
        ANDLW   03H
        MOVWF   STELLE
        MOVLW   CODE1
        ADDWF   STELLE,W
        MOVWF   FSR
```

126 Kapitel 3

```
                MOVF        0,W
                MOVWF       PORT_D
                MOVF        STELLE,W
                CALL        GETDRV
                BANK_1
                ANDWF       TRISB
                BANK_0
                RETURN
;
;================================================================
MAIN            MOVLW       RES_A
                MOVWF       PORT_A
                MOVLW       RES_B
                MOVWF       PORT_B
                MOVLW       RES_C
                MOVWF       PORT_C
                MOVLW       RES_D
                MOVWF       PORT_D
                MOVLW       RES_E
                MOVWF       PORT_E
                CLRF        ADCON0      ;
                BANK_1                  ; switch to Bank1
                MOVLW       07H
                MOVWF       ADCON1      ; Pins digital verwendet
                MOVLW       TR_A
                MOVWF       TRISA
                MOVLW       TR_B
                MOVWF       TRISB
                MOVLW       TR_C
                MOVWF       TRISC
                MOVLW       TR_D
                MOVWF       TRISD
                MOVLW       TR_E        ; auf die höheren Bits aufpassen!
                MOVWF       TRISE
;
                MOVLW       081H        ; RTCC intern getaktet; Vorteiler = 4
                MOVWF       R_OPTION
                BANK_0                  ; switch to Bank0
                MOVLW       0BH         ; Timer 1 Definition bei TMR1osc = 32768 Hz
                MOVWF       T1CON
                MOVLW       ANZDIFF
```

```
         MOVWF    ANZEVE
         CLRF     SEK
         CLRF     MIN
         CLRF     STD
;
LOOP     MOVF     ANZEVE,W
         SUBWF    TMR1L,W
         ANDLW    0F0H
         BNZ      L01
         MOVLW    ANZDIFF
         ADDWF    ANZEVE
         CALL     LEDOUT
L01      CALL     TIMUP
         BTFSS    TSTATUS,ISEK
         GOTO     LOOP
         MOVLW    CODE1       ; berechnet werden müssen
         MOVWF    FSR
         MOVF     SEK,W       ; rechtes Anzeigepaar
         MOVWF    ZAHL
         CALL     MKCODE
         MOVF     MIN,W       ; linkes Anzeigepaar
         MOVWF    ZAHL
         CALL     MKCODE
         GOTO     LOOP
         GOTO     LOOP

         END
```

Listing der Datei MUSTLED.ASM

3.4 Blinkende Anzeigen

Blinkende Anzeigen sind ein wichtiges Mittel, über interne Zustände eines Gerätes zu informieren. Durch das regelmäßige Blinken eines Gerätes erkennt man, daß die Anzeige nicht zufälligerweise eingeschaltet ist. Mit der Frequenz des Blinkens kann man noch zusätzliche Mitteilungen an die Außenwelt machen. Schnelleres Blinken signalisiert meist eine größere Dringlichkeit der Meldung. Bei der Anzeige durch LEDs wählt man oft die Farbe Grün, um ordnungsgemäße Zustände anzuzeigen, wie z.B. Gerät in Betrieb oder Akkuspannung gut. Rote Farben dienen dagegen der Warnung. Wenn ein Gerät eine Wartung verlangt, sind akustische Meldungen im Intervallbetrieb nützlich. Bei Verwendung eines Piezosummers ist die programmtechnische Bedienung einer akustischen Meldung genau wie bei der blinkenden LED einfach durch Toggeln eines Portpins in regelmäßigen Abständen durchzuführen.

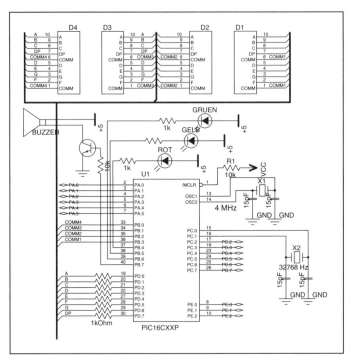

Abbildung 3.8: Schaltplan: Blinkende LEDs

Falls nur eine blinkende Anzeige an einem Gerät zu programmieren ist, bedient man sich am besten der Eventmethode. Wenn der Zeitpunkt zum Umschalten gekommen ist, addiert man zu der Eventvariablen die Blinkdauer. Man kann dabei ohne Probleme die Ein- und Ausschaltdauer unterschiedlich lang machen, indem man den Portpin abfragt und auf Grund des aktuellen Pegels entscheidet, welchen Abstand man für den nächsten Event zu wählen hat.

Wenn man jedoch eine größere Anzahl von Blink- und Hupmeldungen zu verwalten hat, ist diese Methode etwas umständlich, da man ja alle Events nacheinander abfragen muß. Wir schlagen hier ein Verfahren vor, welches wir an einem konkreten Beispiel darlegen wollen.

Es sind drei Leuchtdioden zu bedienen, welche wir der besseren Verständigung halber als rote, grüne und gelbe LED bezeichnen. Dazu kommt noch ein Piezosummer, den wir kurz Hupe nennen. Die vier dafür benötigten Ausgänge sollen an einem Port, an nebeneinanderliegenden Pins liegen. Die Anoden der LEDs hängen über je einem Vorwiderstand an der positiven Versorgungsspannung, so daß ein Low-Pegel am µControllerausgang die jeweilige LED zum Leuchten bringt. Die Hupe benötigt etwas mehr Strom. Daher wird sie über einen NPN-Transistor angesteuert, dessen Basis der µController mit einer **positiver** Vorspannung zu beaufschlagen hat. D.h., die Polarität dieses Ausgangs ist high, wenn die Hupe leuchten soll.

Um nicht zu abstrakt zu bleiben, nehmen wir an, daß die LEDs an den Pins 4, 5 und 6 des PORTB liegen und die Hupe am Pin B.7. Die Zustandsvariable ANZSTAT zeigt an, an welchen der Portpins zur Zeit das Blinken eingeschaltet ist bzw. an welchen der Portpin konstant bleiben soll. Für Blinken setzen wir eine 1 an dem dem Portbit entsprechenden Bit der Zustandsvariablen. Beispiel: ANZSTAT = 60H bedeutet, daß nur die beiden LEDs an den Pins 5 und 6 blinken sollen. Das lower Nibble ist immer 0, da es nicht benötigt wird.

Um eine ordentliche Verwaltung aufbauen zu können, nehmen wir an, daß alle Blink- und Hupzeiten Vielfache von 100 msek sind. Gegen eine solche vereinfachende Annahme gibt es kaum einen Grund, Einwände zu erheben. Kürzere Blinkzeiten und höhere Auflösung sind vom Auge ohnehin nicht wahrzunehmen.

Zu jedem Pin benötigt man drei Parameter: eine Zählvariable CNTx und zwei Reloadwerte RLDx für die Ein- und Ausschaltzeiten. Praktisch ist es, wenn man die Reloadwerte in die beiden Nibbles eines einzigen Bytes packt, da man diese dann immer nur mit Hilfe des SWAPF-Befehls zu vertauschen braucht, wenn zwischen Ein- und Ausschalten gewechselt wird. Falls aber einige Blinkzeiten nicht in ein Nibble hineinpassen, kann man in dieses Byte anstelle der Blinkdauern nur Ordnungszahlen hineinschreiben, mit deren Hilfe man aus einer Tabelle dann die Blinkdauer in Form von Vielfachen von 100 msek holt. Das Tabellenprogramm heißt GETCNT.

Im Abstand von 100 msek wird nun ein gemeinsames Blinkverwaltungsprogramm BLINK aufgerufen, welches der Reihe nach jede LED bedient. Dabei zeigt das FSR-Register auf die jeweiligen Zähl- und Reload-Variablen, welche natürlich in aufeinanderfolgenden Speicherzellen stehen müssen.

Hierbei verwenden wir eine Abarbeitungstechnik, die immer nützlich ist, wenn ein und dasselbe Programm für mehrere Bits eines Registers durchgeführt werden soll. Dazu wird eine Bitselektvariable BSEL benutzt, in der nur ein einziges Bit gleich 1 ist. Diese Variable wird so lange rotiert, bis die 1 an einer Seite herausfällt. In unserem Fall beginnen wir mit BSEL = 10H. Durch RLF BSEL erhalten wir dann nacheinander 20H, 40H, 80H. Wenn nach dem Rotieren das CY-Flag gesetzt ist, ist die Schleife fertig. Achten Sie darauf, daß vor dem Rotieren das CY-Flag gelöscht wird, damit die niederen Bits von BSEL nicht gesetzt werden.

Mit Hilfe von BSEL können nun nacheinander für Bit 4 bis 7 zwei Aufgaben durchgeführt werden: die Abfrage, ob das Blinken eingeschaltet ist oder nicht und das Toggeln des zugehörigen Portpins.

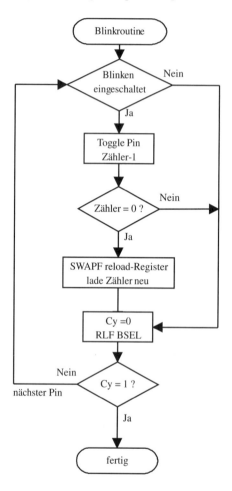

Abbildung 3.9: Ablauf der Blinkverwaltung

Umsetzung dieses Ablaufs in eine Assemblerroutine:

```
BLINK   MOVLW   10H
        MOVWF   BSEL        ; BSEL rotiert 10H,20H,40H,80H
        MOVLW   CNTROT      ; FSR zeigt auf Zähler/Reloadblock
        MOVWF   FSR         ; für Signale
```

```
SILO     MOVF     SIGBYTE,W  ; Sigbyte enthält Info, welche Alarme
         ANDWF    BSEL,W     ; aktiv sind
         BZ       NEXT
         DECFSZ   0
         GOTO     NEXT
         XORWF    PORT_B     ;
         MOVLW    0F0H       ;
         ANDWF    PORT_B     ;
         INCF     FSR
         SWAPF    0
         MOVF     0,W
         ANDLW    07
         CALL     GETCNT
         DECF     FSR
         MOVWF    0
NEXT     INCF     FSR
         INCF     FSR
         BCF      STATUS,CY
         RLF      BSEL
         BNC      SILO
         RETURN
```

Programmschleife für Blinkverwaltung

Ein besonderes Problem zeigt sich in diesem Beispiel:

Die Pins der LEDs sind im gleichen Port wie die Kathodentreiber der LED-Siebensegment-Anzeige. An diesen Pins mimen wir open-collector-Ausgänge. Das geschieht so, daß das Ausgangsregister mit Nullen beschrieben und mit dem TRIS-Register zwischen Eingang und low umgeschaltet wird. Ein Kathodentreiberpin, welcher zum Zeitpunkt einer Portmanipulation (read-modify-write) gerade Eingang war, wird durch das Toggeln der Blinkpins als 1 vom Port gelesen und dann in das Ausgangsregister geschrieben. Wenn dieser Pin dann als Ausgang wieder Low-Pegel treiben soll, tritt zutage, daß in der Zwischenzeit eine 1 in das Ausgangsregister geschrieben wurde.

Bei Ports, die mit read-modify-write-Befehlen manipuliert werden, kann also ein Problem auftauchen, wenn einzelne Pins in ihrer Richtung veränderlich sind.

Ein paar Worte müssen noch verloren werden über das Starten, Beenden und Ändern einer Blinkanzeige. Am problemlosesten geschieht das, indem wir uns Makros schreiben, die alles erledigen, dann kann nichts in Vergessenheit geraten.

Das LED-clear-Makro

```
CLRGRU   MACRO
         BCF     ANZSTAT,GRUEN
         BSF     ANZPORT,GRUEN
         ENDM
```

Zum Beenden eines Blinkens, muß das entsprechende Bit in der Variablen ANZ-STAT gelöscht werden und der zugehörige Pin am Ausgabeport ist in den passiven Zustand zu setzen. Passiv heißt, daß die LED nicht leuchtet bzw. das Ausgabeelement nicht aktiv ist.

Durch das Setzen dieses Portpins ist übrigens problemlos ein Dauerleuchten einer LED zu realisieren.

Das LED-set-Makro

```
SETGRU   MACRO   PARA
         BSF     ANZSTAT,GRUEN
         BSF     ANZPORT,GRUEN
         MOVLW   PARA
         MOVWF   RLDGRU
         MOVLW   1
         MOVWF   CNTGRU
         ENDM
```

Eine Blinkanzeige wird gestartet, indem das Bit in ANZSTAT gesetzt wird und die Anzeigevariablen CNTx und RLDx sowie der Portpin auf einen definierten Anfangszustand gesetzt werden.

Diese Zustände sind:

- CNTx muß 01H gesetzt werden, damit beim nächsten Aufruf von BLINK nach dem ersten Dekrementieren der CNT-Variablen diese 0 ist.

- Damit wird ein Pintoggeln provoziert, mit dem die LED eingeschaltet wird. Der Startzustand des Pins muß also AUS sein.

- Gleichzeitig wird die RLDx-Variable geholt, deren Nibbles vertauscht werden, wobei das dann niedrigere Nibble als Basis für die jetzt anstehende ON-Zeit verwendet wird. Die ON-Zeit ist die Zeit, in der die LED leuchten soll. Das andere ist die OFF-Zeit. Beide Werte werden beim Starten eines Blinkens in die RLDx-Variable geladen, ON-Zeit ins higher Nibble, OFF-Zeit ins lower Nibble. Der Parameter des Makros SETX ist diese RLD-Variable.

Es macht nichts aus, wenn eine abgeschaltete Blinkanzeige noch einmal abgeschaltet wird. Anders ist dies beim Starten einer Anzeige. Ein permanentes Starten setzt den Pin immer wieder auf passiv. Wenn man also beim Erkennen einer Blinkursache das Blinken immer wieder startet, ohne sicherzustellen, daß nicht schon gestartet wurde, dann verdirbt man der Blinkanzeige jegliche Freude. Das hat zur Folge, daß bei Blinkursachen nicht Zustände, sondern Veränderungen abzufragen sind. Im unteren Teil der LOOP sehen Sie die Blink-Set- und -Clear-Anweisungen. In diesen Teil der LOOP gelangen wir nur, wenn sich ein Sekundenübertrag ereignet hat (TSTATUS.ISEK).

```
TITLE     "Demoprog für die blinkenden LEDs mit 16C74"
;         Eingebaut in das LED-Uhrenprogramm
;
          INCLUDE  "PICREG.EQU"
          LIST     P=16C74,F=INHX8M
;
;========================================================
;                   TRIS  RESETVALUE
;=================== PORTA
RES_A     EQU      0           ; frei
TR_A      EQU      0
;=================== PORT_B
;         EQU      0;1    x    ;
;         EQU      1;1    x    ;
;         EQU      2;1    x    ;
;         EQU      3;1    x    ;
;         EQU      4;0    0    ; Stelle 0 ganz rechts
;         EQU      5;0    0    ; Stelle 1
;         EQU      6;0    0    ; Stelle 2
;         EQU      7;0    0    ; Stelle 3 ganz links
RES_B     EQU      070H        ; Port B low sind die Kathodentreiber
TR_B      EQU      0FH
#DEFINE   ANZPORT  PORT_B
#DEFINE   GRUEN    4
#DEFINE   ROT      5
#DEFINE   GELB     6
#DEFINE   HUPE     7
;=================== PORT_C
;         EQU      0;1    x    ; 32768 Hz Quarz
;         EQU      1;1    x    ; für TMR1
RES_C     EQU      0H
TR_C      EQU      03H
```

```
;=================== PORT_D
RES_D      EQU       0           ; Segmenttreiber der LED-Anzeige
TR_D       EQU       0
;=================== PORT_E
RES_E      EQU       0           ; frei
TR_E       EQU       0
;
;========================== Konstante TIMBCD
;
OSEK       EQU       60H
OMIN       EQU       60H
OSTD       EQU       24H
OMON       EQU       13H
OJAHR      EQU       9AH
;
;-------------------------- BITS IN TSTATUS
TOV        EQU       0           ;TMR OVERFLOW = ISEK
ISEK       EQU       1
IMIN       EQU       2
ISTD       EQU       3
ITAG       EQU       4
IMON       EQU       5
IJHR       EQU       6
IJHU       EQU       7
;
;========================== Variable für TIMBCD
;
V_TIM      EQU       20H
TSTATUS    EQU       V_TIM+0
SEK        EQU       V_TIM+1
MIN        EQU       V_TIM+3
STD        EQU       V_TIM+4
TAG        EQU       V_TIM+5
MON        EQU       V_TIM+6
JAHR       EQU       V_TIM+7
JAHU       EQU       V_TIM+8
;
;========================== Variable für LED
;
V_LED      EQU       30H
CODE1      EQU       V_LED+0
```

```
CODE2     EQU      V_LED+1
CODE3     EQU      V_LED+2
CODE4     EQU      V_LED+3
STELLE    EQU      V_LED+5
ZAHL      EQU      V_LED+6
ANZEVE    EQU      V_LED+7
;
;=========================== Variable für Blink
B_VAR     EQU      40H
BLCNT     EQU      B_VAR
BSEL      EQU      B_VAR+1   ;
ANZSTAT   EQU      B_VAR+2
CNTROT    EQU      B_VAR+3   ;Zähler
RLDROT    EQU      B_VAR+4   ;Reload
CNTGRU    EQU      B_VAR+5   ;
RLDGRU    EQU      B_VAR+6   ;
CNTGEL    EQU      B_VAR+7   ;
RLDGEL    EQU      B_VAR+8   ;
CNTHUP    EQU      B_VAR+9   ;
RLDHUP    EQU      B_VAR+.10
;
ANZDIFF   EQU      .164
BLDIFF    EQU      .20
;
BANK_0    MACRO              ;
BANK_1    MACRO              ; unvänderte Makros
INCBCD    MACRO    REGISTER  ;
;
CLRGRU    MACRO
          BCF      ANZSTAT,GRUEN
          BSF      ANZPORT,GRUEN
          ENDM
;
CLRROT    MACRO
          BCF      ANZSTAT,ROT
          BSF      ANZPORT,ROT
          ENDM
;
CLRGELB   MACRO
          BCF      ANZSTAT,GELB
          BSF      ANZPORT,GELB
```

```
                ENDM
;
CLRHUP          MACRO
                BCF         ANZSTAT,HUPE
                BCF         ANZPORT,HUPE
                ENDM
;
SETGRU          MACRO       PARA
                BSF         ANZSTAT,GRUEN
                BSF         ANZPORT,GRUEN
                MOVLW       PARA
                MOVWF       RLDGRU
                MOVLW       1
                MOVWF       CNTGRU
                ENDM
;
SETROT          MACRO       PARA
                BSF         ANZSTAT,ROT
                BSF         ANZPORT,ROT
                MOVLW       PARA
                MOVWF       RLDROT
                MOVLW       1
                MOVWF       CNTROT
                ENDM
;
SETGELB         MACRO       PARA
                BSF         ANZSTAT,GELB
                BSF         ANZPORT,GELB
                MOVLW       PARA
                MOVWF       RLDGEL
                MOVLW       1
                MOVWF       CNTGEL
                ENDM
;
SETHUP          MACRO       PARA
                BSF         ANZSTAT,HUPE
                BCF         ANZPORT,HUPE
                MOVLW       PARA
                MOVWF       RLDHUP
                MOVLW       1
                MOVWF       CNTHUP
```

```
        ENDM
;
        ORG     0
        CLRF    STATUS
        GOTO    MAIN
        NOP
        NOP
        GOTO    ISR     ; Interrupt-Service-Routines
;
        ORG     10
;
ISR     RETFIE
;=========================== Unterprogramme für TIMBCD
;
GETTAGE SWAPF   JAHR    ; für BCD
;                       ; unverändert gegenüber LEDUHR.ASM
;
TIMUP   BTFSS   TMR1H,6
;                       ; unverändert gegenüber LEDUHR.ASM
;
;=========================== Unterprogramme für LED
;
GETCODE ANDLW   0FH
;                       ; unverändert gegenüber LEDUHR.ASM
;
GETDRV  ANDLW   03H
;                       ; unverändert gegenüber LEDUHR.ASM
;
MKCODE  MOVF    ZAHL,W  ;
;                       ; unverändert gegenüber LEDUHR.ASM
;
LEDOUT  MOVLW   0FH     ; alle Segment-Treiber sind Eingänge
;                       ; unverändert gegenüber LEDUHR.ASM
;
;============================== Unterprogramme für BLINK
GETCNT  ADDWF   PC      ; Signalzeiten für CNTXX
        RETLW   1
        RETLW   2
        RETLW   4
        RETLW   8
        RETLW   0AH
```

```
            RETLW       14H
            RETLW       32H
            RETLW       32H         ; genau acht Einträge!
;
BLINK       MOVLW       10H
            MOVWF       BSEL        ; BSEL rotiert 10H,20H,40H,80H
            MOVLW       CNTROT      ; FSR zeigt auf Zähler/Reloadblock
            MOVWF       FSR         ; für Signale
SIL0        MOVF        ANZSTAT,W;  ANZSTAT enthält Info, welche Alarme
            ANDWF       BSEL,W      ; aktiv sind
            BZ          NEXT
            DECFSZ      0
            GOTO        NEXT
            XORWF       PORT_B      ; Achtung: das ist ein read-modify-write-
                                    ; Befehl!
            MOVLW       0F0H        ; Einzelne Pins dieses Ports können
                                    ; Eingang sein
            ANDWF       PORT_B      ; und mit high zurückgelesen werden
            INCF        FSR         ; das führt zu einem Fehler: siehe Text
                                    ; vorher!
            SWAPF       0           ; nächste 'Zeit' in das lower Nibble
                                    ; holen
            MOVF        0,W         ;
            ANDLW       07          ; und damit den 100-msek-Zählwert
            CALL        GETCNT      ; aus der Tabelle holen
            DECF        FSR
            MOVWF       0
NEXT        INCF        FSR
            INCF        FSR
            BCF         STATUS,CY
            RLF         BSEL
            BNC         SIL0
            RETURN
;================================Hauptprogramm
MAIN        MOVLW       RES_A
;                       unveränderter Port-Initialisierungsteil
;
            MOVLW       081H        ;RTCC-Rate = Clockout/4
            MOVWF       R_OPTION
            BANK_0                  ; switch to Bank0
            MOVLW       0BH
```

```
        MOVWF    T1CON
        MOVLW    ANZDIFF
        MOVWF    ANZEVE
        MOVLW    BLDIFF
        MOVWF    BLCNT
        CLRF     SEK
        CLRF     MIN
        CLRF     STD
        CLRF     TAG
        INCF     TAG
        CLRF     MON
        INCF     MON
        CLRF     JAHR
        CLRF     ANZSTAT
;
LOOP    MOVF     ANZEVE,W
        SUBWF    TMR1L,W
        ANDLW    0F0H
        BNZ      L01
        MOVLW    ANZDIFF
        ADDWF    ANZEVE
        CALL     LEDOUT
        DECFSZ   BLCNT
        GOTO     L01
        MOVLW    BLDIFF
        MOVWF    BLCNT
        CALL     BLINK
L01     CALL     TIMUP
        BTFSS    TSTATUS,ISEK
        GOTO     LOOP
        MOVF     SEK,W
        XORLW    10H
        BNZ      WEI1
        SETGRU   04H
        SETROT   03H
        SETGELB  02H
        SETHUP   01H
WEI1    MOVF     SEK,W
        XORLW    20H
        BNZ      WEI2
        SETGRU   04H
```

```
WEI2        MOVF      SEK,W
            XORLW     30H
            BNZ       WEI3
            SETROT    10H
WEI3        MOVF      SEK,W
            XORLW     40H
            BNZ       WEI4
            CLRGRU
            SETHUP    14H
WEI4        MOVF      SEK,W
            XORLW     50H
            BNZ       WEI5
            SETGELB   41H
WEI5        MOVF      SEK,W
            BNZ       WEITER
            CLRROT
            CLRGELB
            CLRGRU
            CLRHUP
WEITER      MOVLW     0F0H      ; Problem wie in BLINK: siehe Text
            ANDWF     PORT_B    ;
            CLRF      TSTATUS
            MOVLW     CODE1
            MOVWF     FSR
            MOVF      SEK,W
            MOVWF     ZAHL
            CALL      MKCODE
            MOVF      MIN,W
            MOVWF     ZAHL
            CALL      MKCODE
            GOTO      LOOP
;
            END
```

Beispielprogramm für die blinkenden LEDs, BLINK.ASM

3.5 LCD-Anzeige

LCD-Anzeigen sind immer dann im Einsatz, wenn Strom gespart werden muß. In akkubetriebenen Geräten sind kaum LED-Anzeigen zu finden. Die Logik der Ansteuerung ist ähnlich, wie bei den LED-Anzeigen. Da die LCD-Anzeigen auf einem anderen physikalischen Prinzip beruhen, ist der Auffrischvorgang grundsätzlich anders.

Die Segmente einer LCD-Anzeige sind Kondensatoren, die auf der einen Seite einen gemeinsamen Anschluß haben, die sog. Common Plane (auch COMM oder COM0 genannt), und auf der anderen Seite mit einem individuellen Pintreiber verbunden sind. Die Anzeige leuchtet, wenn der Pin das umgekehrte Vorzeichen hat wie die COMM. Dabei müssen diese Kondensatoren ständig umgeladen werden. Die Frequenz des Umladens ist in gewissen Grenzen frei wählbar. Ist sie zu hoch, steigt der Stromverbrauch unnötig an, ist sie zu niedrig, flackert die Anzeige sichtbar. Die angelegte Spannung ist also eine Wechselspannung. Es ist darauf zu achten, daß keine Gleichspannung angelegt wird bzw. sich kein Gleichspannungsanteil bildet, denn das zerstört die LCD-Anzeige. Ein Gleichspannungsanteil bildet sich, wenn die Polaritäten unterschiedlich lange anliegen. Ein Richtwert für das Umladen ist 10 msek.

Dieser Kondensator muß nun in Zyklen von etwa 10 msek umgeladen werden. Wir nennen diesen Vorgang REFRESH. Das bedeutet, daß man sich um eine LCD-Anzeige regelmäßig zu kümmern hat, sofern man kein Hardwaremodul hat, das einem diese Arbeit abnimmt. Die Bausteine mit LCD-Treibern und selbständiger Verwaltung sind die PIC16C923 und 924, welche momentan brandneu sind. In unser Repertoire haben sie noch nicht Einzug gehalten.

Der Zeitabstände für die Refreshvorgänge müssen ziemlich genau eingehalten werden, insofern, daß nicht die Zeit für eine Polarität systematisch bevorzugt wird, da sich sonst der zerstörerische Gleichspannungsanteil aufbaut.

Die LCD-Steuerung mit einem PIC16 geschieht so, daß jedes Segment von einem Portpin angesteuert wird. Von der Hardware kann man jedoch nicht erwarten, daß sie die einzelnen Segmente einer LCD-Stelle so mit den Portpins verbindet, daß die Ansteuerung bequem wird. Meistens wird es sich nicht verwirklichen lassen, daß für jede LCD-Anzeigestelle genau ein 8-Bit-Port zuständig ist. In der Regel müssen die Segmente einer LCD-Stelle auf die Pins verschiedener Ports verteilt werden.

Bevor wir uns an die Programmierung des Refresh-Programms machen, haben wir für jeden beteiligten Port eine Tabelle zu schreiben, welche jeweils zehn Werte enthält: nämlich zu jeder Ziffer ein Bitmuster, welches in dem entsprechenden Port gesetzt werden muß. Die Steuerung des Programms geschieht so, daß neue Werte immer bei COMM = 0 eingeführt werden.

Diese Prozedur muß für jede Schaltung, die eine LCD-Anzeige ansteuert, immer wieder neu durchgeführt werden.

Wir zeigen am Beispiel einer zweistelligen LCD-Anzeige, wie man dabei zweckmäßig vorgeht.

Um eine Grundlage für die Ansteuertabellen zu schaffen, zeigen wir hier eine zweckmäßige Verdrahtung. Daß wir zwei LCD-Anzeigen parallel an die Ports anschließen, soll Sie dabei vorläufig noch nicht kümmern.

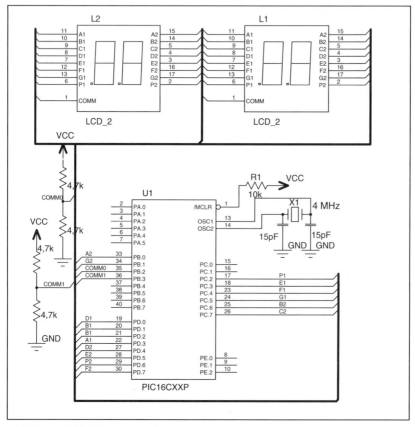

Abbildung 3.10: Zuordnung der Segmente zu den Portpins

3.5.1 Anleitung zum Erstellen der LCD-Ansteuerungstabelle

Im Gegensatz zum vorigen Beispiel mit der LED-Anzeige beschränken wir uns hier auf den Zeichenvorrat 0 bis 9. Als erstes führen wir uns die Bitmusterliste für die Ziffern 0–9 vor Augen.

	a	b	c	d	e	f	g
0	X	X	X	X	X	X	/
1	/	X	X	/	/	/	/
2	X	X	/	X	X	/	X
3	X	X	X	X	/	/	X
4	/	X	X	/	/	X	X
5	X	/	X	X	/	X	X
6	X	/	X	X	X	X	X
7	X	X	X	/	/	/	/
8	X	X	X	X	X	X	X
9	X	X	X	X	/	X	X

Bitmustertabelle

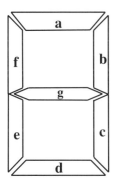

Abbildung 3.11: Segmentbenennung

Im nächsten Schritt zeichnen wir uns für jeden beteiligten Port auf, welche Segmente er treibt. Die Segmentbenennung gemäß obiger Abbildung sind mit a0-g0 für Stelle 0 und a1-g1 für Stelle 1 bezeichnet, p0 und p1 sind die Dezimalpunkte. Stelle 0 ist die rechte Anzeigestelle, für die EINER. Mit Stelle 1 bezeichnen wir die linke Anzeige, für die ZEHNER.

	7	6	5	4	3	2	1	0
Port B	-	-	-	-	-	-	g0	a0
Port C	c0	b0	g1	f1	e1	p1	-	-
Port D	f0	p0	e0	d0	a1	b1	c1	d1

Portpinverwendung

Die folgenden Überlegungen beziehen sich, wie bereits angesprochen, auf den Fall, daß COMM = 0 ist.

Als nächstes erstellen wir also für jede Stelle und jeden Port eine Tabelle, welche angibt, welche Bits für die Ziffern 0–9 zu setzen sind.

Am Beispiel von Stelle 0 und Port B wollen wir die Vorgehensweise schrittweise darlegen:

Wir beginnen mit der Ziffer »0«. Aus der Bitmustertabelle sehen wir, daß für eine »0« alle Segmente außer dem Segment »g« zu setzen sind. Da wir die Stelle 0 betrachten, sind das die Segmente a0, b0, c0, d0, e0 und f0. Da wir den Port B behandeln, haben wir nun zu schauen, welche von diesen Segmenten vom Port B geliefert werden. Dazu nehmen wir die Tabelle der Portpinverwendung zu Hilfe. In dieser Tabelle sehen wir, daß das Segment a0 von Port B.0 ausgegeben wird. D.h., um eine »0« an der Stelle 0 auszugeben, ist vom Port B eine 01H bereitzustellen. Damit haben wir den ersten Tabellenwert der ersten Tabelle. Die nächsten Werte dieser Tabelle werden nun für die Ziffern »1« bis »9« nach dem gleichen Verfahren ermittelt.

Port B

	7	6	5	4	3	2	1	0		
	-	-	-	-	-	-	g0	a0		
Stelle 0	0	0	0	0	0	0	0	1	0	01
	0	0	0	0	0	0	0	0	1	00
	0	0	0	0	0	0	1	1	2	03
	0	0	0	0	0	0	1	1	3	03
	0	0	0	0	0	0	1	0	4	02
	0	0	0	0	0	0	1	1	5	03
	0	0	0	0	0	0	1	1	6	03
	0	0	0	0	0	0	0	1	7	01
	0	0	0	0	0	0	1	1	8	03
	0	0	0	0	0	0	1	1	9	03
Stelle 1	0	0	0	0	0	0	0	0	0	00
	0	0	0	0	0	0	0	0	1	00
	0	0	0	0	0	0	0	0	2	00
	0	0	0	0	0	0	0	0	3	00
	0	0	0	0	0	0	0	0	4	00
	0	0	0	0	0	0	0	0	5	00
	0	0	0	0	0	0	0	0	6	00
	0	0	0	0	0	0	0	0	7	00
	0	0	0	0	0	0	0	0	8	00
	0	0	0	0	0	0	0	0	9	00

Port C

	7	6	5	4	3	2	1	0		
	c0	b0	g0	f1	e1	p1	-	-		
Stelle 0	1	1	0	0	0	0	0	0	0	C0
	1	1	0	0	0	0	0	0	1	C0
	0	1	0	0	0	0	0	0	2	40
	1	1	0	0	0	0	0	0	3	C0
	1	1	0	0	0	0	0	0	4	C0
	1	0	0	0	0	0	0	0	5	80
	1	0	0	0	0	0	0	0	6	80
	1	1	0	0	0	0	0	0	7	C0
	1	1	0	0	0	0	0	0	8	C0
	1	1	0	0	0	0	0	0	9	C0
Stelle 1	0	0	0	1	1	0	0	0	0	18
	0	0	0	0	0	0	0	0	1	0
	0	0	1	0	1	0	0	0	2	28
	0	0	1	0	0	0	0	0	3	20
	0	0	1	1	0	0	0	0	4	30
	0	0	1	1	0	0	0	0	5	30
	0	0	1	1	1	0	0	0	6	38
	0	0	0	0	0	0	0	0	7	0
	0	0	1	1	1	0	0	0	8	38
	0	0	1	1	0	0	0	0	9	30

Port D

	7	6	5	4	3	2	1	0		
	f0	p0	e0	d0	a1	b1	c1	d1		
Stelle 0	1	0	1	1	0	0	0	0	0	B0
	0	0	0	0	0	0	0	0	1	00
	0	0	1	1	0	0	0	0	2	30
	0	0	0	1	0	0	0	0	3	10
	1	0	0	0	0	0	0	0	4	80
	1	0	0	1	0	0	0	0	5	90
	1	0	1	1	0	0	0	0	6	B0
	0	0	0	0	0	0	0	0	7	00
	1	0	1	1	0	0	0	0	8	B0
	1	0	0	1	0	0	0	0	9	90
Stelle 1	0	0	0	0	1	1	1	1	0	0F
	0	0	0	0	0	1	1	0	1	06
	0	0	0	0	1	1	0	1	2	0D
	0	0	0	0	1	1	1	1	3	0F
	0	0	0	0	0	1	1	0	4	06
	0	0	0	0	1	0	1	1	5	0B
	0	0	0	0	1	0	1	1	6	0B
	0	0	0	0	1	1	1	0	7	0E
	0	0	0	0	1	1	1	1	8	0F
	0	0	0	0	1	1	1	1	9	0F

148 Kapitel 3

Daraus folgen nun die Table-Read-Programme.

```
GET0B   ADDWF   PC      ;PORTB,Stelle 0
        RETLW   1
        RETLW   0
        RETLW   3
        RETLW   3
        RETLW   2
        RETLW   3
        RETLW   3
        RETLW   1
        RETLW   3
        RETLW   3
```

GET1B wird in diesem Beispiel nicht benötigt, da der Port B keine Segmente für die Stelle 1 ausgibt. D.h., alle Tabellenelemente der Tabelle GET1B wären 0.

```
GET0C   ADDWF   PC      ;PORTC,Stelle 0
        RETLW   0C0H
        RETLW   0C0H
        RETLW   40H
        RETLW   0C0H
        RETLW   0C0H
        RETLW   80H
        RETLW   80H
        RETLW   0C0H
        RETLW   0C0H
        RETLW   0C0H

GET1C   ADDWF   PC      ;PORTC,Stelle 1
        RETLW   18H
        RETLW   00H
        RETLW   28H
        RETLW   20H
        RETLW   30H
        RETLW   30H
        RETLW   38H
        RETLW   00H
        RETLW   38H
        RETLW   30H
```

```
GETOD     ADDWF    PC       ;PORTD,Stelle 0
          RETLW    0B0H
          RETLW    00H
          RETLW    30H
          RETLW    10H
          RETLW    80H
          RETLW    90H
          RETLW    0B0H
          RETLW    00H
          RETLW    0B0H
          RETLW    90H

GET1D     ADDWF    PC       ;PORTD,Stelle 1
          RETLW    0FH
          RETLW    06H
          RETLW    0DH
          RETLW    0FH
          RETLW    06H
          RETLW    0BH
          RETLW    0BH
          RETLW    0EH
          RETLW    0FH
          RETLW    0FH
```

Wenn man statt zwei Stellen vier Stellen anzusteuern hat, gibt es entsprechend mehr Tabellen, denn es gibt doppelt so viele Stellen und mindestens einen Port mehr.

Um die Dezimalpunkte kümmern wir uns in diesem Zusammenhang nicht. Die entsprechenden Bits in den Treiberports werden durch separate Überlegungen gesetzt oder gelöscht.

Auf eines haben wir jetzt noch zu achten: Da möglicherweise die beteiligten Ports noch weitere Ausgänge haben, die keine LCD-Segmenttreiber sind, definieren wir uns drei Konstanten BMASKE, CMASKE, DMASKE, welche an allen LCD-Bits eine 1 haben, und an allen anderen eine 0.

In unserem Beispiel ist BMASKE = 3, CMASKE = 0FCH und DMASKE = 0FFH.

3.5.2 Vorbereitung der Ausgabe von Ziffern an die Treiberports

Wir gehen wie oben davon aus, daß wir eine zweistellige LCD-Anzeige haben, welche zwei neue Ziffern darstellen soll. Die Ziffern sind die beiden Nibbles einer BCD-Zahl, welche wir mit ZAHL bezeichnen.

Wir werden jetzt so vorgehen, daß wir nicht zuerst die Stelle 0 bearbeiten und dann die Stelle 1, sondern wir werden der Reihe nach den PORTB, den PORTC und den PORTD bedienen. Wir benutzen dazu drei Register, in denen wir die Bits für die drei Ports sammeln. Diese Register, welche BPORT, CPORT und DPORT genannt werden, müssen aufeinanderfolgende Adressen haben, da wir das FSR-Register benutzen wollen, um diese Register zu adressieren. Wir nennen diese Register in unserem Jargon auch Schattenports.

Wenn das FSR mit der Adresse von BPORT geladen ist, lautet das Unterprogramm in Assembler:

```
MKLCD   MOVF    ZAHL,W      ;
        CALL    GET0B       ; W=Bitmuster für Stelle 0
        MOVWF   0           ; W nach BPORT
; die nächsten drei Zeilen sind in unserem Fall überflüssig
        SWAPF   ZAHL,W      ;
        CALL    GET1B       ; W=Bitmuster für Stelle 1
        IORWF   0           ; Beide Bitmuster in BPORT geodert
;
        INCF    FSR         ; FSR zeigt auf CPORT
        MOVF    ZAHL,W      ;
        CALL    GET0C       ; W=Bitmuster für Stelle 0
        MOVWF   0           ; W nach CPORT
        SWAPF   ZAHL,W      ;
        CALL    GET1C       ; W=Bitmuster für Stelle 1
        IORWF   0           ; Beide Bitmuster in CPORT geodert
;
        INCF    FSR         ; FSR zeigt auf DPORT
        MOVF    ZAHL,W      ;
        CALL    GET0D       ; W=Bitmuster für Stelle 0
        MOVWF   0           ; W nach DPORT
        SWAPF   ZAHL,W      ;
        CALL    GET1D       ; W=Bitmuster für Stelle 1
        IORWF   0           ; Beide Bitmuster in DPORT geodert
        RETURN              ;
```

Um die Konzentration bei diesem schwierigen Thema nicht zu stören, beschäftigen wir uns hier nicht damit, wie wir MKLCD kürzer schreiben können. Immerhin ist es so schön übersichtlich.

Vor dem Aufruf von MKLCD muß das FSR-Register mit der Adresse von BPORT geladen werden. Dieser Teil wurde nicht direkt in MKLCD integriert – warum sehen Sie später, wenn wir weitere Stellen ansteuern.

```
        MOVLW   BPORT       ; W=Adresse von BPORT
        MOVWF   FSR         ; FSR zeigt auf BPORT
        CALL    MKLCD
```

Nun haben wir alle Vorbereitungen getroffen, um uns mit der eigentlichen LCD-Ansteuerung zu befassen.

3.5.3 Dunkelschalten der LCD-Anzeige

Das Dunkelschalten einer LCD-Anzeige geschieht, indem man alle Bits der betroffenen Ports auf 0 setzt, falls COMM = 0 ist. Für den Fall, daß COMM = 1 ist, müssen alle betroffenen Bits auf 1 gesetzt werden. Dabei ist es egal, ob alle Bits auf 0 oder alle auf 1 gesetzt werden. Es ist auch nicht wichtig, beim Dunkelschalten zu berücksichtigen, welchen Zustand COMM vorher hatte. Man kann sich daher frei entscheiden, welche Polarität man den Pins beim Dunkelschalten gibt.

Das Dunkelschalten führen wir im folgenden Programm für COMM = 1 durch. Dies hat nur historische Gründe, d.h., es war in irgendeiner früheren Anwendung einmal zweckmäßig. Das Unterprogramm lautet:

```
DUNKEL  BSF     COMM
        MOVLW   BMASKE
        IORWF   PORTB       ;In PORTB alle LCD Treiberbits gesetzt
        MOVLW   CMASKE
        IORWF   PORTC       ;In PORTC alle LCD Treiberbits gesetzt
        MOVLW   DMASKE
        IORWF   PORTD       ;In PORTD alle LCD Treiberbits gesetzt
        RETURN
```

3.5.4 Refresh (Umladen) der LCD-Anzeige

Beim Refresh werden sowohl die COMM-Leitung als auch alle LCD-Treiberbits der betroffenen Ports invertiert. Das Unterprogramm lautet:

```
INVERT  TOGGLE  COMM        ;Makro Toggle siehe Kapitel 2
        MOVLW   BMASKE
        XORWF   PORTB
        MOVLW   CMASKE
        XORWF   PORTC
        MOVLW   DMASKE
        XORWF   PORTD
        RETURN
```

3.5.5 Ausgabe von Ziffern an eine LCD-Anzeige

Wenn ein ganzer Port ausschließlich aus LCD-Treiberbits besteht, können wir einfach schreiben

```
        MOVF    XPORT,W
        MOVWF   PORTX
```

Im allgemeinen Fall sind in den beteiligten Ports noch weitere Bits, die keine LCD-Treiberfunktion haben. Daher müssen wir zuerst in den Ports die betroffenen Bits löschen und dann die neuen Werte dazu odern, so daß wir folgendes Programm für die Ausgabe an die LCD-Treiber-Ports erhalten.

```
LCDOUT  MOVF    PORTB,W
        XORLW   NOT BMASKE      ; löscht alle Treiberbits
        IORWF   BPORT,W         ; odert BPORT dazu
        MOVWF   PORTB           ; Ausgabe an PORTB
        MOVF    PORTC,W
        XORLW   NOT CMASKE      ; löscht alle Treiberbits
        IORWF   CPORT,W         ; odert CPORT dazu
        MOVWF   PORTC           ; Ausgabe an PORTC
        MOVF    PORTD,W
        XORLW   NOT CMASKE      ; löscht alle Treiberbits
        IORWF   DPORT,W         ; odert DPORT dazu
        MOVWF   PORTD           ; Ausgabe an PORTD
        RETURN
```

3.5.6 Gesamtbedienung der LCD-Anzeige

Wie schon gesagt, muß eine LCD-Anzeige in Zyklen von etwa 10 msek umgeladen werden, das heißt, daß sowohl die COMM-Leitung als auch alle Segmente invertiert werden müssen. Die Zeitverwaltung liegt dabei in der Hand der übergeordneten Anwendung. Entweder fragt sie regelmäßig ab, ob die Zykluszeit vorbei ist, oder sie taktet den gesamten Ablauf mit dieser Zeit. Wir befassen uns hier nur mit dem Programm, welches ausgeführt werden muß, wenn die Zykluszeit vorbei ist. In jedem Fall muß die LCD-Routine zuerst den COMM-Pin invertieren. Wenn keine Änderung der Anzeigewerte stattfinden soll, wird danach lediglich das Programm INVERT aufgerufen.

Wenn die Anzeige geändert werden soll, schalten wir sie zunächst für einen Zyklus dunkel. Das erweist sich nicht nur programmtechnisch als günstig, sondern verhindert auch, daß der alte Wert nachleuchtet und die Anzeige »verschmiert«.

Nachdem wir die LCD-Werte für den Fall COMM = 0 berechnet haben, schreiben wir die neuen Werte bei COMM = 0 in die Ports.

Da wir in das LCD-Bedienungsprogramm immer nur in einem Zeitschlitz hineinkommen, den das übergeordnete Programm uns zur Verfügung stellt, müssen wir uns von einem Aufruf zum nächsten merken, in welchem Zustand die LCD-Anzeige war.

Dazu schaffen wir uns ein Status-Register, welches wir LCDSTAT nennen. In diesem Register definieren wir zwei Flags, nämlich

- LCDSTAT,NEU signalisiert, daß ein neuer Wert auszugeben ist
- LCDSTAT,DUNK signalisiert, daß schon dunkelgeschaltet wurde

Wenn das Bit NEU gesetzt ist, heißt das, daß beim nächsten Aufruf der LCD-Routine das Programm DUNKEL aufzurufen ist. Wenn das erledigt ist, wird das Bit DUNK gesetzt, als Zeichen dafür, daß die Anzeige dunkel ist. Wenn beim Eintritt in die LCD-Routine DUNK gesetzt ist, aber nicht NEU, dann geht man davon aus, daß die Anzeige wohl dunkel bleiben soll, und läßt sie, wie sie ist. Wenn beim Eintritt in die LCD-Routine sowohl DUNKEL als auch NEU gesetzt ist, dann wird COMM = 0 gesetzt, und die neuen Werte werden mit dem Programm LCDOUT ausgegeben. Anschließend werden beide Bits NEU und DUNK wieder gelöscht.

Wenn im übergeordneten Programm ein neuer Wert für ZAHL auftaucht, wird zunächst nur das Programm MKLCD ausgeführt und das Bit LCDSTAT,NEU gesetzt. Wenn sich nur eine Ziffer ändert, werden wir trotzdem die ganze LCD-Anzeige erst dunkel und dann neu setzen, nicht nur, weil das Setzen einzelner Ziffern mit der oben beschriebenen Methode gar nicht möglich ist, sondern weil die Anzeige gar nicht unglücklich ist, wenn sie von Zeit zu Zeit entladen wird. Es ist sogar so, daß man eine Anzeige, die sich nicht von Zeit zu Zeit ändert, am besten in gewissen Abständen einmal dunkel schaltet und dann neu setzt, um den Aufbau des oben erwähnten Gleichspannungsanteils zu verhindern.

Das Struktogramm für diesen Vorgang sieht folgendermaßen aus:

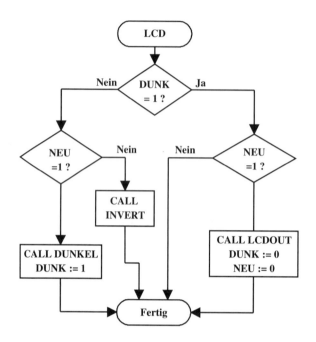

Abbildung 3.12: LCD-Bedienungsroutine

In Assembler lautet die LCD-Routine, welche alle 10 msek aufgerufen wird:

```
LCD     BTFSC   LCDSTAT,DUNK
        GOTO    LCDD
        BTFSC   LCDSTAT,NEU
        GOTO    LCD2
        CALL    INVERT
        GOTO    LCDEND
LCD2    CALL    DUNKEL
        BSF     LCDSTAT,DUNK
        GOTO    LCDEND
LCDD    BTFSS   LCDSTAT,NEU
        GOTO    LCDEND
        BCF     COMM
        CALL    LCDOUT
        CLRF    LCDSTAT
LCDEND  RETLW   0
```

LCD-Routine

3.5.7 LCD-Anzeigen im Multiplexbetrieb

Ein zweistellige Anzeige reicht in den meisten Anwendungen nicht aus. An dem oben durchgeführten Beispiel sehen wir, daß für mehr Stellen der Aufwand und die Zahl der benötigten Treiberpins erheblich größer ist. Eine Lösung dieses Problems ist, die Treiberpins doppelt zu belegen und im Schichtbetrieb abwechselnd zwei Gruppen von Segmenten zu bedienen. Jede dieser Gruppen besitzt natürlich eine eigene Common Plane. Wir werden die beiden Segmentgruppen mit A und B bezeichnen.

Wenn diese beiden Gruppen unterschiedlich organisiert sind, hat man beim Erstellen der Tabellen und beim Programm MKLCD nichts gespart, aber immerhin die nötigen Treiberpins fast halbiert.

Wir haben eine Lösung gewählt, bei der zwei gleiche, zweistellige Anzeigen zu einem vierstelligen Display zusammengestellt werden. Bei diesen beiden Anzeigen werden die korrespondierenden Pins bis auf die Common Planes miteinander verbunden, so daß für sie die gleichen Tabellen gelten. Die Stellen 0 und 1 bilden also die Gruppe A und die Stellen 2 und 3 die Gruppe B.

Das eigentliche Multiplexen geschieht so, daß in der ersten Hälfte eines Zyklus die Gruppe A bedient wird, während die Common Plane der Gruppe B auf tri-state gelegt wird. In der zweiten Zyklushälfte wird es umgekehrt gemacht.

Schaltungstechnisch ist hier noch eine Feinheit zu erwähnen. Damit die nicht angesprochene Anzeige wirklich dunkel ist, reicht es nicht, nur den Treiberpin der Common-Plane in den tri-state-Zustand zu schalten. Wir mussen dafür sorgen, daß der Spannungspegel an der Common Plane auf 2,5 Volt liegt. Das geschieht mit einem Spannungsteiler, wie er ganz links auf dem Schaltbild zu sehen ist.

Laut Datenblatt beginnen die LCD-Segmente ab 3 Volt zu »leuchten«, d.h., eine Spannung von 2,5 Volt reicht noch nicht aus, um ein Segment »einzuschalten«. Das dabei entstehende Spannungsprofil auf der Common Plane sieht wie ein Treppe aus und kann sofort als LCD-Ansteuersignal erkannt werden.

Jetzt müssen wir uns überlegen, bei welchen Schritten wir gegenüber der bisherigen Vorgehensweise neue Strategien benötigen.

3.5.8 Unterschiede des Multiplexbetriebs zum bisherigen Verfahren

Die Tabellenprogramme GET0B bis GET1D sind für die zweite Gruppe identisch wie für die erste Gruppe. Das Programm MKLCD ist daher auch gleich für beide Gruppen. Man hat jedoch die Variablen PORTB, PORTC und PORTD in zweifacher Ausführung bereitzuhalten. Praktischerweise liegen diese beiden Variablenblöcke hintereinander.

Einen wichtigen Unterschied gegenüber der einfachen LCD-Anzeige müssen wir beachten. Das Invertieren kann nicht so geschehen, daß die Portbits invertiert werden. Denn jedesmal, wenn die Bits einer Gruppe invertiert werden, liegen ja an den Ports die jeweils für die andere Gruppe gültigen Werte an. Das bedeutet, daß wir ständig die jeweiligen Werte BPORT, CPORT und DPORT zu invertieren haben, und diese dann mit dem Programm LCDOUT auszugeben haben.

Wenn sich nun einer der Anzeigewerte ändert, dann weiß man nicht, in welcher Polarität der andere sich gerade befand. Am einfachsten ist es daher, im Falle einer Änderung beide Anzeigen dunkel zu schalten und dann die beiden Wertetrippel BPORT, CPORT und DPORT für beide Gruppen neu zu berechnen. Wir rufen daher MKLCD zweimal auf, einmal für die Gruppe A und anschließend für die Gruppe B. Die Programmfolge zum Erstellen der Codes lautet nun:

```
MOVLW   BPORT
MOVWF   FSR
MOVF    WERTA,W
MOVWF   ZAHL
CALL    MKLCD
MOVF    WERTB,W
MOVWF   ZAHL
CALL    MKLCD
```

Vor dem zweiten Aufruf von MKLCD ist das Register FSR nicht mehr zu laden, wenn die beiden Variablenblöcke (die Schattenports) hintereinanderstehen.

Wenn die neuen Codes berechnet wurden, wird genauso wie bei der einfachen LCD-Anzeige das Bit NEU in der Variablen LCDSTAT gesetzt. Die Vorgehensweise in der LCD-Routine, die nun alle 5 msek aufgerufen wird, ist ähnlich wie zuvor. Wenn das Bit NEU gesetzt ist, werden beide Anzeigen dunkel geschaltet, egal welche gerade an der Reihe war. Das Bit DUNK wird daraufhin gesetzt. Beim nächsten Eintritt in die LCD-Routine wird dann die Reihenfolge dort wieder aufgenommen, wo sie verlassen wurde.

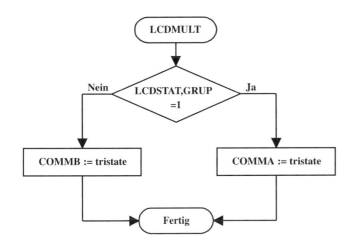

Abbildung 3.13: Multiplexverwaltung

Der Unterschied im Programm Dunkel besteht darin, daß COMMA und COMMB beide zu Ausgängen gemacht und auf 1 gelegt werden. Wir werden wieder den Namen DUNKEL für das Programm benutzen, da ja wohl kaum anzunehmen ist, daß in ein und demselben Programm sowohl eine einfache als auch eine gemultiplexte Anzeige bedient wird.

```
DUNKEL  BANK_1
        BCF     COMMA   ; auf Ausgang schalten
        BCF     COMMB   ; auf Ausgang schalten
        BANK_0
        BSF     COMMA
        BSF     COMMB
        MOVLW   BMASKE
        IORWF   PORTB   ;In PORTB alle LCD-Treiberbits gesetzt
        MOVLW   CMASKE
        IORWF   PORTC   ;In PORTC alle LCD-Treiberbits gesetzt
        MOVLW   DMASKE
        IORWF   PORTD   ;In PORTD alle LCD-Treiberbits gesetzt
        RETURN
```

Um das abwechselnde Toggeln der COMMA und COMMB und der zugehörigen TRIS-Bits zu vereinfachen, spendieren wir uns wieder ein Schattenregister für die COMM-Bits (BCOMM) und ein Schattenregister für die TRIS-Werte (TCOMM).

	7	6	5	4	3	2	1	0
Port B	-	-	-	-	COMMB	COMMA	g0	a0
					Gruppe B	Gruppe A		

Wenn die entsprechenden Bits, wie im obigen Schaltpan zu sehen, beispielsweise an PortB,2 und PortB,3 liegen, sind bei vier aufeinanderfolgenden Aufrufen der LCD-Routine die Bits 2 und 3 dieser Schattenregister nacheinander folgendermaßen zu setzen:

1. TCOMM: 10   BCOMM: X0
2. TCOMM: 01   BCOMM: 0X
3. TCOMM: 10   BCOMM: X1
4. TCOMM: 01   BCOMM: 1X

Für den jeweils als Eingang gesetzten Pin ist der Wert ohne Bedeutung. Das Verändern der TCOMM-Bits von einem zum nächsten Aufruf geschieht einfach durch Invertieren beider Bits. Da die Werte X beliebig sind, lassen sich die Bits von BCOMM fortschreiben durch

BCOMM := BCOMM XOR TCOMM,

wobei für den ersten Aufruf BCOMM = 00 sein muß und TCOMM = 8 (00001000).

Daß dies zu richtigen Ergebnissen führt, läßt sich einfach durch vierfaches Ausführen der Operation mit den Startwerten TCOMM = 8 und BCOMM = 0 zeigen.

Das Setzen der entsprechenden Werte im PORTB und im TRISB geschieht durch die Befehlsfolge:

```
SETCOMM BCF     PORTB,2
        BCF     PORTB,3
        MOVF    BCOMM,W
        IORWF   PORTB
        BANK_1
        BCF     TRISB,2
        BCF     TRISB,3
        MOVF    TCOMM,W
        IORWF   TRISB
        BANK_0
```

Anzeigen und Ausgeben 159

Hinzu kommen die folgenden Programmzeilen zum Erstellen der richtigen Schattenbytes für den nächsten Aufruf:

```
MOVLW   0CH         ;1100
XORWF   TCOMM
MOVF    TCOMM,W
XORWF   BCOMM
```

Die Programme INVERT und LCDOUT sind für die beiden Gruppen insofern unterschiedlich, als sie die jeweiligen Register BPORT, CPORT und DPORT verwenden. Für den Multiplexbetrieb ist es daher nötig, das FSR-Register zu bemühen, um auf diese Register zu zeigen. Die Konstanten BMASKE, CMASKE und DMASKE sind für beide Gruppen gleich, da sie ja die gleiche Segmentanbindung haben.

Darüber hinaus sind beim Programm INVERT, wie oben schon erwähnt, nicht die Ports zu invertieren, sondern die invertierten Schattenregister auszugeben. Dies hat zur Folge, daß die beiden Programme INVERT und LCDOUT zu einem Programm zusammenschmelzen, welches zuerst die Schattenports in die aktuellen Ports hineinmischt und dann anschließend die Schattenports invertiert. Dieses gemeinsame Programm werden wir unter dem Namen LCDOUT führen, da die Ausgabe die Haupttätigkeit ist. Das Programm LCDOUT setzt voraus, daß das FSR-Register auf den richtigen Satz von Schattenports zeigt.

```
LCDOUT  BCF     PORTB,2     ; SETCOMM
        BCF     PORTB,3
        MOVF    BCOMM,W
        IORWF   PORTB
        BANK_1
        BCF     TRISB,2
        BCF     TRISB,3
        MOVF    TCOMM,W
        IORWF   TRISB
        BANK_0
        MOVLW   0CH         ;1100
        XORWF   TCOMM
        MOVF    TCOMM,W
        XORWF   BCOMM
        MOVF    PORTB,W
        XORLW   NOT BMASKE  ; löscht alle Treiberbits
        IORWF   0,W         ; odert BPORT dazu
        MOVWF   PORTB       ; Ausgabe an PORTB
        MOVLW   BMASKE
```

```
        XORWF   0
        INCF    FSR
        MOVF    PORTC,W
        XORLW   NOT CMASKE      ; löscht alle Treiberbits
        IORWF   0,W             ; odert CPORT dazu
        MOVWF   PORTC           ; Ausgabe an PORTC
        MOVLW   CMASKE
        XORWF   0
        INCF    FSR
        MOVF    PORTD,W
        XORLW   NOT CMASKE      ; löscht alle Treiberbits
        IORWF   0,W             ; odert DPORT dazu
        MOVWF   PORTD           ; Ausgabe an PORTD
        MOVLW   DMASKE
        XORWF   0
        INCF    FSR
        RETURN
```

Das zugehörige Assemblerprogramm für die LCD-Routine, welche jetzt, wie gesagt, alle 5 msek aufgerufen wird, unterscheidet sich nicht wesentlich von dem Programm für die einfache LCD-Routine:

```
LCD     BTFSC   LCDSTAT,DUNK
        GOTO    LCDD
        BTFSC   LCDSTAT,NEU
        GOTO    LCD2
        CALL    LCDOUT
        GOTO    LCDEND
LCD2    CALL    DUNKEL
        BSF     LCDSTAT,DUNK
        GOTO    LCDEND
LCDD    BTFSS   LCDSTAT,NEU
        GOTO    LCDEND
        CALL    LCDOUT
        CLRF    LCDSTAT
LCDEND  RETLW   0
```

LCD-Routine für Multiplexbetrieb

LCDUHR.ASM ist eine komplette Anwendung. Die Datei LCD.A enthält Programmteile, die für eine LCD-Auswertung benötigt werden.

3.6 Pulsausgabe mit dem PWM-Modul

Vorab eine prinzipielle Darstellung der PWM-Ausgabe:

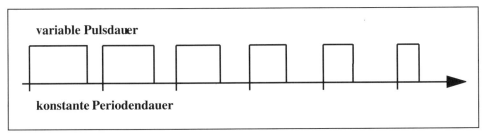

Abbildung 3.14: PWM-Diagramm

Die PWM-Module erlauben, Pulse mit programmierbarer Frequenz und Pulsbreite auszugeben. Dabei wird die gesamte Periodendauer durch das Register PR2 bestimmt. Die Periodendauer ist

$$(PR2 + 1) * 4*VT / Fosc$$

Die Zeit, in welcher der Puls high ist, wird durch das Register CCPR1L bestimmt. Für eine ordentliche Funktion muß der Wert im CCPR1L kleiner sein als der Wert im PR2-Register. Die Zeitspanne, in welcher der Ausgang high ist, beträgt

$$CCPR1L * 4*VT / Fosc$$

Das Register CCPxCON ist für den PWM-Modus 0CH zu setzen, sofern man mit der Standardauflösung von 8 Bit zufrieden ist.

162 Kapitel 3

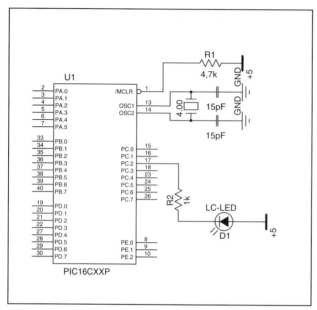

Abbildung 3.15: PWM-Schaltbild

PWM-Beispiel: LED-Sirene

Um die pulsweiten-modulierte Ausgabe zu demonstrieren, haben wir uns einen kleinen Aufbau überlegt, an dem man erkennen kann, wie einfach dieses Modul zu handhaben ist. Wir steuern ein LED mit dem PWM-Ausgang an. Die LED leuchtet um so heller, je größer das Verhältnis von Einschaltdauer zu Ausschaltdauer ist. Um dem menschlichen Auge und dem Nachleuchten der LED Rechnung zu tragen, haben wir den Vorgang sehr langsam ablaufen lassen. Dazu mußte als erstes der Vorteiler des TMR2 auf Maximum gestellt werden (T2CON = 07H). Als nächstes wählten wir das Period-Register sehr hoch (PR2 = .242). Den Wert im duty cycle-Register CCPR1L haben wir dann in einer ersten Schleife von 0 bis PR2 und in einer zweiten Schleife wieder zurück auf 0 verändert. Das Ganze wurde dann periodisch wiederholt.

Anzeigen und Ausgeben 163

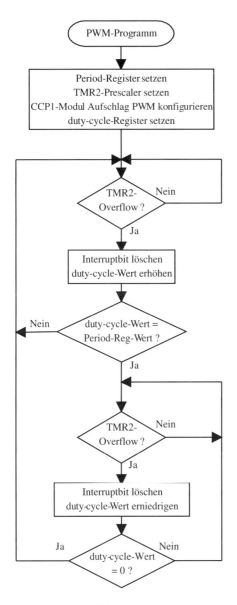

Abbildung 3.16: Ablauf der LED-Sirene

164   Kapitel 3

Das Programm ist eine direkte Umsetzung dieses Flußdiagramms.

```
;===============================================================================
;Eine LED wird heller und dunkler zum Leuchten gebracht
;Die duty-cycle-Werte verlaufen analog einer Dreieckfunktion
;===============================================================================
          TITLE    "PWM-Versuch"
;
          INCLUDE  "PICREG.INC"
          LIST     P=16C74,F=INHX8M
;
;===========================================================
;              TRIS RESETVALUE
;===================== PORTA
RES_A     EQU      0
TR_A      EQU      03FH
;===================== PORT_B
RES_B     EQU      0
TR_B      EQU      0
;===================== PORT_C
; Port C.2 ist der CCP1-Ausgang, an dem die Pulse ausgegeben werden
RES_C     EQU      0
TR_C      EQU      0
;===================== PORT_D
RES_D     EQU      0
TR_D      EQU      0
;===================== PORT_E
RES_E     EQU      0
TR_E      EQU      0
;
;============================= Variablenbereich
RELOAD    EQU      30H
;
BANK_0    MACRO
          BCF      STATUS,5
          ENDM

BANK_1    MACRO
          BSF      STATUS,5
          ENDM
;
;========================== Resetvektor
```

```
        ORG     0
        CLRF    STATUS
        GOTO    MAIN
        NOP
        NOP
        RETFIE  ; keine Interrupt-Routine nötig
;
        ORG     10
;==================================================================
MAIN    MOVLW   RES_A
        MOVWF   PORT_A
        MOVLW   RES_B
        MOVWF   PORT_B
        MOVLW   RES_C
        MOVWF   PORT_C
        MOVLW   RES_D
        MOVWF   PORT_D
        MOVLW   RES_E
        MOVWF   PORT_E
        MOVLW   0H         ; kein AD-Wandler-Betrieb
        MOVWF   ADCON0
        BANK_1             ; switch to Bank1
        MOVLW   07H        ; alle Pins digital
        MOVWF   ADCON1
        MOVLW   TR_A
        MOVWF   TRISA
        MOVLW   TR_B
        MOVWF   TRISB
        MOVLW   TR_C
        MOVWF   TRISC
        MOVLW   TR_D
        MOVWF   TRISD
        MOVLW   TR_E
        MOVWF   TRISE
;
        MOVLW   .242       ; frequenzbestimmend, aber nicht kritisch
        MOVWF   PR2
        BANK_0
        MOVWF   RELOAD     ; die .242 wird nachher zum Vergleich
                           ; noch benötigt
          ; deshalb zusätzlich noch in einer Variablen in der
```

```
                ; BANK_0 abgelegt.
        MOVLW   07H         ; Prescaler groß, damit die
                            ; Helligkeitsschwankung
        MOVWF   T2CON       ; an der LED gut sichtbar ist.
        MOVLW   0CH         ; PWM-Mode mit Standardauflösung
        MOVWF   CCP1CON
        MOVLW   0D0H        ; beliebiger Initialwert für das duty-
                            ; cycle-Register;
        MOVWF   CCPR1L      ; muß nur kleiner sein als der Wert in
                            ; PR2, sonst ist
        NOP                 ; der Ausgang die ganze Periode über
                            ; high.
        NOP
LOOP    BTFSS   PIR1,1
        GOTO    LOOP
        BCF     PIR1,1
        INCF    CCPR1L
        MOVF    CCPR1L,W
        SUBWF   RELOAD,W
        BNZ     LOOP
LOOP2   BTFSS   PIR1,1
        GOTO    LOOP2
        BCF     PIR1,1
        DECFSZ  CCPR1L
        GOTO    LOOP2
        GOTO    LOOP
;
        END
```

LED-Sirenen-Programm PWM1.ASM

Interessant ist dieses Beispiel für die PWM-Ausgabe auch, wenn man die Veränderung nicht periodisch, sondern durch Eingabe über ein Potentiometer bewerkstelligt. Da bisher der AD-Wandler noch nicht behandelt wurde, verweisen wir bezüglich dieser Anwendung auf den Abschnitt »AD-Wandler« im Kapitel »Eingaben«.

3.7 Erzeugen von Wechselspannung

Eine Reihe von Anwendungen erfordern die Erzeugung einer Wechselspannung. Beispiele sind:

♦ Wechselrichter mit einstellbarer Frequenz, z.B in einer USV

Die Synchronisation mehrerer Wechselrichter ist dabei kein Problem, da der PIC16 ein Differenzsignal auswerten und entsprechend regeln kann.

- Erzeugen von 3 Phasen (um 120° versetzt) für einen Drehstrommotor
- Erzeugen von 2 Phasen (um 90° versetzt) für einen Kondensatormotor

3.7.1 Erzeugen einer einzelnen Wechselspannung

Das Funktionsprinzip ist in allen Fällen das gleiche. Wir geben in einem festen Zeitraster Pulse von sinusförmig modulierter Länge an die Schalter der hier abgebildeten Brückenschaltung aus. Im linken Teil der Abbildung fließt der Strom von links nach rechts. Während der linke obere Schalter eine ganze Halbwelle lang geschlossen bleibt, werden auf den rechten unteren die Pulse ausgegeben. Dabei müssen die Schalter für die andere Richtung unbedingt offen sein. Nach Beendigung der Halbwelle wird die Richtung umgekehrt, wie im rechten Teil der Abbildung gezeigt.

Für die Ausführung der Schalter gibt es verschiedene Möglichkeiten. Die Kriterien für die Auswahl sind Geschwindigkeit, Verlustleistung und Preis. Die derzeit wohl beste Lösung ist die Verwendung von Power-MOSFET-Transistoren. Die Ansteuerpulse sollten möglichst steil sein und in ausreichender Höhe, damit ein schnelles verlustarmes Schalten geschieht. Notfalls muß eine Hilfsspannung generiert werden.

Eine Ansteuerschaltung ist in jedem Fall nötig, auch wenn eine Betriebsspannung von nur 12 Volt verwendet wird. Bei höheren Betriebsspannungen ist zur Realisierung dieser Ansteuerschaltung Erfahrung erforderlich.

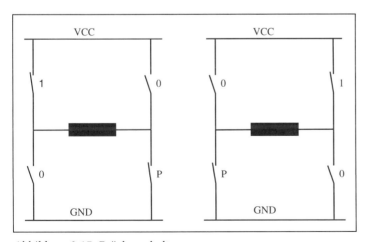

Abbildung 3.17: Brückenschaltung

Für die Ansteuerlogik legen wir die Polarität der ansteuernden Portpins folgendermaßen fest:

- Bit = 1: Schalter geschlossen
- Bit = 0: Schalter offen

Wir gehen davon aus, daß alle Ansteuerbits in der niedrigeren Hälfte des PORTB liegen. An PORTB,0 und PORTB,2 sollen die Pulse ausgegeben werden. Dabei gehören PORTB,0 und PORTB,1 zu einer Richtung und PORTB,2 zusammen mit PORTB,3 zur anderen Richtung. Sehr wichtig ist bei dieser Festlegung, daß dieses Nibbel nur folgende Werte haben darf:

- 001p: für eine Halbwelle
- 1p00: für die andere Halbwelle

An den Pins 0 und 2 werden also die Pulse ausgegeben. Wenn die Richtung wechselt, sollten alle Schalter eine kurze Zeit lang offen sein.

> **Achtung!**
> Man darf auf keinen Fall mit einem Befehl einen Schalter öffnen und gleichzeitig einen weiteren schließen. Hervorgerufen durch diverse Laufzeiten gibt es mehr oder weniger lange Verzögerungen zwischen der Ausgabe einer 0 an dem ansteuernden Pin und dem wirklichen Öffnen des Schalters.

Um eine sinusförmige Wechselspannung zu erzeugen, geben Sie mit einer konstanten Schrittweite Pulse, deren Länge sinusförmig moduliert ist, auf die Schalter. Die Sinuswerte werden dabei aus Tabellen geholt. Die Anzahl von Schritten einer Halbwelle ist einerseits so groß zu wählen, daß die entstehende Wechselspannung einigermaßen glatt wird. Andererseits führt eine zu hohe Anzahl zu unsinnig kurzen Pulsen am Anfang der Sinuskurve und stellt auch unnötig hohe Anforderungen an die Geschwindigkeit des PIC16. Sollten trotzdem sehr kurze Pulse auftauchen, so kann man diese Pulse ohne Beeinträchtigung der Sinusform mit dem nächsten Puls zusammenfassen. Sehr kurze Pulse erhöhen nur die Störabstrahlung und produzieren Schaltverluste in den MOSFET-Transistoren, die keinem nützen. Die erzeugte Sinusspannung ist ohnehin proportional zu dem Integral über unsere Pulse. Ein Richtwert für die Schrittzahl ist etwa 40 pro Halbwelle.

Für die Pulslängen reicht die Genauigkeit von einem Byte, um eine schöne Sinusform zu erzielen. Wenn man einen PIC16CXX zur Verfügung hat, wird man die Zeiten zum Setzen und Rücksetzen der Pulse mit dem Comparemodul erfassen. Offensichtlich ist die Lösung mit einem PIC16C5X von größerem Interesse, so daß wir im folgenden Flußdiagramm von der Event-Methode mit dem TMR0 ausgehen.

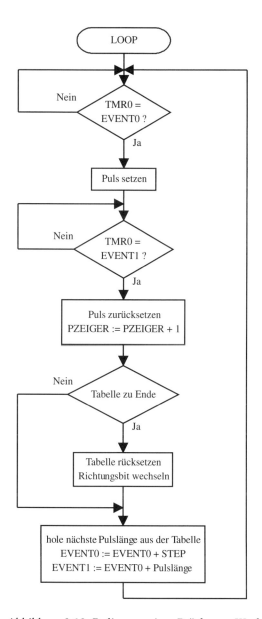

Abbildung 3.18: Bedienung einer Brücke zur Wechselspannungserzeugung

Ein wenig mathematisches Geschick ist nötig, wenn die Amplituden der Sinuswerte kontinuierlich geändert werden müssen, da man sich aus Zeitgründen keine Multiplikation leisten kann. Dazu gibt es drei Möglichkeiten, die man evtl. miteinander kombiniert. Die erste Möglichkeit ist die Veränderung der Schrittweite, da es lediglich auf das Tastverhältnis der Pulse ankommt. Bei größeren Veränderungen kann man auch den Vorteiler nutzen. Der Einsatz von mehreren Tabellen ist in Kombination mit den anderen beiden Methoden auch zu erwägen.

3.7.2 Erzeugen zweier phasenverschobener Wechselspannungen

Wenn zwei Wechselspannungen erzeugt werden sollen, die phasenverschoben zueinander sind, benötigen wir zwei Brücken der oben beschriebenen Art und zwei Port-Nibbles zu ihrer Ansteuerung. Beide Spannungen werden genauso erzeugt, wie oben dargelegt wurde. Die zusätzliche Aufgabe besteht darin, die beiden Pulsausgaben mit einem Timer miteiander in Einklang zu bringen. Die Erfassung der Schrittweite ist beiden Pulsen gemeinsam. Zu Beginn eines Schrittes werden beide Pulse gesetzt.

Nun aber sind zwei Ereignisse abzufragen, nämlich:

1. Ist Puls1 zu Ende?
2. Ist Puls2 zu Ende?

Wenn nicht bekannt ist, welches dieser Ereignisse zuerst kommt, müßte man abwechselnd fragen: Ist Ereignis1 eingetreten, wenn nein, ist Ergeignis2 eingetreten? Dies ist natürlich aus zeitlichen Gründen nicht annehmbar, so daß man die Ereignisse vorher der Reihenfolge nach sortieren muß. Eine Möglichkeit ist die, daß man die beiden Pulslängen abfragt, welche größer ist und dann in zwei verschiedene Abfrageloops verzweigt, einen für den Fall, daß Ereignis1 zuerst kommt, und eine zweite für den anderen Fall. Diese Technik ist immer dann anzuwenden, wenn die Phasenverschiebung im Laufe der Anwendung wechselt und man nicht von vornherein weiß, welcher von beiden Pulsen der kleinere ist. Wenn man jedoch drei Phasen hat, gibt es bereits sechs verschiedene Fallunterscheidungen, und die Phasenverschiebung dürfte in diesem Fall auch fest sein.

Wenn also bereits beim Erstellen der Tabellen bekannt ist, welcher Puls der kleinere und welcher der größere ist, dann kann man das ausnutzen, indem man für die kleinere und für die größere Pulslänge jeweils eine eigene Tabelle erstellt.

Wir stellen jetzt nicht mehr die einzelnen Pulse in den Vordergrund, sondern wir denken an Zeitereignisse, zu denen Änderungen am Ausgabeport gehören, die durch bestimmte Bitmuster definiert sind. Bei jedem Schritt wird zunächst ein Bitmuster herausgegeben, welches dem Setzen beider Pulse entspricht. Dieses Bitmuster bleibt eine Viertelwelle konstant, so lange, bis sich an einem der Ausgänge die Richtung ändert. Bei jedem Schritt wird nach Erreichen der kürzeren Pulsdauer ein neues Bitmuster herausgegeben, welches der Zurücknahme des kürzeren Pulses entspricht. Nach Erreichen der längeren Pulsdauer wird schließlich ein Bitmuster herausgegeben, was der Rücknahme des zweiten Pulses entspricht.

Die drei Bitmuster, die bei jedem Schritt ausgegeben werden, sind in Schattenregistern gespeichert. Nach jeder Viertelwelle ändern sich diese Schattenregister, weil entweder einer der Ausgänge sein Richtungsbit ändert, oder weil der kürzere Puls zum längeren wird und umgekehrt.

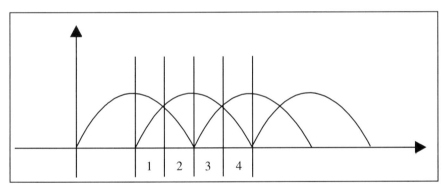

Abbildung 3.19: Phasenabschnitte

An der Darstellung der Phasenabschnitte erkennt man, welche Änderungen der Schattenregister am Ende der Viertelwellen vorzunehmen sind. Am Ende der ersten Viertelwelle wird der längere Puls zum kürzeren und umgekehrt. Am Ende der zweiten ist ein Richtungswechsel der ersten Phase vorzunehmen. Am Ende der dritten ist wiederum die Reihenfolge der Pulsbeendigungen zu vertauschen, und am Ende der vierten Viertelwelle ändert die zweite Phase ihre Richtung.

172 Kapitel 3

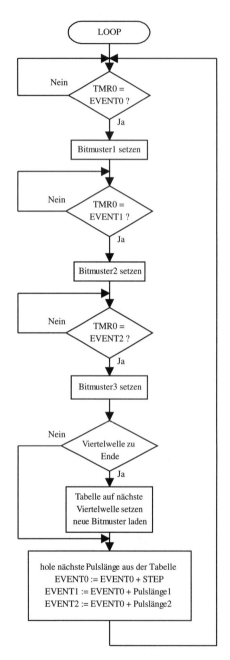

Abbildung 3.20: Ausgabe mehrerer Pulse

3.8 Schrittmotor

Wenn Sie, lieber Leser, zur der Zielgruppe gehören, die wir uns vorstellen, dann möchten Sie sicher irgendeine Applikation sehen, bei der sich etwas rührt. Was liegt näher, als einen genügsamen Schrittmotor dafür herzunehmen. Der externe Aufwand, die Leistung für den Schrittmotor bereitzustellen, hält sich in Grenzen, zumal wir nur einen kleinen Typ verwenden, der nicht größer ist als eine Kinderfaust. Wir haben also vor, diesen kleinen Wicht per Tastendruck links- bzw. rechtsherum laufen zu lassen.

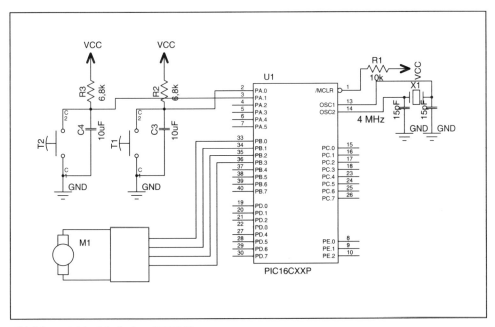

Abbildung 3.21: Schaltplan STEPMO

Da hinter dem Motor normalerweise eine Maschine steht, die mit einer Trägheit bzw. einem bestimmten Gewicht behaftet ist, kann man den Motor nicht einfach abschalten, indem man den Stromfluß abstellt. Wenn z.B. ein Ausleger in einer bestimmten Höhe gehalten werden muß, muß der Motor in der letzten Stellung verharren. Der Stromfluß ist also beizubehalten. In industriellen Anlagen mit größeren Motoren wird in solchen Situationen der Strom auf einen bestimmten Haltestrom abgesenkt. Dafür gibt es verschiedene Verfahren sowohl für die Hardware als auch für die Software. In diesem einfachen Beispiel wollen wir keinen Aufwand in der externen Elektronik treiben. In manch anderen Anwendungen reicht es auch, den

Motor eine zeitlang auf der letzten Position festzuhalten und dann komplett abzuschalten.

In unserem kleinen Demonstrationsbeispiel wollen wir hauptsächlich die Organisation einer Schrittmotorsteuerung darlegen. Wir verwenden hier eine getaktete Schleife, die auf den Zeitpunkt des nächsten Motorschrittes wartet. Alternativ kann man den Compare-Modus des CCP-Moduls oder den TMR2 im Autoreload-Modus betreiben, um in der Interruptroutine die Ausgabe der Motorsignale zu erledigen. Das Interruptprogramm muß dann für das Hauptprogramm ein Flag hinterlassen, welches anzeigt, daß die letzte bereitgestellte Motorposition ausgegeben wurde. Im Falle einer getakteten Schleife würde die LOOP darin bestehen, auf dieses Flag zu warten. Beim Übergeben einer neuen Motorposition wird das Flag vom Hauptprogramm wieder gelöscht. Diese hardwaregestützte Realisierung ist vor allem bei höheren Halbschrittfrequenzen anzuraten, da sich hier auch schon geringe Verzögerungen auf die Laufruhe des Motors auswirken. Auch wenn das Hauptprogramm keine getaktete Schleife erlaubt, sollte man ein Hardwaremodul zu Hilfe nehmen.

Jede Anwendung hat auf Grund verschiedener Kriterien zu ermitteln, ob der Motor laufen muß, und wenn ja, wie schnell und in welcher Richtung. Wir ersetzen in unserem Beispiel diese Kriterien durch die Abfrage von zwei Tastern. Jeder Taster ist für eine Richtung zuständig. Wenn kein Taster gedrückt ist, steht der Motor genauso still, als wenn beide Taster gedrückt werden. Jedesmal, wenn sich die Taster verändern, steht der Motor 8 Zeitzyklen lang still. Damit ist auch die Entprellung der Taster erledigt, da sie acht Mal gleich sein müssen, damit der Motor wieder laufen kann. Überdies sind die Taster auch noch mit einem RC-Glied vorentprellt. Die Geschwindigkeit des Motors ist bei unserem kleinen Motor konstant. Sie ist durch die Konstante STPDIFF gegeben, welche den zeitlichen Abstand zwischen zwei Motorschritten definiert. Will man diese Geschwindigkeit langsam hoch- und runterfahren, muß STPDIFF eine Variable sein, die gemäß einer Tabelle die Geschwindigkeit steuert. Rampenprofile sind auf diese Weise leicht zu realisieren. Es ist aber auch denkbar, eine Taste für »schneller« und eine für »langsamer« zur Verfügung zu stellen und abzufragen. Da es sich hierbei nur um das Erhöhen bzw. Erniedrigen einer Variablen innerhalb gewisser Grenzen handelt, haben wir darauf verzichtet, diese Variante zu realisieren.

Wenn die Motorposition für einen Schritt feststeht, wird das Bitmuster für die Motorsignale aus einer Tabelle geholt. Bei unserer untenstehenden Tabelle GETMOPO ist zu beachten, daß die Bits 0 und 1 für den einen Strang und die Bits 2 und 3 für den anderen Strang zuständig sind. Daß es sich um das Halbschrittverfahren handelt, sehen Sie daran, daß die Tabelle acht Werte enthält.

```
            TITLE     "Steppermotor Programm"
;
            INCLUDE   "PICREG.INC"
            LIST      P=16C74,F=INHX8M
;
;====================== PORTA
TR_A        EQU       03FH
RES_A       EQU       0
#DEFINE     LINKS     PORT_A,0   ;links
#DEFINE     RECHTS    PORT_A,1   ;rechts
;====================      PORT_B
;M00.H      EQU       0      ;0 0 ;
;M01.H      EQU       1      ;0 0 ;
;M02.H      EQU       2      ;0 0 ;
;M03.H      EQU       3      ;0 0 ;
TR_B        EQU       0F0H
RES_B       EQU       0
#DEFINE     MOPORT    PORT_B
;==================== PORT_C
TR_C        EQU       0H
RES_C       EQU       0H
;==================== PORT_D
TR_D        EQU       0H
RES_D       EQU       0H
;==================== PORT_E
TR_E        EQU       0H
RES_E       EQU       0H
;==============================================================
MO_VAR      EQU       30H
STEP        EQU       MO_VAR+0
EVENT       EQU       MO_VAR+1
MOPOS       EQU       MO_VAR+2
STEUER      EQU       MO_VAR+3
WAIMOF      EQU       MO_VAR+4
SCHALTER    EQU       MO_VAR+5

;=============================== Konstante
MAUS        EQU       0
STPDIFF     EQU       .172
;------------------------------ Bits in STEUER
MON         EQU       0
```

```
MHLT      EQU       1
;========================================================================
BANK_0    MACRO
          BCF       STATUS,5
          ENDM

BANK_1    MACRO
          BSF       STATUS,5
          ENDM
;
          ORG       0
          CLRF      STATUS
          GOTO      MAIN
          NOP
          NOP
          GOTO      ISR       ; Interrupt-Service-Routines
;
          ORG       10
;
ISR       RETFIE

MAIN      MOVLW     RES_A
          MOVWF     PORT_A
          MOVLW     RES_B
          MOVWF     PORT_B
          MOVLW     RES_C
          MOVWF     PORT_C
          MOVLW     RES_D
          MOVWF     PORT_D
          MOVLW     RES_E
          MOVWF     PORT_E
          BANK_1              ; switch to Bank1
          MOVLW     TR_A
          MOVWF     TRISA
          MOVLW     TR_B
          MOVWF     TRISB
          MOVLW     TR_C
          MOVWF     TRISC
          MOVLW     TR_D
          MOVWF     TRISD
          MOVLW     TR_E
```

```
        MOVWF   TRISE
;
        MOVLW   83H
        MOVWF   R_OPTION
        MOVLW   7
        MOVWF   ADCON1
        BANK_0              ; switch to Bank0
;
        CLRF    TMR0
        CLRF    STEP
;
LOOP    MOVF    EVENT,W
        SUBWF   TMR0,W
        ANDLW   0F8H
        BNZ     LOOP
        MOVLW   STPDIFF
        ADDWF   EVENT
        MOVF    PORT_A,W
        ANDLW   03H
        XORWF   SCHALTER,W
        BZ      MOTO
        BSF     STEUER,MHLT
        MOVLW   08H
        MOVWF   WAIMOF
        MOVF    PORT_A,W
        ANDLW   03H
        MOVWF   SCHALTER
        GOTO    LOOP
MOTO    BTFSS   STEUER,MHLT
        GOTO    WEI
        DECFSZ  WAIMOF
        GOTO    LOOP
        BCF     STEUER,MHLT
        GOTO    LOOP
WEI     MOVF    SCHALTER,W
        BZ      LOOP
        XORLW   03H
        BZ      LOOP
        MOVLW   01
        BTFSS   SCHALTER,0
        MOVLW   0FFH
```

```
                ADDWF       STEP
                CALL        GETMOPO
                MOVWF       MOPOS
                CALL        HSTEP
                GOTO        LOOP
;
HSTEP           MOVLW       TR_B        ; Eingang ist MOPOS
                BANK_1
                MOVWF       TRISB
                BANK_0
                MOVF        MOPOS,W
                MOVWF       PORT_B      ; Ausgabe von Motorsignal an PORT_B
                RETURN
;
GETMOPO         MOVLW       07          ; Motorsignale aus STEP
                ANDWF       STEP,W
                ADDWF       PC
                RETLW       01
                RETLW       09
                RETLW       08
                RETLW       0AH
                RETLW       02
                RETLW       06
                RETLW       04
                RETLW       05
;
                END
```

Programm STEP2.ASM

3.9 Der PIC16 als Funktionsgenerator

Ein kleines, aber sehr nützliches Prüf- und Hilfsmittel für das Labor ist ein Kurvenformgenerator. Die gebräuchlichsten Kurvenformen sind Sinus, Dreieck und Rechteck. Die Erzeugung der Sinusform wird vorteilhafterweise mit einer Tabelle realisiert. Die Dreieckfunktion ist einfach zu realisieren, indem man den Ausgabewert in einem festen Raster erhöht, bis der angestrebte Maximalwert erreicht ist, und dann wird der Wert wieder bis zur Untergrenze dekrementiert. Wenn das Inkrementieren und Dekrementieren in unterschiedlicher Geschwindigkeit vollzogen wird, kann die Dreieckform derart verfälscht werden, daß ein Sägezahn erscheint. Die Rechteckform ist noch einfacher zu realisieren. Wie wird nun der Ausgang in bestimmten Zeitabständen getoggelt? Formen, die von den bisher erwähnten abweichen, sind, wie bereits erwähnt, leichter mit Tabellen zu realisieren. Mit diesem Verfahren lassen sich dann beliebige Kurvenformen ausgeben.

In dem hier beschriebenen Fall werden zusätzlich zu der Kurve noch zwei Pulse ausgegeben. Der eine beginnt beim positiven Nulldurchgang und endet beim Wert OFFSET; der zweite beginnt zum Zeitpunkt OFFSET und dauert 2 Taktzyklen. Der Puls-Offset vom Nulldurchgang der Kurve ist mit Schaltern einstellbar. Damit wurde also nicht nur das gewünschte Signal für die zu testende Schaltung erzeugt und zur Verfügung gestellt, sondern auch noch zwei Triggerimpulse, damit das Oszilloskop saubere Bilder liefern kann.

Realisiert wird dieser Funktionsgenerator mit Hilfe eines 8-Bit-DA-Wandlers, der über einen 8 Bit breiten Bus vom PIC16 angesteuert wird. Nimmt man einen Ausgangsspannungsbereich von 0 bis 5 Volt an, so ist eine Stufe gleich 19,5 mV.

Auch hier sind die zeitlichen Betrachtungen wieder sehr von Bedeutung. Um die Ausgangssignale einigermaßen glatt erscheinen zu lassen, muß die Abstufung fein genug sein. Wir haben eine ganze Schwingung in 128 Steps aufgeteilt. Beim Sinusausgang heißt das, daß eine Viertelwelle vom Nulldurchgang bis zum Maximum in 32 gleichgroßen Schritten durchlaufen wird.

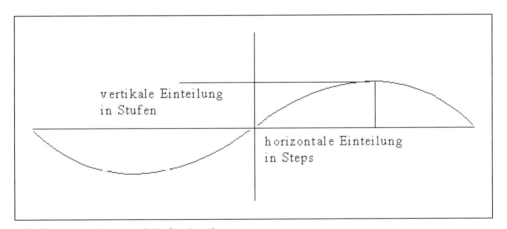

Abbildung 3.22: Step- und Stufeneinteilung

Wenn wir 50 bis 200Hz Ausgangsfrequenz zugrundelegen, ergibt sich also, daß ein Step minimal etwa 39 µsek dauert. Der µController muß dementsprechend in der Lage sein, innerhalb dieser Zeit den neuen Analogwert aus der Tabelle zu holen, ihn an den DA-Wandler auszugeben und auch noch zu prüfen, ob die Pulse an- oder abgeschaltet werden müssen. Im Gegensatz zu den vielen anderen Beispielen verwenden wir hier einen 16-MHz-Quarz. Der 4-MHz-Quarz hätte zwar ausgereicht, um die Kurve und die Pulse auszugeben, aber das zusätzliche Einlesen der Schalter wäre mit 39 Befehlen nicht mehr zu bewältigen gewesen. Bei dem verwendeten 16-MHz-Quarz haben wir eine Befehlsabarbeitungszeit von 250 nsek; das heißt, daß selbst bei 200-Hz-Signalausgabe und 128 Steps pro Periode ein Step immer noch 156 Befehle lang ist.

Gehen wir davon aus, daß die reine Loop etwa 23 Befehlszyklen dauert, könnten wir mit einem 20-MHz-Quarz theoretisch bis zu einer Frequenz von etwa 1,7 kHz bei 128 Steps pro Periode hochgehen. Natürlich mit den Triggerimpulsen für das Oszilloskop. Bei noch höheren Frequenzen müßten wir nur die Anzahl der Steps reduzieren. Das würde bedeuten, daß man nur jeden zweiten oder vierten Wert aus der Tabelle nimmt und ausgibt. Um das zu realisieren, muß entweder im Programm ein extra DECF COUNT (COUNT zählt die Steps herunter) eingefügt werden, oder man halbiert den Startwert von COUNT und bindet eine Tabelle ein, die eben nur die Hälfte der Werte enthält.

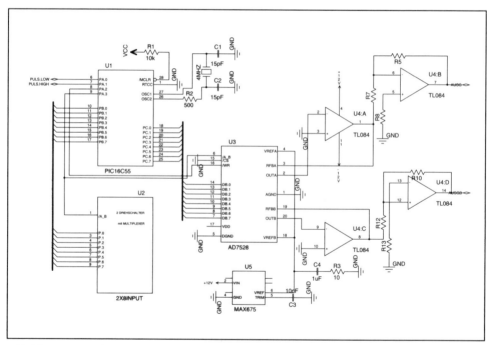

Abbildung 3.23: Schaltplan des Waveformgenerators

Anzeigen und Ausgeben 181

```
        TITLE      "Waveformgen mit Sinus-Tabelle"
        LIST       P=16C55,F=inhx8m
;
;       WD                      not Used
;
        INCLUDE    "PICREG.EQU"
;
TINPUT  EQU        08H
TIME    EQU        09H
PULSTIM EQU        0AH
ROPT    EQU        0BH
COUNT   EQU        0CH
;=======================PORT_A
PULSL   EQU        0
PULSBH  EQU        1
DACTIC  EQU        2
SELECT  EQU        3
;
TIME0   EQU        8CH
TIME1   EQU        26H
TIME2   EQU        0B3H
;
        ORG        PIC55
        GOTO       MAIN

        ORG        0
GETSIN  ADDWF      PC
        NOP
        INCLUDE    "SINUS.TXT"
;
        ORG        100H
MAIN    MOVLW      0FFH
        TRIS       PORT_B
        MOVWF      PORT_A
        CLRW
        TRIS       PORT_A
        TRIS       PORT_C
;
        CLRW
        MOVWF      TINPUT
        MOVLW      TIME0
```

```
            MOVWF     TIME
            MOVLW     08
            OPTION
;
NEXT        BSF       PORT_A,SELECT; Schaltergruppe auswählen
            COMF      PORT_B,W
            MOVWF     PULSTIM    ; Pulsoffset einlesen
            BCF       PORT_A,SELECT; Eingang umschalten
            MOVF      PORT_B,W
            SUBWF     TINPUT,W   ; vergleiche Frequenzeingang mit
                                 ; vorheriger Frequenz
            BZ        PERI       ; Sprung bei Gleichheit
            MOVLW     8
            MOVWF     ROPT
            MOVF      PORT_B,W
            MOVWF     TINPUT     ; eingelesen wird TIME
            ; TIME=0 ..255: F= 50 ..200
            MOVWF     TIME
            MOVLW     0C0H
            ANDWF     TIME,W
            BNZ       PE0
            MOVLW     TIME0      ;=T0 =140 = 08CH
            GOTO      PE1
PE0         CLRF      ROPT       ; je nach TIME wird eine andere OPTION
                                 ; benötigt
            XORLW     0C0H
            MOVLW     TIME1      ;T0/2-64/2  = 38 =26H
            BNZ       PE1
            INCF      ROPT
            MOVLW     TIME2      ;T0/4 -64/4-192/2 = 35-16-96 =-77= 0B3H
PE1         ADDWF     TIME
            MOVF      ROPT,W
            OPTION
PERI        MOVLW     80H        ; 80 Mal wird jetzt gearbeitet; dann wird
                                 ; wieder eingelesen
            MOVWF     COUNT
            BSF       PORT_A,PULSBH
STEP        MOVF      COUNT,W    ; die 128 Stufen der Kurve werden mit
                                 ; COUNT gezählt
            CALL      GETSIN     ; über eine Tabelle wird der Sinuswert
                                 ; geholt
```

```
            MOVWF    PORT_C        ; und auf PORT_C ausgegeben
WAI         MOVF     TIME,W
            SUBWF    RTCC,W
            BNC      WAI
            CLRF     RTCC
            BCF      PORT_A,DACTIC ; nach Ablauf der Wartezeit wird der
                                   ; Wert in den
            NOP                    ; DAC geclockt
            BSF      PORT_A,DACTIC
            MOVF     COUNT,W
            ADDWF    PULSTIM,W
            ANDLW    7FH           ; warten bis zum Pulsoffset
            BNZ      STE
            BCF      PORT_A,PULSL  ; ggf. PulsL ausgeben und PULSBH
                                   ; wegnehmen
            BCF      PORT_A,PULSBH;
            BSF      PORT_A,PULSL;
STE         DECFSZ   COUNT         ; fertig mit den Steps ?
            GOTO     STEP
            GOTO     NEXT
;
            END
```

Listing von WAVEGEN.ASM

3.10 Pintreibertest für die PIC16C64, -65 und -74

Beim vielen Entwickeln treten schon einmal Fehler auf, die Zweifel aufkommen lassen, ob denn dieser Baustein noch gut ist oder nicht. Genährt wird diese Unsicherheit, wenn man mit einem Oszilloskop keine Signale messen kann, wo eigentlich welche sein müßten. Je nachdem, welche zeitlichen Abläufe überhaupt stattfinden, kann man einen Puls mit einer Breite von wenigen Taktzyklen unter Umständen recht schlecht erkennen. Wenn nun auch kein Impulszähler zur Hand ist, der Auskunft geben kann, ob an einem bestimmten Pin ein oder mehrere Pulse waren, dann bleibt der Zweifel über die Zuverlässigkeit des entsprechenden Bausteins bestehen. In unserem Alltag ist einmal durch das Abrutschen mit einer Meßspitze offensichtlich ein Pintreiber zerstört worden, was wir zum damaligen Zeitpunkt nicht erkannten. Da in dem Zweicontrollersystem, an dem wir gerade arbeiteten, einer der beiden PIC16 wahlweise im Emulator lief und der andere als Fenstertyp realisiert wurde, wurde der zerschossene PIC16 in das Löschgerät gelegt. Da wir mehrere Fenstertypen besitzen, kam beim nächsten Test eben nicht wieder der vorherige Baustein an die Reihe, sondern ein anderer, der intakt war. Bei folgenden Änderungen und Erweiterungen der Software, war dann irgendwann der defekte wieder an der Reihe, und der Fehler von »vorhin« war wieder da. Bis zu dem Zeitpunkt, an dem sich der Verdacht, ein PIC16 könnte beschädigt sein, erhärtet hat, war manch kopfschüttelnde Stunde vergangen. Im allgemeinen Streß war es natürlich nicht möglich, schnell mal ein Testprogramm zu schreiben.

Im Rahmen des Buchschreibens haben wir uns nun doch Zeit genommen, dieses Programm zu erstellen. Es ist für die Typen PIC16C64, -65 und -74 geeignet, aber jeder müßte in der Lage sein, es auf einen kleineren PIC16-Typ anzupassen.

Den Test der Ausgangstreiber eines PIC16 stellten wir uns so vor, daß ein Spannungsteiler mit je zwei 10-kOhm-Widerständen an einen Pin geschaltet wird. Das Programm sorgt dafür, daß die Zustände high, low und tri-state regelmäßig an allen Pins wiederholt werden.

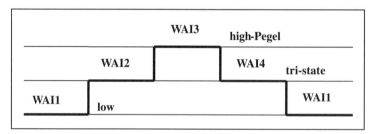

Abbildung 3.24: Angestrebter Treppensignalverlauf an jedem Pin

Bei dieser Problemstellung sind die Zeitbetrachtungen von keiner besonderen Bedeutung. Das einzige Ziel war, die Ports reihum anzusteuern und die dabei entstehenden Kurvenformen auf dem Oszilloskop überprüfen zu können.

Die einzige Nebenbedingung war, daß der dafür nötige Aufwand so klein wie möglich sein sollte.

Diese Forderung führte zu folgender Realisierung:

Ein kleine Testplatine wurde erstellt, die nur die Stromversorgung übernimmt, den 4-MHz-Oszillator mit dem PIC16-Baustein verbindet und den /MCLR-Pin auf high Pegel legt. Den Spannungsteiler bauten wir in eine Tastspitze ein, die mit +5 Volt und Masse versorgt wurde. Das Signal zwischen den Widerständen, welches reihum mit den einzelnen Pins abzugreifen ist, wurde an ein Oszilloskop weitergeleitet. Dort mußten dann drei Pegel eindeutig zu erkennen sein, sonst war der Baustein durchgefallen.

Anzeigen und Ausgeben   185

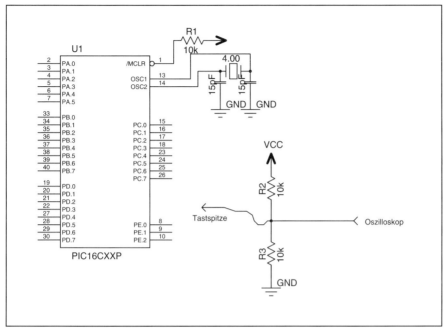

Abbildung 3.25: Schaltplan des PIC16-Tests

Der Programmablauf ist recht einfach. Nach der Initialisierung wird eine Schleife durchlaufen. Wie aus dem folgenden Struktogramm zu ersehen ist, werden abwechselnd die Portpins manipuliert, und dann wird eine bestimmte Zeit gewartet.

Um auf dem Oszilloskop ein ruhiges Bild zu bekommen, haben wir die Wiederholfrequenz dieser Kurve mit knapp 2 kHz angesetzt. Das bedeutet, daß die Periodendauer etwa 500 µsek betragen soll. Da in jeder Periode vier Schritte (low, tri-state, high, tri-state) durchlaufen werden sollen, bleiben für jeden Schritt etwa 125 µsek. Bei einem Vorteiler von 8 und einer Oszillatorfrequenz von 4 kHz entspricht dies einem Timerwert von etwa 16. In der Schleife sind der EVENT-Variablen jedesmal 16 hinzuzuaddieren.

186 Kapitel 3

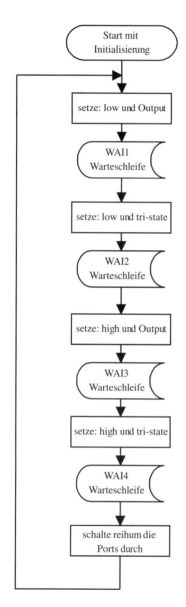

Abbildung 3.26: Programmablauf von PICTEST.ASM

```
;           TITLE   "TESTPROG für einen PIC16 vom Typ 16C64, -65 und -74"
            LIST    P=16C64,F=inhx8M
;
;           WDT :   NOT Used
;
            INCLUDE "PICREG.INC"
;
EVENT       EQU     20H
;
BANK_0      MACRO
            BCF     STATUS,5
            ENDM

BANK_1      MACRO
            BSF     STATUS,5
            ENDM
;
            ORG     0
            CLRF    STATUS
            CLRF    PCLATH
            CLRF    INTCON
            GOTO    MAIN
            RETFIE
;
            ORG     10
;
GETTRIS     MOVF    FSR,W
            ANDLW   0FH
            ADDWF   PC
            NOP
            NOP
            NOP
            NOP
            NOP                     ; Werte für
            RETLW   0FFH            ; TRISA
            RETLW   0FFH            ; TRISB
            RETLW   0FFH            ; TRISC
            RETLW   0FFH            ; TRISD
            RETLW   07H             ; TRISE
;
```

```
MAIN    MOVLW   0
        MOVWF   PORT_A
        MOVWF   PORT_B
        MOVWF   PORT_C
        MOVWF   PORT_D
        MOVWF   PORT_E
        BANK_1
        MOVLW   82H
        MOVWF   R_OPTION
        MOVLW   3
        MOVWF   ADCON1
        BANK_0
;
        CLRF    TMR0
        MOVLW   20H
        MOVWF   EVENT       ; TRISTATE, LOW
;
TEST    MOVLW   PORT_A
        MOVWF   FSR
LOOP    MOVLW   0
        MOVWF   0           ; Pegel 1 ausgeben
        MOVLW   080H
        ADDWF   FSR
        MOVLW   0
        MOVWF   0           ; OUTPUT, LOW
;
WAI1    MOVF    EVENT,W
        SUBWF   TMR0,W
        ANDLW   80H
        BNZ     WAI1
        MOVLW   10H
        ADDWF   EVENT
;
        CALL    GETTRIS     ; Pegel 2 ausgeben
        MOVWF   0           ; TRISTATE, LOW
;
WAI2    MOVF    EVENT,W
        SUBWF   TMR0,W
        ANDLW   80H
        BNZ     WAI2
        MOVLW   10H
```

```
         ADDWF    EVENT
;
         MOVLW    080H
         SUBWF    FSR
         MOVLW    0FFH
         MOVWF    0
         MOVLW    080H      ; Pegel 3 ausgeben
         ADDWF    FSR
         MOVLW    0
         MOVWF    0         ; OUTPUT, HIGH
         MOVLW    080H
         SUBWF    FSR
         MOVLW    0FFH
         MOVWF    0
;
WAI3     MOVF     EVENT,W
         SUBWF    TMR0,W
         ANDLW    80H
         BNZ      WAI3
         MOVLW    10H
         ADDWF    EVENT
;
         MOVLW    080H
         ADDWF    FSR
         CALL     GETTRIS   ; Pegel 4 ausgeben
         MOVWF    0         ; TRISTATE, HIGH
         MOVLW    080H
         SUBWF    FSR
;
WAI4     MOVF     EVENT,W
         SUBWF    TMR0,W
         ANDLW    80H
         BNZ      WAI4
         MOVLW    10H
         ADDWF    EVENT
;
         INCF     FSR       ; weiterzählen des FSR-Registers
         MOVLW    0AH
         XORWF    FSR,W
         BNZ      LOOP
         MOVLW    5         ; beim Überlauf wieder zurück zum
```

```
        MOVWF     FSR         ; ersten Port-Register
        GOTO      LOOP
;
        END
```

PIC16-Pintreiber-Testprogramm PICTEST.ASM

Kapitel 4

Eingänge erfassen

4.1 High oder Low

Wer schon mit digitalen Logikschaltkreisen gearbeitet hat, weiß, daß sich der Zustand Low in der Nähe von 0 Volt befindet und der Zustand High im Bereich unter 5 Volt. Jeder Eingang, der von einem zum anderen der beiden Pegeln wechselt, nimmt dabei alle dazwischenliegenden Spannungswerte an. Für die Arbeit mit dem PIC16 ist es nun interessant zu wissen, wie die µController-Eingänge die Werte beim Übergang interpretieren. Es gibt verschiedene technische Realisierungen von Eingängen, die unterschiedlich mit den Eingangsspannungen umgehen.

Unterschiedliche Eingangscharakteristiken sind zum Beispiel TTL und CMOS. Bei TTL-Eingängen gilt der Eingang als low, wenn er sich unter 0,8 Volt befindet. Liegt er über 2,0 Volt, so wird er als high interpretiert. Dazwischenliegende Werte sind als ungültig definiert. Bei CMOS-Eingängen dagegen, liegt die Schaltschwelle typischerweise bei der halben Versorgungsspannung.

Obwohl die PIC16 physikalische CMOS-Eigenschaften besitzen, sind die meisten Eingangspins TTL-kompatibel. Einige Pins haben jedoch ein Schmitt-Trigger-Verhalten. Hierbei liegt die Schaltschwelle für ein Signal mit steigendem Pegel höher als für ein Signal mit fallendem Pegel. Ein solches Verhalten haben diejenigen Pins, die besonders für die Erfassung von Flanken und Pulsen vorgesehen sind. Das sind beim PIC16C74 z.B. der Port A.4, Port B.0, Port C sowie Port D und Port E, wenn sie als general purpose I/O Pins konfiguriert wurden. Generell kann man davon ausgehen, daß Zählereingänge mit dem Schmitt-Trigger-Verhalten ausgestattet sind. Bei den anderen Pins muß man sich im Datenbuch vergewissern.

Wir haben das Eingangsverhalten verschiedener Pins eines PIC16C74 untersucht. Dazu haben wir unser Funktionsgeneratorprogramm leicht abgewandelt. Den Ausgang des DA-Wandlers haben wir auf den zu untersuchenden Eingang gelegt und diesen kontinuierlich auf einen digitalen Ausgang gelegt. Auf dem Oszilloskop kann man dann sehr schön beobachten, bei welcher Spannung des analogen Signals der digitale Eingang als »0« oder »1« interpretiert wird.

In unserem Experiment erhielten wir folgende Ergebnisse:

Port-Pin	Steigende Flanke		Fallende Flanke	
B.2 (TTL-Eingang)	< 1,4V: low	> 1,4V: high	< 1,4V: low	> 1,4V: high
C.2 (ST-Eingang)	< 3,0V: low	> 3,0V: high	< 1,5V: low	> 1,5V: high

Tabelle 4.1: Eingangsverhalten

Bei Spannungen, die im Bereich der Schaltschwelle liegen, können beim TTL-Eingang unkontrollierte Wechsel vorkommen, die die Verlustleistung des Bausteins erhöhen und fehlerhafte Zählergebnisse liefern.

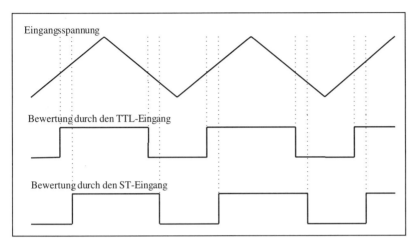

Abbildung 4.1: Schaltverhalten der Eingänge

4.2 Erfassungstechniken

Die einfachste Art, einen Eingangspin zu erfassen ist, ihn von Zeit zu Zeit abzufragen. Nützlich ist dabei, daß wir mit den Befehlen BTFSS bzw. BTFSC auf Grund des Zustands eines Pins direkt eine Verzweigung durchführen können. Nachteilig ist dabei, daß der PIC16 mit einem Ohr ständig an diesem Pin zu horchen hat, oder daß ihm andernfalls die Zustandsänderung an diesem Pin verspätet zur Kenntnis kommt. Ein kurzer Puls kann ihm ganz verborgen bleiben. Um sofort von der Änderung eines Eingangspins unterrichtet zu werden, gibt es die Interrupts.

Bei den PIC16CXX sind folgende Interrupts zum Erfassen von Eingangsänderungen gegeben:

- INT: Flanke an Port B.0, Flanke wählbar
- RB: beliebige Änderung an einem der Pins Port B.4 bis .7
- CCP1: Flanke an Port C.2, Flanke wählbar (1. 4. oder 16. Flanke)
- CCP2: Flanke an Port C.1, Flanke wählbar (1. 4. oder 16. Flanke)

Bei den PIC16C5X gab es bislang keine Interrupts. Dadurch war diese Familie bei manchen Anwendungen, die mit schnellen Eingängen zu tun hatten, weniger geeignet. In Kürze werden neue Derivate der PIC16C5X-Familie erscheinen, die um eine Interruptstruktur erweitert sind.

Die Hardware liefert uns weitere Hilfestellung beim Zählen von Flanken. Über die Eingänge Port A.4 und Port C.0 können die TMR0 und TMR1 mit und ohne Vorteiler Pulse zählen. Die maximale Eingangsfrequenz ohne Vorteiler mit einem Tastverhältnis von 50% liegt dabei knapp unter der Oszillatorfrequenz des PIC16.

Auch wenn die PIC16C5X keinen Interrrupt besitzen, so haben sie doch durch den TMR0 die Möglichkeit, ohne Beteiligung der CPU Pulse und Flanken zu zählen.

Eine weitere Möglichkeit, den exakten Zeitpunkt einer Flanke ohne Mitwirkung der CPU zu erfassen, bieten die beiden CCP-Module im Capture-Mode.

4.3 Einlesen von Schaltern und Tastern

Eine wichtige Tätigkeit im Leben eines µControllers ist das Einlesen von Schaltern und Tastern. Man müßte über diesen Punkt nicht viele Worte verlieren, wenn nicht das Problem des Prellens wäre.

Hier ist nicht der Ort, um sich ausführlich mit der Physik oder Mathematik des Tastenprellens auseinanderzusetzen. Wir wollen uns mit den logischen Argumenten beschäftigen, die es uns ermöglichen, sicher zu erkennen, wann ein Taster oder Schalter nach einer Betätigung zur Ruhe gekommen ist. Es gibt viele unterschiedliche Bauformen von Schaltern und Tastern mit den entsprechenden Prellfrequenzen und Prellzeiten. Ebenfalls gibt es Entprellverfahren z.B. mit einem RC-Glied, womit die Prellzeit, aber auch die Form des Prellens beeinflußt wird. Ein gänzliches Wegfallen der nachgeschalteten softwaremäßigen Entprellung ist dadurch nicht gegeben.

In unseren folgenden Ausführungen wollen wir uns nicht mit dem Fall befassen, daß außer den Prellpulsen noch Störpulse auftreten können. Für solche Fälle bietet sich die Integralmethode an, zu deren Begründung ein bißchen Mathematik nötig ist (siehe Tagungsband des Entwicklerforums von 1995 von Desgin&Elektronik und Arizona Microchip, Gerd Bierbaum, S. 105).

Wir wollen uns hier mit zwei pragmatischen Entprellverfahren befassen:

Aus der Sicht des µControllers stellt sich das Prellen als eine unregelmäßige Folge von »0« bzw. »1« am Eingang dar. Ein TTL-Eingang liest eine andere Folge als ein Schmitt-Trigger-Eingang.

Der wichtigste Parameter beim Prellvorgang ist die Gesamtzeit des Prellens. Weitere interessante Größen sind aber auch Anzahl und Breite der Pulse. In der Regel kennt man diese Werte zwar nicht, über ihre Größenordnung sollte man aber eine vage Vorstellung haben.

Das erste Entprellverfahren beruht auf der einfachen Forderung, daß der eingelesene Pegel ein bestimmte Zeit unverändert anliegt. Diese Zeit muß natürlich größer sein als die Gesamtprellzeit. Beim Erkennen einer Pegeländerung wird ein PRELL-Flag gesetzt und eine EVENT-Variable auf diejenige Zeit gesetzt, zu der der Wert als stabil akzeptiert wird, wenn keine weiteren Änderungen mehr eintreten. Wenn dieser Zeitpunkt ohne Änderungen erreicht ist, wird der Pegel als gültig bewertet und das PRELL-Flag gelöscht.

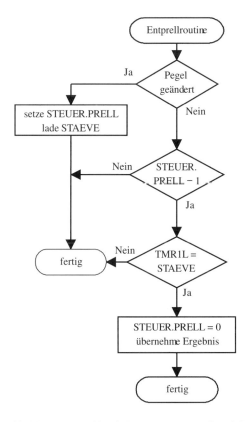

Abbildung 4.2: Ablauf des ersten Entprellverfahrens

Das zweite Entprellverfahren beruht darauf, daß man den Eingang in bestimmten zeitlichen Abständen wiederholt einliest. Wenn das Ergebnis eine bestimmte Anzahl Male gleich war, muß der Schluß hinreichend sicher sein, daß der Eingang nun stabil ist.

Der Wiederholabstand, mit dem man einen prellenden Eingang liest, sollte nicht viel kleiner sein, als die durchschnittlichen Prellpulse, weil man sonst immer wieder den gleichen zufälligen Wert einliest und zu dem falschen Schluß kommt, daß der Eingang zur Ruhe gekommen sei. Sicherer ist es also, den Wiederholabstand im Zweifelsfalle größer zu machen.

Um die Frage zu beantworten, wie oft man das Einlesen wiederholen soll, ist eine einfache statistische Überlegung notwendig. Wenn während des Prellens die Wahrscheinlichkeit für eine »0« gleich groß ist, wie für eine »1«, dann kann man sich ausrechnen, wie groß die Wahrscheinlichkeit ist, beispielsweise zehnmal hintereinander zufällig eine »1« zu lesen, obwohl der Schalter noch prellt.

Bei zehnmaligem Abtasten geschieht dieser Fehlschluß jedes tausendste Mal. Bei zwanzigfachem Abtasten ist es etwa jedes millionste Mal. Diese statistischen Überlegungen erübrigen sich natürlich, wenn der Prellvorgang nicht so lange ist, daß ein zwanzigmaliges Abtasten sinnvoll ist. Ein zu langes Abtasten bringt die Gefahr mit sich, daß man in eine erneute Betätigung eines Schalters hineingerät.

Eine einfache Möglichkeit, sich eine Vorstellung über das Prellverhalten zu verschaffen, wird im Abschnitt »ICE als Logicanalyzer« beschrieben. Mit dem In-circuit-Emulator können Sie auch sichtbar machen, wie unterschiedliche Eingänge zu unterschiedlichen Ergebnissen bei der Erfassung führen.

Auch in den folgenden Ausführungen über Pulszählen und Flankenerfassen werden wir auf dieses Anwendungsbeispiel eingehen. Hier wollen wir einige Ergebnisse vorwegnehmen, die wir beim Durchtesten einiger unterschiedlicher Schalterbauformen erhalten haben.

Zunächst beobachteten wir, daß das Prellen eines Kippschalters vor allem am Anfang und am Ende des Schalterschließvorgangs auftritt. Dazwischen ist eine Pause, die etwa die Hälfte der gesamten Prelldauer ausmacht. Diese Beobachtung ist sicher relevant für die Entwicklung eines Entprellprogramms. Die typische Gesamtdauer des Prellens lag zwischen 0,5 und 0,8 msek.

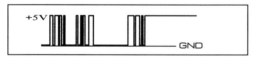

Abbildung 4.3: Typisches Prellverhalten

Um auf konkrete Zahlen einzugehen: Etwa 100 μsek Abtastintervall und die Forderung nach 10 bis 20 gleichen Abtastungen sind realistisch.

4.3.1 Dreh-Codierschalter

Bei Dreh-Codierschaltern ist noch zu berücksichtigen, daß die einzelnen Kontaktfedern mit einem kleinen zeitlichen Versatz prellen. Dieser Umstand sowie die Möglichkeit, an einem Drehschalter beliebig langsam zu drehen, erfordern eine deutlich längere Abtastdauer. Um das Auftreten von Zwischencodes auszuschalten, kann man zusätzlich die Codes auf Veränderung um ± 1 überprüfen.

```
COMPARE MOV     NEU,W
        SUBWF   ALT,W       ; W:= VAL - NEU
        SKPNZ
        RETURN              ; ZR- Flag bedeutet: keine Änderung
        BC      LESS        ; LESS: Neuer Wert kleiner als alter
        XORLW   OFFH        ; Differenz = -1 ?
        BNZ     NOK         ; Falls Nein: Nicht o.k.
;                           ; Prüfung für BCD-Schalter:
        MOVF    Alt,W       ; Neuer Wert darf nicht größer sein
;                           ; als 9
        XORLW   9           ;
        BNZ     OK          :
        GOTO    NOK         ;
LESS    XORLW   1           ; Differenz - 1 ?
        BNZ     NOK         ; Falls Nein: nicht o.k.
OK      BSF     STATUS,CY
        BCF     STATUS,ZR
        RETURN
NOK     BCF     STATUS,CY
        RETURN
```

Beispiel für die ± 1-Prüfung

Die folgende Darstellung zeigt den Programmablauf beim Einlesen eines Drehschalters.

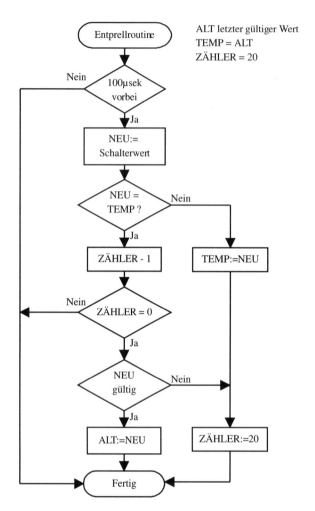

Abbildung 4.4: Drehschalterentprellung

4.3.2 Inkrementalgeber

Ein Inkrementalgeber ist eine Vorrichtung, die auf mechanischem oder optoelektrischem Wege durch die Ausgabe von Pulsen Schlüsse über die Position einer drehenden Achse erlaubt. Dabei werden jeweils zwei gegeneinander versetzte Pulsfolgen ausgegeben, welche durch die Phasenverschiebung die Drehrichtung angeben. Inkrementalgeber werden gelesen, indem man die Flanken der einen Leitung erfaßt und dann zum Zeitpunkt dieser Flanke den Pegel der anderen Leitung prüft. Wenn die Pulse mechanisch erzeugt werden, muß dabei noch eine Entprellung stattfinden wie dies oben beschrieben wurde. Pulse in positiver Drehrichtung addiert man zu einem Gesamtwert, aus dem man dann die Anzahl Umdrehungen und die Position der Achse ermitteln kann. Wenn es nur um die Position geht, subtrahieren wir negative Umdrehungen vom Gesamtwert, anderenfalls summieren wir sie separat auf.

In unserem folgenden Beispiel gehen wir davon aus, daß wir einen mechanischen Inkrementalgeber haben, über den Zeiten eingestellt werden, wie es bei Heizungssteuerungen der Fall ist. Dieser Drehknopf wird per Hand bewegt. Die kürzesten Pulse, die wir dabei erzeugen konnten, lagen bei 20 msek. Zum Entprellen kann man sich daher ruhig 4 msek Zeit nehmen.

Wir werden den einen Ausgang des Drehschalters entprellen, indem wir verlangen, daß der Pegel 4 msek lang stabil ist. Der zweite Ausgang wird zu diesem Zeitpunkt als stabil angenommen. In unserem Anwendungsbeispiel ist die Entprellung unkritisch, weil die aktuelle Zeit angezeigt wird und man so lange dreht, bis sie dem gewünschten Wert entspricht. Der Erfolg unserer Entprellung zeigte jedoch, daß es keinerlei unkontrollierte Reaktionen auf unsere Drehbewegungen gab, egal wie schnell oder langsam wir den Knopf drehten.

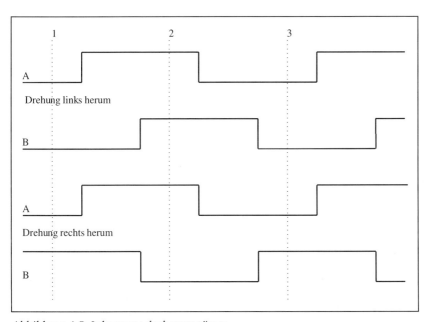

Abbildung 4.5: Inkrementalgeberausgänge

200 Kapitel 4

Die Abbildung zeigt, daß bei einer Rechtsdrehung die beiden Pegel im Anschluß an die entprellte Flanke gleich sind, während sie bei einer Linksdrehung ungleich sind.

Unser Beispielprogramm ist so angelegt, daß mit dem Inkrementalgeber eine Zeit eingestellt werden kann. Wie zum Beispiel:

- Warmwasserbereitung ein/aus
- Nachtabsenkung
- Abschaltbetrieb
- Tagbetrieb

Da es sich hierbei um eine Echtzeitanwendung handelt, steht der TMR1 mit dem 32kHz-Quarz zur Verfügung. Diesen benutzen wir sowohl als Zeitbasis für die LED-Anzeige als auch für die Entprellung. Um nicht vom Wesentlichen zu sehr abzulenken, haben wir in dieser Applikation die Uhrzeitverwaltung (BCD-Format) weggelassen.

```
TITLE       "Basisprogramm: LED-Ansteuerprogramm mit dem 16C74"
;           Incrementalgeber erfassen und Pulse ausgeben
            INCLUDE  "PICREG.INC"
            LIST     P=16C74,F=INHX8M
;
;===============================================================
;========================= PORT_A
;        EQU   0; Inkrementalgeber A
;        EQU   1; Inkrementalgeber B
;        EQU   2;
;        EQU   3;
;        EQU   4;
;        EQU   5;
RES_A    EQU   0
TR_A     EQU   03FH
;------------------------ PORT_B
; Port B hi ist an der LED-Anzeige
RES_B    EQU   0
TR_B     EQU   0FH
;======================== PORT_C
;        EQU   0;0  1 ; TMR1 Oscillator
;        EQU   1;0  1 ; TMR1 Oscillator
RES_C    EQU   0H
TR_C     EQU   03H
```

```
;==================== PORT_D
; LED-Segmenttreiber
RES_D     EQU      0
TR_D      EQU      0
;==================== PORT_E
;         EQU   0;0    1   ;
;         EQU   1;0    1   ;
;         EQU   2;0    1   ;
RES_E     EQU      0
TR_E      EQU      0
;
;========================== Variable LED
;
V_LED     EQU      30H
CODE1     EQU      V_LED+0
CODE2     EQU      V_LED+1
CODE3     EQU      V_LED+2
CODE4     EQU      V_LED+3
STELLE    EQU      V_LED+5
ZAHL      EQU      V_LED+6
ANZEVE    EQU      V_LED+7
STAEVE    EQU      V_LED+8
;
STEUER    EQU      V_LED+9
POSI      EQU      V_LED+0AH
;
;==================================== Bits in STEUER
LAST      EQU      7
PRELL     EQU      0
;
ANZDIFF   EQU      .164
STADIFF   EQU      .100
;
BANK_0    MACRO
          BCF      STATUS,5
          ENDM

BANK_1    MACRO
          BSF      STATUS,5
          ENDM
;
```

```
            ORG     0
            CLRF    STATUS
            GOTO    MAIN
            NOP
            NOP
            GOTO    ISR         ; Interrupt-Service-Routines
;
            ORG     10
;
ISR         RETFIE
;========================== Unterprogramme für LED
GETCODE     ANDLW   0FH
            ADDWF   PC
            RETLW   3FH         ;0
            RETLW   06H         ;1
            RETLW   5BH         ;2
            RETLW   4FH         ;3
            RETLW   66H         ;4
            RETLW   6DH         ;5
            RETLW   7DH         ;6
            RETLW   07H         ;7
            RETLW   7FH         ;8
            RETLW   6FH         ;9
            RETLW   77H         ;A
            RETLW   7CH         ;B
            RETLW   39H         ;C
            RETLW   5EH         ;D
            RETLW   79H         ;E
            RETLW   71H         ;F
;
GETDRV      ANDLW   03H
            ADDWF   PC
            RETLW   0EH         ;0
            RETLW   0DH         ;1
            RETLW   0BH         ;2
            RETLW   07H         ;3
;
MKCODE      MOVF    ZAHL,W      ;
            CALL    GETCODE     ; W=Bitmuster für Stelle 0
            MOVWF   0           ; CODE1
            INCF    FSR
```

```
        SWAPF    ZAHL,W
        CALL     GETCODE    ; W=Bitmuster für Stelle 1
        MOVWF    0          ; CODE2
        INCF     FSR
        RETURN
;
LEDOUT  MOVLW    0FH        ; alle Segment-Treiber sind Eingänge
        BANK_1
        IORWF    TRISB      ; Ausgabe an PORTB
        BANK_0
        INCF     STELLE,W
        ANDLW    03H
        MOVWF    STELLE
        MOVLW    CODE1
        ADDWF    STELLE,W
        MOVWF    FSR
        MOVF     0,W
        MOVWF    PORT_D
        MOVF     STELLE,W
        CALL     GETDRV
        BANK_1
        ANDWF    TRISB
        BANK_0
        RETURN
;
;================================ Hauptprogramm
MAIN    MOVLW    RES_A
        MOVWF    PORT_A
        MOVLW    RES_B
        MOVWF    PORT_B
        MOVLW    RES_C
        MOVWF    PORT_C
        MOVLW    RES_D
        MOVWF    PORT_D
        MOVLW    RES_E
        MOVWF    PORT_E
        CLRF     ADCON0
        BANK_1              ; switch to Bank1
        MOVLW    07H
        MOVWF    ADCON1
        MOVLW    TR_A
```

```
            MOVWF      TRISA
            MOVLW      TR_B
            MOVWF      TRISB
            MOVLW      TR_C
            MOVWF      TRISC
            MOVLW      TR_D
            MOVWF      TRISD
            MOVLW      TR_E
            MOVWF      TRISE
;
            BANK_0                    ; switch to Bank0
            MOVLW      0BH
            MOVWF      T1CON
            MOVLW      ANZDIFF
            MOVWF      ANZEVE
            MOVLW      80H
            MOVWF      POSI
            CLRF       CODE3
            CLRF       CODE4
;
LOOP        MOVF       ANZEVE,W
            SUBWF      TMR1L,W
            ANDLW      0F0H
            BNZ        L01
            MOVLW      ANZDIFF
            ADDWF      ANZEVE
            CALL       LEDOUT
;
L01         BTFSS      PORT_A,0
            GOTO       BITLO
            BTFSC      STEUER,LAST
            GOTO       NOCHG
            BSF        STEUER,LAST
            GOTO       CHANG
BITLO       BTFSS      STEUER,LAST
            GOTO       NOCHG
            BCF        STEUER,LAST
CHANG       BSF        STEUER,PRELL
            MOVLW      STADIFF
            ADDWF      TMR1L,W
            MOVWF      STAEVE
```

```
                GOTO      LO2
NOCHG           BTFSS     STEUER,PRELL
                GOTO      LOOP
                MOVF      STAEVE,W
                SUBWF     TMR1L,W
                ANDLW     0F8H
                BNZ       LOOP
                BCF       STEUER,PRELL
                MOVF      PORT_A,W
                ANDLW     03H
                BZ        UP
                XORLW     03H
                BZ        UP
                DECF      POSI
                GOTO      LO2
UP              INCF      POSI
;
LO2             MOVLW     CODE1
                MOVWF     FSR
                MOVF      POSI,W
                MOVWF     ZAHL
                CALL      MKCODE
                GOTO      LOOP
;
                END
```

Inkrementalgeber-Programm PUINCR.ASM

4.4 Pulse zählen

Wir werden jetzt die verschiedenen Arten des Pulsezählens vorführen. Dabei gehen wir immer davon aus, daß das Zählergebnis zwei Byte lange sein soll. Bei der Wahl des Zählverfahrens ist nicht nur der Komfort ausschlaggebend, sondern auch die Anforderungen an die Geschwindigkeit.

Wenn die Pulsfrequenz viel kleiner ist als die Befehlsfrequenz, sind alle Möglichkeiten offen. Wenn jedoch die Pulsfrequenz in dem Bereich knapp unterhalb der Befehlsfrequenz liegt, muß das Tastverhältnis ungefähr bei 50% liegen, und es ist nur mit den TMRx-Eingängen möglich zu zählen. Bei sehr schmalen Pulsen dagegen ist das Zählen mit dem Interrupt oder dem CCP-Modul erforderlich. Dabei benötigt man einige Befehle zur Verarbeitung der Zählergebnisse, wodurch sich die Begrenzung der Pulsfrequenz ergibt.

Wir werden das Zählergebnis auf der LED-Anzeige ausgeben. Wenn der Zählvorgang keine permanente Anzeige zuläßt, muß man sich darauf beschränkten, das Endergebnis auszugeben.

4.4.1 Zählen mit dem TMR1

Wenn wir die freie Auswahl haben, zählen wir die Pulse mit dem TMR1. In diesem Falle hat die CPU nichts mit dem Zählvorgang zu tun. Das Programm kann sich also darauf konzentrieren, den Stand des TMR1 permanent auf die LED-Anzeige auszugeben.

Was wir natürlich tun müssen ist, das Control-Register T1CON richtig zu setzen.

- Den Prescalerwert setzen wir null; Bits 4 und 5 gleich »00«
- Der Oszillator muß aus sein; Bit 3 gleich »0«
- Synchronisation ist anzuraten; Bit 2 gleich »1«
- externer Eingang ist zu wählen; Bit 1 gleich »1«
- der TMR1 muß eingeschaltet werden; Bit 0 gleich »1«

T1CON ist also gleich 07H zu setzen. Eine Auswahl der Flanke ist beim TMR1 nicht möglich. Es wird immer die ansteigende Flanke gezählt.

Für die LED-Anzeige benötigen wir eine Zeitbasis von etwa 5 msek. Dazu verwenden wir am besten den TMR0 mit einem Prescaler von 32. Damit entsprechen 5 msek einem TMR0-Wert von 156 ((Fosc/4*VT)*5msek) – vorausgesetzt Fosc = 4 Mhz.

```
            TITLE     "Basisprogramm: LED-Ansteuerprogramm mit dem 16C74"
;           TMR1 zählt Pulse; TMR0-Zeitbasis für LED-Anzeige
;
            INCLUDE   "PICREG.inc"
            LIST      P=16C74,F=INHX8M
;
;========================PORTA
RES_A       EQU       0
TR_A        EQU       03FH
;====================     PORT_B
;EQU0;0     0;
;EQU1;0     0;
;EQU2;0     0;
;EQU3;0     0;
```

```
;EQU4;0     0; Kathoden-Treiber
;EQU5;0     0;
;EQU6;0     0;
;EQU7;0     0;
RES_B    EQU       0H
TR_B     EQU       0FH
;==================       PORT_C
;    EQU     0;1   0  ; Zähleingang
RES_C    EQU       0H
TR_C     EQU       03H
;==================       PORT_D
; Segmenttreiber der LED-Anzeige
 RES_D   EQU       0
TR_D     EQU       0H
;==================       PORT_E
RES_E    EQU       0
TR_E     EQU       0
;
ANZDIFF  equ       .156      ; 5 msek
;========================= Variable für LED
;
V_LED    EQU       30H
CODE1    EQU       V_LED+0
CODE2    EQU       V_LED+1
CODE3    EQU       V_LED+2
CODE4    EQU       V_LED+3
STELLE   EQU       V_LED+5
ZAHL     EQU       V_LED+6
ANZEVE   EQU       V_LED+7
;
BANK_0   MACRO
         BCF       STATUS,5
         ENDM

BANK_1   MACRO
         BSF       STATUS,5
         ENDM
;==========================================================0
         ORG       0
         CLRF      STATUS
         GOTO      MAIN
```

```
            NOP
            NOP
            GOTO    ISR         ; Interrupt-Service-Routines
;
            ORG     10
;
ISR         RETFIE
;
;=========================== Unterprogramme für LED
;
GETWERT     ANDLW   0FH
            ADDWF   PC
            RETLW   3FH         ;0
            RETLW   06H         ;1
            RETLW   5BH         ;2
            RETLW   4FH         ;3
            RETLW   66H         ;4
            RETLW   6DH         ;5
            RETLW   7DH         ;6
            RETLW   07H         ;7
            RETLW   7FH         ;8
            RETLW   6FH         ;9
            RETLW   77H         ;A
            RETLW   7CH         ;B
            RETLW   39H         ;C
            RETLW   5EH         ;D
            RETLW   79H         ;E
            RETLW   71H         ;F
;
GETDRV      ANDLW   03H
            ADDWF   PC
            RETLW   0EH         ;0
            RETLW   0DH         ;1
            RETLW   0BH         ;2
            RETLW   07H         ;3
;
MKCODE      MOVF    ZAHL,W      ;
            CALL    GETWERT     ; W=Bitmuster für Stelle 0
            MOVWF   0           ; CODE1
            INCF    FSR
            SWAPF   ZAHL,W
```

```
                CALL       GETWERT    ; W=Bitmuster für Stelle 1
                MOVWF      0          ; CODE2
                INCF       FSR
                RETURN
;
LEDOUT          IORLW      0FH        ; alle Kathoden-Treiber sind Eingänge
                BANK_1
                MOVWF      TRISB      ; Ausgabe an PORTB
                BANK_0
                INCF       STELLE,W
                ANDLW      03H
                MOVWF      STELLE
                MOVLW      V_LED
                ADDWF      STELLE,W
                MOVWF      FSR
                MOVF       0,W
                MOVWF      PORT_D
                MOVF       STELLE,W
                CALL       GETDRV
                BANK_1
                ANDWF      TRISB
                BANK_0
                RETURN
;
;============================== Hauptprogramm
MAIN            MOVLW      RES_A
                MOVWF      PORT_A
                MOVLW      RES_B
                MOVWF      PORT_B
                MOVLW      RES_C
                MOVWF      PORT_C
                MOVLW      RES_D
                MOVWF      PORT_D
                MOVLW      RES_E
                MOVWF      PORT_E
                CLRF       ADCON0
                BANK_1                ; Bank1 Register setzen
                MOVLW      07H
                MOVWF      ADCON1
                MOVLW      TR_A
                MOVWF      TRISA
```

```
        MOVLW       TR_B
        MOVWF       TRISB
        MOVLW       TR_C
        MOVWF       TRISC
        MOVLW       TR_D
        MOVWF       TRISD
        MOVLW       TR_E
        MOVWF       TRISE
;
        MOVLW       084H        ; TMR0 Frequenz: Clockout/32 (5msek<->156)
        MOVWF       R_OPTION
        BANK_0      ;
        MOVLW       0H
        MOVWF       INTCON
        MOVLW       07H
        MOVWF       T1CON       ; TMR1 wird extern getaktet
        MOVLW       ANZDIFF     ; Anzdiff = 156 für ca. 5msek
        MOVWF       ANZEVE
        CLRF        TMR1L
        CLRF        TMR1H
;
LOOP    MOVF        ANZEVE,W
        SUBWF       TMR0,W      ; TMR0 hat VT=32
        ANDLW       0F0H
        BNZ         LOOP
        MOVLW       ANZDIFF
        ADDWF       ANZEVE
        MOVLW       CODE1
        MOVWF       FSR
        MOVF        TMR1L,W     ; kein Capture nötig, da ggfs. falsche
        MOVWF       ZAHL        ; Werte nur 5 msek lang anstehen
        CALL        MKCODE
        MOVF        TMR1H,W
        MOVWF       ZAHL
        CALL        MKCODE
        CALL        LEDOUT
        GOTO        LOOP
;
        END
```

Listing von PUTMR10.ASM

4.4.2 Zählen mit dem TMR0

Für den Fall, daß der TMR1 belegt ist oder gar nicht zur Verfügung steht, zählen wir die Pulse mit dem TMR0. In diesem Falle hat die CPU die Verwaltung des höheren Bytes zu übernehmen. Zu diesem Zwecke definieren wir ein Register mit dem Namen TMR0H, welches bei einem TMR0-Überlauf inkrementiert wird. Am einfachsten ist das natürlich mit einer Interruptroutine. Wenn kein Interrupt zur Verfügung steht, muß man in gewissen Abständen den TMR0 auf Überlauf prüfen (siehe hierzu Kapitel 2.7.1).

Für den TMR0 müssen wir das OPTION-Register richtig setzen.

Um den Vorteiler auf 1 zu setzen, muß dieser dem Watchdog zugeordnet werden. D.h., das Bit 3 des OPTION-Registers muß = 1 gesetzt werden. Wenn wir die steigenden Flanken zählen wollen, muß Bit 4 = 0 sein. Mit Bit 5 = 1 wird auf externen Eingang geschaltet.

Der zu setzende OPTION-Wert muß also 028H für steigende Flanken sein. Für fallende Flanken muß der Wert 038H sein. Die verbleibenden 5 Bit haben jetzt nichts mit dem TMR0 zu tun, müssen aber ggfs. noch definiert werden.

Für die Zeitbasis von etwa 5 msek, die wir für die LED-Anzeige benötigen, steht jetzt der TMR0 natürlich nicht mehr zur Verfügung. Im vorliegenden Beispiel wurde der TMR1 verwendet, welcher durch einen externen 32,768-kHz-Quarz getaktet wird.

Der Wert für das Control-Register T1CON bleibt gleich, bis auf das Bit 3 (Oscillator enable), welches hier = 1 gesetzt werden muß. Damit wird der interne Oszillator für den Quarz in Betrieb genommen. T1CON wird also jetzt mit dem Wert 0FH initialisiert.

```
TITLE     "Basisprogramm: LED-Ansteuerprogramm mit dem 16C74"
;         TMR0 zählt die Pulse; TMR1 Zeitbasis für LED-Anzeige
;         TMR0-Überlauf mit Interrupt
;
          INCLUDE  "PICREG.inc"
          LIST     P=16C74,F=INHX8M
;
;========================PORTA
; Port A.4 ist der Zähleingang (RTCC)
RES_A     EQU      0
TR_A      EQU      03FH
```

```
;===================        PORT_B
; Port B hi ist der Kathodentreiberport
RES_B       EQU     0H
TR_B        EQU     0FH
;===================        PORT_C
; TMR1-Oszillator aktiv C.0 und C.1 verwendet
RES_C       EQU     0H
TR_C        EQU     03H
;===================        PORT_D
; Segmenttreiber der LED-Anzeige
 RES_D      EQU     0
TR_D        EQU     0H
;===================        PORT_E
RES_E       EQU     0
TR_E        EQU     0
;
;
ANZDIFF     equ     .164        ; 5 msek bei 32kHz VT=1
;=========================== Variable LED
;
V_LED       EQU     30H
CODE1       EQU     V_LED+0
CODE2       EQU     V_LED+1
CODE3       EQU     V_LED+2
CODE4       EQU     V_LED+3
STELLE      EQU     V_LED+5
ZAHL        EQU     V_LED+6
ANZEVE      EQU     V_LED+7
;
TMR0H       EQU     V_LED+0CH
;
BANK_0      MACRO
            BCF     STATUS,5
            ENDM

BANK_1      MACRO
            BSF     STATUS,5
            ENDM
;
```

```
;================================================================0
        ORG     0
        CLRF    STATUS
        GOTO    MAIN
        NOP
        NOP
        GOTO    ISR         ; Interrupt-Service-Routines
;
        ORG     10
;
ISR     BCF     INTCON,2    ; W-Register und STATUS-Register
        INCFSZ  TMROH       ; werden nicht verändert
        NOP
        RETFIE
;
;=========================== Unterprogramme für LED
;
GETWERT ANDLW   0FH
        ADDWF   PC
        RETLW   3FH     ;0
        RETLW   06H     ;1
        RETLW   5BH     ;2
        RETLW   4FH     ;3
        RETLW   66H     ;4
        RETLW   6DH     ;5
        RETLW   7DH     ;6
        RETLW   07H     ;7
        RETLW   7FH     ;8
        RETLW   6FH     ;9
        RETLW   77H     ;A
        RETLW   7CH     ;B
        RETLW   39H     ;C
        RETLW   5EH     ;D
        RETLW   79H     ;E
        RETLW   71H     ;F
;
GETDRV  ANDLW   03H
        ADDWF   PC
        RETLW   0EH     ;0
        RETLW   0DH     ;1
```

214 Kapitel 4

```
                RETLW   0BH         ;2
                RETLW   07H         ;3
;
MKCODE          MOVF    ZAHL,W      ;
                CALL    GETWERT     ; W=Bitmuster für Stelle 0
                MOVWF   0           ; CODE1
                INCF    FSR
                SWAPF   ZAHL,W
                CALL    GETWERT     ; W=Bitmuster für Stelle 1
                MOVWF   0           ; CODE2
                INCF    FSR
                RETURN
;
LEDOUT          IORLW   0FH         ; alle Kathoden-Treiber sind Eingänge
                BANK_1
                MOVWF   TRISB       ; Ausgabe an PORTB
                BANK_0
                INCF    STELLE,W
                ANDLW   03H
                MOVWF   STELLE
                MOVLW   V_LED
                ADDWF   STELLE,W
                MOVWF   FSR
                MOVF    0,W
                MOVWF   PORT_D
                MOVF    STELLE,W
                CALL    GETDRV
                BANK_1
                ANDWF   TRISB
                BANK_0
                RETURN
;
;================================= Hauptprogramm
MAIN            MOVLW   RES_A
                MOVWF   PORT_A
                MOVLW   RES_B
                MOVWF   PORT_B
                MOVLW   RES_C
                MOVWF   PORT_C
                MOVLW   RES_D
                MOVWF   PORT_D
```

```
            MOVLW      RES_E
            MOVWF      PORT_E
            CLRF       ADCON0
            BANK_1     ; Bank1 Register setzen
            MOVLW      07H
            MOVWF      ADCON1
            MOVLW      TR_A
            MOVWF      TRISA
            MOVLW      TR_B
            MOVWF      TRISB
            MOVLW      TR_C
            MOVWF      TRISC
            MOVLW      TR_D
            MOVWF      TRISD
            MOVLW      TR_E
            MOVWF      TRISE
;
            MOVLW      0A8H       ;steigende Flanke
            MOVWF      R_OPTION
            BANK_0     ;
            MOVLW      0A0H
            MOVWF      INTCON
            CLRF       TMR0
            CLRF       TMR0H
            MOVLW      0BH
            MOVWF      T1CON      ; TMR1 wird extern getaktet
            MOVLW      ANZDIFF    ; Anzdiff = 156 für ca 5msek
            MOVWF      ANZEVE
;
LOOP        MOVF       ANZEVE,W
            SUBWF      TMR1L,W
            ANDLW      0F0H
            BNZ        LOOP
            MOVLW      ANZDIFF
            ADDWF      ANZEVE
            MOVLW      CODE1
            MOVWF      FSR
            MOVF       TMR0,W
            MOVWF      ZAHL
            CALL       MKCODE
            MOVF       TMR0H,W
```

216 Kapitel 4

```
            MOVWF   ZAHL
            CALL    MKCODE
            CALL    LEDOUT
            GOTO    LOOP
;
            END
```

Listing des Programms PUTMR01.ASM

Interessanter, wenn auch nicht ganz so einfach, ist das Pulsezählen mit dem TMR0, wenn kein Interrupt und auch kein weiterer Timer zur Verfügung stehen. Im vorliegenden Beispiel haben wir daher die Zeitbasis mit Hilfe eines Delays hergestellt. Das Delay-Unterprogramm prüft permanent den TMR0 auf Überlauf ab. Das ist zwar oft überflüssig, aber das Delayprogramm hat ja sowieso nichts anderes zu tun als zu warten. Die Länge eines solchen Delays muß durch Abzählen der Befehlszyklen geschehen. Der Befehl NOP wurde eingefügt, damit die Schleife in jedem Fall gleich lange dauert. Unser Delay dauert 256*9 Befehlszyklen; das sind bei 4 MHz etwa 2,3 msek. Da wir etwa 5 msek benötigen, rufen wir das Delay-Programm zweimal auf.

```
TITLE      "Basisprogramm: LED-Ansteuerprogramm mit dem 16C74"
           ;TMR0 zählt Pulse; TMR1 steht nicht zur Verfügung
           ;Interrupt bei Überlauf steht auch nicht zur Verfügung
;
           INCLUDE  "PICREG.inc"
           LIST     P=16C74,F=INHX8M
;
;=====================PORTA
RES_A      EQU      0
TR_A       EQU      03FH
;==================        PORT_B
RES_B      EQU      0H
TR_B       EQU      0FH
;==================        PORT_C
RES_C      EQU      0H
TR_C       EQU      03H
;==================        PORT_D
RES_D      EQU      0
TR_D       EQU      0H
;==================        PORT_E
RES_E      EQU      0
TR_E       EQU      0
```

```
;
;=========================== Variable für LED
;
V_LED       EQU         30H
CODE1       EQU         V_LED+0
CODE2       EQU         V_LED+1
CODE3       EQU         V_LED+2
CODE4       EQU         V_LED+3
STELLE      EQU         V_LED+5
ZAHL        EQU         V_LED+6
ANZEVE      EQU         V_LED+7
;
STEUER      EQU         V_LED+0AH
INZ         EQU         V_LED+0BH
TMR0H       EQU         V_LED+0CH
;
T7          EQU         7           ; Bit in STEUER
;
BANK_0      MACRO
            BCF         STATUS,5
            ENDM

BANK_1      MACRO
            BSF         STATUS,5
            ENDM
;
INCBCD      MACRO       REGISTER
            INCF        REGISTER
            MOVF        REGISTER,W
            ANDLW       0FH
            XORLW       0AH
            MOVLW       6
            SKPNZ
            ADDWF       REGISTER
            ENDM
;=============================================================0
            ORG         0
            CLRF        STATUS
            GOTO        MAIN
            NOP
```

218 Kapitel 4

```
                NOP
                GOTO    ISR             ; Interrupt-Service-Routine
;
                ORG     10
;
ISR             RETFIE
;
;============================= Unterprogramme für LED
;
GETWERT         ANDLW   0FH
                ADDWF   PC
                RETLW   3FH             ;0
                RETLW   06H             ;1
                RETLW   5BH             ;2
                RETLW   4FH             ;3
                RETLW   66H             ;4
                RETLW   6DH             ;5
                RETLW   7DH             ;6
                RETLW   07H             ;7
                RETLW   7FH             ;8
                RETLW   6FH             ;9
                RETLW   77H             ;A
                RETLW   7CH             ;B
                RETLW   39H             ;C
                RETLW   5EH             ;D
                RETLW   79H             ;E
                RETLW   71H             ;F
;
GETDRV          ANDLW   03H
                ADDWF   PC
                RETLW   0EH             ;0
                RETLW   0DH             ;1
                RETLW   0BH             ;2
                RETLW   07H             ;3
;
MKCODE          MOVF    ZAHL,W          ;
                CALL    GETWERT         ; W=Bitmuster für Stelle 0
                MOVWF   0               ; CODE1
                INCF    FSR
                SWAPF   ZAHL,W
```

```
            CALL      GETWERT   ; W=Bitmuster für Stelle 1
            MOVWF     0         ; CODE2
            INCF      FSR
            RETURN
;
LEDOUT      IORLW     0FH       ; alle Kathoden-Treiber sind Eingänge
            BANK_1
            MOVWF     TRISB     ; Ausgabe an PORTB
            BANK_0
            INCF      STELLE,W
            ANDLW     03H
            MOVWF     STELLE
            MOVLW     V_LED
            ADDWF     STELLE,W
            MOVWF     FSR
            MOVF      0,W
            MOVWF     PORT_D
            MOVF      STELLE,W
            CALL      GETDRV
            BANK_1
            ANDWF     TRISB
            BANK_0
            RETURN
;
;Delayschleife, welche ständig abfragt, ob TMR0 einen Übertrag hatte
;
DELAY       CLRF      INZ       ; Gesamtdelay 9*256 µsek = 2.3 msek
DL0         BTFSS     TMR0,7    ; Innere Schleife ist in jedem Fall
            GOTO      DL1       ; 9 Befehle lang
            NOP                 ;Zeitausgleich
            BSF       STEUER,T7 ; alle 9 µsek wird auf Overflow abgefragt
            GOTO      DL3
DL1         BTFSC     STEUER,T7
            INCF      TMR0H     ; wenn Overflow, dann TMR0H+1
            BCF       STEUER,T7
DL3         DECFSZ    INZ
            GOTO      DL0
            RETURN
```

```
;=============================== Hauptprogramm
MAIN    MOVLW       RES_A
        MOVWF       PORT_A
        MOVLW       RES_B
        MOVWF       PORT_B
        MOVLW       RES_C
        MOVWF       PORT_C
        MOVLW       RES_D
        MOVWF       PORT_D
        MOVLW       RES_E
        MOVWF       PORT_E
        CLRF        ADCON0
        BANK_1      ; Bank1 Register setzen
        MOVLW       07H
        MOVWF       ADCON1
        MOVLW       TR_A
        MOVWF       TRISA
        MOVLW       TR_B
        MOVWF       TRISB
        MOVLW       TR_C
        MOVWF       TRISC
        MOVLW       TR_D
        MOVWF       TRISD
        MOVLW       TR_E
        MOVWF       TRISE
;
        MOVLW       0A8H
        MOVWF       R_OPTION
        BANK_0
        MOVLW       0H
        MOVWF       INTCON      ; alle Interrupts abschalten!
        CLRF        TMR0
        CLRF        TMR0H
;
LOOP    CALL        DELAY
        CALL        DELAY
        MOVLW       CODE1
        MOVWF       FSR
        MOVF        TMR0,W
        MOVWF       ZAHL
```

```
        CALL    MKCODE
        MOVF    TMROH,W
        MOVWF   ZAHL
        CALL    MKCODE
        CALL    LEDOUT
        GOTO    LOOP
;
        END
```

Listing des Programms PUTMR0D.ASM

4.4.3 Zählen mit Hilfe des Interrupts

Außer dem Interrupt INT (PortB.0) stehen für unseren Zweck auch noch der RB-Interrupt (PortB.4-.7) und die CCPx-Interrupts zur Verfügung. Über die CCP-Interrupts sprechen wir weiter unten noch. Wählt man den RB-Interrupt zum Zählen von Pulsen an einzelnen Eingängen, muß man darauf achten, daß die übrigen Eingänge sich während der Zeit des Zählens nicht ändern können. Außerdem muß man berücksichtigen, daß vom RB-Interrrupt jede Änderung, d.h. sowohl die positive als auch die negative Flanke, erfaßt wird, so daß wir die doppelte Pulszahl erhalten. Sehr praktisch ist der RB-Interrupt aber, wenn man beispielsweise die Anzahlschritte eines Schrittmotors zählen will. Dabei legt man die vier Leitungen des Schrittmotors auf die Leitungen Port B.4 bis B.7 und erhält einen Interrupt bei jedem Schritt.

Im folgenden Beispiel benutzen wir den INT-Pin des Port B. Hierfür müssen wir das INTCON-Register mit 090H beschreiben. Bit 7 ist der globale Interrupt-Enable, und Bit 4 ist das Enable-Bit für den INT-Interrupt. Zum Zählen der Pulse benötigen wir ein Registerpaar, welches wir PCNTL und PCNTH genannt haben. Wenn wir wiederum als Zeitbasis den TMR0 benutzen, wird das Programm dem Beispiel für das Zählen mit dem TMR1 sehr ähnlich. Beachten Sie bitte, daß die Interrupt-Routine keine Flags des STATUS-Registers verändert, so daß sich das Retten des STATUS-Registers erübrigt. Das Register W wird ebenfalls nicht verändert!

```
TITLE   "Basisprogramm: LED-Ansteuerprogramm mit dem 16C74"
        ;Pulse zählen mit dem INT-Pin; TMR0-Zeitbasis für LED-Anzeige
        ;also auch geeignet für einen PIC16C55X
;
        INCLUDE "PICREG.inc"
        LIST    P=16C74,F=INHX8M
;
```

```
;=======================PORTA
RES_A       EQU     0
TR_A        EQU     03FH
;==================     PORT_B
; Port B.0 ist der INT-Pin
; Port B hi ist der LED-Anzeigen-Treiber
 RES_B      EQU     0H
TR_B        EQU     0FH
;==================     PORT_C
; TMR1 wird nicht verwendet; PORT_C übernimmt die Aufgaben
; des Port_D, wenn ein PIC16C55 eingesetzt wird.
RES_C       EQU     0H
TR_C        EQU     0H
;==================     PORT_D
RES_D       EQU     0
TR_D        EQU     0H
;==================     PORT_E
RES_E       EQU     0
TR_E        EQU     0
;
;========================== Variable für LED
;
V_LED       EQU     30H
CODE1       EQU     V_LED+0
CODE2       EQU     V_LED+1
CODE3       EQU     V_LED+2
CODE4       EQU     V_LED+3
STELLE      EQU     V_LED+5
ZAHL        EQU     V_LED+6
ANZEVE      EQU     V_LED+7
;
PCNTL       EQU     V_LED+9
PCNTH       EQU     V_LED+0AH
;
ANZDIFF     EQU     .156
;
BANK_0      MACRO
            BCF     STATUS,5
            ENDM
```

```
BANK_1    MACRO
          BSF       STATUS,5
          ENDM
;================================================
          ORG       0
          CLRF      STATUS
          GOTO      MAIN
          NOP
          NOP
          GOTO      ISR       ; Interrupt-Service-Routines
;
          ORG       10
;
ISR       BCF       INTCON,1  ; lösche INT-Flag
          INCFSZ    PCNTL
          RETFIE
          INCFSZ    PCNTH     ; INCFSZ, damit kein Flag im
          NOP                 ; STATUS-Register verändert wird
          RETFIE
;
;========================== Unterprogramme für LED
;
GETWERT   ANDLW     0FH
          ADDWF     PC
          RETLW     3FH       ;0
          RETLW     06H       ;1
          RETLW     5BH       ;2
          RETLW     4FH       ;3
          RETLW     66H       ;4
          RETLW     6DH       ;5
          RETLW     7DH       ;6
          RETLW     07H       ;7
          RETLW     7FH       ;8
          RETLW     6FH       ;9
          RETLW     77H       ;A
          RETLW     7CH       ;B
          RETLW     39H       ;C
          RETLW     5EH       ;D
          RETLW     79H       ;E
          RETLW     71H       ;F
;
```

```
GETDRV      ANDLW     03H
            ADDWF     PC
            RETLW     0EH       ;0
            RETLW     0DH       ;1
            RETLW     0BH       ;2
            RETLW     07H       ;3
;
MKCODE      MOVF      ZAHL,W    ;
            CALL      GETWERT   ; W=Bitmuster für Stelle 0
            MOVWF     0         ; CODE1
            INCF      FSR
            SWAPF     ZAHL,W
            CALL      GETWERT   ; W=Bitmuster für Stelle 1
            MOVWF     0         ; CODE2
            INCF      FSR
            RETURN
;
LEDOUT      IORLW     0FH       ; alle Kathoden-Treiber sind Eingänge
            BANK_1
            MOVWF     TRISB     ; Ausgabe an PORTB
            BANK_0
            INCF      STELLE,W
            ANDLW     03H
            MOVWF     STELLE
            MOVLW     V_LED
            ADDWF     STELLE,W
            MOVWF     FSR
            MOVF      0,W
            MOVWF     PORT_D
            MOVF      STELLE,W
            CALL      GETDRV
            BANK_1
            ANDWF     TRISB
            BANK_0
            RETURN
;
;==============================Hauptprogramm
MAIN        MOVLW     RES_A
            MOVWF     PORT_A
            MOVLW     RES_B
            MOVWF     PORT_B
```

```
        MOVLW       RES_C
        MOVWF       PORT_C
        MOVLW       RES_D
        MOVWF       PORT_D
        MOVLW       RES_E
        MOVWF       PORT_E
        CLRF        ADCON0
        BANK_1      ; Bank1 Register setzen
        MOVLW       07H
        MOVWF       ADCON1
        MOVLW       TR_A
        MOVWF       TRISA
        MOVLW       TR_B
        MOVWF       TRISB
        MOVLW       TR_C
        MOVWF       TRISC
        MOVLW       TR_D
        MOVWF       TRISD
        MOVLW       TR_E
        MOVWF       TRISE
;
        MOVLW       084H        ; TMR0 Frequenz: Clockout/32 (5msek<->156)
        MOVWF       R_OPTION
        BANK_0      ;
        MOVLW       090H
        MOVWF       INTCON
        MOVLW       ANZDIFF     ; Anzdiff = 156 für ca. 5msek
        MOVWF       ANZEVE
        CLRF        PCNTL
        CLRF        PCNTH
;
LOOP    MOVF        ANZEVE,W
        SUBWF       TMR0,W      ; TMR0 hat VT=32
        ANDLW       0F0H
        BNZ         LOOP
        MOVLW       ANZDIFF
        ADDWF       ANZEVE
        MOVLW       CODE1
        MOVWF       FSR
        MOVF        PCNTL,W
        MOVWF       ZAHL
```

```
            CALL       MKCODE
            MOVF       PCNTH,W
            MOVWF      ZAHL
            CALL       MKCODE
            CALL       LEDOUT
            GOTO       LOOP
;
            END
```

Listing von PUINTR.ASM

4.4.4 Zählen mit Hilfe eines Capture-Eingangs

Die PIC16XCC besitzen je CCP-Modul einen Capture-Eingang. Bei diesen Pins wird durch das Auftreten einer vorher definierten Flanke der Wert der TMR1L- und TMR1H-Register in die Capture-Register CCPxL und CCPxH übernommen. Wenn man mit einem CCP-Eingang lediglich Pulse zählen möchte, wird dies genauso durchgeführt, wie beim INT-Eingang. Für die Freigabe dieses Interrupts sind drei Bits zu setzen, die sich auf INTCON und PIE1 bzw. PIE2 verteilen. Im INTCON-Register sind die Bits 7 und 6 zu setzen. Damit werden die Interrupts global und die Interrupts der Hardware-Module freigegeben. Für das CCP1-Modul ist im Register PIE1 das Bit 2 zu setzen, wogegen für das CCP2-Modul das Bit 0 im PIE2-Register zu setzen ist. Der TMR1 muß zu diesem Zwecke nicht initialisiert werden.

Wenn man aus irgendeinem Grunde keinen Interrupt benutzen möchte, kann man die CCP-Module auch so benutzen, daß man das Interuptflag abfragt und ggfs. zurücksetzt. Dieses Verfahren ist jedoch nur geringfügig komfortabler als das unmittelbare Abfragen eines Pins auf Änderung. Das Anfragen eines Pins auf Änderung benötigt immerhin 8 Befehle und ein Erinnerungsbit. Außerdem sind die CCP-Eingänge vom Schmitt-Trigger-Typ. Sehr kurze Pulse entgehen dabei auch nicht, sofern sie nicht zu schnell aufeinander folgen.

Im folgenden Beispiel zählen wir die Pulse eines prellenden Schalters. Von der Capture-Eigenschaft haben wir insofern Gebrauch gemacht, als wir den Zeitpunkt der letzten Flanke als Ergebnis zurückbekommen. Dadurch, daß wir beim ersten Puls den TMR1 löschen, enthält das Capture-Register die gesamte Prelldauer. Wir geben nun die Anzahl Pulse auf der rechten Hälfte der LED-Anzeige aus, und die Prelldauer auf der linken. Eine Umrechnung in Dezimalzahlen sparen wir uns an dieser Stelle, da sie nur stören würde.

```
TITLE       "Basisprogramm: LED-Ansteuerprogramm mit dem 16C74"
        ; Pulse zählen mit dem CCP1-Modul-Pin
        ; TMR0-Zeitbasis für LED-Anzeige
;
            INCLUDE   "PICREG.inc"
            LIST      P=16C74,F=INHX8M
;
;==================== PORTA
RES_A       EQU       0
TR_A        EQU       03FH
;==================== PORT_B
RES_B       EQU       0H
TR_B        EQU       0FH
;==================== PORT_C
; C.0 und C.1 für TMR1
; C.2 als Zähleingang für das CCP-Modul 1
 RES_C      EQU       0H
TR_C        EQU       07H
;==================== PORT_D
RES_D       EQU       0
TR_D        EQU       0H
;==================== PORT_E
RES_E       EQU       0
TR_E        EQU       0
;
;========================== Variable für LED
;
V_LED       EQU       30H
CODE1       EQU       V_LED+0
CODE2       EQU       V_LED+1
CODE3       EQU       V_LED+2
CODE4       EQU       V_LED+3
STELLE      EQU       V_LED+5
ZAHL        EQU       V_LED+6
ANZEVE      EQU       V_LED+7
;
PCNTL       EQU       V_LED+09
PCNTH       EQU       V_LED+0AH
;
ANZDIFF     EQU       .156
;
```

```
BANK_0     MACRO
           BCF       STATUS,5
           ENDM
BANK_1     MACRO
           BSF       STATUS,5
           ENDM
;================================================================0
           ORG       0
           CLRF      STATUS
           GOTO      MAIN
           NOP
           NOP
           GOTO      ISR       ; Interrupt-Service-Routines
;
           ORG       10
;
ISR        BCF       PIR1,2    ; lösche CCP1IF
           BSF       T1CON,0
           INCFSZ    PCNTL
           RETFIE
           INCFSZ    PCNTH     ; INCFSZ damit kein Flag im
           NOP                 ; STATUS-Register verändert wird
           RETFIE
;
;============================ Unterprogramme für LED
;
GETWERT    ANDLW     0FH
           ADDWF     PC
           RETLW     3FH       ;0
           RETLW     06H       ;1
           RETLW     5BH       ;2
           RETLW     4FH       ;3
           RETLW     66H       ;4
           RETLW     6DH       ;5
           RETLW     7DH       ;6
           RETLW     07H       ;7
           RETLW     7FH       ;8
           RETLW     6FH       ;9
           RETLW     77H       ;A
           RETLW     7CH       ;B
           RETLW     39H       ;C
```

Eingänge erfassen 229

```
            RETLW    5EH        ;D
            RETLW    79H        ;E
            RETLW    71H        ;F
;
GETDRV      ANDLW    03H
            ADDWF    PC
            RETLW    0EH        ;0
            RETLW    0DH        ;1
            RETLW    0BH        ;2
            RETLW    07H        ;3
;
MKCODE      MOVF     ZAHL,W     ;
            CALL     GETWERT    ; W=Bitmuster für Stelle 0
            MOVWF    0          ; CODE1
            INCF     FSR
            SWAPF    ZAHL,W
            CALL     GETWERT    ; W=Bitmuster für Stelle 1
            MOVWF    0          ; CODE2
            INCF     FSR
            RETURN
;
LEDOUT      IORLW    0FH        ; alle Kathoden-Treiber sind Eingänge
            BANK_1
            MOVWF    TRISB      ; Ausgabe an PORTB
            BANK_0
            INCF     STELLE,W
            ANDLW    03H
            MOVWF    STELLE
            MOVLW    V_LED
            ADDWF    STELLE,W
            MOVWF    FSR
            MOVF     0,W
            MOVWF    PORT_D
            MOVF     STELLE,W
            CALL     GETDRV
            BANK_1
            ANDWF    TRISB
            BANK_0
            RETURN
;
```

;================================ Hauptprogramm
MAIN   MOVLW   RES_A
        MOVWF   PORT_A
        MOVLW   RES_B
        MOVWF   PORT_B
        MOVLW   RES_C
        MOVWF   PORT_C
        MOVLW   RES_D
        MOVWF   PORT_D
        MOVLW   RES_E
        MOVWF   PORT_E
        CLRF   ADCON0
        BANK_1   ; Bank1 Register setzen
        MOVLW   07H
        MOVWF   ADCON1
        MOVLW   TR_A
        MOVWF   TRISA
        MOVLW   TR_B
        MOVWF   TRISB
        MOVLW   TR_C
        MOVWF   TRISC
        MOVLW   TR_D
        MOVWF   TRISD
        MOVLW   TR_E
        MOVWF   TRISE
;
        MOVLW   084H   ; TMR0 Frequenz: Clockout/32 (5msek<->156)
        MOVWF   R_OPTION
        MOVLW   04
        MOVWF   PIE1
        BANK_0 ;
        MOVLW   020H   ; Prescaler-Wert = 4
        MOVWF   T1CON   ; Timer noch nicht eingeschaltet!
        MOVLW   04   ; capture mode mit falling edge
        MOVWF   CCP1CON
        MOVLW   0C0H
        MOVWF   INTCON
        MOVLW   ANZDIFF ; Anzdiff = 156 für ca. 5 msek
        MOVWF   ANZEVE
;

```
        CLRF    TMR1L
        CLRF    TMR1H
        CLRF    CCPR1L
        CLRF    CCPR1H
        CLRF    PCNTL
        CLRF    PCNTH
LOOP    MOVF    ANZEVE,W
        SUBWF   TMR0,W    ; TMR0 hat VT=32
        ANDLW   0F0H
        BNZ     LOOP
        MOVLW   ANZDIFF
        ADDWF   ANZEVE
        MOVLW   CODE1
        MOVWF   FSR
        MOVF    PCNTL,W
        MOVWF   ZAHL
        CALL    MKCODE
        MOVF    CCPR1L,W
        MOVWF   ZAHL
        CALL    MKCODE
        CALL    LEDOUT
        GOTO    LOOP
;
        END
```

Listing von PUCCP1.ASM

4.4.5 Zählen per Software

Im letzten Abschnitt besprechen wir die spartanische Methode des Pulsezählens. Hier ist die CPU voll verantwortlich für das Erfassen der Pulse. Sofern es sich nicht um langsame Vorgänge handelt, ist ein gleichzeitiges Anzeigen dabei nicht mehr sinnvoll.

Bei der Verwendung eines PIC16C5X benötigt man den TMR0 meist für zeitliche Organisationen und ist daher beim Pulsezählen auf die softwaremäßige Erfassung festgelegt. Wenn der µController ausschließlich mit dem Zählen befaßt ist, können Pulsfrequenzen von bis zu einem 16tel der Befehlsfrequenz erfaßt werden. Mit dem baldigen Erscheinen der PIC16C55X und der damit gegebenen Erfassungsmöglichkeit durch den Interrupt, sind auch die »kleineren« Typen in der Lage, wesentlich höhere Frequenzen zu erfassen.

Um wieder die Prelldauer unseres Schalters ermitteln zu können, mußten wir beim Erfassen der ersten Flanke den TMR0 löschen. Damit die Hauptzählschleife nicht auch noch durch das Abfragen nach der ersten Flanke aufgebläht wurde, haben wir das vorab erledigt. Der Einfachheit halber haben wir das Experiment im In-Circuit-Emulator laufen lassen. Die Ergebnisse wurden nach der Schalterbetätigung im Watchfenster abgelesen.

```
TITLE       "Erfassen von Pulsen per Software"
;           keine Ausgabe, weil keine Zeit dafür da ist
;           Programm wurde im Emulator getestet und gestartet
            INCLUDE   "PICREG.inc"
            LIST      P=16C74,F=INHX8M
;
;=========================PORTA
; Port A.0 ist der Zähleingang
RES_A       EQU       0
TR_A        EQU       03FH
;=================== PORT_B
RES_B       EQU       0H
TR_B        EQU       0FH
;=================== PORT_C
RES_C       EQU       0H
TR_C        EQU       03H
;=================== PORT_D
RES_D       EQU       0
TR_D        EQU       0H
;=================== PORT_E
RES_E       EQU       0
TR_E        EQU       0
;=========================== Variablenbereich
;
V_LED       EQU       30H
;
STEUER      EQU       V_LED+0BH
DAUER       EQU       V_LED+0CH
PULSE       EQU       V_LED+0DH
;
LAST        EQU       0
;
```

```
BANK_0   MACRO
         BCF      STATUS,5
         ENDM

BANK_1   MACRO
         BSF      STATUS,5
         ENDM
;
;===============================================================0
         ORG      0
         CLRF     STATUS
         GOTO     MAIN
         NOP
         NOP
         GOTO     ISR        ; Interrupt-Service-Routines
;
         ORG      10
;
ISR      RETFIE
;
;============================== Hauptprogramm
MAIN     MOVLW    RES_A
         MOVWF    PORT_A
         MOVLW    RES_B
         MOVWF    PORT_B
         MOVLW    RES_C
         MOVWF    PORT_C
         MOVLW    RES_D
         MOVWF    PORT_D
         MOVLW    RES_E
         MOVWF    PORT_E
         CLRF     ADCON0
         BANK_1              ; Bank1 Register setzen
         MOVLW    07H
         MOVWF    ADCON1
         MOVLW    TR_A
         MOVWF    TRISA
         MOVLW    TR_B
         MOVWF    TRISB
```

```
                MOVLW       TR_C
                MOVWF       TRISC
                MOVLW       TR_D
                MOVWF       TRISD
                MOVLW       TR_E
                MOVWF       TRISE
;
                MOVLW       084H            ; TMR0 Frequenz: Clockout/32
                MOVWF       R_OPTION
                BANK_0      ;
;
                CLRF        PULSE
                CLRF        DAUER
;
VLOOP           BTFSS       PORTA,0
                GOTO        VILO
                BSF         STEUER,LAST
                GOTO        VLOOP
VILO            BTFSS       STEUER,LAST
                GOTO        VLOOP
                INCF        PULSE
                CLRF        TMR0
                BCF         STEUER,LAST

LOOP            BTFSS       PORTA,0
                GOTO        ILO
                BSF         STEUER,LAST
                GOTO        LOOP
ILO             BTFSS       STEUER,LAST
                GOTO        LOOP
                INCF        PULSE
                MOVF        TMR0,W
                MOVWF       DAUER
                BCF         STEUER,LAST
                GOTO        LOOP
;
                END
```

Listing von PUSOFT.ASM

4.4.6 Vergleich der Ergebnisse beim Schaltertest

Daß sich die unterschiedlichen Pulszählverfahren bei einem so schnellen Vorgang wie dem Schalterprellen stark unterscheiden, war uns von Anfang an klar. Die Gesamtdauer des Prellens wurde von allen Verfahren ohne signifikante Unterschiede im Bereich von einer msek erfaßt. Die Anzahl Pulse betrug beim Zählen mit einem Zählereingang etwa 80, bei der Interruptmethode erhielten wir immerhin noch etwa 30, während wir bei der Softwaremethode nur noch ungefähr 15 Pulse zählten. Da die Interruptroutine 5 Befehlszyklen lang ist, können wir also schließen, daß von den 80 Pulsen, die wir mit dem Timer erfaßt haben, 50 kürzer waren als 5 µsek.

4.4.7 Erfassen kurzer Pulse mit dem PIC16C5X

Da beim PIC16C5X nur ein Timer vorhanden ist, kommt es oft vor, daß man diesen nicht zum Erfassen von Pulsen abstellen kann, weil er anderweitig dringend gebraucht wird. Es kann auch vorkommen, daß Pulse zu erfassen sind, die für den TMR0-Eingang zu kurz sind. Wir erinnern daran, daß man beim Zählen von Pulsen mit den Timereingängen eine Mindestpulsbreite von etwas mehr als der Pulsbreite des Befehlstaktes haben muß.

Die Lösung dieses Problems erfordert ein wenig externe Logik. Ein negativer Puls kann mit Hilfe eines SR-Flip-Flops gespeichert werden. Der Pegel am Ausgang des Flip-Flops ist im Ruhezustand low. Kommt ein negativer Puls an, wird der Ausgang high. Sobald der High-Pegel vom PIC16 erkannt wird, gibt dieser einen Puls auf die Resetleitung des Flip-Flops, um dieses wieder zurückzusetzen. Das Ganze dauert natürlich einige Befehlszyklen, so daß die Frequenz dieser »Nadel«-Impulse nicht allzu hoch sein darf.

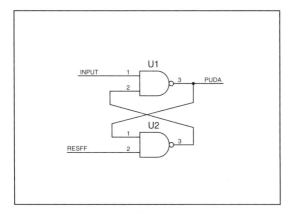

Abbildung 4.6: Puls-da-FlipFlop

Wenn positive Pulse erfaßt werden sollen, ist noch ein vorgeschalteter Inverter notwendig. Falls die Pulse an einem Eingang sowohl positiv als auch negativ sein können, gestaltet man diesen Inverter programmierbar. Ein Ausgangssignal des PIC16 bestimmt, ob das ankommende Signal invertiert wird oder nicht. Logisch betrachtet, handelt es sich dabei um eine XOR-Funktion des Eingangssignals mit dem obengenannten Ausgangssignal des PIC16.

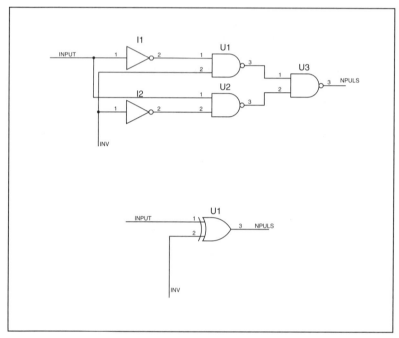

Abbildung 4.7: Programmierbarer Inverter

Namen und Bedeutung der Signale

- INPUT: Eingangspuls
- INV: Ausgangssignal von PIC16; INV = 1: INPUT wird invertiert
- NPULS: ggf. invertierter Eingangspuls
- RESFF: Ausgangspuls von PIC16 zum Rücksetzen des Flip-Flops
- PUDA: gespeicherter Eingangspuls
- NPD: Komplementärausgang zu PUDA

Eine Möglichkeit, diese beiden Logikfunktionen in einem Baustein zu realisieren, bietet uns ein GAL.

Die Gleichung für den Inverter lautet:

NPULS = (INPUT * /INV) + (/INPUT * INV)

Die Gleichung für das nachgeschaltete Flip-Flop lautet:

PUDA = (NPULS * NPD) + (RESFF * PUDA)

Wenn man NPULS aus der Invertergleichung in die Flip_Flop-Gleichung einsetzt, erhält man die Gesamtgleichung:

PUDA = (INPUT * /INV * NPD) + (/INPUT * INV * NPD) + (RESFF * PUDA)

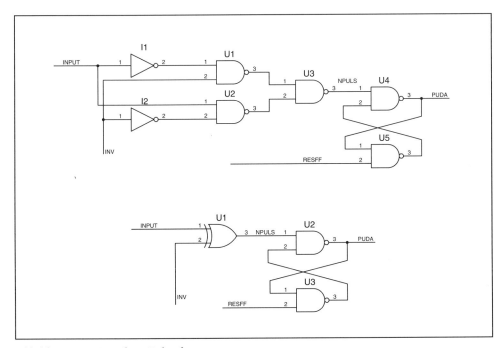

Abbildung 4.8: Komplette Pulserfassung

Ein noch so schmaler Puls an INPUT setzt PUDA high. Wenn der PIC16 dies erfaßt hat, gibt er am RESFF-Ausgangspin einen negativen Puls aus, um das Flip-Flop wieder zurückzusetzen und damit die Erfassung des nächsten Pulses zu ermöglichen.

In der Regel ist dem PIC16 bekannt, ob er positive oder negative Pulse erfassen soll. Er kann dies aber auch selbst erkennen, durch die Abfrage der INPUT-Leitung. Für positive Pulse setzt er INV = 1 für negative INV = 0.

Ein besonderer Anwendungsfall für dieses Flip-Flop-Verfahren ist das Handshake bei einer Centronics-Schnittstelle, das Flanken zählen und das Pulsdauer messen, womit wir uns in den nächsten Abschnitten beschäftigen werden.

4.5 Lesen der Centronics-Schnittstelle

Die Centronics-Schnittstelle gibt, nachdem die Daten angelegt wurden, einen Puls aus, der als »Strobe« bezeichnet wird. Innerhalb kürzester Zeit muß daraufhin das BUSY-Signal auf high gelegt werden, um den Datenfluß zu bremsen. Die Zeit, die verstreichen darf, bis das BUSY-Signal gesetzt sein muß, wird in verschiedenen Gerätebeschreibungen mit 1µsek angegeben. Wenn man den STROBE mit einem Interrupt erfaßt und in der Interruptroutine gleich als erstes die BUSY-Leitung auf high setzt, vergehen im Durchschnitt 4 bis 5 Befehlszyklen, bis dieser Vorgang abgeschlossen ist. Um der Forderung nach einer µsek nachzukommen, braucht man also einen PIC16 mit 20 MHz, und man darf keinen weiteren Interrupt benutzen, weil man sonst als erstes die Interruptflags abfragen muß, welcher Interrupt eine Bedienung anfordert.

Das im vorigen Abschnitt beschriebene Flip-Flop-Verfahren ist eine einfache Möglichkeit, auch langsameren PIC16 die Centronics-Schnittstelle zu erschließen. Selbst PIC16-Typen ohne Interrupt sind dazu in der Lage. Zum Zwischenspeichern der Daten gibt es zwei Möglichkeiten. Entweder wir verwenden einen Speicherbaustein wie z.B. den 74HCT574, oder wir benutzen einen PIC16CXX mit PSP-Modul. Nicht jeder PIC16CXX hat ein PSP-Modul; dazu müssen die Ports D und E vorhanden sein. Für den eigenen Laborbedarf hätten wir keine Bedenken, den Port_D direkt an den Centronics-Stecker zu verdrahten. Bei einem Kundenprodukt würde uns eine Entkopplung doch sehr beruhigen. Der 74HCT574 wäre so eine Entkopplung. Bei Benutzung des PSP-Moduls ist ein Zwischenspeichern nicht nötig. Zum Entkoppeln reicht also ein unidirektionaler Datentreiberbaustein wie der 74LS244. Wenn wir den Preis und die Anschlußbelegung in Betracht ziehen, würden wir den bidirektionalen Treiber 74LS245 bevorzugen.

Im folgenden Diagramm gehen wir davon aus, daß das Flip-Flop den gespeicherten STROBE-Puls an den PIC16C5X weiterleitet und auch auf die BUSY-Leitung ausgibt.

Eingänge erfassen 239

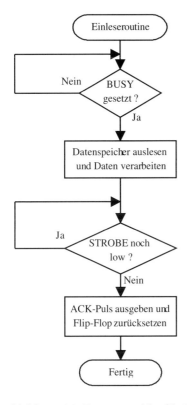

Abbildung 4.9: Programmablauf beim Einlesen der Centronics-Schnittstelle

Eine Realisierung dieses Programmablaufes könnte so aussehen:

```
WAIBUSY BTFSS   BUSY
        GOTO    WAIBUSY
        MOVF    PORT_C,W
        MOVWF   EINGABE
WAISTB  BTFSS   STB
        GOTO    WAISTB
        BCF     ACK
        NOP
        BSF     ACK
        ...
```

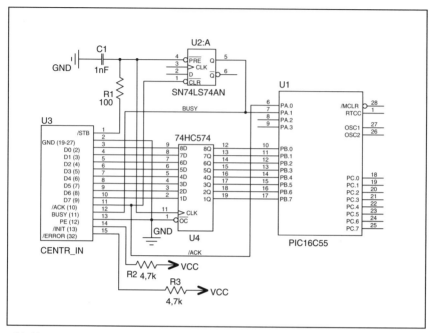

Abbildung 4.10: Einfaches Centronics-Interface

4.6 Der Parallel-Slave-Port

Das PSP-Modul ist nur in solchen PIC16-Derivaten vorhanden, die auch einen Port D und Port E haben. Er stellt ein Interface dar zu einem 8-Bit-µProzessorbus. Der entsprechende PIC16 ist somit aus der Sicht des µProzessors ansprechbar wie z. B. eine PIO oder ein EPROM. Uns interessiert dabei natürlich, wie dieses Interface aus der Sicht des PIC16 zu behandeln ist.

Zum Einschalten des PSP-Modus dient das Bit 4 des TRISE-Registers. Wenn dieses Bit gesetzt ist, wird der PSP-Modul aktiviert. Der Port D wird zum Datenpfad, und die Pins des Port E bekommen die Funktionen CS, WR und RD. Sobald dieses Modul aktiviert ist, haben Port D und Port E keine normale Funktion mehr! Sollten Sie dieses Bit im TRISE-Register versehentlich gesetzt haben, verweigern die Ports D und E die normale Funktion. Bis Sie die merkwürdigen Dinge verstanden haben, die Sie dann erleben, wird einige Zeit vergehen, so daß Sie nie mehr vergessen, auf dieses Bit zu achten.

Die restlichen drei Bits des höheren Nibbles des TRISE-Registers fungieren im PSP-Modus als Statusbits, die dem PIC16 die Geschehnisse am PSP anzeigen. Zwei davon sind read-only und werden durch Lese- und Schreibzyklen auf den PSP-Port gesetzt bzw. gelöscht. Das IBF-Bit (TRISE.7) ist das Inputbuffer-full-Flag. Es wird gesetzt, wenn der µProzessor auf den PSP-Port schreibt. Es wird gelöscht, wenn der PIC16 diese Daten abholt. Das OBF-Bit (TRISE.6) ist das Outputbuffer-full-Flag. Es wird gesetzt, wenn der PIC16 einen Wert in das PORT-D-Register schreibt. Wenn der µProzessor es abholt, wird das Bit wieder zurückgesetzt. Das dritte Bit ist das IBOV-Bit. Es zeigt an, daß der µProzessor mehr als einmal in das Eingangsregister des PIC16 schreiben wollte, ohne daß zwischenzeitlich der Inhalt ausgelesen wurde. Wenn der PIC16 es zur Kenntnis genommen hat, muß er es selbst löschen. Im Port-D-Register steht das erste Byte. Die Bytes, mit denen es überschrieben wurde, werden nicht angenommen.

Beachte Sie bitte, daß das TRISD-Register ohne Wirkung bleibt. Der Port D wir nur zum Ausgang, wenn der µProzessor lesend auf den PSP zugreift.

Zum PSP-Modul gibt es einen Interrupt. Er wird bei jedem Zugriff durch den µProzessor gesetzt. Das Interrupt-Bit und das zugehörige Enable-Bit befinden sich in PIR1.7 bzw. PIE1.7. Ob der Interrupt von einem Lese- oder Schreibbefehl ausgelöst wurde, muß der PIC16 anhand der Status-Bits des TRISE-Registers herausfinden.

Wir gehen davon aus, daß für die PSP-Verwaltung eine Input-Queue mit dem Zeiger INPTR und eine Output-Queue mit dem Zeiger OUTPTR im RAM zur Verfügung stehen. Ein PSP-Status-Register PSTAT übermittelt Informationen zwischen dem Hauptprogramm und der Interruptroutine. Das Bit PSTAT,IDA wird von der Interruptroutine geschrieben, wenn ein Byte in die Input-Queue geschrieben wurde. Das Hauptprogramm löscht dieses Bit, wenn es das letzte Byte aus der Input-Queue geholt hat.

Umgekehrt setzt das Hauptprogramm das Bit PSTAT,ODA, wenn es ein Byte in die Output-Queue geschrieben hat. Dieses wird vom Interruptprogramm zurückgesetzt, wenn das letzte Bit aus der Output-Queue fertig ausgegeben wurde.

Folgendes Flußdiagramm zeigt den Ablauf der Interruptroutine.

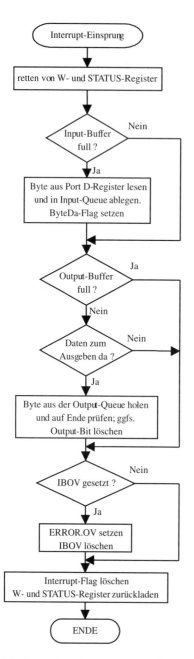

Abbildung 4.11: Interruptgerüst für die PSP-Bedienung

```
PSPINT    MOVWF    W_STACK
          MOVF     STATUS,W
          MOVWF    S_STACK
          BANK_1
          MOVF     TRISE,W
          BANK_0
          ANDLW    0E0H
          IORWF    PSTAT      ;hole oberste 3 Bit nach PSTAT
          BTFSS    PSTAT,IBF;
          GOTO     PSOUT
          MOVF     INTPTR,W ; Byte da
          MOVWF    FSR
          MOVF     PORTD,W
          MOVWF    0
          INCF     INPTR
          BSF      PSTAT,IDA; übertrage Hardware-Bit nach PSTAT
PSOUT     BTFSC    PSTAT,OBF;
          GOTO     PSOV
          BTFSS    PSTAT,ODA; wenn PORTD-output leer
          GOTO     PSOV
          MOVF     OUTPTR
          MOVWF    FSR
          MOVF     0,W
          MOVWF    PORTD
          DECF     OUTPTR   ;
          MOVlW    OUTANF   ;Anfangsadresse des Out-Buffers
          SUBWF    OUTPTR,W ;
          SKPNC
          BCF      PSTAT,ODA; Out-Buffer leer
PSOV      BTFSS    IBOV     ; übertrage Hardware-Flag nach PSTAT
          GOTO     PSEND
          BSF      PSTAT,OVER
          BANK_1
          BCF      TRISE,IBOV
          BANK_0
PSEND     MOFLW    1FH      ; Hardware.Flags wieder löschen
          ANDWF    PSTAT
          MOVF     S_STACK,W
          MOVWF    STATUS
          SWAPF    W_STACK
          SWAPF    W-STACK,0
          BCF      PIR1,7
          RETFIE
```

Realisierung des obigen Flußdiagramms

4.7 Analoge Eingänge erfassen

Die PIC16C7X besitzen 4 bis 8 AD-Wandler-Eingänge. Die Auflösung beträgt 8 Bit. Der Eingangsspannungsbereich erstreckt sich von 0V bis Vref, wobei Vref im Bereich von 3V bis Vdd sein darf.

Vor allem anderen ist am Anfang eines jeden Programms, wo auch die digitalen Pins zu Ein- oder Ausgängen gemacht werden, das Register ADCON1 zu setzen, welches für den jeweiligen Typen die Verwendung der einzelnen Pins definiert.

Achtung: Auch wenn keine AD-Wandler-Eingänge benötigt werden, muß trotzdem das ADCON1-Register gesetzt werden. Der Reset-Wert dieses Registers definiert alle möglichen Pins zu analogen Eingängen. Auch ein entsprechender TRIS-Wert kann daran nichts ändern.

ADCON0　　　　　　　　　　　　1FH

ADCS1	ADCS0	CHS2	CHS1	CHS0	GO_/DONE	-	ADON

ADCON1-Register:

U	U	U	U	U	U	R/W	R/W
-	-	-	-	-	-	PCFG1	PCFG0

PCFG1:PCFG0	RA & RA0	RA2	RA3	VREF
00	A	A	A	VDD
01	A	A	VREF	RA3
10	A	D	D	VDD
11	D	D	D	VDD

ADCON1-Register für die PIC16C70/71/71A im 18poligen DIL-Gehäuse (Adresse 088H)

U	U	U	U	U	R/W	R/W	R/W
-	-	-	-	-	PCFG2	PCFG1	PCFG0

PCFG2:PCFG0	RA0	RA1	RA2	RA5	RA3	RE0	RE1	RE2	VREF
000	A	A	A	A	A	A	A	A	VDD
001	A	A	A	A	VREF	A	A	A	RA3
010	A	A	A	A	A	D	D	D	VDD
011	A	A	A	A	VREF	D	D	D	RA3
100	A	A	D	D	A	D	D	D	VDD
101	A	A	D	D	VREF	D	D	D	RA3
11x	D	D	D	D	D	D	D	D	-

ADCON1-Register für die PIC16C72/73/73A74/74A im 28 bis 40poligen DIL-Gehäuse (Adresse 09FH)

Zur Konfiguration des AD-Wandlers dienen auch noch die Bits 6 und 7 des ADCON0-Registers. Sie bestimmen, mit welchem Clock die Wandlung vorsichgeht. Hierbei kann ein Teil von Fosc oder ein interner RC-Oszillator ausgewählt werden.

Die restlichen Bits des ADCON0-Registers regeln den Betrieb des AD-Wandlers. Zuallererst muß ein Kanal ausgewählt werden, der gewandelt werden soll (CHS0... CHS1 bzw. CHS2). Wenn der Eingangskanal umgeschaltet wurde, muß vor dem Start der Wandlung die nötige Samplingzeit gewartet werden. Diese Wartezeit hängt primär vom Quellwiderstand ab. Ein Berechnungsbeispiel finden Sie im Datenblatt. Der Wandler wird durch das Setzen des Bit GO/nDONE gestartet. Wenn dieses Bit wieder gelöscht ist, ist die Wandlung fertig. Das Ergebnis ist aus dem Register ADRES zu lesen.

```
ADINIT  MOVLW   0C1H        ; AD-Conv.Clock = int. RC-osc
        MOVWF   ADCON0
        BANK_1              ; switch to Bank1
        MOVLW   04H         ; RA0, 1 und 3 sind analog
        MOVWF   ADCON1

        MOVLW   0C7H        ;11000111
        ANDWF   ADCON0      ; Kanal 0
        WAIT                ;Sampling-Zeit Warten
        BSF     ADCON0,2    ; GO; starte erste Wandlung
        NOP
```

```
ADLOOP  BTFSC  ADCON0,2     ;DONE?
        GOTO   ADLOOP
        MOVF   ADRES,W      ; ja
        MOVWF  MESS         ; ins Register MESS laden
        ...                 ; und verarbeiten
        BSF    ADCON0,2     ; GO; starte nächste Wandlung
        GOTO   ADLOOP
```

4.7.1 LED-Dimmer

Der duty-cycle-Wert wird jetzt durch ein Potentiometer eingestellt und vom AD-Wandler erfaßt. Diese einfache Applikation erlaubt es uns, die Versorgungsspannung als Referenz zu verwenden und das Poti direkt damit zu speisen. Damit erhalten wir für unser Beispiel mit dem PIC16C74 folgende Konfigurationswerte:

- ADCON1 = 04H
- ADCON0 = 0C1H

Durch das Setzen von Bit 2 im ADCON0-Register wird die Wandlung gestartet.

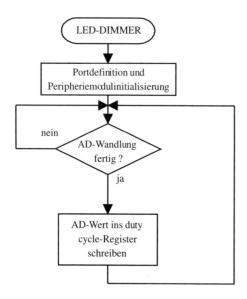

Abbildung 4.12: LED-Dimmer-Ablauf

Wie aus dem Flußdiagramm zu ersehen, ist diese Applikation nur eine Demonstration, wie man den AD-Wandler pausenlos wandeln läßt und seine Ergebnisse abholt, wenn sie bereitstehen.

```
        TITLE   "PWM-Versuche mit AD-Wandler"
        ; Die LED wird in der Helligkeit vom AD-Eingang gesteuert
;
        INCLUDE "PICREG.INC"
        LIST    P=16C74,F=INHX8M
;
;======================PORT_A
;               RA0, 1 und 3 sind analog
;               weniger geht nicht
RES_A   EQU     0
TR_A    EQU     03FH
;==================== PORT_B
RES_B   EQU     0
TR_B    EQU     0
;==================== PORT_C
; Port C.2 = PWM-OUTPUT
RES_C   EQU     0
TR_C    EQU     0
;==================== PORT_D
RES_D   EQU     0
TR_D    EQU     0
;==================== PORT_E
RES_E   EQU     0
TR_E    EQU     0
;
RELOAD  EQU     30H
;
BANK_0  MACRO
        BCF     STATUS,5
        ENDM

BANK_1  MACRO
        BSF     STATUS,5
        ENDM
;
        ORG     0
        CLRF    STATUS
        GOTO    MAIN
```

```
                NOP
                NOP
                GOTO    ISR         ; Interrupt-Service-Routines
;
                ORG     10
;
ISR             RETFIE
;
;===============================================================
MAIN            MOVLW   RES_A
                MOVWF   PORT_A
                MOVLW   RES_B
                MOVWF   PORT_B
                MOVLW   RES_C
                MOVWF   PORT_C
                MOVLW   RES_D
                MOVWF   PORT_D
                MOVLW   RES_E
                MOVWF   PORT_E
                MOVLW   0C1H        ; AD-Conv.Clock = int. RC-osc
                MOVWF   ADCON0
                BANK_1              ; switch to Bank1
                MOVLW   04H         ; RA0, 1 und 3 sind analog
                MOVWF   ADCON1
                MOVLW   TR_A
                MOVWF   TRISA
                MOVLW   TR_B
                MOVWF   TRISB
                MOVLW   TR_C
                MOVWF   TRISC
                MOVLW   TR_D
                MOVWF   TRISD
                MOVLW   TR_E
                MOVWF   TRISE
;
                MOVLW   .242
                MOVWF   PR2
                BANK_0
                MOVWF   RELOAD
                MOVLW   07H
```

```
        MOVWF   T2CON
        MOVLW   0CH
        MOVWF   CCP1CON
        MOVLW   0D0H    ; beliebiger Initialwert
        MOVWF   CCPR1L
        BSF     ADCON0,2 ; GO; starte erste Wandlung
        NOP
;
ADLOOP  BTFSC   ADCON0,2 ;DONE?
        GOTO    ADLOOP
        MOVF    ADRES,W  ; ja
        MOVWF   CCPR1L   ; ins duty-cycle-Register laden
        NOP
        BSF     ADCON0,2 ; GO; starte nächste Wandlung
        GOTO    ADLOOP
;
        END
```

LED-Dimmerprogramm ADPWM.ASM

In der gewohnten Dreiteilung der Quelldatei erkennt man leicht eine gewisse Kopflastigkeit. Der Deklarationsteil und die Initialisierung der Ports benötigen mehr Platz als das Hauptprogramm.

Die Verwendung von zwei Hardwaremodulen macht das Hauptprogramm zu einer winzigen Schleife. Sie beschränkt sich auf die Abfrage, ob der AD-Wandler fertig ist, das Weiterreichen des Ergebnisses in das CCPR1L-Register und das erneute Starten des AD-Wandlers.

4.7.2 Akkuspannungsüberwachung

In dieser Anwendung wird der PIC16 unter anderem dafür eingesetzt, permanent den Strom in der Akkuleitung aufzuaddieren, d.h., daß Ladeströme in den Akku als positive Werte den Bilanzwert vergrößern, und negative Werte, die einem Entladestrom entsprechen, werden vom Bilanzwert subtrahiert. Da weder Kapazität noch Ladung eines Akkus eine ideale Funktion sind, wird versucht, sich so gut wie möglich an die realen Gegebenheiten anzupassen. Faktoren, die den Wirkungsgrad eines Akkus ganz entscheidend beeinflussen, sind die Temperatur und das Alter. Will man sich an die Realität herantasten, muß man mit seinem Akku permanent Tests durchführen, die die Parameter immer wieder neu ermitteln. So ist zum Beispiel das Laden und Entladen bei verschiedenen Temperaturen nötig, um den Faktor ermitteln zu können, mit dem der Ladestrom zu bewerten ist. Dieser Faktor ist immer kleiner als eins. Je niedriger die Umgebungstemperatur, desto geringer ist der Anteil des Ladestroms, der in der Akkuladung Wirkung zeigt. Ein Ladestrom von 1 Ampere eine Stunde lang, bewirkt also in einem kalten Umfeld weniger Aufladung des Akkus als in warmer Umgebung. Wir vermeiden es an dieser Stelle, Zahlen zu nennen, weil jeder Akku anders ist und selbst die Hersteller keine erschöpfenden Datenblätter liefern. Will man hier das Optimum an Sicherheit erreichen, ist entweder große AKKU-Erfahrung des Entwicklers nötig oder sehr viele Testläufe.

Von Arizona Microchip werden u.a. einige Derviate des PIC16 angeboten, die speziell für die Akkuüberwachung entwickelt worden sind. Sie beinhalten Firmware, die viele Parameter der Akkus berücksichtigt. Genaueres über diese Spezialtypen bitten wir, in den entsprechenden Datenblättern und Applikationsschriften nachzulesen. Ferner gibt es einen sehr interessanten Artikel des Ingenieurbüros Blacchetta aus Landsberg.

Wir möchten uns hier darauf beschränken, einen PIC16 nur nebenbei mit der Aufgabe zu betrauen, dafür zu sorgen, daß der Akku ordentlich behandelt wird, d.h. die Akkuladungsbilanz zu verfolgen und Über- bzw. Tiefentladung zu verhindern. Diese PIC16-Applikation ist also nicht für extreme Klimabedingungen und nicht für lebenserhaltende Systeme gedacht.

In unserer Applikation soll das System in einem normalen Temperaturbereich arbeiten und keine extremen Ruhezeiten erfahren. Man kann sich vorstellen, es gehe um ein Handmeßgerät für den Laborbetrieb. Es wird bei Bedarf geholt und bei »LADEN«-Anzeige mit einem kleinen Netzteil verbunden.

Zeitbetrachtungen

Die Zeitbetrachtungen sind hier nicht sehr kritisch. Es ist natürlich richtig, daß eine feinere zeitliche Erfassung der Strombilanz eine höhere Genauigkeit ergibt, aber wie nötig das im einzelnen Anwendungsfall ist, soll dem Entwickler überlassen werden. Man kann in dieser Beziehung den Gesetzen der Statistik vertrauen, nach denen sich Stromschwankungen bei hinreichend häufigem Abtasten aufheben. Wir haben in diesem Beispiel ein 500 msek-Raster gewählt und einen Akku mit einer Kapazität von 110 mAh. Ferner möchten wir mit 33 mA laden. Das ist eine »beschleunigte« Ladung. Die Ladezeit beträgt damit etwa 4–5 Stunden. Das sind 18000 Sekunden, in denen man 36000 Strommessungen durchführt. Die Strombilanz wird daher in einer 3-Byte-Variablen aufsummiert.

Detailproblem: Höhere Spannungen mit geringem Hub messen

Da bei Akkus die Spannung sich in einem weiten Ladungszustandsbereich sehr wenig ändert, ist es schlecht, anhand der Spannung zu erfassen, wie es mit dem Ladezustand aussieht. Handelt es sich zudem um einen 12 Volt-Akku, muß noch ein Spannungsteiler eingefügt werden, der auch diesen geringen Hub noch verkleinert. Ein Spannungsteiler hat zudem die Eigenschaft, den Akku zu belasten. Wenn der AD-Wandlereingang direkt damit gespeist werden soll, muß dieser Spannungsteiler ziemlich niederohmig dimensioniert werden. Dieses Problem ist sehr einfach mit einer OP-Schaltung lösbar.

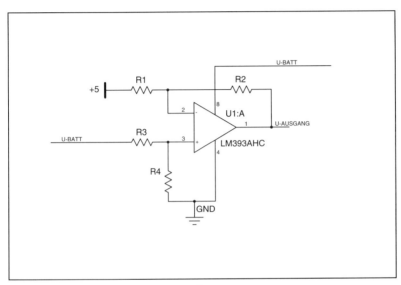

Abbildung 4.13: OP-Schaltung mit Offset

$$Ua = -\frac{R2}{R1} * Uref + \frac{R4}{R3+R4} * \frac{R1+R2}{R1} * Ue$$

Widerstand	Ue-Spanne 6 bis 10V	9 bis 13V	8 bis 14V
R1	68k	47k	75k
R2	100k	100k	100k
R3	220k	240k	240k
R4	220k	150k	150k

Widerstandswerte für unterschiedliche Eingangsspannungsbereiche

Beschreibung eines einfachen Überwachungsverfahrens

Außer dem Strom, der in der Akkuleitung fließt, überwachen wir natürlich auch die Spannung am Akku selbst. Es gilt nun, möglichst sichere, aber dennoch einfache Kriterien zu definieren, welche für den Beginn und das Ende der Ladung entscheidend sind. Zusätzlich können noch Kriterien für Schnell-Laden oder normales Laden festgelegt werden. Die Entscheidung für das Ende eines Ladevorgangs ist immer das Erreichen der Ladeschlußspannung, deren Wert bekannt ist.

Ordentliche Auf- und Entladezyklen sind zwar das »gesündeste« für einen Akku, aber wir wollen den Akku nicht zu tief entladen, denn das Gerät könnte ja im fast entladenen Zustand wieder zur Seite gelegt werden, und das tut dem Akku auch nicht gut. Deshalb starten wir mit dem Aufladen bereits wieder, wenn die Ladung bereits auf die Hälfte abgefallen ist. Um diesen Zustand zu erfassen, ist die Spannung nur bedingt geeignet. Die Strombilanz ist daher die Grundlage für den Ladebeginn. Die Spannung muß natürlich zusätzlich auf Unterschreiten kritischer Werte überprüft werden.

Gesamtstrategie

Ein wichtiges Prinzip bei Akku-Überwachungen ist, daß wir die Erfassung von Spannung und Strombilanz völlig getrennt von der Bewertung der Ergebnisse ausführen.

Die Bewertung der Ergebnisse dient zweierlei Zwecken, nämlich der Lade-Anzeige und der Entscheidung über Schnell-Laden oder Erhaltungs-Laden, im Falle, daß ein Ladegerät angesteckt ist.

Bei der Bewertung der Ergebnisse legen wir uns auch noch auf keine festen Entscheidungskriterien fest, wenn wir rein formal den Zustand des Akkus in verschiedene Bereiche einteilen, die wir beispielsweise folgendermaßen bezeichnen.

AKKU	VOLL
AKKU	GUT
AKKU	HALB
AKKU	LEER

Bevor wir entscheiden, aufgrund welcher Spannungswerte bzw. welcher Strombilanzwerte wir den Akku-Zustand einem dieser Bereiche zuordnen, beantworten wir die viel einfachere Frage, welche Konsequenzen wir aus der Zuordnung zu einem dieser Bereiche ziehen:

Für die Anzeige bedeutet beispielsweise:

GUT oder VOLL	Grün blinken
HALB	Rot blinken
LEER	Rot schnell blinken oder akustischer Alarm

Im Falle von LEER muß auch überlegt werden, ob sonstige Maßnahmen zu treffen sind, z.B. Motor abstellen oder große Verbraucher einschränken oder abschalten.

Für den Lademodus entscheiden wir:

VOLL	Erhaltungs-Ladung
nicht VOLL	Schnell-Laden

Jetzt kommt der eigentlich schwierige Teil, bei dem wir lediglich einen Vorschlag zur Lösung andeuten wollen. Wie unterscheidet man auf Grund der Spannungswerte und der Strombilanz, in welchem Zustand der Akku sich befindet? Beide Informationen, sowohl die Strombilanz als auch die Spannung, haben als Bewertungsparameter ihre Schwächen.

Die Strombilanz ist mit einem Faktor gewichtet, dessen genaue Bestimmung ziemlich problematisch ist. Wenn die Strombilanz eine zeitlang auf- und abgerechnet wird, dann wird sie auch bei guter Näherung diese Faktors nach hinreichend langer Zeit aus dem Rahmen laufen. Die Strombilanz muß daher in gewissen Abständen bei voll geladenem Akku wieder nachkalibriert werden. Außerdem wäre es in gewissen Zeitabständen nötig, den Akku gezielt zu entladen und wieder voll aufzuladen, um den Faktor neu zu bestimmen, da er sich ja mit der Zeit verändert.

Die Spannung dagegen ist ein Meßwert, an dem es nichts zu rütteln gibt. Sie ist im Bereich der Ladeschlußspannung auch ein brauchbares Kriterium für den Ladezustand, bei halb oder fast ganz entladenem Akku gibt es aber keine eindeutige Beziehung mehr zwischen Spannung und Lademenge.

So haben wir uns entschlossen, die Spannung als Kriterium für Akku VOLL zu wählen. Um den Akku als GUT zu bezeichnen, verlangen wir sowohl, daß die Spannung über einem Schwellenwert liegt, den wir U50 nennen, als auch, daß die Strombilanz (das höchste Byte) einen Wert, den wir L50 nennen, überschreiten muß. Auch die Entscheidung, ob der Akku leer ist, wird auf eine solche Weise getroffen. Der Akku gilt als LEER, wenn entweder die Spannung kleiner ist als U20 oder die Strombilanz kleiner als L20.

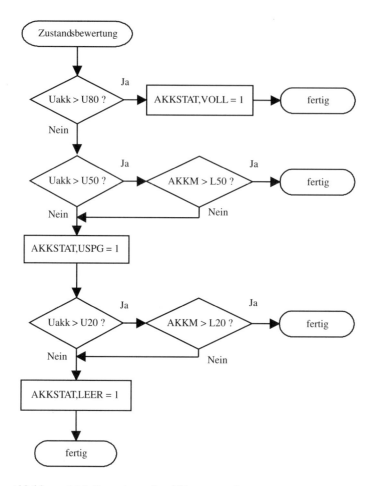

Abbildung 4.14: Bewertung des Akkuzustands

Bei der Entscheidung für eine solche Vorgehensweise spielt es immer eine Rolle, welche Entscheidungsfehler am schlimmsten wiegen. Wenn das Programm zu dem Schluß kommt, der Akku sei leer, obwohl er noch gut ist, dann gefährdet dies die Verfügbarkeit des Gerätes. Wenn jedoch das Programm meint, der Akku sei noch gut, obwohl er schon leer ist, kann dies verhängnisvolle Folgen haben (für den Akku und durch die unterbliebene Warnung).

Noch ein paar Worte zur programmtechnischen Erfassung der vier Bereiche. Wir definieren eine Variable AKKSTAT, welche folgende 3 Bit hat:

Bit0	VOLL
Bit1	UNTER
Bit2	LEER

Das Bit VOLL entscheidet über den Lademodus, das Bit UNTER über die Farbe der Blinkanzeige und das Bit LEER über die Blinkgeschwindigkeit.

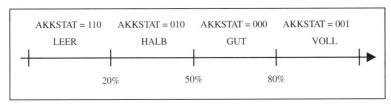

Abbildung 4.15: Akkuspannung

Für die blinkende Anzeige ist es wichtig, daß nicht AKKSTAT, sondern die Änderung von AKKSTAT entscheidend dafür ist, ob das entsprechende Blinkbit bedient wird. Man wird ein weiteres Register AKKALT zum Speichern des vorigen Zustandes einrichten und nach der Bewertung nur dann in das Anzeigeprogramm gehen, wenn

(AKKSTAT XOR AKKALT) AND 6 < > 0

ist. Die Anzeige bewertet eine Änderung des Bit 0 von ANZSTAT nicht, sofern man nicht auch den Lade-Modus anzeigen möchte.

In dem folgenden Programm STROMBI ist das Erfassen der Strombilanz so gewichtet worden, daß die Entnahmeströme mit dem Faktor 1 und die Ladeströme mit dem festen Faktor 0.7 gewichtet wurden. Bei der Bewertung werden die Schwellenwerte U50, U20, L50 und L20 als Variable angenommen, über deren numerische Größenordnung wir hier natürlich keine Aussage machen können.

Die Abfrage der Schwellenwerte wird eventuell noch mit einer Hysterese durchgeführt, d.h., daß die Schwellenwerte nach dem Unterschreiten einen höheren Wert bekommen als nach dem Überschreiten. Das hat den Sinn, daß die Anzeige in den Übergangsbereichen nicht ständig von rot nach grün oder von schnell nach langsam wechselt. Auch ein ständiger Wechsel des Lade-Modus ist nicht erstrebenswert.

Programmtechnisch bedeutet das, daß die Schwelle U50 beispielsweise, wenn das Flag UNTER gesetzt ist, ein wenig höher gesetzt würde, als wenn dieses Flag nicht gesetzt ist. Im nachfolgenden Programm wurden die Hysteresen herausgenommen, da sonst das Programm zu unübersichtlich wäre.

```
;------------------------------------------------------------------
;STROMBI: Strombilanz: Kanal1: Strom
;         SIGN = Pin für Stromrichtung
;         Ausgang: AKKM:AKKH:AKKL
;         Ladestrom wird mit Faktor 0.7 gewichtet.
;------------------------------------------------------------------
;
STROMBI   BSF     ADCON0,3   ; KANAL1
          BSF     ADCON0,2   ; GO
          CALL    WAI        ; SAMPLINGZEIT
AK2       BTFSC   ADCON0,2   ; DONE?
          GOTO    AK2
          MOVF    ADRES,W
          BTFSC   SIGN       ; Vorzeichen: gesetzt, wenn Entladen
          GOTO    LADE
          SUBWF   IAKKL      ; IAKKM:IAKKH:IAKKL - W
          SKPNC              ;       "
          GOTO    SPG        ;       "
          MOVF    IAKKH,W    ;       "
          SKPNZ              ;       "
          DECF    IAKKM      ;       "
          DECF    IAKKH      ;       "
LADE      MOVWF   ZL         ; Ladestrom mit Faktor 0.7 gewichten
          MOVLW   0B7H
          CALL    BMUL       ; ERGH:ERGL = 256 * 0.7 * ZL
          MOVF    ERGH,W
          ADDWF   IAKKL      ; IAKKM:IAKKH:IAKKL + W
          SKPC               ;       "
          GOTO    SPG        ;       "
          MOVF    IAKKH,W    ;       "
          XORLW   0FFH       ;       "
          SKPNZ              ;       "
          INCF    IAKKM      ;       "
          INCF    IAKKH      ;       "
;=============================== ENDE STROMBI
;------------------------------------------------------------------
;         SPG: Messung der Spannung
;         Ausgang: UAKK
;------------------------------------------------------------------
```

Eingänge erfassen 257

```
SPG        MOVLW    0C1H      ; Durchführen der SPG-Messung:
           MOVWF    ADCON0    ; EIN +  KANAL0 + f_RC
           CALL     WAI       ; Samplingzeit
           BSF      ADCON0,2  ; GO (SPG MESSEN)
AK1        BTFSC    ADCON0,2  ; DONE?
           GOTO     AK1
           MOVF     ADRES,W
           MOVWF    UAKK      ; UAKK ist gemessener Spannungswert
;
           MOVLW    0C0H      ; ADC AUS
           MOVWF    ADCON0
;-------------------------------------------------------
           Bewerten der Messungen:
;-------------------------------------------------------
           CLRF     AKKSTAT   ; Akku-Status
VOLL?      MOVF     U80,W     ; Akku gut?
           SUBWF    UAKK,W    ; CY IF UAKK >= UGUT
           BNC      GUT?
           BSF      AKKSTAT,VOLL
           GOTO     AKKEND
GUT?       MOVF     U50,W     ; Akku gut?
           SUBWF    UAKK,W    ; CY IF UAKK >= U50
           BNC      HALB?
           MOVF     L50,W
           SUBWF    AKKM
           SKPNC              ; CY, if GUT
           GOTO     AKKEND    ; Wenn GUT, wird kein Flag gesetzt
HALB?      BSF      AKKSTAT,HALB
           MOVF     U20,W     ; Akku HALB?
           SUBWF    UAKK,W    ; CY IF UAKK >= U20
           SKPC
           BSF      AKKSTAT,LEER
           MOVF     L20,W
           SUBWF    AKKM
           SKPC
           BSF      AKKSTAT,LEER ;
AKKEND     NOP                ;
;
```

258 Kapitel 4

4.8 Der PIC16 als Magnetkartenleser

Diese Anwendung beschreibt das Verfahren, wie der PIC16 Daten seriell von einer Magnetkarte, wie der Scheckkarte, liest.

4.8.1 Schritt1: Recherche

Um die Daten lesen zu können, muß man das Prinzip der Aufzeichnung verstanden haben. Es handelt sich um zwei parallel aufgezeichnete Spuren, wobei eine den Clock und die andere die Daten beinhaltet. Mit jeder negativen Clockflanke muß ein Datenbit gelesen werden. In unserem Falle behandeln wir eine Aufzeichnung nach dem ISO2-Verfahren (ABA-Standard). Die Daten werden mit 75 BPI im 5-Bitcode auf die Spur 2 geschrieben. Die Daten auf unserer Eurocheckkarte konnten wir damit problemlos auslesen.

4.8.2 Schritt 2: Zeitüberlegung

Die zeitlichen Vorgänge hängen in diesem Fall stark vom Benutzer ab, weil wir einen Magnetkartenleser der niedrigen Preisklasse verwendet haben, der ohne Motor arbeitet. Der Lesekopf steht fest, und die Karte wird vom Bediener am Kopf vorbeigeschoben. Die Leseelektronik ist für eine Kartengeschwindigkeit von 10 bis 120 cm/sek spezifiziert. Bewegt man die Karte mit einer anderen Geschwindigkeit, so ist kein korrektes Lesen des Magnetkopfes zu erwarten. Damit ist ein wichtiger Punkt bereits erarbeitet: Die maximale Geschwindigkeit, mit der die einzelnen Bits abgeholt werden können, ist problemlos errechenbar.

Mit einer Kartengeschwindigkeit von 120 cm/sek und einer Aufzeichnungsdichte von 75 BPI ergibt sich eine minimale Periodendauer von 282,2 µsek.

- Die Aufzeichnungsdichte ist 75 Bit pro Inch; d.h. 75/2,54 Bit pro cm.
- Die Periodendauer eines Bits ist also 2,54 / (120 * 75) = 282µsek.

Laut Datenblatt ist das Verhältnis von Clock-high zu Clock-low gleich 2 : 1. Bei der negativen Flanke des Clocks ist das Datenbit gültig. Nach der positiven Flanke der Clockleitung vergehen also mindestens 188 µsek, bis die negative Flanke erscheint und das nächste Datenbit gültig ist. Die Low-Zeit des Clocksignals dauert mindestens 94 µsek. Wir haben also diese Zeit, um zu erkennen, daß die negative Flanke auftrat, und um das Datenbit in eine Variable zu rotieren. Aus dem Listing ist zu ersehen, daß dafür etwa 15 Befehle benötigt werden. Müßte man so langsam takten wie nur irgendwie möglich, käme man nach dieser Rechnung mit einer Quarzfrequenz von knapp 700 kHz zurecht.

Eingänge erfassen 259

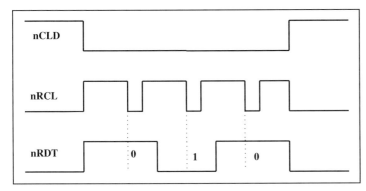

Abbildung 4.16: Timingdiagramm der Magnetkartenlesersignale

4.8.3 Schritt 3: Gesamtablaufstrategie

Beim Einführen der Karte wird ein mechanischer Schalter betätigt, der so lange geschlossen ist, wie sich die Karte im Slot befindet. Sobald dieser Schalter geschlossen ist (nCLD = 0), beginnen wir, die Pulse zu erfassen.

Wird die Karte nun zu schnell oder zu langsam am Lesekopf vorbeibewegt, dürfen wir nicht erwarten, daß ein Clockimpuls kommt, an dem wir uns orientieren können. Übrigens kann es auch andere Gründe dafür geben, daß nach dem Einführen der Karte keine Clock-Pulse kommen, z.B. wenn eine defekte oder gar nicht beschriebene Magnetkarte verwendet wird, oder wenn jemand die Karte verkehrt herum einführt. Um zu verhindern, daß sich das Programm in der Leseschleife »aufhängt«, müssen wir den Watchdog einschalten. In dieser Programmschleife, welche auf einen Clock-Puls wartet, wird keine Beruhigung des Watchdogs vorgenommen, wodurch nach verstrichener Wartezeit der PIC16 zurückgesetzt wird. In jede Schleife, die gefährdet ist, durch irgendeinen Fehler nie beendet zu werden, könnte natürlich auch ein Timeout eingebaut werden, aber warum sollten wir das Programm an vielen Stellen unübersichtlich und kompliziert machen, wenn die Lösung dieser Problematik so einfach und totsicher möglich ist, wie mit dem Watchdog.

Nach jeder negativen Flanke des Clock-Einganges nRCL ist die Datenleitung nRDT zu lesen. Die Daten sind 4 Bit lang. Zusätzlich wird noch ein fünftes Bit als Paritätsbit gelesen. Um die Parität überprüfen zu können, muß beim Lesen der Datenbits in der Variablen EINSEN die Anzahl von Einsen mitgezählt werden. Das Bit 0 dieser Variablen gibt an, ob insgesamt eine gerade Anzahl oder eine ungerade Anzahl von Einsen im Datenwort einschließlich Paritätsbit enthalten war. Richtig ist das Ergebnis, wenn die Anzahl ungerade ist. Das Ende einer Übertragung erkennen wir daran, daß die Anzahl Einsen gleich 5 ist.

260 Kapitel 4

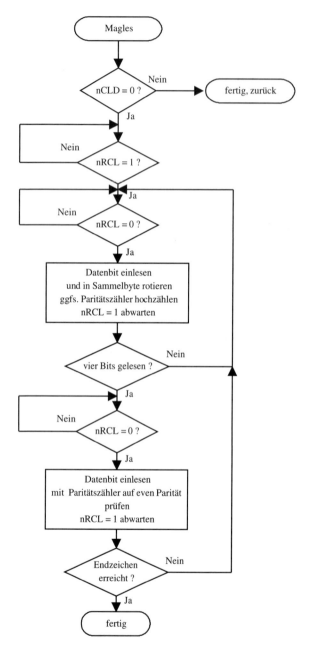

Abbildung 4.17: Ablauf der Leseroutine

4.8.4 Schritt 4: Realisierung der Abläufe

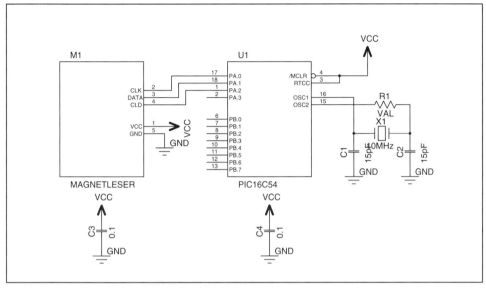

Abbildung 4.18: Schaltbild unseres Magnetkartenversuchs

Auf ein Schaltbild möchten wir auch hier nicht verzichten, denn ein Bild sagt mehr als viele Worte. Außer den beiden Spannungsversorgungsleitungen sind nur drei Anschlüsse von der Magnetkartenlesemechanik zum PortA des PIC16C55 nötig. Die Behandlung des Ausgabeteils ist nicht Gegenstand dieser Elementaranwendung.

- /CLD: card load; ist low, wenn sich eine Karte im Schlitz befindet
- /RDT: serielle Daten
- /RCL: serieller Clock

Die Software basiert auf dem obenstehenden Flußdiagramm. Das Programm bedarf keiner zusätzlichen Erklärungen.

```
;******************************************************************
;       Magnetkartenleseprogramm
;
;******************************************************************
;
;       WDT   :   Used
;
        INCLUDE   "PICREG.EQU"
;
```

```
STEUER      EQU     08H
SB          EQU     09H     ; Sammelbyte; für die einzelnen Bits
BITC        EQU     0AH     ; Bitcounter
ANZB        EQU     0BH     ; Anzahl Byte
EINSEN      EQU     0CH     ; Zähler für die Anzahl von Einsen
                            ; (Parity-Prüfung)
;
ANFANG      EQU     12H     ; Buffer für die zu lesenden Werte
LIM         EQU     1FH     ; Ende des Buffers und des RAM-Bereiches
                            ; des PIC16C55
;========================= BIT IN STEUER
FERR        EQU     2
PERR        EQU     3
;========================= Gruppe A
nRDT        EQU     0       ;INPUT   ; low-aktiv: low bedeutet '1' und
                            ;umgekehrt
nRCL        EQU     1       ;INPUT
nCLD        EQU     2       ;INPUT   ; low-aktiv: low bedeutet: Karte
                            ; steckt bereits oder wird gerade
                            ; hineingesteckt oder herausgezogen
;
            ORG     PIC55
            GOTO    MAIN
            ORG     0
;
MAIN        MOVLW   07H     ; im Vorspann ist u.a. der entsprechende
            TRIS    PORT_A  ; Port auf Eingang zu setzen
;
ANF         BTFSS   PORT_A,nCLD; über den Pin 'CardLoaD' wird zu
                            ; Beginn des
            GOTO    ELOOP   ; Programms festgestellt, ob eine Karte
                            ; im Slot ist.
KLOOP       BTFSS   PORT_A,nCLD; Skip, falls keine Karte da ist
            GOTO    KARTLES ; lesen und weitergeben, dann: GOTO ELOOP
            CALL    CHECK   ; prüfen, ob Ausgangsschnittstelle
                            ; Bedienung erfordert
            GOTO    KLOOP
ELOOP       BTFSC   PORT_A,nCLD; Skip, falls eine Karte da ist
            GOTO    CARDLESS ; melden, daß Karte entfernt wurde und:
GOTO KLOOP
```

```
        CALL      CHECK      ; prüfen, ob Ausgangsschnittstelle
                             ; Bedienung erfordert
        GOTO      ELOOP
;
KARTLES CLRWDT              ; Watchdog beruhigen, beim Programmeintritt
        CLRF      STEUER
        CLRF      SB         ; Sammelbyte löschen
        CLRF      EINSEN     ; Parity-Sammelbyte löschen
        CLRF      ANZB       ; AnzahlByte löschen
        MOVLW     04         ; Bitzähler auf 4 preloaden
        MOVWF     BITC
;
        MOVLW     ANFANG     ; Bufferanfang in das FSR-Zeigerregister
                             ; laden
        MOVWF     FSR
;                 Vorspann, Clock-Impulse ohne Daten vorab
V01     BTFSS     PORT_A,nRCL ; WARTE BIS CLOCK HIGH IST
        GOTO      V01        ; solche Schleifen sind zwar
                             ; kurz, hängen sich aber auf,
V02     BTFSC     PORT_A,nRCL ; wenn nRCL sich nie bewegt.
                             ; Egal, aus welchem Grund.
        GOTO      V02        ; z.B.: Leiterbahnriß,
                             ; Eingangstreiber defekt, ...
        BTFSC     PORT_A,nRDT; erstes low-BIT abwarten
        GOTO      V01
        CLRWDT              ; erste Hürde ist geschafft; Watchdog beruhigen
        GOTO      LOEIN
;
L01     BTFSS     PORT_A,nRCL; WARTE BIS CLOCK HIGH IST
        GOTO      L01
L02     BTFSC     PORT_A,nRCL; WARTE AUF NEG FLA VON CLOCK
        GOTO      L02
        CLRWDT
LOEIN   BCF       STATUS,CY
        BTFSS     PORT_A,nRDT; BIT NACH CY LESEN
        BSF       STATUS,CY
        SKPNC                ; Skip, wenn '0' gelesen wurde
        INCF      EINSEN     ; INC PARITY
L03     RRF       SB,1       ; Cy-BIT In Sammelbyte SB rotieren
        DECFSZ    BITC       ; DEC Bitzähler BITC; Skip, wenn null
```

```
              GOTO       L01
              INCF       ANZB         ; ein 4 Bit-Wort fertig
;                        ; nun kommt noch das zugehörige Parity-Bit
LC1           BTFSS      PORT_A,nRCL; WARTE BIS CLOCK HIGH IST
              GOTO       LC1
LC2           BTFSC      PORT_A,nRCL; WARTE AUF NEG FLA VON CLOCK
              GOTO       LC2
              CLRWDT
              BTFSS      PORT_A,nRDT
              INCF       EINSEN       ; INC PARITY
              BTFSS      EINSEN,0     ; SKIP IF EINSEN UNGERADE
              GOTO       PARERR
;
              MOVLW      05H
              SUBWF      EINSEN,W ; VERGLEICHE MIT 5 ( END-Code )
              BZ         ENDE         ; Ende des Lesens
;
              BTFSC      ANZB,0       ; SKIP IF ANZB gerade; ansonsten weiter
                                      ; in dieses SB rotieren
              GOTO       WEITER       ; es kommen zwei Datenworte in ein Byte;
                                      ; dadurch Buffergröße
              MOVF       SB,W         ; verdoppelt
              MOVWF      0            ; schreibe SB in die Liste
              INCF       FSR          ; nächster Platz im Buffer
;             ;
              MOVLW      LIM          ; Bufferende erkannt,
              SUBWF      FSR,W        ;
              ANDLW      1FH          ;
              BZ         FULLERR      ; dann FULLERR
WEITER        MOVLW      04           ; nicht voll: weiter
              MOVWF      BITC         ; preload für BITC
              CLRF       EINSEN       ; EINSEN löschen für das nächste
                                      ; 4Bit-Wort
              GOTO       L01          ; zurück in die Leseschleife
FULLERR       BSF        STEUER,FERR  ; setzen der Fehler in der
                                      ; Steuervariable
              GOTO       END1
PARERR        BSF        STEUER,PERR
ENDE          MOVF       SB,W         ; schreibe SB ( = '11111') in die Liste
              MOVWF      0            ; fertig
```

```
;
END1    CLRWDT

;       Ausgabe überspringen, wenn PERR
;       Ausgabe bis End-Code oder bis LIM (Ende des Buffers)
;       weitergeben der gelesenen Daten an eine Ausgangsschnittstelle
        GOTO    ELOOP
```

Programm MAGLES.ASM

4.9 Decodierung des DCF-Signals

Diese Anwendung stellt das Zeitschlitzverfahren auf eine sehr nette Weise dar. Es läßt sich auch mit einem PIC16C5X elegant lösen. Der Engpaß könnte lediglich die begrenzte Registerzahl werden, denn für die Echtzeit benötigt man 7 bis 8 Register und für die Aufnahme des Telegramms noch einmal 7 temporäre Register. Außerdem wird diese Aufgabe in der Regel neben anderen Arbeiten durchgeführt. Für einen PIC16C54 ist der Registerplatz reichlich knapp, es sei denn, daß man DCF-Decodierung und Zugriff auf die Echtzeit nur alternativ zuläßt. Von der Zeit her dürfte es keine Probleme geben, da es sich ja um sehr langsame Vorgänge handelt.

Wir werden hier wieder die sechs Schritte einer Projektentwicklung nacheinander durchgehen.

4.9.1 Schritt 1: Recherche

Zwei Dinge muß man wissen, wenn man sich an die DCF-Decodierung heranmacht: Wie sieht das Telegramm aus? Und woher bezieht man DCF-Module?

Die zweite Frage ist von uns noch nicht erschöpfend zu beantworten. Wir haben ziemlich viel Mühe darauf verwendet, günstige Quellen herauszufinden. Im kleinen Stückzahlbereich sind wir jedoch nur auf die Firma Conrad Electronic gestoßen.

Die Informationen über das DCF-Signal erhalten Sie von der Physikalisch-Technischen Bundesanstalt in Braunschweig, oder Sie versuchen, das Heft ELEKTRONIK AKTUELL MAGAZIN 4/89 auszugraben.

Hier nur die Beschreibung in Kürze:

Das DCF-Signal ist ein amplitudenmoduliertes Signal, welches im Sekundentakt einen Puls in Form einer Amplitudenabsenkung auf 25% sendet. Ein Puls von etwa 0.1 sek bedeutet eine 0, ein Puls von etwa 0,2 sek bedeutet eine 1. In der letzten Sekunde einer Minute wird kein Puls gesendet. Dadurch wird eine Synchronisation angezeigt. Diese lange Pause übermittelt die Information, daß jetzt eine neue Minute beginnt.

Innerhalb einer Minute wird also auf diese Weise eine Folge von 59 Bits übertragen, deren Bedeutung in der Tabelle dargestellt sind. Die Werte für Zeit und Datum haben dabei alle BCD-Format. Das niederwertigste Bit wird zuerst übertragen.

Sekunde	Bedeutung	Kommentar
0	Minutenmarke	kurz
1	keine	diese Pulse
...		werden nur bei
14	keine	Bedarf kodiert
15	R	R = lang: Reserveantenne
16	A1	Ankündigung des Wechsels MEZ - MESZ
17	Z1	Z1 = lang: MESZ
18	Z2	Schaltsekunde
19	A2	Ankündigung einer Schaltsekunde
20	Start	immer lang
21	Mi1	Minuten-Einer
22	Mi2	Minuten
23	Mi4	Minuten
24	Mi8	Minuten
25	Mi10	Minuten-Zehner
26	Mi20	Minuten
27	Mi40	Minuten
28	Prüfbit 1	gerade Parität der Minuteninformation
29	S1	Stunden-Einer
30	S2	Stunden
31	S4	Stunden
32	S8	Stunden
33	S10	Stunden-Zehner
34	S20	Stunden
35	Prüfbit 2	gerade Parität der Stundeninformation

Bedeutung der einzelnen Zeitzeichenbits

Sekunde	Bedeutung	Kommentar
36	T1	Kalendertag-Einer
37	T2	Tag
38	T4	Tag
39	T8	Tag
40	T10	Tag-Zehner
41	T20	Tag
42	W1	Wochentag-Einer
43	W2	Wochentag
44	W4	Wochentag
45	Mo1	Monat-Einer
46	Mo2	Monat
47	Mo4	Monat
48	Mo8	Monat
49	Mo10	Monat-Zehner
50	J1	Jahr-Einer
51	J2	Jahr
52	J4	Jahr
53	J8	Jahr
54	J10	Jahr-Zehner
55	J20	Jahr
56	J40	Jahr
57	J80	Jahr
58	Prüfbit 3	gerade Parität der Datumsinformation
59	Synchronisation	diese Marke wird nicht gesendet

Bedeutung der einzelnen Zeitzeichenbits (Fortsetzung)

Für die Entwicklung des PIC16-Programms gehen wir davon aus, daß das DCF-Modul mit einem open-collector-Ausgang an einem Portpin des PIC16 angeschlossen ist. Die DCF-Pulse werden als low-aktives Signal zur Verfügung gestellt.

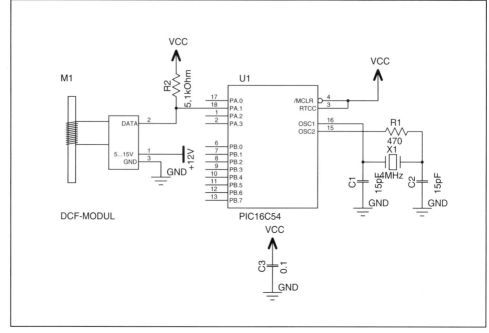

Abbildung 4.19: Schaltbild des DCF-Versuchs

4.9.2 Schritt 2: Zeitüberlegung

Das DCF-Programm müssen wir immer wieder in Zeitschlitzen aufrufen, die die Hauptanwendung bzw. deren Zeitorganisation uns zur Verfügung stellt. Die kleinste Zeit, die zu erfassen ist, sind Pulse von 0,1 sek. Dabei ist zu berücksichtigen, daß die Pulslänge mit einer Genauigkeit von höchstens 20 % zu empfangen ist, so daß Pulse bis 0,15 sek als kurze und größere als lange Pulse zu deuten sind. Oberhalb von 0,25 sek muß eine Empfangsstörung angenommen werden.

Deshalb ist es sinnvoll, das DCF-Signal in einem Zeitraster von 10 msek abzufragen. Das Hauptprogramm hat dafür zu sorgen, daß wir im Abstand von 10 msek in das DCF-Programm verzweigen. Welche Möglichkeiten es dazu hat, wurde in Kapitel 2 und vielen Beispielen beschrieben. Das DCF-Programm selbst hat keine Zeitverwaltung mehr durchzuführen, denn es zählt nur noch die Vielfachen von 10 msek.

Die Genauigkeit der 10 msek ist nicht sehr heikel, wenn es sich um zufällige Abweichungen handelt, die sich nicht summieren. Eine systematische Abweichung sollte nicht zu groß sein.

4.9.3 Schritt 3: Gesamte Ablaufstrategie

Das folgende Programm ist so konzipiert, daß es kontinuierlich das DCF in Zeitschlitzen erfaßt. Wenn in einer Minute kein Fehler erkannt wurde (ungültige Längen, Paritätsfehler), dann wird das Ergebnis in den Echtzeit-Buffer übertragen. Damit bei der ersten Erfassung kein Unsinn in diesen Buffer geschrieben wird, muß das Fehlerbit zu Beginn gesetzt werden.

Da von der Aufgabenstellung ein größeres Ausmaß an Fallunterscheidungen zu erwarten ist, entschließen wir uns gleich, sie in übersichtliche kleine Teile zu gliedern.

Beim Eintritt in das DCF-Programm haben wir drei Fälle zu unterscheiden: Entweder ist das DCF-Signal unverändert gegenüber dem vorigen Aufruf, oder es hat sich von High auf Low geändert (Pulsanfang), oder von Low auf High (Pulsende). Falls sich nichts geändert hat, wird lediglich der Zykluszähler hochgezählt. Damit ist bei einer Veränderung leicht zu beantworten, wie lange der letzte Zustand (Puls oder Pause) gedauert hat.

Den Zykluszähler setzen wir jedesmal auf 0, wenn ein Puls beginnt.

Wenn ein Puls beginnt oder endet, fragen wir den Zykluszähler ab, wie lang der Puls bzw. das Intervall seit dem letzten Pulsbeginn gewesen ist. Beim Ende eines Pulses sollte der Zykluszähler entweder 10 oder 20 sein, je nachdem, ob eine 0 oder eine 1 gesendet wurde. Bei Beginn eines neuen Pulses ist der Zykluszähler entweder 100 oder in der 59. Sekunde 200.

Da es sich aber um ein Funksignal handelt, dessen Empfangsqualität schwankt, muß bei allen Zeiten ein bestimmter Bereich um diese Werte als gültig zugelassen werden. Wählt man diesen Bereich zu klein, dann kann es sein, daß man einen Fehler meldet, obwohl das Signal in Ordnung war. Wählt man ihn zu groß, dann kann es genauso verhängnisvoll sein.

Wir erkennen hier schon, daß das Programm in zwei Fälle zu unterteilen ist, nämlich Pulsbeginn und Pulsende. In beiden Fällen ist es wichtig zu unterscheiden, ob das Telegramm schon begonnen hat, oder ob auf eine Synchronisation gewartet wird. Wir warten auf eine Synchronisation nach dem letzten Prüfbit, nach einer Fehlererkennung oder vor der ersten Dekodierung. Für den Zustand des Wartens auf Synchronisation sollte es ein eigenes Flag in der Zustandsvariablen geben.

Pulsbeginn

Wenn man auf eine Synchronisation wartet, muß der Zykluszähler ungefähr 200 sein. Andere Werte ignorieren wir. Nachdem das Telegramm begonnen hat, muß der Zykluszähler ungefähr 100 sein, sonst handelt es sich um einen Fehler.

Beim ersten Puls nach der Synchronisation müssen die temporären Werte in die Echtzeitregister übergeben werden, sofern kein Fehler beim Lesen des vorangegangenen Telegramms aufgetreten ist. Dem Hauptprogramm wird dann über ein Flag mitgeteilt, daß ein gültiges Datum und eine gültige Uhrzeit anliegen. Es wird immer die Zeitinformation übertragen, die am Ende der Übertragung erreicht wird. Dieser Wert ist genau eine Minute lang gültig.

In der Bedienung eines Pulsbeginns ist auf jeden Fall am Ende der Zykluszähler auf 0 zu setzen.

Pulsende

Solange wir uns im Zustand des Wartens auf eine Synchronisation befinden, ist das Pulsende zu ignorieren.

Bei Pulsende ist die Zykluszeit zu prüfen, ob sie einer 0 oder einer 1 entspricht oder ob sie ungültig ist. Wenn ein gültiges Bit gelesen wurde, ist dieses abhängig von der gerade aktuellen Stelle des Telegramms, das zu verarbeiten ist.

Dieser Teil wäre kein besonderes Problem, wenn man im DCF-Programm bleiben könnte. Aber man hat ja nach jedem Ausflug in die DCF-Bedienung immer wieder in das Hauptprogramm zurückzukehren, so daß man sich merken muß, an welcher Stelle man stehengeblieben war. D.h., in welchem Feld und bei welchem Bit dieses Feldes befindet sich das Telegramm? Ist gerade ein Prüfbit fällig?

Wie wir dieses Problem lösen, besprechen wir weiter unten. Zunächst sehen wir uns die Hauptverzweigung im Flußdiagramm an. Hierzu legen wir die wichtigsten Register- und Konstantennamen fest:

- Zykluszähler: DCFCNT
- Statusvariable: DCFSTAT, es folgen die enthaltenen Bits:
    - ERR (Fehler)
    - WSYNC (Warte auf Synch)
    - VALID (gültiges Ergebnis da)
    - LAST (voriger Zustand) PAR (Parity)
    - DBIT (DCFBit)

Eingänge erfassen 271

- Programmnummer: CODE (s.später)
- Das DCF-Signal (den Portpin) selbst benennen wir mit DCFSIG (#DEFINE!).

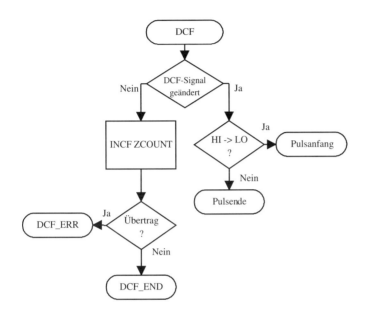

Abbildung 4.20: Hauptverzweigung der DCF-Bearbeitung

Das Programm DCFERR setzt das Flag DCFSTAT.ERR und außerdem das Flag DCFSTAT.WSYNC. Beide werden wieder gelöscht, wenn eine neue Minute begonnen hat. Alle Fehlermeldungen führen zu diesem Programm, da es nicht wichtig ist, zu unterscheiden, ob ein ungültiger Zykluszähler oder ein falsches Prüfbit den Fehler verursacht hat.

Das Programm für Pulsende können wir mit diesen Vorüberlegungen auch schon als Flußdiagramm darlegen (Abbildung 4.21).

Das Programm für Pulsanfang können wir jetzt ebenfalls als Flußdiagramm darlegen (Abbildung 4.22).

Wir haben das Flußdiagramm nur bis zu dem Punkt »Verarbeite Bit« geführt. Der Teil, der dann kommt, ist das eigentliche Dekodierproblem, über das gesondert gesprochen werden muß. Was mit dem Bit geschieht, hängt davon ab, in welchem Feld und bei welchem Bit des Telegramms wir gerade stehen und ob es ein Prüfbit ist oder das Telegramm zu Ende ist.

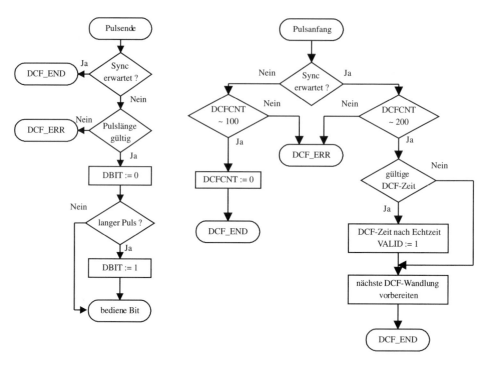

Abbildung 4.21: Tätigkeiten bei Pulsende

Abbildung 4.22: Tätigkeiten bei Pulsanfang

Eine Möglichkeit, das Bit ordnungsgemäß zu verarbeiten, ist, sich aufgrund von Feld- und Bitnummern sowie Statusbits durch Verzweigungen an diejenige Programmstelle zu manövrieren, die das gerade erfaßte Bit richtig einordnet und danach die Parameter für den nächsten Aufruf hinterläßt.

Alternativ kann man für die unterschiedlichen Felder und Fälle Bedienungsprogramme schreiben, denen man einen Code zuordnet. Nach jeder Bedienung wird der Bedienungscode für den nächsten Aufruf festgelegt. Der Aufruf des DCF-Programms sollte dann im ersten Teil des Programmspeichers stehen, so daß man mit dem folgenden Programm entsprechend verzweigen kann.

```
        MOVF    CODE,W
        ADDWF   PC
        GOTO    DCF0
        GOTO    DCF1
        ...     ...
```

Der zweite Weg erfordert zwar den meisten Programmspeicherplatz, ist aber vom Zeitaufwand betrachtet her bei weitem der kürzere. Wir führen hier den zweiten Weg auch deshalb durch, weil er ein interessantes Beispiel für komplexe Zeitschlitzbedienungen ist und außerdem wesentlich leichter nachzuvollziehen ist als die erste Methode.

4.9.4 Schritt 4: Detail-Lösungen

Für den Schritt 4 bleibt jetzt nur noch übrig, die einzelnen Bedienungsprogramme genauer unter die Lupe zu nehmen.

Liste der benötigten Programme erstellen

CODE = 0: Vorfeld

CODE = 1: Startbit

CODE = 2: Minute

CODE = 3: Prüfbit1

CODE = 4: Stunde

CODE = 5: Prüfbit2

CODE = 6: Tag

CODE = 7: Wochentag

CODE = 8: Monat

CODE = 9: Jahr

CODE = 10: Prüfbit3, Telegrammende

Die Liste muß natürlich zum jetzigen Zeitpunkt noch nicht perfekt sein. Sollte sich im Lauf der Zeit herausstellen, daß sie nicht ausreicht, kann man sie ja problemlos ändern.

Entwurf der Teilprogramme

Bis auf die Bedienung des Prüfbits haben alle Programme einen gemeinsamen Kern, nämlich das Abspeichern des Bits und das Herunterzählen der Bitanzahl. Die eingelesenen Bits werden mit Hilfe des RRF-Befehls von links in die jeweils zuständige Variable geschoben. Wenn ein Feld fertig ist, muß der entsprechende Wert noch rechtsbündig gemacht werden. Danach ist der nächste Bedienungscode zu laden und die Bitanzahl für das nächste Feld. Sinnvoll ist auch eine Prüfung des eingelesenen Wertes auf Plausibilität. D.h., ein eingelesenes Byte darf nicht außerhalb des gültigen Bereiches liegen (z.B. 17. Monat oder Minute 91) und muß natürlich ein gültiges BCD-Format haben (z.B. Minute 1F).

Die Programme für die Prüfbits erfassen das Prüfbit im Parity-Bit genauso wie die anderen Bits. Das Paritäts-Bit muß danach gleich 0 sein, wenn die Parität ordnungsgemäß sein soll. Die Prüfprogramme verzweigen nach DCFERR, wenn dieses Bit nicht gleich 0 ist.

Die Bedienung der ersten beiden Prüfbits ist gleich, beim dritten Prüfbit ist noch zu berücksichtigen, daß das Telegramm zu Ende ist und das WSYNC-Bit gesetzt werden muß.

DCFERR ist das gleiche Programm, in das auch verzweigt wird, wenn eine ungültige Puls- oder Pausenlänge entdeckt wird. Dort wird in DCFSTAT das ERR-Flag gesetzt und auch das WSYNC-Flag, da ja mit jedem Fehler das Telegramm abgebrochen werden muß und mit einer neuen Synchronisation ein neuer Versuch gemacht wird.

Vorfeld

Abspeichern, falls BITCNT < = 5 (sonst ignorieren), DECF BITCNT,

Wenn BITCNT = 0: BITCNT: = 7 (für Minute), CODE: = 1 (Startbit)

Startbit

Falls Bit < > 1: GOTO DCFERR, sonst CODE: = 2 (Minute)

Minute

Abspeichern, DECF BITCNT

Wenn BITCNT = 0: BITCNT: = 6 (für Stunde), CODE: = 3 (Prüfbit1)

Prüfbit1

Falls Bit < > Paritybit: GOTO DCFERR, sonst CODE: = 4 (Stunde)

Stunde

Abspeichern, DECF BITCNT

Wenn BITCNT = 0: BITCNT: = 5 (für Tag), CODE: = 5 (Prüfbit2)

Prüfbit2

Falls Bit < > Paritybit: GOTO DCFERR, sonst CODE: = 6 (Tag)

Tag

Abspeichern, DECF BITCNT

Wenn BITCNT = 0: BITCNT: = 3 (für Wochentag), CODE: = 7 (Wochentag)

Wochentag

Abspeichern, DECF BITCNT

Wenn BITCNT = 0: BITCNT: = 5 (für Monat), CODE: = 8 (Monat)

Monat

Abspeichern, DECF BITCNT

Wenn BITCNT = 0: BITCNT: = 8 (für Jahr), CODE: = 9 (Jahr)

Jahr

Abspeichern, DECF BITCNT

Wenn BITCNT = 0: BITCNT: = 20 (für Vorfeld), CODE: = 10 (Prüfbit3)

Prüfbit3, Telegrammende

Falls Bit < > Paritybit: Setze DCFSTAT,ERR

Setze DCFSTAT,WSYNC (Warte auf Synch), CODE: = 0 (Vorfeld)

4.9.5 Schritt 5: Erstellen des Assemblerprogramms:

```
DCFSTART  BTFSC   DCFSIG
          GOTO    DCFHI
DCFLO     BTFSS   DCFSTAT,LAST
          GOTO    NOCH              ;NOCH=NO Change
          BCF     DCFSTAT,LAST
          GOTO    PULSANF
DCFHI     BTFSC   DCFSTAT,LAST
          GOTO    NOCH              ;NOCH=NO CHange
          BSF     DCFSTAT,LAST
          GOTO    PULSEND
NOCH      INCFSZ  DCFCNT            ;DCFCNT darf keinen Übertrag haben
          GOTO    DCFEND            ;Rücksprung ins Hauptprogramm
DCFERR    BSF     DCFSTAT,ERR
          BSF     DCFSTAT,WSYNC
          GOTO    DCFEND            ;Rücksprung ins Hauptprogramm
```

276 Kapitel 4

```
;
PULSANF   BTFSC    DCFSTAT,WSYNC
          GOTO     SYNCEXP
          OBER     DCFCNT,.205
          BZ       DCFEND
          UNTER    DCFCNT,.95
          BZ       DCFEND
SYNCDA    BCF      DCFSAT,VALID
          BTFSC    DCFSTAT,ERR
          GOTO     SYN
;Falls ERR gesetzt ist, kann man eventuell mit TIMUP die
;Echtzeit softwaremäßig hochzählen
;Falls ERR nicht gesetzt ist, werden an dieser Stelle die DCF-
;Variablen MIN,STD,TAG... in den Echtzeitbuffer übertragen.
          BSF      DCFSTAT,VALID
SYN1      BCF      DCFSTAT,ERR
          BCF      DCFSTAT,WSYN
          GOTO     DCFEND
;
PULSEND   BTFSC    DCFSTAT,WSYNC
          GOTO     DCFEND
          OBER     DCFCNT,.25
          BZ       DCFERR
          UNTER    DCFCNT,6
          BZ       DCFERR
          BCF      DCFSTAT,DBIT    ;DBIT vorsorglich =0
          OBER     DCFCNT,.15      ;ZR, wenn >15, d.h. Bit =1
          SKPNZ
          GOTO     BEDIENE
          BSF      DCFSTAT,DBIT    ;eingelesene Bits zwischenspeichern
BIT1      TOGGLE   DCFSTAT,PAR     ;Makro siehe 2.7
          GOTO     BEDIENE
```

Beim Programm BEDIENE muß auf die Programmadresse geachtet werden. Siehe Kapitel 2.2.

```
BEDIENE   OBER     CODE,.11
          BZ       DCFERR
          MOVF     CODE,W
          ADDWF    PC
          GOTO     B_VOR
          GOTO     B_START
```

```
        GOTO    B_MIN
        GOTO    B_PRF
        GOTO    B_STD
        GOTO    B_PRF
        GOTO    B_TAG
        GOTO    B_WOTAG
        GOTO    B_MON
        GOTO    B_JAHR
        GOTO    B_PRF3
```

Nun fehlen nur noch die zehn oben aufgeführten Programme. Diese kann man aus den obigen Stichpunkten gleich in Programmcode umformen. Nur ein paar Zeilen sind erläuterungsbedürftig:

Beim Eintritt in die Bedienungsprogramme ist das CY-Flag = 0, da beim ADDWF PC kein Übertrag vorkommen darf. Somit ist nach dem Befehl RRF ... das 7. Bit gelöscht. Die beiden folgenden Zeilen setzen das 7. Bit, wenn das DBIT = 1 ist. Damit wurde also das gerade eingelesene Bit in die jeweilige Variable von links hineingeschoben. Wenn wir das für alle Bits eines Feldes getan haben, stehen die gesendeten Bits linksbündig in der Variablen.

Bei den Werten STUNDE, TAG, MONAT schieben wir noch ein- bis dreimal nach, um die Werte rechtsbündig zu machen. Da WOTAG nur drei Bits hat, vertauschen wir zuerst die Nibble mit SWAPF, bevor wir noch einmal schieben. JAHR hat 8 Bits, daher ist kein Rotieren nötig. Bei der Variablen VOR schieben wir in die gleiche Variable 20 Mal ein Bit von links hinein. Am Ende stehen in der Variablen VOR die letzten 8 Bits, die ja die wichtigen Informationen enthalten.

```
B_VOR   RRF     VOR                 ;CY=0, wegen ADDWF PC
        BTFSC   DCFSTAT,DBIT
        BSF     VOR,7               ;Abspeichern in Bit 7
        DECFSZ  BITCNT
        GOTO    DCFEND
        INCF    CODE
        MOVLW   7                   ;Für Minute
        MOVWF   BITCNT
        BCF     DCFSTAT,PAR         ;Parity-Bit löschen
        GOTO    DCFEN
;
B_MIN   RRF     MIN
        BTFSC   DCFSTAT,DBIT
        BSF     MIN,7               ;Abspeichern in Bit 7
        DECFSZ  BITCNT
```

```
             GOTO    DCFEND
             INCF    CODE
             MOVLW   6               ; Für Stunde
             MOVWF   BITCNT
             BCF     STATUS,CY       ; rechtsbündig
             RRF     MIN
             GOTO    DCFEND
;
B_STD        RRF     STD
             BTFSC   DCFSTAT,DBIT
             BSF     STD,7           ; Abspeichern in Bit 7
             DECFSZ  BITCNT
             GOTO    DCFEND
             INCF    CODE
             MOVLW   6               ; Für Tag
             MOVWF   BITCNT
             BCF     STATUS,CY       ; rechtsbündig
             RRF     STD
             RRF     STD
             GOTO    DCFEND
;
B_TAG        RRF     TAG
             BTFSC   DCFSTAT,DBIT
             BSF     TAG,7           ; Abspeichern in Bit 7
             DECFSZ  BITCNT
             GOTO    DCFEND
             INCF    CODE
             MOVLW   3               ; Für Wotag
             MOVWF   BITCNT
             BCF     STATUS,CY       ; rechtsbündig
             RRF     TAG
             RRF     TAG
             GOTO    DCFEND
;
B_WOTAG      RRF     WOTAG
             BTFSC   DCFSTAT,DBIT
             BSF     WOTAG,7         ; Abspeichern in Bit 7
             DECFSZ  BITCNT
             GOTO    DCFEND
             INCF    CODE
```

Eingänge erfassen

```
              MOVLW     5                  ; Für Monat
              MOVWF     BITCNT
              BCF       STATUS,CY          ; rechtsbündig
              SWAPP     WOTAG
              RRF       WOTAG
              GOTO      DCFEND
;
B_MON         RRF       MON
              BTFSC     DCFSTAT,DBIT
              BSF       MON,7              ; Abspeichern in Bit 7
              DECFSZ    BITCNT
              GOTO      DCFEND
              INCF      CODE
              MOVLW     8                  ; Für Jahr
              MOVWF     BITCNT
              BCF       STATUS,CY          ; rechtsbündig
              RRF       MON
              RRF       MON
              RRF       MON
              GOTO      DCFEND
;
B_JAHR        RRF       JAHR
              BTFSC     DCFSTAT,DBIT
              BSF       JAHR,7             ; Abspeichern in Bit 7
              DECFSZ    BITCNT
              GOTO      DCFEND
              INCF      CODE
              MOVLW     .20                ; Für Vorfeld
              MOVWF     BITCNT
              GOTO      DCFEND
;
B_START       INCF      CODE
              BTFSC     DCFSTAT,DBIT       ; Eingelesenes Bit muß 1 sein
              GOTO      DCFEND
              GOTO      DCFERR
;
B_PRF         INCF      CODE
              BTFSS     DCFSTAT,PAR        ;Parity-Bit muß 0 sein
              GOTO      DCFEND
              GOTO      DCFERR
;
```

```
B_PRF3      CLRF        CODE
            BSF         DCFSTAT,WSYNC   ;ab jetzt auf Synch. warten
            BTFSS       DCFSTAT,PAR
            GOTO        DCFEND
            GOTO        DCFERR
;
```

Listing des Moduls DCF.AM

Anwendung findet dieses Modul im Programm DCFUHR.ASM auf der Diskette.

Kapitel 5

Serielle Kommunikationen

Serielle Kommunikationen gewinnen zunehmend an Bedeutung beim Anschluß von µControllern an periphere Bausteine. Auch bei der Anbindung an einen PC, oder bei der Verbindung mehrerer Controller miteinander, findet man die seriellen Verbindungen immer häufiger.

Periphere Bausteine, die mehr und mehr an Bedeutung gewinnen, sind:

- serielle EEPROMS
- DA-Wandler
- AD-Wandler
- Uhrenbausteine
- digitale Thermometer
- Anzeigebausteine usw.

Der Vorteil von seriellen Verbindungen liegt auf der Hand: Man spart Pins und Leitungen. Insbesondere wenn galvanische Trennung notwendig ist, läßt sich diese mit wenigen Leitungen einfacher und preisgünstiger realisieren als mit einem parallelen Bus.

Der Nachteil ist ebenso offenkundig: Die serielle Verbindung benötigt ein höheres Maß an Organisation und außerdem mehr Zeit als die parallele Kommunikation. Der letztere Nachteil ist durch die hohe Geschwindigkeit der PIC16-µController in vielen Fällen nicht gravierend. Zumal die PIC16CXX-Familie durch die seriellen Hardwaremodule die Software weitgehend vom Ausgeben der einzelnen Bits entlastet.

Es gibt eine Fülle verschiedener Arten logischer und physikalischer Realisierungen von seriellen Schnittstellen. Wir wollen hier die wesentlichen Unterschiede darstellen. Die Hauptaufgaben einer seriellen Organisation sind:

- Verabredung des Beginns einer Kommunikation
- Synchronisation der einzelnen Bits
- Verabredung über das Ende einer Kommunikation

Grundsätzlich kann man die Lösungen dieser drei Aufgaben in zwei Kategorien einteilen: die synchronen und asynchronen Schnittstellen.

Bei den synchronen Schnittstellen wird die Gültigkeit eines Bits über eine Clockleitung angezeigt.

Bei den asynchronen Schnittstellen wird die Übertragung über ein festes Zeitraster (Baudrate) synchronisiert.

5.1 Synchrone Kommunikation

Die synchrone Schnittstelle hat aus Anwendersicht sicherlich die größere Bedeutung. Sie wird vor allem im Bereich zwischen Bausteinen verwendet. Auch bei der Vernetzung mehrerer µController untereinander sind synchrone Protokolle gebräuchlich.

Prinzipiell finden wir bei der synchronen Übertragung außer der oder den Datenleitungen noch eine Clockleitung. Sie ist für die Synchronisation der Schreib- bzw. Lesezyklen zuständig. Bei den verschiedenen Protokollen wird in der Regel ein Clockpegel definiert, bei dem die Bits gesetzt werden, beim jeweils anderen Pegel werden die Bits gelesen.

Für eine Schnittstelle sind drei Parameter charakteristisch:

- die Übertragungsgeschwindigkeit (clocktime-high, clocktime-low)
- die Reihenfolge der Bitübertragung (MSB first, LSB first)
- der Clockpegel beim Lesen bzw. Schreiben

Typisch für die synchronen Schnittstellen ist, daß die beiden Partner nicht gleichberechtigt sind. Deshalb spricht man von Master und Slave. Dem Master obliegt es, die Initiative zu einer Kommunikation zu ergreifen. Außerdem ist es der Master, der in der Regel den Clock ausgibt. Peripheriebausteine fungieren normalerweise als Slaves. Sie werden vom Master aufgefordert, Daten abzugeben oder Daten zu empfangen. Daß ein Master mehrere Slaves besitzt, ist ein üblicher Fall. Es gibt auch Multimasteranwendungen, über die wir hier nicht sprechen möchten.

Wenn ein Master mehrere Slaves zu bedienen hat, werden diese auf verschiedene Weisen selektiert:

- über Chipselect-Leitungen
- oder durch Bausteinadressen, die über die Schnittstelle ausgegeben werden

In den folgenden Abschnitten legen wir unsere wichtigsten seriellen Anwendungen aus unserem Entwicklungsalltag dar. Wir zeigen sowohl die softwaremäßige Durchführung als auch die Realisierung mit Hilfe des Hardwaremoduls SSP, sofern möglich.

5.1.1 Realisierung ohne Hardwareunterstützung

Wir haben uns bemüht, die softwaremäßige Realisierung in unseren Modulen immer so zu schreiben, daß sie auch mit den Vertretern der PIC16C5X-Familie kompatibel ist. Insbesondere haben wir eine zu große Unterprogrammschachtelung vermieden.

Auf einige Programmdetails, die immer wieder vorkommen, möchten wir vorab genauer eingehen:

Das Programmelement: Lese Daten

Aufgrund des Pegels der Datenleitung wird das Carry-Flag gesetzt oder gelöscht und anschließend in die Zielvariable rotiert. In den untenstehenden Beispielen wird davon ausgegangen, daß das MSB zuerst übertragen wird. Falls das LSB zuerst übertragen wird, muß es statt RLF dann RRF heißen, und wenn mehr als 8 Bit übertragen werden, kommt der Befehl RRF WERTH vor dem Befehl RRF WERTL.

```
        BSF     STATUS,CY
        BTFSS   DATL            ; Datenleitung
        BCF     STATUS,CY
        RLF     WERTL
        RLF     WERTH           ; nur wenn mehr als acht Bit
```
Das Programmelement: Schreibe Daten

Hier wird durch den Befehl RLF das Carry-Flag mit dem aktuell zu übertragenden Bit geladen. Im einfachen Fall wird die Datenleitung, wie unten dargestellt, entsprechend dem Carry-Flag low bzw. high gelegt.

```
        RLF     WERTL
        RLF     WERTH
        SKPNC
        BSF     DATL            ; Datenleitung
        SKPC
        BCF     DATL            ; Datenleitung
```
Das Programmelement: Schreibe Daten, bei bidirektionaler Datenleitung

Die Datenpins sind in diesem Falle als open-collector-Typen ausgeführt. Das vermeidet eine Kollision von zwei Ausgängen mit unterschiedlichen Pegeln. D.h., das Setzen einer Datenleitung auf high geschieht, indem man den Ausgang hochohmig macht, sprich zum Eingang. Beim Setzen auf low wird auf Ausgang geschaltet und eine NULL ausgegeben. In der Regel wird das entsprechende Datenausgangsregister am Anfang mit einer NULL beschrieben, und die Ausgangszustände werden nur durch das Umschalten von Ein- auf Ausgang realisiert. Für eine NULL muß das entsprechende Bit im TRIS-Register zurückgesetzt werden, für eine EINS muß das Bit auf EINS gesetzt werden. Dies geschieht bei der PIC16C5X-Familie anders als bei der PIC16CXX-Familie. Daher führen wir in solchen Fällen Makros ein.

```
; Makros für PIC16CXX
SETRIS  MACRO   TRISC,PIN
        BANK_1
        BSF     TRISC,PIN
        BANK_0
        ENDM
CLTRIS  MACRO   TRISC,PIN
        BANK_1
        BCF     TRISC,PIN
        BANK_0
        ENDM

; Makros für PIC16C5X
SETRIS  MACRO   PORTC,PIN
        BSF     CTRIS,PIN
        MOVF    CTRIS,W
        TRIS    PORTC
        ENDM
CLTRIS  MACRO   PORTC,PIN
        BCF     CTRIS,PIN
        MOVF    CTRIS,W
        TRIS    PORTC
        ENDM
```

Das Programmieren einer seriellen Schnittstelle ist eine reine Fleißarbeit. Man muß das vorgeschriebene Protokoll nur gehorsam beachten. Jeder künstlerische Gestaltungsversuch führt beim Gesprächspartner am anderen Ende zu Unverständnis.

Wenn das Protokoll vorschreibt, daß bei Clockpegel High zu schreiben ist, dann lautet das Programm des Masters:

- Setze Clock High
- Schreibe Bit
- Ggfs. NOP oder Warteschleife
- Setze Clock Low (damit das Bit gelesen werden kann)

und wenn bei Clockpegel Low zu lesen ist, programmiert man:

- Setze Clock Low
- Ggfs. NOP oder Warteschleife
- Lies Bit
- Setze Clock High

Aus der Sicht eines Slaves lauten die entsprechenden Anweisungen für Schreiben bzw. Lesen:

- Warte bis Clock High
- Schreibe Bit
- Warte bis Clock Low

bzw.

- Warte bis Clock Low
- Lies Bit
- Warte bis Clock High

Darüber hinaus ist nur noch der Ruhezustand der Leitungen zu beachten und eventuell ein Ritual zu Beginn oder am Ende der Übertragung.

5.1.2 Realisierung mit Hardwareunterstützung

Wenn man Hardwaremodule benutzen will, muß man zunächst festlegen, welche Art der Schnittstelle zu bedienen ist. Das SSP-Modul unterscheidet zwei Arten von Schnittstellen, nämlich die SPI und die IIC. Die meisten unserer Anwendungsbeispiele entsprechen dem SPI-Protokoll (TM von Motorola). Dieses besteht, um es vereinfacht auszudrücken, aus einfachem Lesen und Schreiben unter dem Taktstock des Clocksignals. Bei der IIC-Schnittstelle, auf die wir eigens zu sprechen kommen, sind zusätzlich noch Start-, Stop- bzw. Acknoledge-Prozeduren zu senden bzw. zu empfangen. Das SSP-Modul unterstützt nur den IIC-Slave-Modus, der in unseren Anwendungen nicht vorkommt. Es wird daher von uns nur im SPI-Modus verwendet. Das bedeutet, daß der Konfigurationswert, der in das SSPCON-Register zu schreiben ist, nur 2XH und 3XH annehmen kann.

- 2XH: schreiben bei Clock high und lesen bei Clock low
- 3XH: schreiben bei Clock low und lesen bei Clock high

wobei gilt:

- $X = 0$: Clockfrequenz = Fosc / 4
- $X = 1$: Clockfrequenz = Fosc / 16
- $X = 2$: Clockfrequenz = Fosc / 64
- $X = 3$: Clockfrequenz = TMR2-Output / 2

Eine Übertragung wird dadurch gestartet, daß in das Register SSPBUF geschrieben wird. Um einen Empfang auszulösen, kann man den Befehl CLRF SSPBUF verwenden. Die Mitteilung, daß ein Byte empfangen wurde, erhält man durch Anfragen des Bits BF im Register SSPSTAT. Es ist Bit Nr. 0, und im übrigen das einzige für den SPI-Modus.

5.1.3 DA- und AD-Wandler

Beschreibung des DA-Wandlers

Der DA-Wandler AD7249 von Analog Devices ist ein dual-12-Bit-Wandler. Er bekommt ein 16-Bit-Wort übertragen, von dem die obersten drei Bit ignoriert werden, und das Bit 12 selektiert einen der beiden Wandler. Durch die 16-Bit-Übertragung ist das Protokoll SPI-kompatibel. Die serielle Übertragung hat folgende Charakteristika:

clocktime-hi, clocktime-low:	min. je 250 nsek
Reihenfolge der Bits:	MSB first
Clockpegel beim Ausgeben der Bits:	high Pegel

Zum grundlegenden Verständnis des Bausteins beschreiben wir die Pins, die bedient werden müssen:

- /SYNC: Diese Leitung würden wir als Chipselect-Leitung bezeichnen. Sie ist im Ruhezustand high und schaltet das digitale Interface ab.
- /LDAC: Mit einem «negativen» Puls auf diesem Pin, werden die zuletzt übertragenen Werte an die beiden Ausgänge weitergeleitet. Ruhezustand high.
- /CLR: Das ist ein asynchroner Reset, der üblicherweise mit dem Resetnetz verbunden ist.
- SCLK: CLOCK-Leitung.
- SDIN: Datenleitung.

Beim DA-Wandler ist der Rahmen der Übertragung ganz einfach: Man setzt den Chipselect (nSYNC) auf Low, und schon kann die Übertragung losgehen. Dabei ist keine Mitteilung bezüglich Schreiben oder Lesen nötig, da unser DA-Wandler ohnehin nicht gelesen wird.

Unser Modul DAC.AM enthält sowohl die Variante ohne SSP als auch die mit SSP-Unterstützung.

```
;=======================================================
; Ausgabemodul für den DA-Wandler AD 7249
; verwendete Fosc = 4MHz
;=======================================================
V_DAC       EQU     ???
WERTL       EQU     V_DAC+0
WERTH       EQU     V_DAC+1
UCOUNT      EQU     V_DAC+2
;
; konventionelle Methode für PIC16C5X und PIC16CXX
;
#DEFINE     nSYN    PORT?,?
#DEFINE     SDIN    PORT?,?
#DEFINE     SCLK    PORT?,?
#DEFINE     nLDAC   PORT?,?

DAC_WR      MOVLW   16
            MOVWF   UCOUNT
            BCF     nSYN
DACWR1      RLF     WERTL
            RLF     WERTH
            SKPNC
            BSF     SDIN
            SKPCY
            BCF     SDIN
            BCF     SCLK
            NOP
            BSF     SCLK
            DECFSZ  UCOUNT
            GOTO    DACWR1
            BSF     nSYN
            BCF     nLDAC
            BSF     nLDAC
            RETLW   0
;-------------------------------------------------------
; Methode mit dem SPI-Modul nur für PIC16CXX
;
DAC_WRS     MOVLW   20H     ; bis Fosc=4MHz hat diese Geschw.
            MOVWF   SSPCON  ; funktioniert
            BCF     nSYN
```

```
              MOVF     WERTH,W
              MOVWF    SSPBUF
              BANK_1
DWAI1         BTFSS    SSPSTAT,RDY
              GOTO     DWAI1
              BANK_0
              MOVF     WERTL,W
              MOVWF    SSPBUF
              BANK_1
DWAI2         BTFSS    SSPSTAT,RDY
              GOTO     DWAI2
              BANK_0
              BSF      nSYN
              BCF      nLDAC
              BSF      nLDAC
              RETLW    0
;
```

Programm ADC.AM

Beschreibung des AD-Wandlers

Der AD-Wandler vom Typ LTC1286 ist ein 12-Bit-Wandler. Der Baustein benötigt nach dem Aktivieren mit dem /CS zunächst zwei Clocks für den Samplevorgang. Die anschließende Datenübertragung geschieht während der sukzessiven Wandlung und besteht aus 13 Bit. Das Startbit ist dabei immer eine NULL. Die serielle Übertragung hat folgende Charakteristika:

clocktime-hi, clocktime-low:	min. je 2 µsek
Reihenfolge der Bits:	MSB first
Clockpegel beim Einlesen der Bits:	high Pegel

Auch bei diesem Baustein beschreiben wir die Pins, die bedient werden müssen:

- /CS: Diese Leitung ist die Chipselect-Leitung. Sie ist im Ruhezustand high und schaltet auch hier das digitale Interface ab.
- CLK: Clockleitung
- DOUT: Datenleitung, während des Samplens hochohmig

Wie das Modul DAC.AM enthält auch das Modul ADC.AM beide Varianten – also für PIC16C5X die herkömmliche Methode, die Pins per Programm zu bedienen, und für die PIC16CXX die hardwareunterstützte Methode mit dem SPI-Modus des SSP-Moduls. Es wird jedoch in beiden Fällen mit 4 MHz gearbeitet.

```
;===========================================================
; Einlesemodul für den AD-Wandler LTC 1286
; verwendete Fosc = 4MHz
;===========================================================
V_ADC      EQU      ???
WERTL      EQU      V_ADC
WERTH      EQU      V_ADC+1
UCOUNT     EQU      V_ADC+2
;
; konventionelle Methode für PIC16C5X und PIC16CXX
;
#DEFINE    nCS      PORT?,?
#DEFINE    DOUT     PORT?,?
#DEFINE    ACLK     PORT?,?
;
ADCRD      BCF      nCS
;
           MOVLW    .15
           CLRF     WERTH
           CLRF     WERTL
           MOVWF    UCOUNT
ADRD1      BCF      ACLK
           NOP
           NOP
           BSF      ACLK
           BSF      STATUS,CY
           BTFSS    DOUT
           BCF      STATUS,CY
           RLF      WERTL
           RLF      WERTH
           DECFSZ   UCOUNT
           GOTO     ADRD1
;
           BSF      nCS0
           RETLW    0
```

```
;----------------------------------------------------
; Methode mit dem SPI-Modul nur für PIC16CXX
;----------------------------------------------------;
; Anmerkung zum zurückgegebenen Datenformat:       !!! ;
; z z 0 x11 | x10 x9 x8 x7 | x6 x5 x4 x3 | x2 x1 x0 s !!! ;
; z: während der Tsmpl ist der Datenausgang noch hi-z !!! ;
; 0: gestartet wird mit einem NULL-Bit             !!! ;
; x: ist der 12 Bit lange AD-Wert                      ;
; s: ist noch einmal das Bit x1                    !!! ;
; Die obersten drei Bit des WERTH und das niedrigste Bit ;
; des WERTL sind also zu entfernen.                    ;
; Das Verhalten des AD-Wandlers und die eingelesenen Daten ;
; entsprechen exakt der Spezifikation aus dem Datenbuch. ;
;----------------------------------------------------;
ADCRDS  MOVLW   32H
        MOVWF   SSPCON
        BCF     nCS
        CLRF    SSPBUF
        BANK_1
AWAI1   BTFSS   SSPSTAT,RDY
        GOTO    AWAI1
        BANK_0
        MOVF    SSPBUF,W
        MOVWF   WERTH
        CLRF    SSPBUF
        BANK_1
AWAI2   BTFSS   SSPSTAT,RDY
        GOTO    AWAI2
        BANK_0
        MOVF    SSPBUF,W
        MOVWF   WERTL
        BSF     nCS
        RETLW   0
```

Listing ADC.AM

Wir haben beide Wandler gleichzeitig getestet, d.h. Werte wurden über den DA-Wandler ausgegeben und vom AD-Wandler wieder eingelesen. Daher haben wir nur ein gemeinsames Schaltbild, welches wir an dieser Stelle zeigen möchten.

292 Kapitel 5

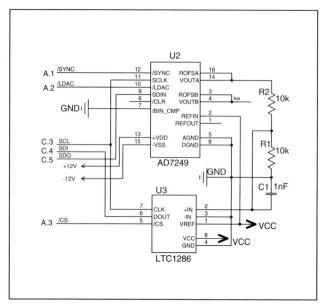

Abbildung 5.1: Testaufbau für die beiden Wandler gemeinsam

Mit dem folgenden Programm wird ein Wert mit dem DA-Wandler ausgegeben, und zwar auf der LED-Anzeige mit einem führenden »A«. Es wird eine direkte Verbindung zum AD-Wandler-Eingang vorausgesetzt. Der vom AD-Wandler eingelesene Wert wird dann ebenfalls auf der LED-Anzeige ausgegeben, aber mit einem führenden »E«.

```
                TITLE     " Demoprogramm für den AD- und DA-Wandler "
;                         ;basierend auf dem Programm LEDUHR.ASM
;
                INCLUDE   "PICREG.INC"
                LIST      P=16C74,F=INHX8M
;
;===========================================================
;===================== PORTA
RES_A           EQU       0FFH
TR_A            EQU       0
;===================== PORT_B
RES_B           EQU       0
TR_B            EQU       0FH
```

```
;=================== PORT_C
;CLK       EQU       3; 0 1;
;SDI       EQU       4; 1 x;
;SDO       EQU       5; 0 1;
RES_C      EQU       0FFH
TR_C       EQU       010H
;=================== PORT_D
;Segmenttreiber für die LED-Anzeige
RES_D      EQU       0
TR_D       EQU       0
;=================== PORT_E
RES_E      EQU       0FH
TR_E       EQU       0
;
; DAC DEFINES
#DEFINE    nSYN      PORT_A,1
#DEFINE    SDIN      PORT_C,5
#DEFINE    SCLK      PORT_C,3
#DEFINE    nLDAC     PORT_A,2
; ADC DEFINES
#DEFINE    nCS       PORT_A,3
#DEFINE    DOUT      PORT_C,4
#DEFINE    ACLK      PORT_C,3
;;---------------------------- Variable LED
;
V_LED      EQU       20H
CODE1      EQU       V_LED+0
CODE2      EQU       V_LED+1
CODE3      EQU       V_LED+2
CODE4      EQU       V_LED+3
STELLE     EQU       V_LED+5
ZAHL       EQU       V_LED+6
ANZEVE     EQU       V_LED+7
;
ANZDIFF    EQU       .164
;=================================== Variable für DAC
V_DAC      EQU       30H
WERTL      EQU       V_DAC+0
WERTH      EQU       V_DAC+1
UCOUNT     EQU       V_DAC+2
TRANSH     EQU       V_DAC+3
```

```
TRANSL      EQU         V_DAC+4
;========================= BIT IN WERTH
SELECT      EQU         4
;================================= Variable für ADC
V_ADC       EQU         40H
WCNT        EQU         V_ADC
;
INZ         EQU         48H
EUZ         EQU         49H
;========================= KONSTANTE
RDY         EQU         0
;
BANK_0      MACRO
            BCF         STATUS,5
            ENDM

BANK_1      MACRO
            BSF         STATUS,5
            ENDM
;
            ORG         0
            CLRF        STATUS
            GOTO        MAIN
            NOP
            NOP
            GOTO        ISR         ; Interrupt-Service-Routines
;
            ORG         10
;
ISR         RETFIE
;
DELAY5      MOVLW       5           ; ca 5 msek bei FOSC=1MHz
            MOVWF       EUZ
            CLRF        INZ
DLO         NOP
            DECFSZ      INZ
            GOTO        DLO
            DECFSZ      EUZ
            GOTO        DLO
            RETLW       0
```

```
;===========================AD-Sektion
;------------------------------------------------------------
;         ADCRD: liest 15 Bit vom AD-Wandler (ohneSSP)
;         Ausgang: TRANSH:TRANSL
;------------------------------------------------------------
ADCRD    BCF       nCS
;
         MOVLW     .15
         CLRF      TRANSL
         CLRF      TRANSH
         MOVWF     UCOUNT
ADRD1    BCF       ACLK      ; Clock Low
         NOP                 ;
         NOP                 ; min 2 µsek
         NOP                 ;
         BSF       ACLK      ; Clock Hi
         BSF       STATUS,CY ; Lese Bit
         BTFSS     DOUT      ;
         BCF       STATUS,CY ;
         RLF       TRANSL    ;
         RLF       TRANSH    ;
         NOP
         DECFSZ    UCOUNT
         GOTO      ADRD1
;
         BSF       nCS
         BCF       TRANSH,6
         BCF       TRANSH,5
         RETLW     0
;------------------------------------------------------------;
;         ADCRDS:liest 16 Bit vom AD-Wandler (mitSSP) und schiebt
;         einmal rechts, da nur 15 Bits gelesen werden sollen
;         Ausgang: TRANSH:TRANSL
;------------------------------------------------------------
ADCRDS   MOVLW     62H       ; Schreiben bei Clock Hi/Lesen bei
                             ; Clock Low
         MOVWF     SSPCON    ; Clockfrequenz=FOSC/16
         BCF       nCS
         CLRF      SSPBUF
         BANK_1
```

296 Kapitel 5

```
AWAI1    BTFSS    SSPSTAT,RDY; Warte bis fertig
         GOTO     AWAI1
         BANK_0
         MOVF     SSPBUF,W
         MOVWF    TRANSH  ;
         CLRF     SSPBUF
         BANK_1
AWAI2    BTFSS    SSPSTAT,RDY; Warte bis fertig
         GOTO     AWAI2
         BANK_0
         MOVF     SSPBUF,W
         MOVWF    TRANSL  ;
         BSF      nCS
         BCF      STATUS,CY
         RRF      TRANSH   ; 15 Bit rechtsbündig
         RRF      TRANSL
         BCF      TRANSH,6
         BCF      TRANSH,5
         RETLW    0
;===========================DA-Sektion
;-------------------------------------------------------------------
;
;        DACWR: schreibt 16 Bit an den DA-Wandler (ohneSSP)
;        Ausgang: TRANSH:TRANSL
;-------------------------------------------------------------------
DAC_WR   MOVLW    .16
         MOVWF    UCOUNT
         BCF      nSYN      ; Interface on
DACWR1   RLF      TRANSL    ; Schreibe Bit
         RLF      TRANSH    ;
         SKPNC    ;
         BSF      SDIN      ;
         SKPC     ;
         BCF      SDIN      ;
         BCF      SCLK      ; Clock low
         NOP
         BSF      SCLK      ; Clock Hi
         DECFSZ   UCOUNT
         GOTO     DACWR1
         BSF      nSYN      ; Interface off
         BCF      nLDAC     ; Ausgabe an Ausgang übergeben
```

Serielle Kommunikationen 297

```
            BSF     nLDAC     ;
            RETLW   0
;------------------------------------------------------------------
;
;       DACWRS: schreibt 16 Bit an den DA-Wandler (mitSSP)
;       Ausgang: TRANSH:TRANSL
;------------------------------------------------------------------
            DACWR
DAC_WRS     BCF     nSYN      ; Interface on
            MOVF    WERTH,W
            MOVWF   SSPBUF
            BANK_1
DWAI1       BTFSS   SSPSTAT,RDY; Warte bis fertig
            GOTO    DWAI1
            BANK_0
            MOVF    WERTL,W
            MOVWF   SSPBUF
            BANK_1
DWAI2       BTFSS   SSPSTAT,RDY; Warte bis fertig
            GOTO    DWAI2
            BANK_0
            BSF     nSYN      ; Interface off
            BCF     nLDAC     ; Ausgabe an Ausgang übergeben
            BSF     nLDAC
            RETLW   0
;
;========================= Unterprogramme für LED
;
GETCODE     ANDLW   0FH
; wie gehabt
;
GETDRV      ANDLW   03H
            ADDWF   PC
            RETLW   0EH       ;0
            RETLW   0DH       ;1
            RETLW   0BH       ;2
            RETLW   07H       ;3
;
MKCODE      MOVF    ZAHL,W    ;
; wie gehabt
;
```

298 Kapitel 5

```
LEDOUT     MOVLW     0FH        ; alle Kathoden-Treiber sind Eingänge
; wie gehabt
;
;=============================== Hauptprogramm
MAIN       MOVLW     RES_A
           MOVWF     PORT_A
           MOVLW     RES_B
           MOVWF     PORT_B
           MOVLW     RES_C
           MOVWF     PORT_C
           MOVLW     RES_D
           MOVWF     PORT_D
           MOVLW     RES_E
           MOVWF     PORT_E
           CLRF      ADCON0
           BANK_1               ; switch to Bank1
           MOVLW     07H
           MOVWF     ADCON1
           MOVLW     TR_A
           MOVWF     TRISA
           MOVLW     TR_B
           MOVWF     TRISB
           MOVLW     TR_C
           MOVWF     TRISC
           MOVLW     TR_D
           MOVWF     TRISD
           MOVLW     TR_E
           MOVWF     TRISE
;
           MOVLW     081H       ;RTCC-Rate = Clockout/4
           MOVWF     R_OPTION
           BANK_0               ; switch to Bank0
;
           CLRF      WERTL
           CLRF      WERTH
LOOP       MOVF      WERTL,W
           MOVWF     TRANSL
           MOVF      WERTH,W
           MOVWF     TRANSL
           CALL      DAC_WR     ; Ausgabe von WERTH:WERTL an DA-Wandler
;
```

Serielle Kommunikationen 299

```
            MOVLW    CODE1      ; Erstellen der Anzeigecodes zu
                                ; WERTH:WERTL
            MOVWF    FSR        ;
            MOVF     WERTL      ;
            MOVWF    ZAHL       ;
            CALL     MKCODE     ;
            MOVF     WERTH      ;
            MOVWF    ZAHL       ;
            CALL     MKCODE     ;
            MOVLW    77H        ;
            MOVWF    CODE4      ; Code von 'A' für 4.Stelle
;
ANZ1        MOVLW    0F0H       ; ausgegebener Wert wird angezeigt
            MOVWF    UCOUNT     ; Anzeige von 0F0H * 5 msek (ca. 1.25 sek)
ANZLO1      CALL     DELAY5     ;
            CALL     LEDOUT     ;
            DECFSZ   UCOUNT     ;
            GOTO     ANZLO1     ;
;
            CALL     ADCRD      ; Lesen von rückgekoppelten WERT
                                ; TRANSH:TRANSL
;
            MOVLW    CODE1      ; Erstellen der Anzeigecodes zu
                                ; TRANSH:TRANSL
            MOVWF    FSR        ;
            MOVF     TRANSL,W   ;
            MOVWF    ZAHL       ;
            CALL     MKCODE     ;
            MOVF     TRANSL,W   ;
            MOVWF    ZAHL       ;
            CALL     MKCODE     ;
            MOVLW    79H        ; Code von 'E' für 4.Stelle
            MOVWF    CODE4      ;
;
ANZ2        MOVLW    0F0H       ; eingelesener Wert wird angezeigt
            MOVWF    UCOUNT     ; Anzeige von 0F0H * 5 msek (ca 1.25 sek)
ANZLO2      CALL     DELAY5     ;
            CALL     LEDOUT     ;
            DECFSZ   UCOUNT     ;
            GOTO     ANZLO2     ;
;
```

```
            INCF      WERTH,W   ; für nächste DAC-Ausgabe
            ANDLW     0FH       ;
            MOVWF     WERTH     ;
            GOTO      LOOP      ;
;
            END
```

Programm ADDALED.ASM

Wenn Sie in der LOOP die Aufrufe der Wandler-Unterprogramme mit der Endung »S« versehen und neu assemblieren, werden die Wandler fortan mit den Routinen mit dem SPI-Modul angesprochen.

5.1.4 Die seriellen EEPROMs 93LCX6

Von dieser Art serieller EEPROMs kennen wir derzeit drei verschiedene Größen:

- 93LC46 mit 128 x 8 Bit oder 64 x 16 Bit
- 93LC56 mit 256 x 8 Bit oder 128 x 16 Bit
- 93LC66 mit 512 x 8 Bit oder 256 x 16 Bit

Die Bausteine besitzen vier Kommunikationsleitungen:

- CS ist der Chipselect
- CLK ist der Clockeingang
- DI ist der Dateneingang
- DO ist der Datenausgang

Eine weitere Leitung, genannt ORG, schaltet von 8 Bit auf 16 Bit Datenbreite um. Unser Beispiel verwendet ein 93LC56 mit einer Datenbreite von 8 Bit (ORG = GND).

Die EEPROMs der 93er Serie von Arizona Microchip haben ein Übertragungsprotokoll mit dem Namen Microwire (TM von National Semiconductor). Aus der Sicht des Programmierers unterscheidet sich dieses Protokoll von dem SPI-Protokoll dadurch, daß sowohl Lesen als auch Schreiben bei Clocklevel low zu geschehen hat. Mancher PIC16-Programmierer glaubt deshalb, daß er das SSP-Modul nicht einsetzen kann. Wir haben jedoch den kühnen Versuch gewagt, durch Umschalten des SPI-Clock-Modus im SSPCON-Register zwischen Schreiben und Lesen das Modul doch in die Lage zu versetzen, diese EEPROMs zu bedienen. Unser Versuch war von Erfolg gekrönt.

clocktime-hi, clocktime-low:	min. je 250 nsek
write cycle time	typ. 4 max. 10 msek pro Byte
Reihenfolge der Bits:	MSB first
Clockpegel beim Einlesen der Bits:	low Pegel
Clockpegel beim Schreiben der Bits:	low Pegel

Die Kommunikation geschieht immer nach dem gleichen Schema, welches für das Beispiel des 93LC56 mit ORG = 0 folgendermaßen aussieht:

Befehl	SB	OP	Adresse	data in	data out	clk Zyklen
READ	1	10	x a7 ... a0	-	d7 ... d0	20
EWEN	1	00	1 1 x ... x	-	high-Z	12
ERASE	1	11	x a7 ... a0	-	rdy_/busy	12
ERAL	1	00	1 0 x ... x	-	rdy_/busy	12
WRITE	1	01	x a7 ... a0	d7 ... d0	rdy_/busy	20
WRAL	1	00	0 1 x ... x	d7 ... d0	rdy_/busy	20
EWDS	1	00	0 0 x ... x	-	high-Z	12

SB = Startbit, OP = Opcode, das Feld Adresse besteht immer aus 9 Bit.

Von Arizona Microchip gibt es eine Vielzahl von Application Notes zu diesen EEPROMs. Dabei wird auch die Variante besprochen, bei der die beiden Datenpins zusammengeschaltet werden. Bei diesem Verfahren muß der Datenpin des µControllers zu den entsprechenden Zeitpunkten in seiner Richtung umgeschaltet werden.

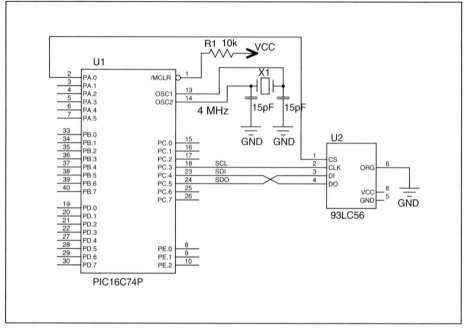

Abbildung 5.2: Schaltbild: 93LC56 am PIC16C74P

Damit die Unterprogramme und insbesondere die Konstantendefinitionen nicht durcheinandergeraten, haben wir zwei Module geschaffen:

- EE93.AM für die eigene Programmierung per Software
- EE93H.AM für die hardwareunterstützte Variante

```
;==========================================================
; Routinen für die seriellen EEPROM 93LCXX
; 8 Bit Datenbreite vorausgesetzt!
; verwendete Fosc = 4MHz
;==========================================================
; Die PIC16-Pins werden nach den EEPINS benannt.
; D.h., daß die Datenflußrichtung folgendermaßen aussieht:
#DEFINE   CS93      PORT?,?    ;Ausgang
#DEFINE   CLK93     PORT?,?    ;Ausgang
#DEFINE   DI        PORT?,?    ;Ausgang
#DEFINE   DO        PORT?,?    ;Eingang
;
```

```
;===========================Variable für EE
V_EE     EQU      ??H        ; Basis anpassen
DAT      EQU      V_EE
ADR93    EQU      V_EE+1
UCOUNT   EQU      V_EE+2
TRANS    EQU      V_EE+3
;
;BEFEHLE FUER SER.EPROM
;======================
OPRD93   EQU      0C0H
OPWR93   EQU      0A0H
OPER93   EQU      0E0H
ERAL93   EQU      090H
WRAL93   EQU      088H
EWEN93   EQU      098H
EWDS93   EQU      080H
;       Timing ok bis Fosz = 10MHz getestet
;------------------------------------------------------------
;       OUT93: schreibt TRANS (UCOUNT Bits linksbündig)
;       Eingang: TRANS,UCOUNT
;------------------------------------------------------------
OUT93    RLF      TRANS
         BTFSS    STATUS,CY;
         BCF      DI         ; Wenn CY=0: DI Low
         BTFSC    STATUS,CY
         BSF      DI         ; Wenn CY=1: DI Hi
         NOP
         BSF      CLK93      ; Hi Clock-Puls
         NOP      ;
         BCF      CLK93      ;
         DECFSZ   UCOUNT
         GOTO     OUT93
         RETURN
;
;------------------------------------------------------------
;       IN93: liest TRANS   (UCOUNT Bits rechtsbündig)
;       Eingang: UCOUNT
;       Ausgang: TRANS
;------------------------------------------------------------
IN93     BSF      CLK93      ; Hi Clock-Puls
         NOP      ;
```

```
                BCF         CLK93       ;
                NOP
                NOP
                BTFSS       DO
                BCF         STATUS,CY;  Wenn DO Low: CY=0
                BTFSC       DO
                BSF         STATUS,CY;  Wenn DO Hi: CY=1
                RLF         TRANS
                DECFSZ      UCOUNT
                GOTO        IN93
                RETURN
;
;-----------------------------------------------------------------
;               BEF93: Gesamtprogramm zur Befehlsausgabe
;               Eingang: TRANS = Befehl
;-----------------------------------------------------------------
BEF93           BSF         CS93
                MOVLW       8
                MOVWF       UCOUNT
                CALL        OUT93
                MOVLW       4           ; (LC46: 2) (LC56: 4)
                MOVWF       UCOUNT
                CLRF        TRANS
                CALL        OUT93
                BCF         CS93
                RETURN
;-----------------------------------------------------------------
;               WR93: Gesamtprogramm zur Datenausgabe an die
;                     EEPROM-Adresse ADR93
;               Eingang: DAT,ADR93
;               Benutzt OUT93
;-----------------------------------------------------------------
WR93            BSF         CS93
                MOVLW       OPWR93
                MOVWF       TRANS
                MOVLW       4           ; (LC46: 3) (LC56: 4)
                MOVWF       UCOUNT
                CALL        OUT93
                MOVF        ADR93,W
                MOVWF       TRANS
                MOVLW       8           ; (LC46: 7) (LC56: 8)
```

```
                MOVWF       UCOUNT
;               RLF         TRANS       ; (LC46: RLF) (LC56: (RLF))
                CALL        OUT93
                MOVF        DAT,W
                MOVWF       TRANS
                MOVLW       8
                MOVWF       UCOUNT
                CALL        OUT93
                BCF         CS93
;
;               NOP                     ; Je nachdem, wie schnell nach dem
                                        ; Schreiben
;               BSF         CS93        ; wieder auf das ser. EEPROM zugegriffen
                                        ; wird,
;EEBUSY         BTFSS       DO          ; ist es nötig, auf BUSY abzufragen.
;               GOTO        EEBUSY      ; alternativ kann man einfach 5 msek
                                        ; warten
;               BCF         CS93        ;
                RETURN
;
;----------------------------------------------------------------
;       RD93: Gesamtprogramm zum Datenlesen von der
;             EEPROM-Adresse ADR93
;       Eingang: ADR93
;       Ausgang: TRANS
;       Benutzt OUT93 ind IN93
;----------------------------------------------------------------
RD93            BSF         CS93
                MOVLW       OPRD93
                MOVWF       TRANS
                MOVLW       4           ; (LC46: 3) (LC56: 4)
                MOVWF       UCOUNT
                CALL        OUT93
                MOVF        ADR93,W
                MOVWF       TRANS
                MOVLW       8           ; (LC46: 7) (LC56: 8)
                MOVWF       UCOUNT
;               RLF         TRANS       ; (LC46: RLF) (LC56: (RLF))
                CALL        OUT93
                MOVLW       8
                MOVWF       UCOUNT
```

```
                CALL        IN93
                BCF         CS93
                RETURN
;
;--------------------------------------------------------------------
;           EEWREN: Write-Enable
;           Eingang: DAT,ADR
;--------------------------------------------------------------------
EEWREN      MOVLW       EWEN93
            MOVWF       TRANS
            CALL        BEF93
            RETURN
```

Listing von EE93.AM

Vor allem die Kernroutinen, die das serielle EEPROM direkt ansprechen, werden im folgenden Modul ganz anders aussehen, als im Standardmodul ohne SPI-Unterstützung.

```
;========================================================
; Routinen für die seriellen EEPROM 93LCXX
; 8 Bit Datenbreite vorausgesetzt!
; verwendete Fosc = 4MHz
;========================================================
; Die PIC16-Pins werden nach den EEPINS benannt.
; D.h., daß die Datenflußrichtung folgendermaßen aussieht:
#DEFINE     CS93        PORT?,?     ;Ausgang
#DEFINE     CLK93       PORT_C,3    ;Ausgang
#DEFINE     DI          PORT_C,5    ;Ausgang
#DEFINE     DO          PORT_C,4    ;Eingang
;
;=============================Variable für EE
V_EE        EQU         ??H         ; Basis anpassen
DAT         EQU         V_EE
ADR93       EQU         V_EE+1
UCOUNT      EQU         V_EE+2
TRANS       EQU         V_EE+3
;
;Neue Befehle fuer serielles Eprom
;====================      alt
NOPRD93     EQU         0CH         ;0C0H
NOPWR93     EQU         0AH         ;0A0H
```

```
;
NOPER93   EQU       01CH      ;0E0H
NERAL93   EQU       012H      ;090H
NWRAL93   EQU       011H      ;088H
NEWEN93   EQU       013H      ;098H
NEWDS93   EQU       010H      ;080H
;
;-----------------------------------------------------------------
; SPI-Routinen
;-----------------------------------------------------------------
;         EEWR: sendet DAT an die EEPROM-Adresse ADR93
;-----------------------------------------------------------------
EEWR      MOVLW     30H       ; SPI-Config: Schreiben bei Clock Low
          MOVWF     SSPCON    ; Clockfrequenz = FOSC/4
          BSF       CS93
          MOVLW     NOPWR93   ; Schreib-Befehl senden
          MOVWF     SSPBUF    ;
          BANK_1
SWE1      BTFSS     SSPSTAT,0 ; Warte bis Buffer empty
          GOTO      SWE1      ;
          BANK_0
          MOVF      ADR93,W   ; Adresse senden
          MOVWF     SSPBUF
          BANK_1
SWE2      BTFSS     SSPSTAT,0 ; Warte bis Buffer empty
          GOTO      SWE2
          BANK_0
          MOVF      DAT,W     ; Daten senden
          MOVWF     SSPBUF
          BANK_1
SWE3      BTFSS     SSPSTAT,0 ; Warte bis Buffer empty
          GOTO      SWE3
          BANK_0
          BCF       CS93
          RETURN
;
;-----------------------------------------------------------------
;         EERD: liest TRANS von der EEPROM-Adresse ADR93
;-----------------------------------------------------------------
EERD      MOVLW     30H       ; SPI-Config: Schreiben bei Clock Low
          MOVWF     SSPCON
```

308 Kapitel 5

```
            BSF     CS93
            MOVLW   NOPRD93  ; Lese-Befehl senden
            MOVWF   SSPBUF
            BANK_1
SRE1        BTFSS   SSPSTAT,0; Warte bis Buffer empty
            GOTO    SRE1
            BANK_0
            MOVF    ADR93,W  ; Adresse senden
            MOVWF   SSPBUF
            BANK_1
SRE2        BTFSS   SSPSTAT,0; Warte bis Buffer empty
            GOTO    SRE2
            BANK_0
            MOVLW   20H      ; SPI-Config umschalten!!!
                             ; Lesen auch bei Clock Low
            MOVWF   SSPCON
            CLRF    SSPBUF   ; Start des Lesevorgangs
            BANK_1
SRE3        BTFSS   SSPSTAT,0; Warte bis Buffer empty
            GOTO    SRE3
            BANK_0
            MOVF    SSPBUF,W
            MOVWF   TRANS    ; Ergebnis in TRANS
            BCF     CS93
            RETURN
;
;------------------------------------------------------------
;       EEBEF: sendet Befehl ohne Argumente
;       Eingang: DAT=Befehl
;------------------------------------------------------------

EEBEF       MOVLW   30H      ; SPI-Config: Schreiben bei Clock Low
            MOVWF   SSPCON
            BSF     CS93
            MOVLW   0
            BCF     STATUS,CY; Befehl besteht aus 0 + DAT7.. DAT0 +
                             ; 000 0000
            RRF     DAT      ; DAT := 0 + DAT7 .. DAT1
            BTFSC   STATUS,CY
            MOVLW   80H
            MOVWF   TRANS    ;TRANS = DAT0 + 000 0000
```

```
                MOVF      DAT,W
                MOVWF     SSPBUF
                BANK_1
SWE4            BTFSS     SSPSTAT,0; Warte bis Buffer empty
                GOTO      SWE4
                BANK_0
                MOVF      TRANS,W
                MOVWF     SSPBUF
                BANK_1
SWE5            BTFSS     SSPSTAT,0; Warte bis Buffer empty
                GOTO      SWE5
                BANK_0
                BCF       CS93
                RETURN
```

Listing von EE93H.AM

Im nun folgenden Demoprogramm beschreiben wir ein serielles EEPROM vom Typ 93LC56 und lesen die Werte zur Überprüfung wieder aus.

```
                TITLE     " Demoprogramm für das EE 93LC56 "
;                         ; basierend auf dem Programm LEDUHR.ASM
;                         ; softwaremäßige Lösung
;
                INCLUDE   "PICREG.INC"
                LIST      P=16C74,F=INHX8M
;
;=========================================================
;                         TRIS      RESETVALUE
;======================== PORT A
RES_A           EQU       0
TR_A            EQU       0
;======================== PORT_B
RES_B           EQU       0
TR_B            EQU       0FH
;======================== PORT_C
RES_C           EQU       0H
TR_C            EQU       013H
;======================== PORT_D
RES_D           EQU       0
TR_D            EQU       0
;======================== PORT_E
```

```
        RES_E       EQU         0
        TR_E        EQU         0
;
        #DEFINE     CS93        PORT_A,0
        #DEFINE     CLK93       PORT_C,3
        #DEFINE     DI          PORT_C,5
        #DEFINE     DO          PORT_C,4
;============================Variable LED
;
        V_LED       EQU         30H
        CODE1       EQU         V_LED+0
        CODE2       EQU         V_LED+1
        CODE3       EQU         V_LED+2
        CODE4       EQU         V_LED+3
        STELLE      EQU         V_LED+5
        ZAHL        EQU         V_LED+6
        ANZEVE      EQU         V_LED+7
;
        INZ         EQU         40H         ; Hilfsvariable
        EUZ         EQU         41H         ;
        WERT        EQU         42h         ;
;
;===============================Variable für EE
        V_EE        EQU         60H         ; Basis ggfs. anpassen
        DAT         EQU         V_EE+1
        ADR93       EQU         V_EE+2
        UCOUNT      EQU         V_EE+3
        TRANS       EQU         V_EE+4
;
;
;===================== Befehlsbytes für ser. EEPROM
        OPRD93      EQU         0C0H
        OPWR93      EQU         0A0H
        OPER93      EQU         0E0H
        ERAL93      EQU         090H
        WRAL93      EQU         088H
        EWEN93      EQU         098H
        EWDS93      EQU         080H
;
        BANK_0      MACRO                   ; nur für 16CXX
                    BCF         STATUS,5
```

```
                ENDM

BANK_1          MACRO           ; nur für 16CXX
                BSF             STATUS,5
                ENDM
;
                ORG             0
                CLRF            STATUS
                GOTO            MAIN
                NOP
                NOP
                GOTO            ISR             ; Interrupt-Service-Routinen
;
                ORG             10
;
ISR             RETFIE          ; kein Interrupt verwendet
;
DELAY           MOVLW           .5              ; 5 msek Delay bei FOSC=1MHz
                MOVWF           EUZ
                CLRF            INZ             ; Innere Zählschleife bis 256
DL0             NOP                             ; entspricht ca 1 msek bei FOSC=1MHz
                DECFSZ          INZ
                GOTO            DL0
                DECFSZ          EUZ
                GOTO            DL0
                RETLW           0
;
;==========================Unterprogramme für LED
;
GETCODE         ANDLW           0FH
                ADDWF           PC
; wie gehabt
;
GETDRV          ANDLW           03H
; wie gehabt
;
;-----------------------------------------------------------------
;       MKCODE: holt die Codes für zwei Ziffern
;       Eingang: Ziffern sind Nibbles von ZAHL
;                FSR zeigt auf niedrigere Ziffer, FSR+1 auf höhere
;-----------------------------------------------------------------
```

```
MKCODE    MOVF       ZAHL,W    ;
; wie gehabt
;
;----------------------------------------------------------------
;         LEDOUT:  gibt CODE-Wert für die nächste von 4 Stellen aus
;         Eingang: Variable STELLE 0 ..3 (rechte Stelle = 0)
;                  CODE1 bis CODE4 müssen vorhanden sein z.B. mit
;                  MKCODE
;         Ausgang: neue STELLE
;----------------------------------------------------------------
LEDOUT    MOVLW      0FH       ; alle Kathoden-Treiber sind Eingänge
; wie gehabt
;
;=============================Unterprogramme für 9356-Routinen
;----------------------------------------------------------------
;         OUT93: schreibt TRANS (UCOUNT Bits linksbündig)
;         Eingang: TRANS,UCOUNT
;----------------------------------------------------------------
OUT93     RLF        TRANS
          BTFSS      STATUS,CY ;
          BCF        DI        ; Wenn CY=0: DI LOw
          BTFSC      STATUS,CY
          BSF        DI        ; Wenn CY=1: DI Hi
          NOP
          BSF        CLK93     ; Hi Clock-Puls
          NOP                  ;
          BCF        CLK93     ;
          DECFSZ     UCOUNT
          GOTO       OUT93
          RETURN
;
;----------------------------------------------------------------
;         IN93: liest TRANS    (UCOUNT Bits rechtsbündig)
;         Eingang: UCOUNT
;         Ausgang: TRANS
;----------------------------------------------------------------
IN93      BSF        CLK93     ; Hi Clock-Puls
          NOP                  ;
          BCF        CLK93     ;
          NOP
          NOP
```

```
        BTFSS       DO
        BCF         STATUS,CY   ; Wenn DO Low: CY=0
        BTFSC       DO
        BSF         STATUS,CY   ; Wenn DO Hi: CY=1
        RLF         TRANS
        DECFSZ      UCOUNT
        GOTO        IN93
        RETURN
;
;----------------------------------------------------------------
;       BEF93: Gesamtprogramm zur Befehlsausgabe
;       Eingang: TRANS = Befehl
;----------------------------------------------------------------
BEF93   BSF         CS93
        MOVLW       8
        MOVWF       UCOUNT
        CALL        OUT93
        MOVLW       4           ; (LC46: 2) (LC56: 4)
        MOVWF       UCOUNT
        CLRF        TRANS
        CALL        OUT93
        BCF         CS93
        RETURN
;----------------------------------------------------------------
;       WR93: Gesamtprogramm zur Datenausgabe an die EEPROM-Adresse
;             ADR93
;       Eingang: DAT,ADR93
;       Benutzt OUT93
;----------------------------------------------------------------
WR93    BSF         CS93
        MOVLW       OPWR93
        MOVWF       TRANS
        MOVLW       4           ; (LC46: 3) (LC56: 4)
        MOVWF       UCOUNT
        CALL        OUT93
        MOVF        ADR93,W
        MOVWF       TRANS
        MOVLW       8           ; (LC46: 7) (LC56: 8)
        MOVWF       UCOUNT
;       RLF         TRANS       ; (LC46: RLF) (LC56: (RLF))
        CALL        OUT93
```

```
                MOVF        DAT,W
                MOVWF       TRANS
                MOVLW       8
                MOVWF       UCOUNT
                CALL        OUT93
                BCF         CS93


;
;               NOP         ; Je nachdem, wie schnell nach dem Schreiben
;               BSF         CS93    ; wieder auf das ser. EEPROM zugegriffen
;                                     wird,
;EEBUSY         BTFSS       DO      ; ist es nötig, auf BUSY abzufragen.
;               GOTO        EEBUSY  ; alternativ kann man einfach 5 msek warten
;               BCF         CS93    ;
                RETURN
;
;------------------------------------------------------------------------------
;               RD93: Gesamtprogramm zum Datenlesen von der
;                     EEPROM-Adresse ADR93
;               Eingang: ADR93
;               Ausgang: TRANS
;               Benutzt OUT93 und IN93
;------------------------------------------------------------------------------
RD93            BSF         CS93
                MOVLW       OPRD93
                MOVWF       TRANS
                MOVLW       4          ; (LC46: 3) (LC56: 4)
                MOVWF       UCOUNT
                CALL        OUT93
                MOVF        ADR93,W
                MOVWF       TRANS
                MOVLW       8          ; (LC46: 7) (LC56: 8)
                MOVWF       UCOUNT
;               RLF         TRANS      ; (LC46: RLF) (LC56: (RLF))
                CALL        OUT93
                MOVLW       8
                MOVWF       UCOUNT
                CALL        IN93
                BCF         CS93
                RETURN
;
```

```
;-----------------------------------------------------------
;       EEWREN: Write-Enable
;       Eingang: DAT,ADR
;-----------------------------------------------------------
EEWREN  MOVLW   EWEN93
        MOVWF   TRANS
        CALL    BEF93
        RETURN
;
;===============================Hauptprogramm
MAIN    MOVLW   RES_A
        MOVWF   PORT_A
        MOVLW   RES_B
        MOVWF   PORT_B
        MOVLW   RES_C
        MOVWF   PORT_C
        MOVLW   RES_D
        MOVWF   PORT_D
        MOVLW   RES_E
        MOVWF   PORT_E
        CLRF    ADCON0
        BANK_1  ; switch to Bank1
        MOVLW   07H
        MOVWF   ADCON1
        MOVLW   TR_A
        MOVWF   TRISA
        MOVLW   TR_B
        MOVWF   TRISB
        MOVLW   TR_C
        MOVWF   TRISC
        MOVLW   TR_D
        MOVWF   TRISD
        MOVLW   TR_E
        MOVWF   TRISE
;
        MOVLW   081H    ;RTCC-Rate = Clockout/4
        MOVWF   R_OPTION
        BANK_0          ; switch to Bank0
;
        CALL    EEWREN  ; Write-Enable
;
```

316 Kapitel 5

```
            CLRF    CODE3       ; Variable Init
            CLRF    CODE4
            CLRF    ADR93
            MOVLW   0AAH
;
;Die WRLOOP beschreibt die Adressen 0 .. 127 mit DAT=(ADR XOR WERT)
;Dies hat den Sinn, daß das gleiche Datenmuster für DAT und ADR93
;nicht günstig ist. Es soll aber jede Speicherzelle einmal 0 und
;einmal 1 sein, daher abwechselnd WERT=0AAH und WERT = 55H.
;
WRLOOP      MOVF    ADR93,W
            XORWF   WERT,W
            MOVWF   DAT
            CALL    WR93        ; EEPROM schreiben(DAT nach ADR93)
            CALL    DELAY       ;
            INCFSZ  ADR93       ;
            GOTO    WRLOOP
;
;Die RDLOOP liest die Daten von den Adressen
;
RDLOOP      CALL    RD93        ; Liest Byte TRANS vom EEPROM
            MOVLW   CODE1       ; und erzeugt den LED-Anzeigecode
            MOVWF   FSR
            MOVF    ADR93,W
            MOVWF   ZAHL
            CALL    MKCODE
;
            CLRF    CODE3       ; dritte und vierte Stelle dunkel
            CLRF    CODE4       ;
            MOVF    ADR93,W
            XORWF   WERT,W      ; W=ADR XOR WERT, dies sollte in TRANS
                                ; sein!
            XORWF   TRANS,W     ; prüfen, ob TRANS richtig
            BZ      ANZ
            MOVLW   0FFH        ; Falls nein: Setze alle Segmente der
            MOVWF   CODE3       ; dritten und vierten Anzeige auf hell
            MOVWF   CODE4
ANZ         MOVLW   50H         ; dies ist eine Anzeige von 50H * 5 msek
            MOVWF   UCOUNT      ; 5 msek = gut für LED (FOSC = 1MHz)
ANZLO       CALL    DELAY       ;
            CALL    LEDOUT      ;
```

```
                DECFSZ   UCOUNT   ;
                GOTO     ANZLO    ;
                INCFSZ   ADR93    ;
                GOTO     RDLOOP
                COMF     WERT     ; falls ADR93=0: WERT wechselt: AA<->55
                GOTO     WRLOOP
;
                END
```

Listing EE9356.ASM

Das folgende Programm bedient sich des SPI-Moduls. Wir haben viele Teile aus dem Programm weggelassen, wenn sie sich gegenüber dem vorigen Programm nicht verändert haben.

```
                TITLE    " Demoprogramm für das EE 93LC56 "
;               ; basierend auf dem Programm LEDUHR.ASM
;               ; SPI-unterstützte Lösung
;
                INCLUDE  "PICREG.INC"
                LIST     P=16C74,F=INHX8M
;
#DEFINE  CS93    PORT_A,0
#DEFINE  CLK93   PORT_C,3
#DEFINE  DI      PORT_C,5
#DEFINE  DO      PORT_C,4
;============================Variable LED
;
;============================Variable für EE
;
;Neue BEFEHLE für SER.EPROM
;====================
NOPRD93  EQU     0CH       ;0C0H
NOPWR93  EQU     0AH       ;0A0H

NOPER93  EQU     01CH      ;0E0H
NERAL93  EQU     012H      ;090H
NWRAL93  EQU     011H      ;088H
NEWEN93  EQU     013H      ;098H
NEWDS93  EQU     010H      ;080H
;
  ORG    0
```

318 Kapitel 5

```
                CLRF        STATUS
                GOTO        MAIN
                NOP
                NOP
                GOTO        ISR         ; Interrupt-Service-Routines
;
                ORG         10
;
ISR             RETFIE
;
;=============================== Unterprogramme für LED
;
;=============================== Unterprogramme für 9356-Routinen
; SPI-Routinen
;------------------------------------------------------------------
;       EEWR: sendet DAT an die EEPROM-Adresse ADR93
;------------------------------------------------------------------
EEWR            MOVLW       30H         ; SPI-Config: Schreiben bei Clock Low
                MOVWF       SSPCON      ; Clockfrequenz = FOSC/4
                BSF         CS93
                MOVLW       NOPWR93     ; Schreib-Befehl senden
                MOVWF       SSPBUF      ;
                BANK_1
SWE1            BTFSS       SSPSTAT,0   ; Warte bis Buffer empty
                GOTO        SWE1        ;
                BANK_0
                MOVF        ADR93,W     ; Adresse senden
                MOVWF       SSPBUF
                BANK_1
SWE2            BTFSS       SSPSTAT,0   ; Warte bis Buffer empty
                GOTO        SWE2
                BANK_0
                MOVF        DAT,W       ; Daten senden
                MOVWF       SSPBUF
                BANK_1
SWE3            BTFSS       SSPSTAT,0   ; Warte bis Buffer empty
                GOTO        SWE3
                BANK_0
                BCF         CS93
                RETURN
;
```

```
;-------------------------------------------------------------
;       EERD: liest TRANS von der EEPROM-Adresse ADR93
;-------------------------------------------------------------
EERD    MOVLW       30H         ; SPI-Config: Schreiben bei Clock Low
        MOVWF       SSPCON
        BSF         CS93
        MOVLW       NOPRD93     ; Lese-Befehl  senden
        MOVWF       SSPBUF
        BANK_1
SRE1    BTFSS       SSPSTAT,0   ; Warte bis Buffer empty
        GOTO        SRE1
        BANK_0
        MOVF        ADR93,W     ; Adresse senden
        MOVWF       SSPBUF
        BANK_1
SRE2    BTFSS       SSPSTAT,0   ; Warte bis Buffer empty
        GOTO        SRE2
        BANK_0
        MOVLW       20H         ; SPI-Config umschalten!!!
                                ; Lesen auch bei Clock Low
        MOVWF       SSPCON
        CLRF        SSPBUF      ; Start des Lesevorgangs
        BANK_1
SRE3    BTFSS       SSPSTAT,0   ; Warte bis Buffer empty
        GOTO        SRE3
        BANK_0
        MOVF        SSPBUF,W
        MOVWF       TRANS       ; Ergebnis in TRANS
        BCF         CS93
        RETURN
;
;-------------------------------------------------------------
;       EEBEF: sendet Befehl ohne Argumente
;       Eingang: DAT=Befehl
;-------------------------------------------------------------
EEBEF   MOVLW       30H         ; SPI-Config: Schreiben bei Clock Low
        MOVWF       SSPCON
        BSF         CS93
        MOVLW       0
```

```
                BCF     STATUS,CY; Befehl besteht aus 0 + DAT7.. DAT0 +
                                 ; 000 0000
                RRF     DAT      ; DAT := 0 + DAT7 .. DAT1
                BTFSC   STATUS,CY
                MOVLW   80H
                MOVWF   TRANS    ;TRANS = DAT0 + 000 0000
                MOVF    DAT,W
                MOVWF   SSPBUF
                BANK_1
SWE4            BTFSS   SSPSTAT,0; Warte bis Buffer empty
                GOTO    SWE4
                BANK_0
                MOVF    TRANS,W
                MOVWF   SSPBUF
                BANK_1
SWE5            BTFSS   SSPSTAT,0; Warte bis Buffer empty
                GOTO    SWE5
                BANK_0
                BCF     CS93
                RETURN
;
;===============================Hauptprogramm
MAIN            MOVLW   RES_A
;
                MOVLW   081H     ;RTCC-Rate = Clockout/4
                MOVWF   R_OPTION
                BANK_0  ; switch to Bank0
;
                MOVLW   NEWEN93
                MOVWF   DAT
                CALL    EEBEF
;
                CLRF    CODE3
                CLRF    CODE4
;
;
LOOP            CLRF    ADR93
;
;Die WRLOOP beschreibt die Adressen 0 .. 127 mit DAT=ADR XOR WERT
;abwechselnd WERT=0AAH und WERT = 55H
;
```

```
WRLOOP     MOVF      ADR93,W
           XORWF     WERT,W
           MOVWF     DAT
           CALL      EEWR      ; EEPROM schreiben (DAT nach ADR)
           CALL      DELAY     ;
           INCFSZ    ADR93     ;
           GOTO      WRLOOP
;
;Die RDLOOP liest die Daten von den Adressen
;
RDLOOP     CALL      EERD      ; lies Byte von EE nach TRANS
           MOVLW     CODE1     ;
           MOVWF     FSR       ; bereite Anzeige für
           MOVF      ADR93,W   ; ADR93 vor
           MOVWF     ZAHL      ;
           CALL      MKCODE    ;
;
           CLRF      CODE3     ; 3. und 4. Stelle
           CLRF      CODE4     ; sind dunkel
           MOVF      ADR93,W
           XORWF     WERT,W    ; W=ADR XOR WERT, sollte = gelesenem Byte
                               ; sein
           XORWF     TRANS,W   ; gelesene Daten in TRANS
           BZ        ANZ       ;
           MOVLW     0FFH      ; wenn NZ, werden alle Segmente der 3.
                               ; und 4.
           MOVWF     CODE3     ; Stelle eingeschaltet
           MOVWF     CODE4     ;
ANZ        MOVLW     50H       ; dies ist eine Anzeige-Schleife von
                               ; 50H * 5 msek
           MOVWF     UCOUNT
ANZLO      CALL      DELAY     ; das ist ein 5 msek-Delay
           CALL      LEDOUT    ; zeige nächste Stelle an
           DECFSZ    UCOUNT
           GOTO      ANZLO
           INCFSZ    ADR93     ;
           GOTO      RDLOOP
           COMF      WERT      ; falls ja: WERT wechselt: AA<->55
           GOTO      WRLOOP
;
           END
```

Auszugsweises Listing von EE9356H.ASM

5.1.5 Das digitale Thermometer DS1620

Das digitale Thermometer DS1620 von Dallas ist ein sehr nützlicher Baustein, da es keine externen Komponenten zur Temperaturerfassung benötigt. Es kann Temperaturen von −55 bis +125 ° Celsius messen. Der Meßwert 0 entspricht der Temperatur 0° Celsius. Die Auflösung beträgt 0.5°, so daß die Meßwerte 9-Bit-Zahlen sind. Der Meßwert 1 entspricht 0,5° Celsius und der Meßwert 1FFH der Temperatur von −0,5°. Es ist also nicht so, daß das neunte Bit ein Vorzeichen-Bit ist und die restlichen 8 Bit als positive Zahl zu betrachten sind. Wenn das neunte Bit gesetzt ist, muß zum Ermitteln des Absolutwertes der Temperatur das restliche Byte negiert werden, und natürlich durch 2 geteilt, da die Auflösung 0,5° beträgt.

Eine Selekt-Leitung, welche mit /RST bezeichnet wird, erlaubt es, mehrere solche Bauteile an die Clock- und Datenleitung anzubinden.

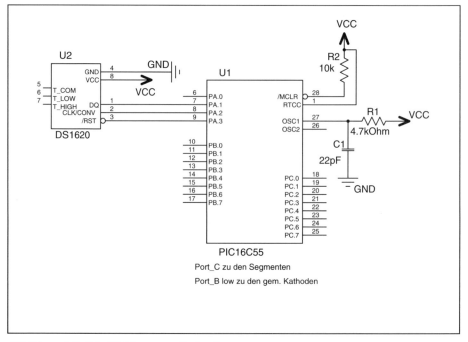

Abbildung 5.3: Schaltbild unseres Testaufbaus

Das Übertragungsprotokoll unterscheidet sich in zweierlei Hinsicht vom SPI-Protokoll. Es überträgt das LSB zuerst, und außerdem geschieht das Lesen und Schreiben bei Clock low, so wie beim seriellen EEPROM 93LC56. Die umgekehrte Datenrichtung ist zur Zeit noch nicht als Option im SSP-Modul vorhanden. Bei Verwendung des Moduls müßten die 9 Bits mit zwei Zyklen gelesen werden. Daher verzichten wir darauf, das SSP-Modul für diese Anwendung hinzubiegen, und programmieren die Kommunikation des Thermometers zu Fuß.

Das DS1620 verfügt über ein Konfigurationsregister, in welchem man veschiedene Modi auswählen kann. Ein Stand-Alone-Modus kann gewählt werden, der für den Betrieb ohne µController gedacht ist. Wenn der Single-Shot-Modus ausgewählt ist, wird immer nur eine Messung nach Erhalt eines Start-Befehls ausgeführt. Die Modus-Bits werden in ein EEPROM-Register geschrieben. Wenn man das Konfigurationsregister liest, erhält man auch Statusinformationen wie z.B. »Done« (Wandlung fertig). Man kann auch Flags erhalten, wenn bestimmte programmierbare Temperaturen überschritten bzw. unterschritten sind. Wird die Temperatur TH überschritten, dann wird das Flag THF (Bit6) gesetzt, wenn die Temperatur TL unterschritten wird, erkennt man dies am Flag TLF (Bit5). Die Temperaturen TH und TL sind natürlich auch 9-Bit-Werte.

Die Unterhaltung zwischen dem DS1620 und dem µController geschieht über Befehle.

0AAH	Temperatur Lesen
01H	TH Schreiben
02H	TL Schreiben
0A1H	TH Lesen
0A2H	TL Lesen
0EEH	Starte Wandlung (Wandlung dauert 1 sek)
22H	Stop Wandlung (bei Single-shot-Modus nicht sinnvoll)
0CH	Konfiguration Schreiben
0ACH	Lese-Konfiguration

Außer bei den Befehlen Wandlung starten und stoppen folgt den Befehlen das Lesen oder Schreiben der Parameter. Zu beachten ist, daß diese Parameter 9-Bit-Werte sind, sofern es sich um Temperaturen handelt. Das Konfigurationsregister ist ein Byte.

Die Schreib-und-Lese-Routinen erklären sich selbst. Wir erinnern noch einmal daran, daß bei Clock low sowohl gelesen als auch geschrieben wird, und daß das niedrigwertigste Bit zuerst übertragen wird.

```
WRL0     CLTRIS   DQ
WRL01    BCF      CLK              ;Clock Lo
         RRF      TRANS            ;TRANS-Bit nach DQ
         SKPC                      ;
         BCF      DQ               ;
         SKPNC                     ;
         BSF      DQ               ;
         NOP                       ;
         BSF      CLK              ;Clock Hi
         DECFSZ   COUNT
         GOTO     WRL01
         SETRIS   DQ
         RETLW    0
;
RDL0     BCF      CLK              ; Clock Lo
         NOP                       ;
         BTFSS    DQ
         BCF      STATUS,CY
         BTFSC    DQ               ; DQ nach CY
         BSF      STATUS,CY
         RRF      TRANS            ; CY nach TRANS
         BSF      CLK              ; Clock Hi
         DECFSZ   COUNT
         GOTO     RDL0
         RETURN
```

Da die Verwendung dieses Bausteins zu unserer Standardausrüstung gehört, sind die Bedienungsprogramme im Modul DS1620.AM abgelegt.

```
;================================================================
;Assembler-Modul für das digitale Thermometer
;================================================================

#DEFINE  DQ       PORT?,?
#DEFINE  CLK      PORT?,?
#DEFINE  RST      PORT?,?
;
V_DS     EQU      ??H       ; Basis korrigieren
EVENT    EQU      V_DS
UTIM     EQU      V_DS+1
PSEUDO   EQU      V_DS+2
```

```
COUNT      EQU       V_DS+3
FEHLER     EQU       V_DS+4
TRANS      EQU       V_DS+5
CONF       EQU       V_DS+6
TEMP       EQU       V_DS+7
UCOUNT     EQU       V_DS+8
BCD        EQU       V_DS+9
;
;Makros für PIC16CXX
SETRIS     MACRO     TRISC,PIN
           BANK_1
           BSF       TRISC,PIN
           BANK_0
           ENDM
CLTRIS     MACRO     TRISC,PIN
           BANK_1
           BCF       TRISC,PIN
           BANK_0
           ENDM
;-------------------------------------------------------------------
;          MKBCD: macht aus der Hexzahl ZAHL BCD-Format
;          Eingabe: ZAHL
;          Ausgabe: ZAHL
;          Hilfsvariable ZEHNER
;-------------------------------------------------------------------
MKBCD      CLRF      BCD
SUZ        MOVLW     .10
           SUBWF     ZAHL,W    ; W:=ZAHL-10
           BNC       ENDE      ; ENDE, wenn ZAHL<10
           MOVWF     ZAHL      ; ZAHL:=ZAHL-10
           INCF      BCD       ; BCD enthält Vielfache von 10
           GOTO      SUZ
ENDE       SWAPF     BCD,W     ; High Nibble(BCD):=ZAHL DIV 10
           IORWF     ZAHL      ; ZAHL:= (ZAHL DIV 10)*16 + (ZAHL MOD 10)
           RETLW     0
;
;========================== Unterprogramme für DS1620
;das DS1620 wird bei Clk Lo geschrieben und gelesen, LSB first
;
```

326 Kapitel 5

```
;-------------------------------------------------------------
;          WRLO: schreibt COUNT Bits von TRANS LSB zuerst
;          Eingang: COUNT Bits von TRANS(rechtsbündig)
;-------------------------------------------------------------
WRLO    CLTRIS   DQ
WRLO1   BCF      CLK       ;Clock Lo
        RRF      TRANS     ;TRANS-Bit nach DQ
        SKPC     ;
        BCF      DQ        ;
        SKPNC    ;
        BSF      DQ        ;
        NOP      ;
        BSF      CLK       ;Clock Hi
        DECFSZ   COUNT
        GOTO     WRLO1
        SETRIS   DQ
        RETLW    0
;
;-------------------------------------------------------------
;          RDLO: liest COUNT Bits nach TRANS linksbündig
;          Eingang: COUNT
;          Ausgang: TRANS
;-------------------------------------------------------------
RDLO    BCF      CLK       ; Clock Lo
        NOP      ;
        BTFSS    DQ
        BCF      STATUS,CY
        BTFSC    DQ        ; DQ nach CY
        BSF      STATUS,CY
        RRF      TRANS     ; CY nach TRANS
        BSF      CLK       ; Clock Hi
        DECFSZ   COUNT
        GOTO     RDLO
        RETURN
;
;-------------------------------------------------------------
;          RDCONF: liest Konfiguration/Status Byte nach TRANS
;          Ausgang: TRANS= Config/Status= DONE x x x x x CPU 1SHOT
;-------------------------------------------------------------
RDCONF  MOVLW    0ACH      ;
        MOVWF    TRANS
```

```
           MOVLW     8
           MOVWF     COUNT
           BSF       RST       ;Interface on
           CALL      WRLO
           MOVLW     8
           MOVWF     COUNT
           CALL      RDLO
           BCF       RST       ;Interface off
           RETURN
;
;-----------------------------------------------------------------
;-----------------------------------------------------------------
;       RDTEMP: liest 9 BIT, dadurch kommt das LSB in das CY-Bit
;       Ausgang: TEMP = TRANS = VZ + 7 BIT Temperatur in Grad
;                Celsius
;       CY=1: +0.5 Grad CELSIUS
;-----------------------------------------------------------------
RDTEMP     MOVLW     0AAH      ; Befehl für Temp. lesen
           MOVWF     TRANS
           MOVLW     8
           MOVWF     COUNT
           BSF       RST       ;Interface on
           CALL      WRLO
           MOVLW     9
           MOVWF     COUNT
           CALL      RDLO
           MOVF      TRANS,W
           MOVWF     TEMP
           BCF       RST       ;Interface off
           RETLW     0
;
;Befehle
;
CSTOP      MOVLW     022H      ; Befehl: Stop Conversion
           GOTO      CST       ; wird nicht gebraucht, da One-Shot-Modus
CSTART     MOVLW     0EEH      ; Befehl: Start Conversion
CST        MOVWF     TRANS
           MOVLW     8
           MOVWF     COUNT
           BSF       RST       ;Interface on
           CALL      WRLO
```

328 Kapitel 5

```
            BCF       RST        ;Interface off
            RETURN
;
;-----------------------------------------------------------------
;CONFIG: schreibt 3 nach Config
;          (Config/Status = DONE x x x x x CPU 1SHOT)
;Für den PIC16C5X ist zu beachten:
;CONFIG darf kein Unterprogramm sein, wegen der Stackuntiefe
;-----------------------------------------------------------------
CONFIG      CALL      RDCONF
            MOVF      TRANS,W
            ANDLW     3
            XORLW     3
            SKPNZ                ; falls die 2 Bits bereits = 3 sind, nicht
                                 ; schreiben
            GOTO      READI      ; da es ein EEPROM ist, nicht unnötig
                                 ; schreiben.
            MOVLW     3
            MOVWF     CONF
            MOVLW     0CH        ; Befehl: Config. schreiben
            MOVWF     TRANS
            MOVLW     8
            MOVWF     COUNT
            BSF       RST        ;Interface on
            NOP
            CALL      WRLO
            MOVF      CONF,W
            MOVWF     TRANS
            MOVLW     8
            MOVWF     COUNT
            CALL      WRLO
            BCF       RST        ;Interface off
READI       RETURN
```

Listing von Modul DS1620.AM

Wir wenden dieses Modul gleich an und realisieren ein digitales Thermometer. Die vom DS1620 eingelesenen Temperaturwerte werden auf einer vierstelligen LED-Anzeige ausgegeben. Im linken Digit wird das Vorzeichen stehen, gefolgt von zwei Stellen vor dem Komma und dann hinter dem Komma noch eine »0« oder eine »5«. Damit wird die Genauigkeit ausgegeben, die der Thermometerbaustein liefert.

```
TITLE     " Demoprogramm für das digitale Thermometer "
;basierend auf dem Programm LEDUHR.ASM
;
          INCLUDE  "PICREG.INC"
          LIST     P=16C74,F=INHX8M
;
;=====================================================
;=======================PORTA
RES_A     EQU      4
TR_A      EQU      2
;
#DEFINE   DQ       PORT_A,1
#DEFINE   CLK      PORT_A,2
#DEFINE   RST      PORT_A,3
;
;==================      PORT_B
;    PortB lo ist der Kathodentreiberport für die LED-Anzeige
RES_B     EQU      0
TR_B      EQU      0FH
;==================      PORT_C
;      PortC.0 und .1 sind Eingang, wegen des TMR1-Oszillators
RES_C     EQU      0H
TR_C      EQU      03H
;==================      PORT_D
;      Segmenttreiber der LED-Anzeige
RES_D     EQU      0
TR_D      EQU      0
;==================      PORT_E
;      frei
RES_E     EQU      0
TR_E      EQU      0
;
;========================= Variable LED
;
V_LED     EQU      30H
CODE1     EQU      V_LED+0
CODE2     EQU      V_LED+1
CODE3     EQU      V_LED+2
CODE4     EQU      V_LED+3
STELLE    EQU      V_LED+5
ZAHL      EQU      V_LED+6
```

```
ANZEVE     EQU        V_LED+7
;
ANZDIFF    EQU        .164
;
V_DS       EQU        40H         ; Basis ggfs. korrigieren
EVENT      EQU        V_DS
UTIM       EQU        V_DS+1
PSEUDO     EQU        V_DS+2
COUNT      EQU        V_DS+3
FEHLER     EQU        V_DS+4
TRANS      EQU        V_DS+5
CONF       EQU        V_DS+6
TEMP       EQU        V_DS+7
UCOUNT     EQU        V_DS+8
;
INZ        EQU        4BH
EUZ        EQU        4CH
ZEHNER     EQU        4DH
;
BANK_0     MACRO
           BCF        STATUS,5
           ENDM

BANK_1     MACRO
           BSF        STATUS,5
           ENDM
;
;Makros für PIC16CXX
SETRIS     MACRO      TRISX,PIN
           BANK_1
           BSF        TRISX,PIN
           BANK_0
           ENDM
CLTRIS     MACRO      TRISX,PIN
           BANK_1
           BCF        TRISX,PIN
           BANK_0
           ENDM
;
           ORG        0
           CLRF       STATUS
```

Serielle Kommunikationen

```
            GOTO      MAIN
            NOP
            NOP
            GOTO      ISR       ; Interrupt-Service-Routines
;
            ORG       10
;
ISR         RETFIE
;
DELAY5      MOVLW     .5
            MOVWF     EUZ
            CLRF      INZ
DLO         NOP
            DECFSZ    INZ
            GOTO      DLO
            DECFSZ    EUZ
            GOTO      DLO
            RETLW     0
;
;------------------------------------------------------------------
;           MKBCD: macht aus der Hexzahl ZAHL BCD-Format
;           Eingabe: ZAHL
;           Ausgabe: ZAHL
;           Hilfsvariable ZEHNER
;------------------------------------------------------------------
MKBCD       CLRF      ZEHNER
SUZ         MOVLW     .10
            SUBWF     ZAHL,W    ; W:=ZAHL-10
            BNC       ENDE      ; ENDE, wenn ZAHL<10
            MOVWF     ZAHL      ; ZAHL:=ZAHL-10
            INCF      BCD       ; BCD enthält Vielfache von 10
            GOTO      SUZ
ENDE        SWAPF     ZEHNER,W  ; High Nibble (W):=ZAHL DIV 10
            IORWF     ZAHL      ; W:= W+ZAHL MOD 10
            RETLW     0
;
;========================= Unterprogramme für DS1620
;das DS1620 wird bei Clk Lo geschrieben und gelesen, LSB first
;
```

```
;----------------------------------------------------------------
;           WRLO: schreibt COUNT Bits von TRANS LSB zuerst
;           Eingang: COUNT Bits von TRANS (rechtsbündig)
;----------------------------------------------------------------
WRLO     CLTRIS    DQ
WRLO1    BCF       CLK       ;Clock Lo
         RRF       TRANS     ;TRANS-Bit nach DQ
         SKPC      ;
         BCF       DQ        ;
         SKPNC     ;
         BSF       DQ        ;
         NOP       ;
         BSF       CLK       ;Clock Hi
         DECFSZ    COUNT
         GOTO      WRLO1
         SETRIS    DQ
         RETLW     0
;
;----------------------------------------------------------------
;           RDLO: liest COUNT Bits nach TRANS linksbündig
;           Eingang: COUNT
;           Ausgang: TRANS
;----------------------------------------------------------------
RDLO     BCF       CLK       ; Clock Lo
         NOP       ;
         BTFSS     DQ
         BCF       STATUS,CY
         BTFSC     DQ        ; DQ nach CY
         BSF       STATUS,CY
         RRF       TRANS     ; CY nach TRANS
         BSF       CLK       ; Clock Hi
         DECFSZ    COUNT
         GOTO      RDLO
         RETURN
;
;----------------------------------------------------------------
;           RDCONF: liest Konfiguration/Status Byte nach TRANS
;           Ausgang: TRANS = Config/Status = DONE x x x x x CPU 1SHOT
;----------------------------------------------------------------
```

```
RDCONF    MOVLW    0ACH        ;
          MOVWF    TRANS
          MOVLW    8
          MOVWF    COUNT
          BSF      RST         ;Interface on
          CALL     WRLO
          MOVLW    8
          MOVWF    COUNT
          CALL     RDLO
          BCF      RST         ;Interface off
          RETURN
;
;------------------------------------------------------------------
;------------------------------------------------------------------
;         RDTEMP: liest 9 BIT, dadurch kommt das LSB in das CY-Bit
;         Ausgang: TEMP = TRANS = VZ + 7 BIT Temperatur in Grad
;                  Celsius
;         CY=1: +0.5 Grad CELSIUS
;------------------------------------------------------------------
RDTEMP    MOVLW    0AAH        ; Befehl für Temp. lesen
          MOVWF    TRANS
          MOVLW    8
          MOVWF    COUNT
          BSF      RST         ;Interface on
          CALL     WRLO
          MOVLW    9
          MOVWF    COUNT
          CALL     RDLO
          MOVF     TRANS,W
          MOVWF    TEMP
          BCF      RST         ;Interface off
          RETLW    0
;
;Befehle
;
CSTOP     MOVLW    022H        ; Befehl: Stop Conversion
          GOTO     CST         ; wird nicht gebraucht, da One Shot Modus
CSTART    MOVLW    0EEH        ; Befehl: Start Conversion
CST       MOVWF    TRANS
          MOVLW    8
```

```
                MOVWF       COUNT
                BSF         RST         ;Interface on
                CALL        WRLO
                BCF         RST         ;Interface off
                RETURN
;
;-------------------------------------------------------------------
;CONFIG: schreibt 3 nach Config
;       (Config/Status = DONE x x x x x CPU 1SHOT)
;-------------------------------------------------------------------
CONFIG          CALL        RDCONF
                MOVF        TRANS,W
                ANDLW       3
                XORLW       3
                SKPNZ                   ; falls die 2 Bits bereits = 3 sind, nicht
                                        ; schreiben
                GOTO        READI       ; da es ein EEPROM ist, nicht unnötig
                                        ; schreiben.
                MOVLW       3
                MOVWF       CONF
                MOVLW       0CH         ; Befehl: Config. schreiben
                MOVWF       TRANS
                MOVLW       8
                MOVWF       COUNT
                BSF         RST         ;Interface on
                NOP
                CALL        WRLO
                MOVF        CONF,W
                MOVWF       TRANS
                MOVLW       8
                MOVWF       COUNT
                CALL        WRLO
                BCF         RST         ;Interface off
READI           RETURN
;=========================== Unterprogramme für LED
;
GETCODE         ANDLW       0FH
;    wie gehabt
;
GETDRV          ANDLW       03H
;    wie gehabt
```

```
;
MKCODE   MOVF    ZAHL,W   ;
         CALL    GETCODE  ; W=Bitmuster für niederwertige Stelle
         MOVWF   0        ; CODE1
         INCF    FSR
         SWAPF   ZAHL,W
         CALL    GETCODE  ; W=Bitmuster für höherwertige Stelle
         MOVWF   0        ; CODE2
         INCF    FSR
         RETURN
;
LEDOUT   MOVLW   0FH      ; alle Segment-Treiber sind Eingänge
         BANK_1
         IORWF   TRISB    ; Ausgabe an PORTB
         BANK_0
         INCF    STELLE,W
         ANDLW   03H
         MOVWF   STELLE
         MOVLW   CODE1
         ADDWF   STELLE,W
         MOVWF   FSR
         MOVF    0,W
         MOVWF   PORT_D
         MOVF    STELLE,W
         CALL    GETDRV
         BANK_1
         ANDWF   TRISB
         BANK_0
         RETURN
;
;==============================Hauptprogramm
MAIN     MOVLW   RES_A
         MOVWF   PORT_A
         MOVLW   RES_B
         MOVWF   PORT_B
         MOVLW   RES_C
         MOVWF   PORT_C
         MOVLW   RES_D
         MOVWF   PORT_D
         MOVLW   RES_E
         MOVWF   PORT_E
```

```
         CLRF     ADCON0
         BANK_1   ; schalte auf Bank1
         MOVLW    07H
         MOVWF    ADCON1
         MOVLW    TR_A
         MOVWF    TRISA
         MOVLW    TR_B
         MOVWF    TRISB
         MOVLW    TR_C
         MOVWF    TRISC
         MOVLW    TR_D
         MOVWF    TRISD
         MOVLW    TR_E
         MOVWF    TRISE
;
         MOVLW    081H     ;RTCC-Rate = Clockout/4
         MOVWF    R_OPTION
         BANK_0            ; zurück zu Bank0
;
         CALL     CONFIG
LOOP     CALL     CSTART   ; Starte Wandlung
L01      CALL     RDCONF
         BTFSS    TRANS,7  ; DONE=1
         GOTO     L01      ; Wandlung dauert ca. 1 sek
         CALL     RDTEMP
         MOVLW    3FH      ; CODE für '0'
         SKPNC             ; in CY ist das 0.5 Grad Bit
         MOVLW    6DH      ; CODE für '5'
         MOVWF    CODE1
         CLRW
         BTFSC    TEMP,7
         MOVLW    40H      ; für Minuszeichen
         MOVWF    CODE4
         MOVF     TEMP,W   ;
         ANDLW    07FH     ; Temperaturausgabe erstellen
         MOVWF    ZAHL     ;
         CALL     MKBCD    ;
         MOVLW    CODE2    ; für 2. und 3. Stelle
         MOVWF    FSR      ;
         CALL     MKCODE   ;
```

```
              MOVLW    80H       ; Dezimalpunkt an zweite Stelle
              IORWF    CODE2
              CALL     CSTART    ; Starte nächste Wandlung
              MOVLW    .250      ; Anzeigedauer ca. 250*5 msek = 1.25 sek
              MOVWF    UCOUNT    ;
    ANZLO     CALL     LEDOUT    ;
              CALL     DELAY5    ;
              DECFSZ   UCOUNT    ;
              GOTO     ANZLO     ;
              GOTO     LO1
    ;
              END
```

Listing des Programms DIGTH.ASM

Einige Routinen wurden abgekürzt, weil sie mittlerweile bekannt sein dürften.

Dieses Programm kann auch mit einem PIC16C5x realisiert werden. In diesem Falle darf CONFIG wegen der fehlenden Stacktiefe nicht als Unterprogramm ausgeführt werden (siehe Programm DIGTH55.ASM auf der CD-ROM).

Wenn man keine Einschränkungen bezüglich der Stacktiefe hat, ist man geneigt, ein Programm übersichtlich zu gestalten. Dazu lagert man CONFIG aus und ruft es als Unterprogramm auf. Beim PIC16C55 ist das nicht möglich, so daß dieser Programmteil in das Hauptprogramm geschrieben werden muß.

5.1.6 Das serielle EEPROM 24C01A mit I²C-Bus

Das EEPROM 24C01A ist ein Mitglied einer Reihe von EEPROMs mit besonderen Eigenschaften:

- 24C01A mit 128 x 8 Bit
- 24C02A mit 256 x 8 Bit
- 24C04A mit 512 x 8 Bit

Die EEPROMs der 24C0XA-Serie von Arizona Microchip haben den I²C-Bus als Übertragungsprotokoll (TM der Philips Corp.). Die außergewöhnlich kurze Schreibzeit von 1 msek fällt auf. Der I²C-Bus begnügt sich mit zwei Leitungen, die mit open-collector-Ausgängen getrieben werden. Die Leitungen werden mit

- SCL für die Clockleitung und
- SDA für die Datenleitung bezeichnet.

clocktime-hi / clocktime-low:	min. 4 / 4,7 µsek
write cycle time	typ. 0.4 max. 1 msek pro Byte
Reihenfolge der Bits:	MSB first
Clockpegel beim Einlesen der Bits:	high Pegel
Clockpegel beim Schreiben der Bits:	low Pegel

Das Protokoll auf diesem Bus ist etwas komplizierter als bei der SPI-Schnittstelle. Das normale Datenübertragungsprotokoll ist so, daß bei Clock low die Daten geschrieben und bei Clock high die Daten gelesen werden. Im Ruhezustand sind beide Leitungen high. Der Start einer Übertragung wird dadurch angezeigt, daß die Datenleitung auf low geht, während der Clock noch auf high ist. Am Ende einer Übertragung wird zuerst der Clock und dann die Datenleitung wieder auf den Ruhepegel high geführt. Das wird eindeutig als Stopbedingung erkannt. Ein typisches Merkmal des I²C-Busses ist es auch, daß nach dem Senden einer Adresse der angesprochene Baustein ein Quittungsbit schickt. Auch der Master hat ein Quittungsbit zu schicken, wenn er mehrere Datenbytes empfangen will.

Ruhezustand	SCL = high	SDA = high
Start	SCL = high	SDA = high > low
Schreiben	SCL = low	SDA = data
Lesen	SCL = high	SDA = data
Stop	SCL = high	SDA = low > high

Der I²C-Bus ist darauf ausgelegt, mehrere Slaves an einem Bus adressieren zu können. Die Adressierung geschieht über die Datenleitung, so daß keine Chipselect-Leitungen erforderlich sind. Das Format des Adressierungsbytes (Slave address + RW-Bit) lautet:

1	0	1	0	A2	A1	A0	R_/W

Die beiden wichtigsten Befehle sind

- Byte write und
- Random read.

Für den Byte write-Befehl sieht das Format folgendermaßen aus:

1. Startbedingung
2. Controlbyte (device code + Adressbits) schreiben
3. Acknowledge vom Slave
4. Byteadresse schreiben
5. Acknowledge vom Slave
6. Datenbyte schreiben
7. Acknowledge vom Slave
8. Stopbedingung

Für den Random read-Befehl sieht das Format folgendermaßen aus:

1. Startbedingung
2. Controlbyte (device code + Adressbits) schreiben
3. Acknowledge vom Slave
4. Byteadresse schreiben
5. Acknowledge vom Slave
6. Startbedingung
7. Controlbyte (device code + Adressbits) schreiben
8. Acknowledge vom Slave
9. Slave setzt das Datenbyte auf den Bus
10. kein Acknowledge vom Slave
11. Stopbedingung

Bei den µControllern PIC16CXX gibt es zwar Pins, die SDA und SCL heißen, aber sie sind nicht als open collector-Pins ausgeführt. Sofern der PIC16 der Master ist, besteht eigentlich kein Grund, diese Pins zu verwenden. Wir können bei jedem Pin das open collector-Verhalten simulieren, indem wir von Eingang auf Ausgang und umgekehrt schalten.

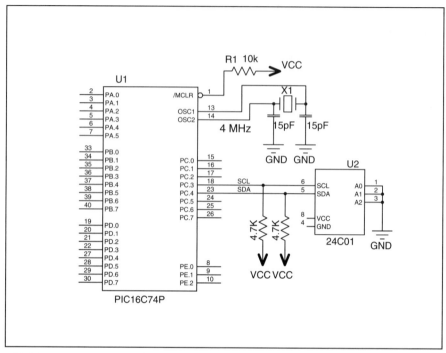

Abbildung 5.4: Verbindung zwischen PIC16C74P und 24C01

Da es für den I²C-Master keine Hardwareunterstützung gibt, sind in unserem Modul nur die softwaremäßig realisierten Unterprogramme vorhanden. Sie sind wiederum so geschrieben, daß sie für beide PIC16-Klassen funktionsfähig sind. Einige Anpassungen sind vorzunehmen:

♦ RETURN in RETLW 0 umwandeln

♦ die 5X-Makros verwenden

```
TITLE     "I2C Modul für 24C01 "
;
V_IIC     EQU       30H
DAT       EQU       V_IIC+0
ADR       EQU       V_IIC+1
TRANS     EQU       V_IIC+2
UCOUNT    EQU       V_IIC+3
;
```

```
SLAWR      EQU       0A0H
SLARD      EQU       0A1H
;
;=========================Fehlercodes
CLERR      EQU       1
DAERR      EQU       2
STPERR     EQU       3
ACKERR     EQU       4
;
;========================= I2C Pins
#DEFINE    SDA       PORT?,?
#DEFINE    SCL       PORT?,?
;
; Makros für PIC16CXX
SETRIS     MACRO     TRISC,PIN
           BANK_1
           BSF       TRISC,PIN
           BANK_0
           ENDM
CLTRIS     MACRO     TRISC,PIN
           BANK_1
           BCF       TRISC,PIN
           BANK_0
           ENDM
;
; Makros für PIC16C5X
;
;SETRIS    MACRO     PORTC,PIN
;          BSF       CTRIS,PIN
;          MOVF      CTRIS,W
;          TRIS      PORTC
;          ENDM
;CLTRIS    MACRO     PORTC,PIN
;          BCF       CTRIS,PIN
;          MOVF      CTRIS,W
;          TRIS      PORTC
;          ENDM
;
```

```
;Unterprogramme für I²C-BUS
;-------------------------------------------------------------------
;          IICOUT: sendet das Byte TRANS
;          Ausgang: W = Fehlercode W=0, wenn fehlerfrei
;-------------------------------------------------------------------
IICOUT    MOVLW     8
          MOVWF     UCOUNT
IOLOOP    RLF       TRANS
          SKPNC
          GOTO      IOHI
;
          CLTRIS    SDA       ; SDA Low
          GOTO      CLK
;
IOHI      SETRIS    SDA       ; SDA Hi
          BTFSS     SDA       ; check Hi
          RETLW     DAERR
;
CLK       SETRIS    SCL       ; SCL Hi
          BTFSS     SCL       ; check Hi
          RETLW     CLERR     ;
          NOP
          NOP
          CLTRIS    SCL       ; SCL Low
;
          DECFSZ    UCOUNT
          GOTO      IOLOOP
;
          SETRIS    SDA       ; SDA= Eingang!
;
          SETRIS    SCL       ; SCL Hi
          BTFSS     SCL       ; check Hi
          RETLW     CLERR
          NOP
          NOP
          BTFSC     SDA       ; SDA mu_ Low sein (ACK), sonst Fehler
          RETLW     ACKERR
          CLTRIS    SCL       ; SCL Low
          RETLW     0
```

```
;------------------------------------------------------------
;       IICIN: empfängt das Byte TRANS
;       Ausgang: W=Fehlercode W=0, wenn fehlerfrei
;------------------------------------------------------------
IICIN   MOVLW   8
        MOVWF   UCOUNT
        SETRIS  SDA         ; SDA=Eingang!
IILOOP  SETRIS  SCL         ; SCL HI
        BTFSS   SCL         ; check Hi
        RETLW   CLERR
        BCF     STATUS,CY   ; CY=0
        BTFSC   SDA
        BSF     STATUS,CY   ; CY=1, wenn SDA=Hi
        RLF     TRANS       ;
        CLTRIS  SCL         ; SCL Low
        DECFSZ  UCOUNT
        GOTO    IILOOP
;
        SETRIS  SDA         ; SDA Hi
        BTFSS   SDA         ; check Hi
        RETLW   DAERR
;
        SETRIS  SCL         ; SCL Hi
        BTFSS   SCL         ; check Hi
        RETLW   CLERR
        NOP                 ; für das Timing
        NOP                 ;
        CLTRIS  SCL         ; SCL Low
;
        SETRIS  SDA         ; SDA Hi
        BTFSS   SDA         ; check Hi
        RETLW   DAERR
        SETRIS  SCL         ; SCL HI
        BTFSS   SCL         ; check Hi
        RETLW   CLERR
        NOP
        NOP
        CLTRIS  SCL         ; SCL Low
        RETLW   0
```

```
;------------------------------------------------------------------
;          DELAY: ca. 1 msek bei FOSC=1MHz
;          benutzt Zählvariable INZ
;------------------------------------------------------------------
DELAY   CLRF    INZ
DLO     NOP
        DECFSZ  INZ
        GOTO    DLO
        RETURN
;------------------------------------------------------------------
;          ISTART: Startprotokoll (muß SDA von Hi auf Low setzen bei
;                  SCL=HI )
;          Ausgang: W = Fehlercode W=0, wenn fehlerfrei
;------------------------------------------------------------------
ISTART  SETRIS  SDA     ; SDA Hi
        SETRIS  SCL     ; SCL HI
        BTFSS   SCL     ; check Hi
        RETLW   CLERR
        CLTRIS  SDA     ; SDA Low
        NOP
        CLTRIS  SCL     ; SCL Low
        RETLW   0
;------------------------------------------------------------------
;          ISTOP: Stopprotokoll  (muß SDA von Low auf Hi setzen bei
;                  SCL=Hi )
;          Ausgang: W = Fehlercode W=0, wenn fehlerfrei
;------------------------------------------------------------------
ISTOP   CLTRIS  SDA     ; SDA Low
        SETRIS  SCL     ; SCL Hi
        BTFSS   SCL     ; check Hi
        RETLW   CLERR
        SETRIS  SDA     ; SDA Hi
        BTFSS   SDA     ; check Hi
        RETLW   STPERR
        RETLW   0
;------------------------------------------------------------------
;          EEWR: schreibt das Byte DAT an die Adresse ADR des EEPROMs
;          benutzt TRANS als Transfervariable
;------------------------------------------------------------------
```

Serielle Kommunikationen   345

```
EEWR    CALL    ISTART
        ANDLW   0FFH    ; Fehlerabfrage
        SKPZ
        RETLW   0F0H
;
        MOVLW   SLAWR
        MOVWF   TRANS
        CALL    IICOUT
        ANDLW   0FFH    ; Fehlerabfrage
        SKPZ
        RETLW   0F1H
;
        MOVF    ADR,W
        MOVWF   TRANS
        CALL    IICOUT
        ANDLW   0FFH    ; Fehlerabfrage
        SKPZ
        RETLW   0F2H
;
        MOVF    DAT,W
        MOVWF   TRANS
        CALL    IICOUT
        ANDLW   0FFH    ; Fehlerabfrage
        SKPZ
        RETLW   0F3H
;
        CALL    ISTOP
        ANDLW   0FFH    ; Fehlerabfrage
        SKPZ
        RETLW   0F4H
        RETLW   0
;----------------------------------------------
;       EERD: liest von der Adresse ADR des EEPROMs
;       benutzt TRANS als Transfervariable, Ergebnis in TRANS!
;----------------------------------------------
EERD    CALL    ISTART
        ANDLW   0FFH    ; Fehlerabfrage
        SKPZ
        RETLW   0F5H
```

```
;
        MOVLW    SLAWR
        MOVWF    TRANS
        CALL     IICOUT
        ANDLW    0FFH      ; Fehlerabfrage
        SKPZ
        RETLW    0F6H
;
        MOVF     ADR,W
        MOVWF    TRANS
        CALL     IICOUT
        ANDLW    0FFH      ; Fehlerabfrage
        SKPZ
        RETLW    0F7H
;
        CALL     ISTART
        ANDLW    0FFH      ; Fehlerabfrage
        SKPZ
        RETLW    0F8H
;
        MOVLW    SLARD
        MOVWF    TRANS
        CALL     IICOUT
        ANDLW    0FFH      ; Fehlerabfrage
        SKPZ
        RETLW    0F9H
;
        CALL     IICIN
        ANDLW    0FFH      ; Fehlerabfrage
        SKPZ
        RETLW    0FAH
;
        CALL     ISTOP
        ANDLW    0FFH      ; Fehlerabfrage
        SKPZ
        RETLW    0FBH
        RETLW    0         ; Ergebnis in TRANS
;------------------------------------------------------------
```

Listing des I2C.AM-Moduls

In dieser Anwendung des Moduls werden wir das serielle EEPROM mit Werten vollschreiben und wieder auslesen und vergleichen. Wenn ein Fehler beim Vergleichen auftreten sollte, geht das Programm in eine Schleife und läßt die Anzeige blinken. Im fehlerfreien Betrieb wird die Adresse des momentan bearbeiteten Bytes angezeigt.

```
                TITLE    "I2C Interface PIC16C74 to SEE 24C01 "
;
                LIST     P=16C74, F=INHX8M
;
                include  "picreg.inc"
;
;======================================================
;==================== PORT A
RES_A           EQU      0
TR_A            EQU      0
;==================== PORT_B
RES_B           EQU      0
TR_B            EQU      0
;==================== PORT_C
RES_C           EQU      0H
TR_C            EQU      0FFH
;==================== PORT_D
RES_D           EQU      0
TR_D            EQU      0
;==================== PORT_E
RES_E           EQU      0FFH
TR_E            EQU      0
;
;==========================Variable für I²C
V_IIC           EQU      30H
DAT             EQU      V_IIC+0
ADR             EQU      V_IIC+1
TRANS           EQU      V_IIC+2
UCOUNT          EQU      V_IIC+3
;
INZ             EQU      40H
EUZ             EQU      41H
WERT            EQU      42h
;
```

348 Kapitel 5

```
;------------------------------------------------------------
SLAWR     EQU       0A0H
SLARD     EQU       0A1H
;
;========================== Fehlercodes
CLERR     EQU       1
DAERR     EQU       2
STPERR    EQU       3
ACKERR    EQU       4
;
; I2C Device Bits
;
#DEFINE   SDA       PORTC,4
#DEFINE   SCL       PORTC,3
;------------------------------------------------------------
BANK_0    MACRO
          BCF       STATUS,5
          ENDM
BANK_1    MACRO
          BSF       STATUS,5
          ENDM
;
; Makros für PIC16CXX
SETRIS    MACRO     TRISC,PIN
          BANK_1
          BSF       TRISC,PIN
          BANK_0
          ENDM
CLTRIS    MACRO     TRISC,PIN
          BANK_1
          BCF       TRISC,PIN
          BANK_0
          ENDM
;------------------------------------------------------------
          ORG       00h       ; Resetvektor
          CLRF      STATUS
          GOTO      MAIN
;
          ORG       04h       ; Interruptvektor
          RETFIE    ;
```

```
;
         ORG       10h
;
;Unterprogramme für I²C-BUS
;------------------------------------------------------------------
; siehe Modul
;------------------------------------------------------------------
;         EEWR: schreibt das Byte DAT an die Adresse ADR des EEPROMs
;         benutzt TRANS als Transfervariable
;------------------------------------------------------------------
EEWR     CALL      ISTART
         ANDLW     0FFH      ; Fehlerabfrage
         SKPZ
         RETLW     0F0H
;
         MOVLW     SLAWR
         MOVWF     TRANS
         CALL      IICOUT
         ANDLW     0FFH      ; Fehlerabfrage
         SKPZ
         RETLW     0F1H
;
         MOVF      ADR,W
         MOVWF     TRANS
         CALL      IICOUT
         ANDLW     0FFH      ; Fehlerabfrage
         SKPZ
         RETLW     0F2H
;
         MOVF      DAT,W
         MOVWF     TRANS
         CALL      IICOUT
         ANDLW     0FFH      ; Fehlerabfrage
         SKPZ
         RETLW     0F3H
;
         CALL      ISTOP
         ANDLW     0FFH      ; Fehlerabfrage
         SKPZ
         RETLW     0F4H
         RETLW     0
```

```
;-----------------------------------------------------------------
;       EERD: liest von der Adresse ADR des EEPROMs
;       benutzt TRANS als Transfervariable, Ergebnis in TRANS!
;-----------------------------------------------------------------
EERD    CALL    ISTART
        ANDLW   0FFH    ; Fehlerabfrage
        SKPZ
        RETLW   0F5H
;
        MOVLW   SLAWR
        MOVWF   TRANS
        CALL    IICOUT
        ANDLW   0FFH    ; Fehlerabfrage
        SKPZ
        RETLW   0F6H
;
        MOVF    ADR,W
        MOVWF   TRANS
        CALL    IICOUT
        ANDLW   0FFH    ; Fehlerabfrage
        SKPZ
        RETLW   0F7H
;
        CALL    ISTART
        ANDLW   0FFH    ; Fehlerabfrage
        SKPZ
        RETLW   0F8H
;
        MOVLW   SLARD
        MOVWF   TRANS
        CALL    IICOUT
        ANDLW   0FFH    ; Fehlerabfrage
        SKPZ
        RETLW   0F9H
;
        CALL    IICIN
        ANDLW   0FFH    ; Fehlerabfrage
        SKPZ
        RETLW   0FAH
```

```
;
        CALL    ISTOP
        ANDLW   0FFH      ; Fehlerabfrage
        SKPZ
        RETLW   0FBH
        RETLW   0         ; Ergebnis in TRANS
;-----------------------------------------------------------------
;                       Hauptprogramm
;-----------------------------------------------------------------
MAIN    MOVLW   RES_A
        MOVWF   PORT_A
        MOVLW   RES_B
        MOVWF   PORT_B
        MOVLW   RES_C     ; Set SCL, SDA to low
        MOVWF   PORT_C
        MOVLW   RES_D
        MOVWF   PORT_D
        MOVLW   RES_E
        MOVWF   PORT_E
        CLRF    ADCON0
        BANK_1            ; auf Bank1 umschalten
        MOVLW   07H
        MOVWF   ADCON1
        MOVLW   TR_A
        MOVWF   TRISA
        MOVLW   TR_B
        MOVWF   TRISB
        MOVLW   TR_C      ; Port_c in tri-state
        MOVWF   TRISC
        MOVLW   TR_D
        MOVWF   TRISD
        MOVLW   TR_E
        MOVWF   TRISE
        BANK_0            ; auf Bank0 zurückschalten
;
        MOVLW   0AAH
        MOVWF   WERT      ;
        CLRF    INTCON
```

```
;
LOOP        CLRF    ADR
;
;Die WRLOOP beschreibt die Adressen 0 .. 127 mit DAT=ADR XOR WERT
;abwechselnd WERT=0AAH und WERT = 55H
;
WRLOOP      MOVF    ADR,W
            XORWF   WERT,W
            MOVWF   DAT
            CALL    EEWR     ; EEPROM schreiben (DAT nach ADR)
            ANDLW   0FFH     ; W=0, wenn Schreiben o.k.
            BNZ     FLOOP
            CALL    DELAY    ;
            INCF    ADR      ;
            BTFSS   ADR,7    ; Ende des EEPROMs erreicht?
            GOTO    WRLOOP
            CLRF    ADR
;
;Die RDLOOP liest die Daten von den Adressen
;
RDLOOP      CALL    EERD     ; lies Byte von EE nach TRANS
            ANDLW   0FFH
            BNZ     FLOOP
            MOVF    ADR,W
            MOVWF   PORTB
            XORWF   WERT,W   ; W=ADR XOR WERT, sollte = gelesenem
                             ; Byte sein
            XORWF   TRANS,W  ; gelesene Daten in TRANS
            SKPZ
            BSF     PORTB,7
            CLRF    EUZ      ; dies ist ein Delay mit 256 msek
ANZLO       CALL    DELAY    ;
            DECFSZ  EUZ      ;
            GOTO    ANZLO    ;
            INCF    ADR      ;
            BTFSS   ADR,7    ; Ende des EEPROMs erreicht?
            GOTO    RDLOOP
            COMF    WERT     ; falls ja: WERT wechselt: AA<->55
            BCF     ADR,7H   ; Falls ADR=128 ; ADR=0
            GOTO    WRLOOP
;
```

```
FLOOP    CALL     DELAY    ; Fehlerschleife
         DECFSZ   EUZ
         GOTO     FLOOP
         COMF     PORTB
         GOTO     FLOOP
;
         END
```

Listing des Programms 24C01.ASM

5.1.7 Die K2-Schnittstelle

Diese Schnittstelle wurde von uns für die pinsparende Verbindung zweier PIC16 über Optokoppler entwickelt. Es handelt sich um eine Zweidraht-Schnittstelle, bei der, wegen der Optokoppler, die Richtung festliegt. Um mit zwei Leitungen auszukommen, wird dabei die Datenleitung des jeweiligen Empfängers als Clockleitung benützt.

Diese Schnittstelle wird von uns aber auch ohne Optokoppler oft verwendet, da wir es als angenehm empfinden, wenn die Richtung der Datenleitung nicht dauernd umgekehrt werden muß. Außerdem ist sie schnell und fehlersicher, denn durch das Handshake ist gewährleistet, daß der Datenstrom nicht ins Leere geht.

Besondere Eigenschaften der K2-Schnittstelle

> Es sind nur zwei Leitungen nötig. Die Richtungen beider Leitungen sind fest, daher ist sie besonders gut für Optokopplerverbindungen geeignet.
>
> Durch den bitweisen Acknowledge des Empfängers weiß der Sender definitiv, daß seine Daten angekommen sind.
>
> Der Master muß die Verfügbarkeit des Slaves prüfen. Der Slave hat die Möglichkeit, zu signalisieren, daß er beschäftigt ist.
>
> Die Geschwindigkeit beider Teilnehmer muß aufeinander abgestimmt sein. Die Übertragungsgeschwindigkeit ist so hoch, wie es der langsamste erlaubt.

Mögliche Hardwarerealisierungen

Die einfachste Art, zwei µController zu verbinden, findet sich meist innerhalb von Geräten, wenn nicht sogar nur auf einer Platine. Sie könnte als Verbindung zwischen einem EA- oder Anzeige-Controller und einem Master-Controller Verwendung finden. Geräteverbindend wird diese Lösung nicht eingesetzt. Schon gar nicht im Hinblick auf EMV und der damit verbundenen Problematik von Steckverbindungen, die das Gerät verlassen.

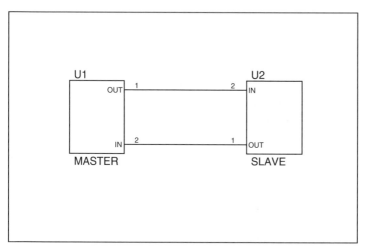

Abbildung 5.5: Einfache Zweidrahtverbindung

Diese nächstbessere Art der Verbindung ist mit Optokopplern realisiert. Um eine ordentliche Geschwindigkeit zu erreichen, müssen schon schnelle Typen eingesetzt werden. In unseren Anordnungen verwenden wir gerne den Typ 6N139. Durch Optimierung der Widerstände erreichen wir eine Verzögerung des Signals von unter einer µsek. Anwendung findet diese Schnittstelle in Geräten, wo galvanische Trennung gefordert ist, wie etwa potentialfreie DA-Ausgänge oder AD-Wandler-Eingänge. Da diese beiden Wandler untereinander natürlich auch galvanisch getrennt sein müssen, muß ein Master mindestens zwei Optokopplerpfade bedienen.

Serielle Kommunikationen 355

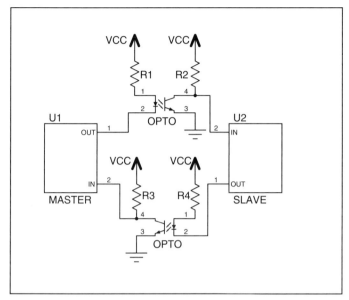

Abbildung 5.6: Einzel-Optokopplerverbindung

Die eben erwähnte kurze Verzögerungszeit des Signales erkaufen wir uns natürlich mit einem entsprechenden Ansteuerstrom. Wenn mehr als zwei Optokoppler angesteuert werden, wie in der folgenden Version mit mehreren Slaves, schaffen selbst die Ausgänge der PIC16-Controller es nicht mehr, diesen Strom bereitzustellen. Ein zusätzlicher externer Transistor beseitigt alle Probleme. Eingangsseitig ist noch zu beachten, daß **ein** Widerstand zur positiven Versorgungsspannung ausreicht.

Die K2ATN-Version

Bei der K2ATN-Schnittstelle handelt es sich um eine Variante der K2-Schnittstelle, die zur Anbindung mehrerer Slaves an einen Master entwickelt wurde. Wenn mehrere Slaves an einer K2-Schnittstelle hängen, gibt es neben der Kommunikation mit einzelnen Slaves auch Mitteilungen »an alle«. Diese Mitteilungen können entweder allgemeine Befehle sein oder Adressierungsbefehle. Bei der Adressierung müssen alle zuhören, um festzustellen, ob sie eventuell gemeint sind. Ein Empfängerclock kann dabei aber nicht funktionieren, da ja alle gleichzeitig empfangen müssen. Wenn alle Slaves einen Empfängerclock ausgeben, gibt es auf dem Bus ein Riesentohuwabohu.

356 Kapitel 5

Um Meldungen an alle zu realisieren, gibt es eine ATN-Leitung (ATN = Attention), welche bei solchen Mitteilungen den Clock ausgibt. Die Befehle an alle bestehen nur aus 5 Bit. Den Unterschied zwischen allgemeinen Meldungen und Adressierungsbefehlen realisieren wir durch das erste gesendete Bit: Ist es 0, folgt eine 4-Bit-Meldung an alle. Ist es 1, folgt eine 4-Bit-Adresse. Auf diese Weise lassen sich 16 Slaves anbinden.

Nachdem die Adressierung erfolgt ist, wird die weitere Kommunikation mit dem adressierten Slave auf die gleiche Weise durchgeführt, wie bei der K2-Schnittstelle. Daß wir in diesem Falle nicht weiter die ATN-Leitung benutzen, hat den Grund, daß die nicht adressierten Slaves nicht mehr gestört werden.

Die K2ATN ist voll optokopplerfähig, da die Richtung der bisherigen Leitungen nicht angetastet werden und die Richtung der ATN-Leitung feststeht. Sie geht vom Master zu allen Slaves.

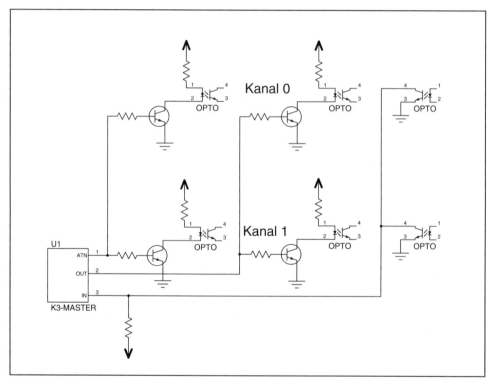

Abbildung 5.7: Anbindung zweier Slaves an einen Master

Das K2-Protokoll

Das Protokoll der K2-Schnittstelle fällt insofern etwas aus dem Rahmen, als immer der Empfänger den Clock sendet, obwohl er dabei nicht die Rolle des Masters haben muß. Als Master bezeichnen wir nämlich immer denjenigen Teilnehmer, welcher die Initiative zu einer Kommunikation ergreift.

Es gibt zwei Unterschiede zu den bisher besprochenen Schnittstellen

- Bei der Kommunikation zwischen zwei PIC16 können wir die Protokolle beider Seiten frei gestalten.
- Jeder der beteiligten PIC16 hat neben der Kommunikation noch andere Aufgaben zu erfüllen, so daß er nicht ständig mit dem Ohr an der Kommunikationsleitung sein kann. Der Slave muß auch nicht jederzeit bereit sein, einen »Interrupt« zuzulassen.

Bei der K2-Schnittstelle sind beide Leitungen im Ruhezustand High. Wenn der Master seine Leitung auf Low legt, bedeutet dies, daß er eine Kommunikation wünscht. Wenn der Slave seine Leitung auf Low legt, signalisiert er damit, daß er busy ist und nicht angesprochen werden möchte.

Eine Kommunikation beginnt also immer mit folgendem Verabredungsteil:

- Der Master prüft, ob die Datenleitung des Slaves High ist, ggfs. wartet er mit einem gewissen Timeout.
- Wenn die Datenleitung des Slaves High ist, setzt er seine Leitung auf Low, um zu signalisieren, daß er eine Kommunikation beginnen möchte.
- Der Slave bekundet mit seinem Low die Bereitschaft zu dieser Kommunikation.

Aus der Sicht des Masters lauten diese Schritte:

1. Setze Ausgang low
2. Warte bis Eingang low (Antwort) oder Timeout

Aus der Sicht des Slaves lauten die Schritte, wenn er eine Kommunikation erwartet:

1. Warte bis Eingang low oder Timeout
2. Setze Ausgang low (als Antwort)

In einer entsprechenden Programmumgebung kann es auch so sein, daß nach der Prüfung der Slave-Datenleitung unter Punkt 1 der Master durch einen Interrupt die Arbeit des Slaves unterbricht. Der Slave gibt seine Bereitschaft dazu, indem er seine Datenleitung auf high legt.

Ob es sich bei einer Verabredung um einen Schreib- oder Lesevorgang handelt und wie viele Bits übertragen werden, wird von den beiden Teilnehmern auf eine Weise abgemacht, die nicht mehr dem Schnittstellenprotokoll unterliegt. Diesbezüglich ist unsere K2-Schnittstelle schwächer festgelegt als andere Standardschnittstellen, wie z.B. I²C. Es gab in unserer Praxis sicherheitskritische Anwendungsfälle, bei denen beide PIC16 zeitlich synchronisiert waren und zu festgesetzten Zeiten nach einem festen Fahrplan Informationen austauschten. In anderen Anwendungen wurde immer zuerst vom Master an den Slave geschrieben und dabei mitgeteilt, wie viele Bytes folgen bzw. wie viele Bytes als Antwort zurückerwartet werden.

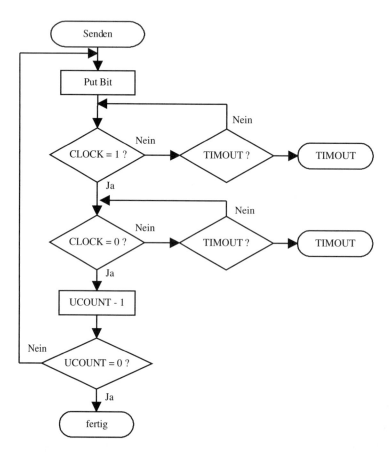

Abbildung 5.8: Senden

Im Gegensatz zum Verabredungsprotokoll sind die Schreib- und Leseroutinen unabhängig davon, ob es sich um einen Master oder einen Slave handelt. Lediglich am Schluß ist darauf zu achten, daß der Slave so lange Low (busy) bleibt, bis er zu einer neuen Kommunikation bereit ist, während der Master seine Datenleitung sofort auf High (idle) legt, damit der Slave nicht meint, es sei eine weitere Kommunikation angesagt.

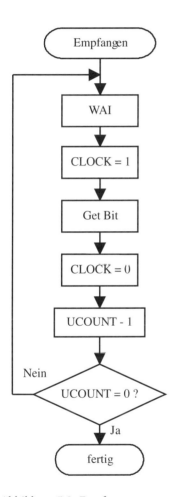

Abbildung 5.9: Empfangen

In der folgenden Programmsammlung wird der Datenausgangspin mit COMM_O und der Dateneingangspin mit COMM_I bezeichnet.

```
;------------------------------------------------------------
;          K2SRD: Slave-Read 8Bit, Ergebnis in TRANS
;------------------------------------------------------------
;
K2SRD   MOVLW     8           ; RECEIVE MIT EMPFCLOCK (Slave)
        MOVWF     UCOUNT      ; Zweidrahtverbindung
        BSF       COMM_O      ; Bereitschaft
        CALL      WAILO       ; Warte auf Aufforderung
        BZ        TIMOUT
        BCF       COMM_O      ; Acknowledge, Beginn der Kommunikation
;
RDLO    CALL      WAI         ; Zeit, um ein Bit zu schreiben
        BSF       COMM_O      ;
        BCF       STATUS,CY   ; Lesen, wenn Clock HI
        BTFSC     COMM_I      ;
        BSF       STATUS,CY   ;
        RRF       TRANS       ;
        BCF       COMM_O
        DECFSZ    UCOUNT
        GOTO      RDLO
;
        BSF       STATUS,ZR   ; ZR:NO TIMOUT
        RETURN                ; Slave bleibt Low(busy), bis wieder Ready
;
;------------------------------------------------------------
;          K2SWR: Slave-Write 8Bit, Eingang: TRANS
;------------------------------------------------------------
;
K2SWR   MOVLW     8           ; SEND MIT EMPFCLOCK (Slave)
        MOVWF     UCOUNT      ;
        BSF       COMM_O      ; Verabredung wie SLREAD
        CALL      WAILO       ;
        BZ        TIMOUT
        BCF       COMM_O
;
WRLO    RRF       TRANS       ; Schreibe Bit
        BTFSC     STATUS,CY   ;
        BSF       COMM_O      ;
        BTFSS     STATUS,CY   ;
```

```
              BCF       COMM_O    ;
              CALL      WAIHI     ; Warte bis Clock LO
              BZ        TIMOUT
              CALL      WAILO     ; Warte bis Bit gelesen
              BZ        TIMOUT
              DECFSZ    UCOUNT
              GOTO      WRLO
;
              BCF       COMM_O    ; Idle
              BSF       STATUS,ZR ; NO TIMOUT
              RETURN    ; Slave bleibt Low (busy), bis wieder Ready
;
;-------------------------------------------------------------------
;       K2MRD: Master-Read 8Bit, Ergebnis in TRANS
;-------------------------------------------------------------------
;
K2MRD    MOVLW     8         ; RECEIVE MIT EMPFCLOCK (Master)
         MOVWF     UCOUNT    ;
         BCF       COMM_O    ; Aufforderung
         CALL      WAILO     ; Warte auf Antwort
         BZ        TIMOUT
;
RDLO     CALL      WAI       ; Zeit, um ein Bit zu schreiben
         BSF       COMM_O    ;
         BCF       STATUS,CY ; Lesen, wenn Clock HI
         BTFSC     COMM_I    ;
         BSF       STATUS,CY ;
         RRF       TRANS     ;
         BCF       COMM_O
         DECFSZ    UCOUNT    ;
         GOTO      RDLO      ;
;
         BSF       COMM_O
         BSF       STATUS,ZR ; ZR:NO TIMOUT
         RETURN    ; Master verläßt Programm mit High (Idle);
;
;-------------------------------------------------------------------
;       K2MWR: Master_Write 8Bit, Eingang: TRANS
;-------------------------------------------------------------------
```

```
;
K2MWR     MOVLW     8          ; SEND MIT EMPFCLOCK (Slave)
          MOVWF     UCOUNT     ;
          BSF       COMM_O     ; Verabredung wie SLREAD
          CALL      WAILO      ;
          BZ        TIMOUT
          BCF       COMM_O
;
WRLO      RRF       TRANS      ; Schreibe Bit
          BTFSC     STATUS,CY  ;
          BSF       COMM_O     ;
          BTFSS     STATUS,CY  ;
          BCF       COMM_O     ;
          CALL      WAIHI      ; Warte bis Clock LO
          BZ        TIMOUT
          CALL      WAILO      ; Warte bis Bit gelesen
          BZ        TIMOUT
          DECFSZ    UCOUNT
          GOTO      WRLO
;
          BSF       COMM_O     ; Idle
          BSF       STATUS,ZR  ; NO TIMOUT
          RETURN    ; Master verläßt das Programm mit High
;
;-----------------------------------------------------------------
;         WAILO und WAIHI: Warten auf COMM_I = Low bzw. Hi mit
;                          Timeout
;         CALL      WAILO bzw. CALL WAIHI dauert mindestens 11
;                   Befehlszyklen
;-----------------------------------------------------------------
WAILO     MOVLW     TMOUT      ; die Konstante definiert Timoutdauer;
          MOVWF     TCNT       ;
WLL       DECF      TMOUT      ; Schleife dauert 6 Befehlszyklen
          SKPNZ
          RETURN
          BTFSC     COMM_I
          GOTO      WLL
          RETURN    ; ZR, Wenn Timout!
;
```

```
WAIHI    MOVLW    TMOUT
         MOVWF    TCNT
WHL      DECF     TMOUT
         SKPNZ
         RETURN
         BTFSS    COMM_I
         GOTO     WHL
         RETURN           ; ZR, Wenn Timout!
;
TIMOUT   BCF      STATUS,ZR; NZ signalisiert: Kommunikation Nicht
                           ; o.k.
         RETURN
;
;-----------------------------------------------------------------
;        WAI gibt dem Sender Gelegenheit, Bit zu schreiben.
;        Da Sender vorher WAIHI aufrufen muß, soll WAI 24
;        Befehlszyklen des Senders!!! nicht unterschreiten!
;        Verzögerung durch Optokoppler mit berücksichtigen!!!!
;-----------------------------------------------------------------
;
WAI      MOVLW    WRTIM    ; Konstante WRTIM bestimmt Dauer von WAI
         MOVWF    TCNT     ; (Dauer von CALL  WAI ist 5+3*WRTIM)
WI       DECFSZ   TCNT     ;
         GOTO     WL
         RETURN
```

K2-Bedienungsroutinen

5.1.8 Die K3-Schnittstelle

Die K3-Schnittstelle wurde konzipiert für ein weitgehend zeitunabhängiges Handshake, welches jedes einzelne Bit quittiert. Damit ist die Kommunikation zwischen Teilnehmern sehr unterschiedlicher Geschwindigkeit möglich. Auch kann in gewissem Rahmen einer der Teilnehmer während der Kommunikation einmal von einem Interrupt unterbrochen werden. Gewisse Grenzen müssen dabei natürlich gesetzt werden. Eine angemessene Timeout-Dauer ist festzulegen, nach der wir annehmen, daß der Partner nicht mehr auf der Leitung ist.

Während bei der K2 der Empfänger die Übertragungsgeschwindigkeit vorgibt, wird beim K3-Protokoll die Unterhaltung folgendermaßen lauten:

- Sender zum Empfänger: »Achtung, ich schicke Dir ein Bit«
- Empfänger zum Sender: »Schieß los«
- Sender zum Empfänger: »Bit liegt auf der Leitung, Du kannst es abholen«
- Empfänger zum Sender: »Ich habe es«

Die ersten beiden Aufforderungsmeldungen werden ausgeführt, indem die jeweiligen Handshake-Leitungen auf Low gelegt werden. Ein High auf den Handshake-Leitungen zeigt die Erfolgsmeldungen an. Im Ruhezustand befinden sich die Handshake-Leitungen auf High.

Jeder der beiden Teilnehmer bezeichnet die ausgehende Handshake-Leitung mit HOUT und die ankommende mit HIN. Die Datenleitung heißt DATA. Im Gegensatz zu den Handshake-Leitungen muß die Datenleitung ihre Richtung wechseln.

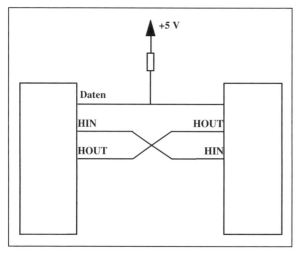

Abbildung 5.10: Prinzipielle K3-Verbindung

Bei der K3-Kommunikation sind beide Teilnehmer grundsätzlich gleichberechtigt. Der Sender ergreift immer die Initiative. Durch interne Verabredung kann natürlich geregelt werden, daß einer der beiden Teilnehmer nicht ungefragt reden darf. Wenn beide unabhängig voneinander eine Kommunikation beginnen dürfen, hat derjenige das Wort, der zuerst dran war.

Serielle Kommunikationen 365

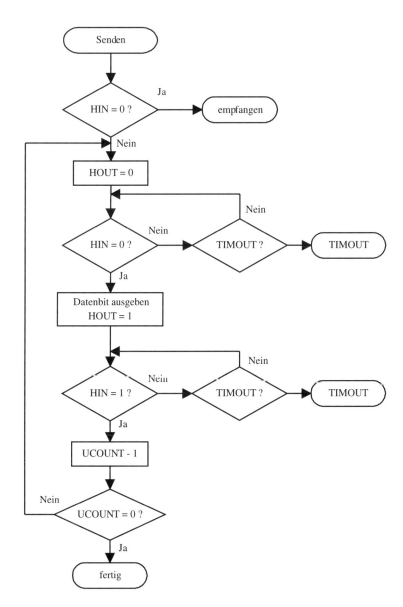

Abbildung 5.11: Senden

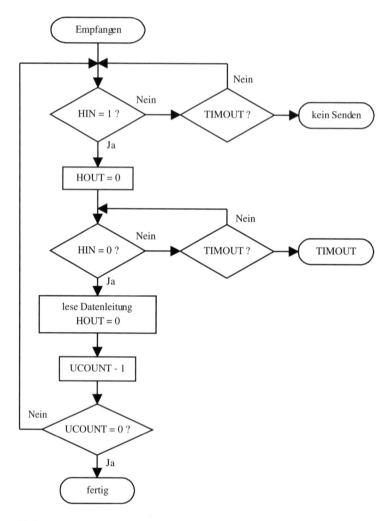

Abbildung 5.12: Empfangen

5.2 Asynchrone Kommunikation

Die asynchrone serielle Schnittstelle ist den meisten Anwendern als V24 oder RS232 bekannt. Meist wird diese Schnittstelle zwischen zwei Geräten verwendet. Sie ist besonders bei den PC-Anwendern bekannt. Eine wichtige Eigenschaft dieser Schnittstellenart ist, daß sie auch über größere Entfernungen verlegt werden kann. Die physikalischen Pegel von +12 Volt bis -12 Volt gewährleisten eine hohe Störsicherheit. Die Stromschleifenvariante bietet ebenfalls eine gute Störsicherheit und wird gerne im industriellen Bereich eingesetzt.

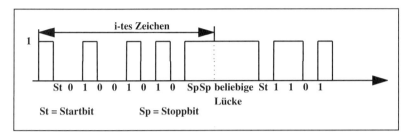

Abbildung 5.13: V24-Zeitdiagramm

Das logische Funktionsprinzip beruht darauf, daß die Datenbits in einem festen Zeitraster gesendet und empfangen werden. Die Zeitbasis stellt jeder Teilnehmer unabhängig vom anderen selbst her. Der Beginn der Übertragung wird durch das Senden eines Startbits angezeigt. Dies garantiert jedoch nicht, daß der Empfänger zur Kommunikation bereit ist. Wenn der Empfänger nicht ausschließlich für die Bedienung der Schnittstelle zuständig ist, müssen über zusätzliche Handshakeleitungen noch weitere Informationen übertragen werden über die Verfügbarkeit des Empfängers bzw. über den Wunsch des Senders, Daten zu übermitteln.

Für eine asynchrone Schnittstelle sind drei Parameter charakteristisch:

- die Übertragungsgeschwindigkeit (Baudrate = Anzahl Bits pro Sekunde)
- die Anzahl Datenbits und Stopbits
- Art der Paritätsprüfung

Typisch für die asynchronen Schnittstellen ist, daß die beiden Partner gleichberechtigt sind. Wenn unabhängig voneinander in beide Richtungen übertragen werden kann, spricht man von Vollduplex-Betrieb. Ist dagegen nur eine Richtung zu einem Zeitpunkt möglich, so ist das Halbduplex-Betrieb.

Den meisten PC-Benutzern ist die asynchrone Schnittstelle unter den Namen RS232 oder V.24 bekannt. Bei diesen Begriffen handelt es sich um amerikanische bzw. europäische Normen, welche die Pinbelegungen der Stecker, Leitungsnamen und Baudraten festlegen. Übliche Baudraten sind 2400, 4800, 9600, 19.200, 38.400 Baud.

Aufgrund der bereits erwähnten Pegel von +12 Volt für low und −12 Volt für high, stellt sich bei der Realisierung einer asynchronen Schnittstelle mit einem µController das Problem der Pegelanpassung. Diese Aufgabe kann von altbekannten Bausteinen, wie den 1488/1489 und MAX232 sowie den neueren Varianten MAX232A und AD202JN übernommen werden. Die Entwicklung der Bausteine ging in Richtung weniger externer Bausteine, geringerer Leistungsaufnahme, höherer Übertragungsgeschwindigkeit bei geringerer Störabstrahlung und niedrigerem Preis.

Niemanden sollte es wundern, wenn z.B. eine Maus ohne einen dieser Bausteine auskommt oder scheinbar keine Stromversorgung hat. Trickschaltungen, die die Pegelanpassung vornehmen und die Versorgungsspannung für einen µController aus den Handshakeleitungen kitzeln, sind immer wieder anzutreffen.

Da in unseren Ausführungen die PIC16-µController im Vordergrund stehen, möchten wir nun von den schaltungstechnischen Details zu den logischen Vorgängen übergehen.

Wie bei allen seriellen Übertragungen mit dem PIC16 gibt es vier verschiedene Möglichkeiten:

- Der komfortabelste Weg zur Realisierung einer asynchronen seriellen Schnittstelle ist natürlich die Verwendung des SCI-Moduls. Wenn dieses Modul zur Verfügung steht, braucht man sich praktisch um gar nichts zu kümmern. Nicht einmal ein Timer geht verloren für die Baudratengenerierung.

- Da das SCI-Modul nur bei ziemlich großen Derivaten vorhanden ist, muß man gelegentlich mit der nächstbesten Lösung vorlieb nehmen. Das ist die Verwendung des CCP-Moduls. Dieses kann sowohl zum Erfassen des Startbits mit Hilfe des Capture-Moduls verwendet werden als auch im Compare-Modul, zum Erfassen der Übertragungszeiten, sowohl beim Senden als auch beim Empfangen.

- Wenn man aber einen Vertreter der PIC16C5X-Familie verwenden möchte, gibt es immer noch zwei Möglichkeiten. Die erste ist, den TMR0 für die Zeitorganisation zu verwenden.

- Wenn der TMR0 aber, was gelegentlich vorkommt, im Gasthaus sitzt, müssen wir alles per Software arrangieren. Die Zeitorganisation wird in diesem Falle mit Warteschleifen realisiert. Sollten dringende Aufgaben parallel dazu erledigt werden müssen, kann man diese innerhalb der Warteschleifen bedienen. Hierbei muß man wirklich alle Befehle in der erweiterten Warteschleife zählen.

Bei den Lösungen ohne SCI-Modul hat man sich beim Ausgeben bzw. Erfassen der Bits ganz einfach an ein vorgegebenes Zeitschema zu halten. Aus der Sicht eines PIC16 sind die üblichen Baudraten jedoch eine recht langsame Angelegenheit, so daß der PIC16 mit der Ausgabe eines einzelnen Bytes ziemlich lange beschäftigt ist. Wir legen als erstes die Lösung mit dem TMR0 dar, da sich an diesem Beispiel die Zeitorganisation am schönsten erklären läßt. Im übrigen ist es die am häufigsten verwendete Variante.

5.2.1 Realisierung mit dem TMR0

Die Programmschleifen zum Senden bzw. Empfangen müssen in festen Zeitabständen ein Bit schreiben bzw. lesen. Wie man die Bits schreibt und liest, haben wir im Kapitel über die synchrone Kommunikation schon dargelegt. Das Erfassen der Zeit ist mit der Eventmethode am günstigsten. Dabei müssen wir zunächst die Zeitverhältnisse unter die Lupe nehmen.

Wir betrachten die Übertragungsgeschwindigkeit von 19200 Baud, welches die schnellste ist, die wir bisher realisieren mußten. Für ein Bit stehen bei dieser Geschwindigkeit 52 µsek zur Verfügung. Wenn wir wieder die bei uns beliebteste Oszillatorfrequenz von 4 MHz annehmen, sind dies 52 Befehlszyklen. Wir wollen dabei zunächst davon ausgehen, daß wir zu einer Zeit nur in eine Richtung übertragen (Halbduplex-Betrieb). Wenn wir uns mit einem PC unterhalten, reden sowieso nicht beide gleichzeitig.

Bei der asynchronen Schnittstelle geht man davon aus, daß ein Bit, das geschrieben wird, etwa in der Mitte seiner Standzeit abgeholt wird. Wenn der Sender absolut pünktlich wäre, könnte der Zeitpunkt des Empfangs theoretisch also um fast 26 µsek nach beiden Seiten schwanken. Praktisch muß man jedoch davon ausgehen, daß der Sender sich auch eine gewisse Freiheit bezüglich der Pünktlichkeit nehmen möchte, so daß der Freiraum nur noch die Hälfte betrifft. Hinzu kommt, daß man nicht ganz genau den Zeitpunkt kennt, an dem der Empfang begonnen hat, sofern man das Startbit nicht mit einem Interrupt erfaßt. Wenn eine Übertragung sicher sein soll, darf man natürlich nicht so nah an die Grenzen des Erlaubten gehen, zumal man ja auch noch an Laufzeiten zu denken hat. Wir haben es uns zur Gewohnheit gemacht, eine gesamte Zeitschwankung von maximal 20% zuzulassen, lieber nur 10 %. Bei einem sytematischen Baudratenfehler liegt die zulässige Fehlerrate im Bereich von 1%. Diese Richtwerte gelten sowohl für den Empfang als auch für das Senden. Bei 52 µsek bedeutet das eine erlaubte Verspätung von höchstens 10 µsek, die sich selbstverständlich nicht kumulieren darf.

Die Zeiterfassung mit der Eventmethode dauert 6 Befehlszyklen, bei 4 MHz also 6 µsek, so daß wir die Oszillatorfrequenz nicht zu erhöhen brauchen. Die Zeit für das Schreiben bzw. Lesen eines Bits einschließlich Zählen der Bits und ggfs. Erfassen der Parität ist von der Größenordnung von 10 Befehlszyklen, so daß man keine Angst zu haben braucht, an der nächsten Zeitabfrage nicht pünktlich anzukommen. Man hat sogar noch über 30 Befehlszyklen Zeit, um zwischendurch noch andere Sachen zu erledigen.

Das Übertragen eines Paritätsbits zur Fehlerentdeckung wird immer seltener verabredet, da die Übertragungssicherheit größer geworden ist. Das Paritätsbit wird so gesetzt, daß die Gesamtzahl von Einsen gerade ist, wenn gerade Parität (even Parity) verabredet wurde, bzw. ungerade, wenn ungerade Parität (odd Parity) vereinbart war. Die Anzahl Einsen werden während des Sendens bzw. Empfangens gezählt. Das Paritätsbit wird mitgezählt. Bei gerader Parität ist das Bit 0 des Zählers gleich dem Paritätsbit, bei ungerader Parität gleich dem inversen Paritätsbit.

Der gesamte Sendevorgang besteht damit aus folgenden Schritten:

1. Sende Startbit (low)
2. Schreibe 8 Bits auf die Datenleitung im Abstand von 52 µsek, inkrementiere ggfs. Paritätszähler
3. Falls vereinbart, sende Paritätsbit aufgrund des Paritätszählers
4. Sende je nach Vereinbarung 1 bzw. 2 Stopbits (high)

Beim Empfangen ist zu beachten, daß man von dem Zeitpunkt, an dem man ein Startbit erkennt, nicht 52 µsek wartet, bis man das erste Datenbit liest, sondern etwa die anderthalbfache Zeit, da man das Bit ja in der Mitte des Intervalls erfassen soll. Da zwischen dem Senden des Startbits und dem empfängerseitigen Erkennen dieses Bits einige µsek vergehen, wählt man die erste Wartezeit etwas kleiner als das anderthalbfache, sagen wir 72 statt 78. Das Erfassen des Startbits ist ein kritischer Punkt, wenn man keinen Interrupt hat. Der PIC16 muß mit dem Ohr ziemlich oft an der Datenleitung lauschen.

Die Prüfung, ob ein Startbit gesendet wurde, wird bei uns im Hauptprogramm durchgeführt, so daß das Unterprogramm zum Empfang nur dann aufgerufen wird, wenn ein Startbit bereits erkannt wurde.

Das Empfangsprogramm besteht dann aus folgenden Schritten:

1. Warte 72 µsek
2. Lies 8 Bits von der Datenleitung im Abstand von 52 µsek, inkrementiere ggfs. Paritätszähler.
3. Falls vereinbart, lies Paritätsbit und inkrementiere ggfs. Paritätszähler
4. Lies erstes Stopbit (framing error)

Praktisch bei den genormten Baudraten ist, daß sie sich um Faktoren von Zweierpotenzen unterscheiden, so daß für andere Baudraten bei Verwendung der Event-Methode nichts weiter zu ändern ist als der Vorteiler.

Für die Programmentwicklung ist es jetzt praktisch, die Makros PUTBIT und GETBIT zu vereinbaren. PUTBIT schreibt ein BIT an das Ausgangspin, welcher mit TX bezeichnet wird, und GETBIT liest ein BIT vom Eingangspin, welcher den Namen RX hat. Beide Makros zählen dabei das Paritätsbit hoch.

```
#DEFINE TX      PORTC,6
#DEFINE RX      PORTC,7

PUTBIT  MACRO   TRANS
        RRF     TRANS
        SKPC
        BCF     TX
        SKPNC
        BSF     TX
        SKPNC
        INCF    PARI
        ENDM

GETBIT  MACRO   TRANS
        BCF     STATUS,CY
        BTFSC   RX
        BSF     STATUS,CY
        SKPNC
        INCF    PARI
        RRF     TRANS
        ENDM
```

Nützlich ist auch noch, die Programmzeile WUNTIL als Makro zu schreiben

```
WUNTIL  MACRO
        LOCAL   WAI
WAI     MOVF    EVENT,W
        SUBWF   TMR0,W
        ANDLW   0F0H
        BNZ     WAI
        MOVLW   .52
        ADDWF   EVENT
        ENDM
```

Mit diesen Vereinbarungen werden die beiden Unterprogramme SERIN und SEROUT jetzt sehr übersichtlich. Zum Senden des Paritätsbits brauchen wir nur PUTBIT PARI aufzurufen. Bei ungerader Priorität müßte PARI zuvor noch invertiert werden. Durch diese Methode wird PARI allerdings rechts rotiert, und das wichtige Bit 0 geht verloren. Wenn wir das nicht wollen, dürfen wir das Makro PUTBIT in diesem Zusammenhang nicht benutzen.

```
SEROUT  MOVLW   8
        MOVWF   UCOUNT
        CLRF    PARI
        MOVLW   .52
        ADDWF   TMR0,W
        MOVWF   EVENT
        BCF     TX              ;Startbit setzen
SOLO    WUNTIL
        PUTBIT  TRANS
        DECFSZ  UCOUNT
        GOTO    SOLO
        WUNTIL
        PUTBIT  PARI            ;für gerade Parität
        WUNTIL
        BSF     TX              ;Stopbit
        RETURN

SERIN   MOVLW   8
        MOVWF   UCOUNT
        CLRF    PARI
        MOVLW   .72             ;ca. anderthalb Bits
        ADDWF   TMR0,W
        MOVWF   EVENT
SILO    WUNTIL
        GETBIT  TRANS
        DECFSZ  UCOUNT
        GOTO    SILO
        WUNTIL
        BTFSC   RX              ;Paritätsbit
        INCF    PARI
        WUNTIL
        BCF     STATUS,CY
        BTFSC   RX
        BSF     STATUS,CY       ;CY, wenn Stopbit
        RETURN                  ;
```

Das Programm SERIN kommt also mit CY = 1 zurück, wenn ein Stopbit (high) erkannt worden ist. Andernfalls muß man auf einen framing error schließen, den wir ungern mit Rahmenfehler übersetzen.

Bei der hier vorgeschlagenen Vefahrensweise verbleiben wir während der gesamten Übertragung eines Bytes im Programm SERIN bzw. SEROUT. Wenn dringende Tätigkeiten, wie z.B. das Überwachen eines Eingangs solange nicht auf Eis gelegt werden können, muß man sie in diese Routinen zur zwischenzeitlichen Behandlung hineinziehen. Vergessen Sie nicht, daß man in diesen Routinen bei der meistgenutzten Baudrate von 9600 etwa 1000 Befehlszyklen lang verbleibt.

Eine andere Vorgehensweise ist die, daß man das Programm für jedes Bit in einem Zeitschlitzverfahren aufruft. Diese Technik werden Sie weiter unten bei der Verwendung des CCP-Moduls sehen. Man kann sie für die Erfassung mit dem TMR0 natürlich auch anwenden. Der Unterschied ist lediglich, daß die Zeiterfassung mit der Event-Methode geschieht und daß das Startbit durch Pollen erfaßt wird.

5.2.2 Realisierung mit Software-Warteschleifen

Viel ändert sich an den Programmen nicht, wenn man die Warteschleifen softwaremäßig durchzuführen hat. Das Erstellen der Warteschleifen ist aber jetzt um einiges mühsamer. Es muß noch einmal dringend daran erinnert werden, daß Ungenauigkeiten sich nicht akkumulieren dürfen. Während bei der Event-Methode sich eine Verzögerung beim nächsten Mal wieder ausgleicht, führt eine zu lange Warteschleife jedesmal zu einer neu hinzukommenden Verspätung, so daß nach einigen Bits die ganze Übertragung aus dem Tritt kommen kann. Eine zu kurze Warteschleife ist genauso verhängnisvoll. Wenn man parallel zur seriellen Übertragung keine weiteren Aufgaben durchzuführen hat, kann man einfache Delay-Schleifen benutzen, die man einmal berechnet. Allerdings müssen die Parameter der Delay-Schleifen für jede Baudrate extra berechnet werden. Auch das ist kein Problem gegenüber der Mühe, die man hat, wenn man innerhalb der Delay-Programme noch andere Aufgaben zu erledigen hat.

Wir führen die Delay-Programme wieder als Makros aus, schon mit Rücksicht auf die Stacktiefe des PIC16C5X, mit dem wir es ja in diesem Falle sicher zu tun haben. Die einfachste Delay-Methode ist die einfache Zählschleife:

```
DELAY   MOVLW   X
        MOVWF   DCOUNT
DL0     DECFSZ  DCOUNT
        GOTO    DL0
```

Solange DCOUNT nicht heruntergezählt ist, dauert die Schleife 3 Befehle, beim letzten Mal nur noch 2, da der GOTO-Befehl nicht mehr ausgeführt wird. Einschließlich der ersten beiden Zeilen ist die Dauer des gesamten Delays 3*X + 1.

Bei der Berechnung der notwendigen Dauer der Warteschleife ist natürlich auch noch die Dauer der Makros PUTBIT bzw. GETBIT sowie die übrigen Befehle von SEROUT und SERIN abzuzählen. Wenn wir die Warte-Makros wieder WUNTIL nennen, sind die Programme SEROUT und SERIN formal kaum unterschiedlich von der obigen Version. Das Laden der Variablen EVENT am Anfang entfällt. Die Länge der verschiedenen WUNTILs ist nicht ganz gleich, so daß man mit ein paar NOPs noch korrigierend eingreift.

5.2.3 Realisierung mit dem CCP-Modul

Diese Realisierung entlastet das Hauptprogramm fast genauso wie die Realisierung mit dem SCI-Modul, abgesehen davon, daß man mit Interrupts zu rechnen hat, die nicht ganz kurz sind und in sehr zeitkritischen Programmen möglicherweise stören würden.

Das CCP-Modul wird dabei während einer Übertragung im Compare-Modus betrieben, während es sich bei Bereitschaft zum Empfang im Capture-Modus befindet. Daher ist der Eingangspin RX auf einen Capture-Eingang zu legen. Der Ausgangspin TX kann auf einen beliebigen Portpin gelegt werden.

Die Hauptarbeit übernimmt die CCP-Interruptroutine. Da die Interruptroutine nach jedem gesendeten bzw. empfangenen Bit wieder verlassen wird, müssen wir Flags bereitstellen, welche die Information enthalten, ob gerade ein Sendevorgang aktiv ist oder ein Empfang, oder ob wir uns im Zustand des Wartens auf ein Startbit befinden. Außerdem gibt es Flags, die vom Interruptprogramm als Meldung an das Hauptprogramm bereitgestellt werden.

Wir werden jetzt zunächst betrachten, was das Hauptprogramm beim Senden und Empfangen zu tun hat. Hierzu benennen wir die Flags im Register SERSTAT:

- Bit 0: WAIS (Warte auf Startbit; wird zurückgesetzt, wenn Startbit erkannt)
- Bit 1: SEND (Sendevorgang aktiv; wird zurückgesetzt, wenn Sendevorgang fertig)
- Bit 2: RECE (Empfangsvorgang aktiv; wird zurückgesetzt, wenn Empfang beendet)
- Bit 3: RRDY (Byte wurde empfangen, wird zurückgesetzt, wenn Byte abgeholt)
- Bit 4: FERR (framing error; wird gesetzt, wenn kein Sopbit erkannt)
- Bit 5: PERR (Parity error; hier nicht aktuell)
- Bit 6: OVER (wird gesetzt, wenn Empfang fertig, aber RRDY noch nicht gelöscht)

Aufgaben des Hauptprogramms

Zum Senden hat das Hauptprogramm folgende Schritte auszuführen:

1. SERSTAT, SEND setzen, UCOUNT = 8
2. Comparemodus setzen und CCPRlL = .52 setzen, CCPR1H = 0
3. Startbit senden
4. Später abfragen, ob Sendevorgang beendet (SERSTAT,SEND zurückgesetzt?)

Zum Empfang hat das Hauptprogramm folgende Schritte auszuführen:

1. Capturemodus setzen zum Zeichen der Empfangsbereitschaft und Warteflag SERSTAT,WAIS setzen
2. Später nachfragen, ob Byte empfangen wurde (SERSTAT,RRDY gesetzt), ggfs. Byte abholen und Fehlerflags abfragen. Error-Flags und SERSTAT,RRDY löschen.

Die Empfangsroutine überträgt das empfangene Byte in ein Register EMPBUF. Dieses Byte muß vom Hauptprogramm abgeholt werden, denn ein neues empfangenes Byte wird gnadenlos darübergeschrieben. Nach dem Abholen löscht das Hauptprogramm das RRDY-Bit. Das Empfangsprogramm ist immerhin so nett, im OVER-Flag eine Nachricht zu hinterlassen, wenn es ein neues Byte in den EMPFBUF schreibt, obwohl RRDY noch nicht gelöscht war.

Aufgaben der Interruptroutine

Die Interruptroutine muß sich zu Beginn erst einmal schlaumachen, was Sache ist. Wenn das Bit SERSTAT,WAIS gesetzt ist, verzweigt sie nach START, wenn SERSTAT,RECE gesetzt ist, wird der Interruptteil EMPFBIT ausgeführt, und wenn SERSTAT,SEND gesetzt ist, muß SENDBIT ausgeführt werden. Es sollte nicht vorkommen, daß mehr als eines dieser Flags gesetzt ist. Wenn keines dieser Flags gesetzt ist, sollte das CCP-Modul disabled sein.

Diese drei Programmteile nehmen wir jetzt unter die Lupe. Um die Sache nicht unnötig unübersichtlich zu machen, lassen wir hier die Paritätsprüfung weg.

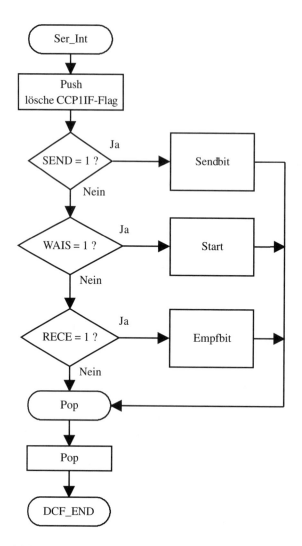

Abbildung 5.14: Interruptablauf

```
SENDBIT  PUTBIT
         DECFSZ   UCOUNT
         GOTO     POP
         BCF      SERSTAT,SEND
         CLRF     CCP1CON          ;Disable CCP
         GOTO     POP
START    CLRF     TMR1L
         CLRF     TMR1H
         BSF      SERSTAT,RECE
         MOVLW    8H
         MOVWF    UCOUNT
         MOVLW    0BH              ; Compare-Modus mit
         MOVWF    CCP1CON          ; TMR1-clear
         MOVLW    .78
         MOVWF    CCPR1L
         CLRF     CCP1H
         GOTO     POP
EMPFBIT  GETBIT
         MOVF     UCOUNT           ;UCOUNT=0?
         BZ       STOP
         MOVLW    .52
         MOVWF    CCPR1L           ;eigentlich nur beim 1.Mal
         DECFSZ   UCOUNT
         GOTO     POP
         BTFSC    SERSTAT,RRDY     ;RRDY sollte 0 sein
         BSF      SERSTAT,OVER     ;falls nicht, overflow
         BSF      SERSTAT,RRDY
         MOVF     TRANS,W
         MOVWF    EMPFBUF
         GOTO     POP
STOP     SKPC                      ;CY=1 wird erwartet
         BSF      SERSTAT,FERR     ;kein Stopbit
         CLRF     CCP1CON
         GOTO     POP
```

5.2.4 Realisierung mit dem SCI-Modul

Die komfortabelste Möglichkeit, eine asynchrone serielle Kommunikation durchzuführen, ist natürlich mit dem SCI-Modul gegeben. Dieses Modul haben leider nur die Flaggschiffe unter den PIC16CXX. Mit dem SCI-Modul ist das Hauptprogramm vollkommen vom Übertragungsvorgang entlastet.

Initialisierung

Zum Empfangen muß im RCSTA-Register der serielle Port freigeschaltet werden. Dies geschieht mit dem Wert 90H. Die Übertragung läuft bei dieser Initialisierung mit acht Datenbits und keinem Parity-Bit. Für die Übertragung von neun Bit ist noch das RCSTA,6 (RC8/9) zu setzen (also RCSTA = 0D0H). Eine Interpretation als Parity-Bit gibt es nicht.

Zum Senden geschieht das Freischalten im Register TXSTA. Der Wert 24H schaltet ebenfalls auf acht Datenbits und keine Parität. Für die Übertragung eines neunten Bits ist das BIT TXSTA,6 zu setzen (also TXSTA = 64).

Für Empfangs- und Sendeteil gemeinsam wird die Baudrate durch einen Wert im Baudraten-Register SPBRG festgelegt. Dieser Wert berechnet sich durch die Formel:

$$SPBRG = FOSC/(16*Baudrate) - 1$$

sofern Bit 3 von TXSTA gesetzt ist. Wenn TXSTA,3 nicht gesetzt ist, muß die 16 in der obigen Formel durch 64 ersetzt werden.

Für FOSC = 4MHz und eine Baudrate von 9600 ergibt die Formel einen Wert von 25.04, welcher durch 25 problemlos zu nähern ist. Man beachte, daß es sich zwar um einen kumulativen Fehler handelt, solange er aber unter einem Prozent liegt, kann er 8 Bit überstehen, ohne auszuufern.

Bitte nicht vergessen, daß TXSTA und SPBRG in der Bank1 liegen.

Bedienung

Zum asynchronen **Senden** braucht man nur das zu sendende Byte in das Register TXREG zu schreiben. Wenn der Sendevorgang beendet ist, wird das Bit TXSTA, 1(TMRT) gesetzt. Dieses Bit wird gelöscht, wenn ein Byte in das TXREG geschrieben wird.

Alternativ kann aber auch das Interrupt-Flag PIR1,4 (TXIF) abgefragt werden. Falls ein Interrupt erfolgen soll, muß das Bit PIE1,4 (TXIE) gesetzt werden. Zum Freischalten dieses Interrupts müssen natürlich auch im Register INTCON die Bits 7 und 6 (GIE und PEIE) als globale Enable-Bits gesetzt werden.

Wenn ein Parity-Bit oder sonst ein neuntes Bit gesendet werden soll, wird dies einfach in das BIT 0 des TXSTA geschrieben (siehe Initialisierung). Das SCI-Modul führt keine Paritätsprüfung durch. Es übermittelt das neunte Bit ohne jede Diskriminierung.

Das asynchrone **Empfangen** ist ähnlich einfach. Das Interrupt-Flag PIR1,5 (RCIF) wird ist gesetzt, wenn der Empfangsbuffer voll ist. Um einen Interrupt bei Empfang zu erhalten, muß noch das entsprechende Enable-Bit PIE1,5 (RCIE) gesetzt werden sowie die beiden globalen Enable-Bits im INTCON-Register.

Wenn ein Bit empfangen wurde, braucht es nur aus dem Register RCREG abgeholt zu werden. Wenn ein neues Byte empfangen wird, bevor das vorige abgeholt wurde, setzt die Hardware das Error-Bit RCSTA, 2 (OERR). Ein weiteres Error-Bit ist das Bit RCSTA,3 (FRERR), welches gesetzt wird, wenn im Anschluß an einen Empfang kein Stopbit entdeckt wurde.

Wenn ein neuntes Bit empfangen wurde, steht dieses im BIT0 der RCSTA, egal ob es sich um ein Parity-Bit oder einfach ein neuntes Bit handelt. Eine Parity-Prüfung findet genauso wenig statt wie beim Senden (siehe Initialisierung).

5.2.5 Parallel-Seriell-Wandler

Vor Jahren benötigte einer unserer liebsten Kunden einen Parallel-Seriell-Wandler zu Diagnosezwecken, gerade als wir unter großer Zeitknappheit litten. Das war kurz nachdem wir die Bekanntschaft mit der PIC16C5X-Familie gemacht hatten. Wir konnten damals die Lösung zwar nicht mit Hardwaremodulen durchführen, da diese das Licht der Welt noch nicht erblickt hatten, aber wir konnten trotzdem auf die Schnelle eine Lösung auf die Beine stellen. Der eine stellte das Platinchen her, die andere schrieb das Programm, und fertig war PARSER.

Das Nachfolgeprogramm haben wir eigens für dieses Buch angefertigt. PARSE2 bedient sich des PSP-Moduls zum Einlesen von der Centronics-Schnittstelle und des SCI-Moduls zum Ausgeben den seriellen Daten. Der verwendete µController war natürlich nicht mehr der PIC16C55, sondern der PIC16C74.

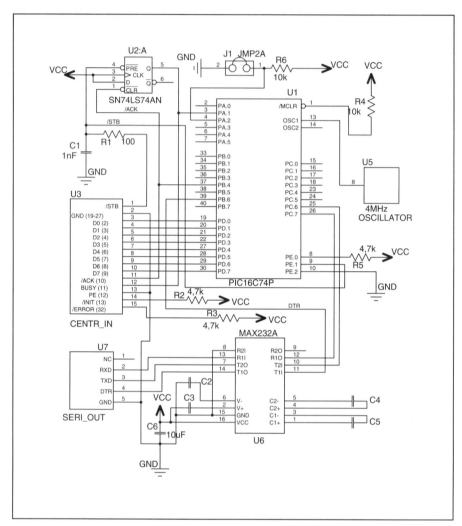

Abbildung 5.15: Schaltbild zum Parallel-Seriell-Wandler

Wie auch beim LED-Dimmer aus dem Kapitel 4.7 sehen Sie, daß die Hauptschleife sehr klein geworden ist. Die Arbeit, die Übertragungen zu programmieren, haben wir uns also durch den Einsatz der Hardware-Module erspart, aber die Aufgabe, diese in den gewünschten Modus zu versetzen, ist noch nicht komfortabel durchzuführen.

Die Bedienungsschleife erfaßt abwechselnd ein Byte parallel und gibt es anschließend seriell aus.

Serielle Kommunikationen 381

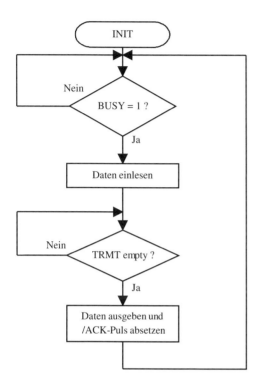

Abbildung 5.16: Ablaufdiagramm

```
TITLE     "PARSE2 mit SCI- und PSP-Modul"
;
          INCLUDE   "PICREG.INC"
          LIST      P=16C74,F=INHX8M
;
;==================== PORT_A
#define   BUSY      PORT_A,1
#define   HIBAUD    PORT_A,2
RES_A     EQU       0
TR_A      EQU       06H
;==================== PORT_B
#define   ACK       PORT_B,4
#define   DTR       PORT_B,6
RES_B     EQU       050H
TR_B      EQU       0
```

```
;==================== PORT_C
SERIBIT   EQU       6
RES_C     EQU       0
TR_C      EQU       0
;==================== PORT_D
RES_D     EQU       0
TR_D      EQU       0FFH
;==================== PORT_E
RES_E     EQU       07H
TR_E      EQU       040H
;beide dem PSP zugehörig
;
BANK_0    MACRO
          BCF       STATUS,5
          ENDM
BANK_1    MACRO
          BSF       STATUS,5
          ENDM
;
          ORG       0
          CLRF      STATUS
          GOTO      MAIN
          NOP
          NOP
          RETFIE
          ORG       10
;-----------------------------------------------------
INIT      MOVLW     90H       ;für 4 MHz
          MOVWF     RCSTA
          BANK_1
          MOVLW     24H
          MOVWF     TXSTA
          MOVLW     .25       ;BEI 20MHz 81H  (9.6 KBAUD)
          BTFSC     HIBAUD
          MOVLW     .12       ;BEI 20MHz 40H  (19.2KBAUD)
          MOVWF     SPBRG
          BANK_0
          RETURN
;=====================================================================
MAIN      MOVLW     RES_A
          MOVWF     PORT_A
```

```
            MOVLW      RES_B
            MOVWF      PORT_B
            MOVLW      RES_C     ; Set SCL, SDA to low
            MOVWF      PORT_C
            MOVLW      RES_D
            MOVWF      PORT_D
            MOVLW      RES_E
            MOVWF      PORT_E
            CLRF       ADCON0
            BANK_1     ; auf Bank1 umschalten
            MOVLW      07H
            MOVWF      ADCON1
            MOVLW      TR_A
            MOVWF      TRISA
            MOVLW      TR_B
            MOVWF      TRISB
            MOVLW      TR_C      ; PORT_C in tri-state
            MOVWF      TRISC
            MOVLW      TR_D
            MOVWF      TRISD
            MOVLW      TR_E
            MOVWF      TRISE
            BANK_0     ; auf Bank0 zurückschalten
;
            CALL       INIT
L1          BTFSS      BUSY
            GOTO       L1
            MOVF       PORT_D,W
L2          BTFSS      PIR1,4
            GOTO       L2
            MOVWF      TXREG
;
            BCF        ACK
            NOP
            BSF        ACK
            GOTO       L1
;
            END
```

Listing von PARSE2.ASM

Kapitel 6

Innere Angelegenheiten

In diesem Kapitel wollen wir uns mit den Aufgabenbereichen Rechnen, Kodieren und Dekodieren befassen.

6.1 Doppelregister

Für Werte über 256 reicht ein Register nicht aus, so daß wir Registerpaare verwenden müssen. In manchen Fällen reicht auch das nicht, so daß wir eine Folge von drei oder vier Registern benötigen, wobei aber alles für Doppelregister Gesagte entsprechende Gültigkeit hat.

Für ein Doppelregister verwenden wir auch den Begriff »Wort«, wobei wir uns aber bemühen, ausführlicher »16-Bit-Wort« zu sagen. Ein Doppelregister besteht also aus zwei Registern, für die wir in der Regel den gleichen Stammnamen verwenden, wobei dem niederwertigen Register ein L und dem höherwertigen ein H angefügt wird. Beispiel ERGH:ERGL. Als symbolischen Namen verwenden wir in Anlehnung an die 80X86 Nomenklatur ERGX, wobei jedoch ERGX in keinem Befehl vorkommen kann. Auch die Schreibweise

ERGX = ERGH:ERGL

mit dem Doppelpunkt dazwischen stammt aus der 80X86-Welt.

6.1.1 Addieren und Subtrahieren

Die einfachen Operationen mit zwei Doppelregistern AX und BX haben wir in unserem Modul ARIT.AM als Unterprogramme abgelegt, aber wir benutzen sie niemals als Unterprogrmme, weil das Holen aus einem Modul mehr Aufwand macht, als das erneute Niederschreiben. Bei der Addition und der Subtraktion wird der Überlauf durch das CY-Flag im Status-Register angezeigt.

```
;-------------------------------------------------------------
;DADD:    AX:=AX+BX; Ausgang:CY, wenn Überlauf
;-------------------------------------------------------------
DADD     MOVF     BL,W
         ADDWF    AL
         SKPNC
         INCF     AH
         MOVF     BH,W
         ADDWF    AH
         RETLW    0
;-------------------------------------------------------------
;DSUB:    AX:=AX+BX; Ausgang:CY, wenn kein Überlauf !!!!!!!
;-------------------------------------------------------------
```

```
DSUB    MOVF    BL,W
        SUBWF   AL
        SKPC
        DECF    AH
        MOVF    BH,W
        SUBWF   AH
        RETLW   0
```

Addition und Subtraktion von Doppelregistern

6.1.2 Inkrementieren und Dekrementieren

Das Inkrementieren eines Doppelregisters ist kein Problem, da der Überlauf durch das ZR-Flag des Status-Registers angezeigt wird. Etwas umständlicher ist das Dekrementieren eines Doppelregisters. Wenn beim Befehl DECF ein Übergang von 0 nach 0FFH stattfindet, wird kein Flag gesetzt. Im untenstehenden Programm DDEC sehen Sie, daß wir den Befehl INCF AL,W einschieben, um das ZR-Flag beim Übertrag zu setzen. Der Befehl INCF AH,W am Ende des Programms dient nur dem Zweck, das ZR-Flag im Falle eines Übertrags zu setzen.

Nach dem Aufruf von DINC und DDEC ist das ZR-Flag gesetzt, wenn ein Übertrag stattfand, bei DINC von 0FFFFH nach 0 und bei DDEC von 0 nach 0FFFFH.

```
;-----------------------------------------------------------------
;DINC:   AX:=AX+1; Ausgang:ZR, wenn Überlauf
;-----------------------------------------------------------------
DINC    INCF    AL
        SKPNZ
        INCF    AH
        RETLW   0
;-----------------------------------------------------------------
;DDEC:   AX:=AX-1; Ausgang:ZR, wenn Überlauf
;-----------------------------------------------------------------
DDEC    DECF    AL
        INCF    AL,W
        SKPNZ
        DECF    AH
        INCF    AH,W
        RETLW   0
```

Inkrementieren und Dekrementieren von Doppelregistern

6.1.3 Rotieren

Das Rotieren von Doppelregistern geschieht unmittelbar hintereinander. Genau wie beim Rotieren eines einzelnen Bytes ist auf das CY-Flag vor der Operation zu achten. Beim Linksrotieren des Doppelregisters AX wird das höchste Bit des AL in das CY-Flag übertragen und beim nächsten Linksrotieren von dort in das niedrigste Bit des AH. Beim Rechtsrotieren wird das niedrigste Bit des AH in das CY-Flag übertragen und beim nächsten Rechtsrotieren von dort in das höchste Bit des AL. Daher ist auf die Reihenfolge zu achten.

Links Rotieren

```
    BCF     STATUS,CY
    RLF     AL
    RLF     AH
```

Rechts Rotieren

```
    BCF     STATUS,CY
    RRF     AH
    RRF     AL
```

6.2 Multiplikation

Vielleicht erinnert sich der eine oder andere Leser noch daran, wie man zwei mehrstellige Zahlen mit Papier und Bleistift multipliziert. Man schreibt den Multiplikanden auf die linke Seite und den Multiplikator auf die rechte. Dann multipliziert man den Multiplikanden nacheinander mit jeder Ziffer des Multiplikators, linke Ziffer zuerst. Die Ergebnisse schreibt man untereinander, so daß jedes Ergebnis immer um eine Stelle nach rechts gegenüber dem vorigen steht.

Fast genauso führt der PIC16 eine Multiplikation aus. Ein paar kleine Unterschiede gibt es natürlich. Der erste sehr angenehme Unterschied ist der, daß alle Ziffern nur 1 oder 0 sind. Der zweite Unterschied ist der, daß nach jeder Ziffer das Zwischenergebnis aufaddiert wird. Wir rücken auch das folgende Multiplikationsergebnis nicht nach rechts, sondern das Zwischenergebnis nach links, was auf das gleiche herauskommt.

6.2.1 Multiplikation von zwei Bytes

Wir wollen uns zunächst mit der Multiplikation von zwei Bytes beschäftigen. Dazu laden wir den Multiplikanden in das W-Register und den Multiplikator in ein Register, das bei uns schon seit Jahren ZL heißt. Das Ergebnis heißt traditionsgemäß

ERGX, »ERG« ist die Abkürzung für Ergebnis, und das X deutet an, daß es sich um ein Registerpaar handelt, welches wir in einer ausführlicheren Schreibweise auch mit ERGH:ERGL bezeichnen. Die einzelnen Ziffern (Bits) des Multiplikators holen wir uns, indem wir den Multiplikator, das ZL-Register also, nach links rotieren. Ist danach das CY-Flag gesetzt, war das linke Bit 1. In diesem Falle muß man das W-Register (Einmal W) zum Doppelregister ERGX dazuaddieren. Wenn das Bit 0 ist, müssen wir Null mal W hinzuaddieren, was wir uns vereinfachen, indem wir gar nichts tun. Die beiden ERG-Register werden ganz zu Anfang natürlich gleich Null gesetzt.

Im Gegensatz zu unserer Papier-und-Bleistift-Methode ist die Anzahl von Ziffern auf acht festgelegt. Dabei wissen wir natürlich nicht, ob der Multiplikator überhaupt so viele Ziffern hat, d.h. ob nicht vorneweg mal erst einige Nullen stehen. Um nicht unnötig Zeit zu verbraten, machen wir zuerst einen Vorlauf, indem wir den Multiplikator so lange rotieren, bis die erste 1 erscheint. Unser Byte-Multiplikationsprogramm heißt BMUL.

Der Beginn dieses Programms mag vielleicht etwas merkwürdig erscheinen. Wir laden die Zählvariable mit 8, indem wir sie zuerst löschen und dann das Bit 3 setzen. Das geschieht deswegen, weil der Multiplikand ja schon im W-Register ist und wir daher dieses Register nicht mehr benutzen dürfen.

```
;------------------------------------------------------------------
;         BMUL    Byte-Multiplikation ZL*W
;         Ergebnis (2 Byte) in ERGH:ERGL
;         DAUER: (wenn keine führenden Nullen) = 80+2*Anzahl Einsen
;         im ungünstigsten Falle 96 Zyklen, mittlere Dauer: 88 (inc.
;         call + return)
;------------------------------------------------------------------
;
BMUL     CLRF    UCOUNT
         BSF     UCOUNT,3
         CLRF    ERGL
         CLRF    ERGH
BM0      RLF     ZL              ; Vorschleife
         BC      BAD
         DECFSZ  UCOUNT
         GOTO    BM0
         RETLW   0
;
```

```
BMLO      BCF       STATUS,CY; Hauptschleife
          RLF       ERGL
          RLF       ERGH
          RLF       ZL
          BNC       BMR
;
  BMR     DECFSZ    UCOUNT
          GOTO      BMLO
          RETLW     0
```

Listing BMUL.A

Am Ende dieses Programms steht das Ergebnis der Multiplikation im Doppelregister ERGX. Das Register ZL hat einen unbestimmten Wert, während im W-Register immer noch der Multiplikand ist.

Die Anzahl Befehlszyklen liegt im ungünstigsten Falle bei 96. Die großen Brüder, die PIC17, schaffen das mit einem einzigen Befehlszyklus, denn sie benutzen einen Taschenrechner, d.h., sie haben einen Multiplikationsbefehl.

6.2.2 Multiplikation von einem Byte mit einem 16-Bit-Wort

Wenn der Multiplikator nicht ein Byte, sondern zwei Byte lang ist, hat das keine nennenswerten Auswirkungen auf den Ablauf des Multiplikationsprogramms. Man muß nur statt der Variablen ZL eine aus zwei Byte bestehende Variable ZX verwenden. Das Rotieren einer solchen Variablen ist ja bekannt. Die Variable UCOUNT ist nicht mit 8, sondern mit 16 zu laden. Der Multiplikand kann wiederum im W-Register verbleiben. Das Ergebnis ist nicht mehr zwei Byte, sondern drei Byte lang. Die Ergebnisvariable reicht nun nicht mehr aus. Daher deklarieren wir eine zweite Ergebnisvariable, welche wir logischerweise ZWERGX = ZWERGH:ZWERGL nennen (ZWeites ERGebnis). Von dieser brauchen wir für das 3-Byte-Ergebnis nur den Teil ZWERGL.

Das entsprechende Programm hat in unserem Arithmetikmodul den Namen WMUL. Es benötigt einschließlich der CALL- und RETURN-Befehle im ungünstigsten Falle 210 Befehlszyklen, durchschnittlich 178 Befehlszyklen. Das ist etwas mehr als das Doppelte von BMUL. In speziellen zeitkritischen Fällen ist zu überlegen, ob die Multiplikation nicht durch zweimaliges Aufrufen von BMUL schneller auszuführen ist.

```
;----------------------------------------------------------------
;         WMUL:    Multiplikation ZX*W
;         Ergebnis  (3Byte) in ZWERGL:ERGH:ERGL
;         DAUER: (wenn keine führenden Nullen) = 185+4*Anzahl Einsen
;         im ungünstigsten Falle 249 Zyklen, mittlere Dauer: 217
;         (inc.call + return)
;----------------------------------------------------------------
;
WMUL      CLRF      UCOUNT
          BSF       UCOUNT,4
          CLRF      ERGL
          CLRF      ERGH
          CLRF      ZWERGL
;
WM0       RLF       ZL        ; Vorschleife
          RLF       ZH
          BC        WAD
          DECFSZ    UCOUNT
          GOTO      WM0
          RETLW     0
;
WMLO      BCF       STATUS,CY ; Hauptschleife
          RLF       ERGL
          RLF       ERGH
          RLF       ZWERGL
          RLF       ZL
          RLF       ZH
          BNC       WMR
;
WAD       ADDWF     ERGL      ; Addieren
          SKPNC               ;
          INCF      ERGH      ;
          SKPNZ               ;
          INCF      ZWERGL    ;
;
WMR       DECFSZ    UCOUNT
          GOTO      WMLO
          RETLW     0
```

Listing WMUL.A

6.2.3 Multiplikation von zwei 16-Bit-Worten

Wenn der Multiplikand auch zwei Byte lang ist, dann gibt es einen weiteren Unterschied zum Programm WMUL, nämlich daß der Multiplikand nicht mehr im W-Register verbleiben kann, sondern abwechselnd das höhere Byte und das niedrigere Byte in das W-Register geladen werden müssen zum Zwecke der Addition. Die Dauer dieses Programms wächst mit jeder Eins im Multiplikator um 13 Befehlszyklen. Wenn es dringend darum geht, Zeit zu sparen, ist die Entscheidung, welcher von zwei Zahlen Multiplikand werden soll, und welcher Multiplikator, gegebenenfalls ein Nachdenken wert.

Das Programm heißt bei uns WWMUL. Abgesehen von dem etwas umständlicheren Additionsteil ist es dem Programm WMUL sehr ähnlich. Die Dauer dieses Programms ist im ungünstigsten Fall 410 Befehlszyklen, die durchschnittliche Dauer 306 Befehlszyklen.

```
;---------------------------------------------------------------
;         WWMUL:   Multiplikation ZX*NX
;         Ergebnis (4 Byte) in ZWERH:ZWERGL:ERGH:ERGL
;         DAUER: (wenn keine führenden Nullen) = 202+13*Anzahl
;         Einsen im ungünstigsten Falle 410 Zyklen mittl. Dauer:306.
;---------------------------------------------------------------
WWMUL     CLRF     UCOUNT
          BSF      UCOUNT,4
          CLRF     ERGL
          CLRF     ERGH
          CLRF     ZWERGL
          CLRF     ZWERGH
;
WWM0      RLF      ZL           ; Vorschleife
          RLF      ZH
          BC       WWAD
          DECFSZ   UCOUNT
          GOTO     WWM0
          RETLW    0
;
WWMLO     BCF      STATUS,CY; Hauptschleife
          RLF      ERGL
          RLF      ERGH
          RLF      ZWERGL
          RLF      ZWERGH
          RLF      ZL
```

```
              RLF        ZH
              BNC        WWMR
;
WWAD          MOVF       NL,W
              ADDWF      ERGL       ; Addieren
              SKPNC                 ;
              INCF       ERGH       ;
              SKPNZ                 ;
              INCF       ZWERGL     ;
              SKPNZ                 ;
              INCF       ZWERGH     ;
              MOVF       NH,W
              ADDWF      ERGH       ;
              SKPNC                 ;
              INCF       ZWERGL     ;
              SKPNZ                 ;
              INCF       ZWERGH     ;
;
WWMR          DECFSZ     UCOUNT
              GOTO       WWMLO
              RETLW      0
```

Listing WWMUL.A

6.2.4 Multiplikation eines 16-Bit-Wortes mit 10

Die Multiplikation mit 10 kommt so oft vor, daß wir ein spezielles Programm mit verkürzter Laufzeit bereithalten. Da dieses Programm für unterschiedliche Variablen benötigt wird und das Umladen eines Doppelregisters lästig ist, verwenden wir es meist als Makro. Das Programm hat als Eingang und als Ausgang das gleiche Doppelregister, das in der Makro-Anweisung mit dem symbolischen Namen ERGX bezeichnet wird. Das Register STACK wird nur als Hilfsregister benutzt. In STACK wird das höhere Byte von 2*ERGX als Zwischenergebnis abgelegt. Das niedrige Byte von 2*ERGX bleibt im W-Register. Danach wird 8*ERGX gebildet durch weiteres zweimaliges Rotieren und das Zwischenergebnis dazuaddiert. Das Programm MUL10 benötigt für die Multiplikation eines Wortes mit 10 nur 18 Befehlszyklen. Voraussetzung ist, daß ERGX vor dem Aufruf kleiner als 6553 ist, da sonst ein Überlauf stattfindet.

Will man MUL10 als Unterprogramm benutzen, streicht man einfach das Wort Makro und das Argument ERGX und ersetzt die Zeile ENDM durch RETLW 0. Die Variablennamen ERGX und STACK paßt man den jeweiligen Gegebenheiten an. Diese Verfahrensweise mag für einen von Hochsprachenkomfort verwöhnten Programmierer gewöhnungsbedürftig erscheinen, ist aber unter den gegebenen Umständen die problemloseste Technik.

```
;------------------------------------------------------------
;       MUL10:MAKRO ERGX=ERGX*10; Zeitverkürzte Multiplikation mit 10
;------------------------------------------------------------
;
MUL10   MACRO     ERGH,ERGL
        BCF       STATUS,CY
        RLF       ERGL
        RLF       ERGH
        MOVF      ERGH,W
        MOVWF     STACK        ; Hilfsvariable
        MOVF      ERGL,W
        BCF       STATUS,CY
        RLF       ERGL
        RLF       ERGH
        RLF       ERGL
        RLF       ERGH
        ADDWF     ERGL
        SKPNC
        INCF      ERGH
        MOVF      STACK,W
        ADDWF     ERGH
        ENDM
```

Listing MUL10.A

Wenn das Ergebnis ein Byte ist, kann man eine abgespeckte Version erstellen, deren Aufruf nur 9 Befehlszyklen dauert. Die Multiplikation einer Ziffer mit 10 geht am schnellsten mit Hilfe einer EPROM-Tabelle.

```
ZMUL10  ADDWF     PC    ; Multiplikation mit 10
        RETLW     0
        RETLW     .10
        RETLW     .20
        RETLW     .30
        RETLW     .40
        RETLW     .50
        RETLW     .60
        RETLW     .70
        RETLW     .80
        RETLW     .90
```

6.3 Division

Auch die Division geht genauso vonstatten, wie wir das in der Grundschule gelernt haben. Zuerst behandeln wir den Fall, daß der Zähler kleiner ist als der Nenner (echter Bruch).

6.3.1 Echter Bruch

Wir multiplizieren den Zähler mit 10, indem wir eine 0 anhängen und prüfen, ob nun der Zähler größer ist als der Nenner. Wenn ja, subtrahieren wir das entsprechende Vielfache vom Zähler und fahren mit der Prozedur fort. Die erhaltenen Ergebnisse sind die Stellen hinter dem Komma, die erste Stelle sind die Zehntel, die zweite die Hundertstel usw.

Genau das gleiche müssen die PIC16-Controller durchführen, wieder mit dem praktischen Unterschied, daß alle Ziffern nur 0 oder 1 sind. Die erhaltenen Bits sind nicht Zehntel, Hundertstel, ... sondern Halbe, Viertel, Achtel, ... Wenn Zähler und Nenner Bytes sind, berechnen wir üblicherweise 8 Stellen einer Division. Das Gesamtergebnis ist dann so zu verstehen, daß es sich um Vielfache von 1/256 handelt.

Unser Programm BDIV ist also folgendermaßen auszuführen. Der Zähler steht zu Beginn des Programms im ZL-Register, der Nenner im NL-Register. Das Ergebnis befindet sich in der Variablen ERGL, und in ZL steht der Rest, so daß:

```
ZL/NL = 1/256(ERGL+Rest/NL)
```

```
Rest:=ZL
```

Anders formuliert:

```
ERGL = ( 256*ZL) DIV NL
```

```
ZL = (256*ZL) MOD NL
```

Das Register NL wird durch das Programm nicht verändert. Der Rest wird häufig nur zum Aufrunden benutzt, d.h., es ist nur wichtig, ob Rest/NL kleiner oder größer als 0,5 ist. Diese Prüfung führt man durch, indem man den Rest, der sich in ZL befindet, mit 2 multipliziert und vergleicht, ob das Ergebnis größer ist als NL.

```
;----------------------------------------------------------------
;        BDIV: Byte Division, wenn Zähler<Nenner!!
;        ZL/NL=1/256 (ERGL + Rest/NL)
;        Ausgang: Rest in ZL
;        NL unverändert
;----------------------------------------------------------------
;
```

396 Kapitel 6

```
BDIV    CLRF    ERGL
        MOVLW   8
        MOVWF   UCOUNT
BDL     BCF     STATUS,CY
        RLF     ZL
        MOVF    NL,W    ;
        SUBWF   ZL,W    ;
        SKPNC           ; NC IF ZL<NL
        MOVWF   ZL
        RLF     ERGL
        DECFSZ  UCOUNT
        GOTO    BDL
        RETLW   0
```

Listing BDIV.A

Die Programmzeilen für das Aufrunden lauten:

```
RUNDE   BCF     STATUS,CY
        RLF     ZL,W
        BC      AUF
        SUBWF   NL,W
        SKPNC
AUF     INCF    ERGL
        NOP
```

Wenn man in diesem Programm UCOUNT nicht 8, sondern beispielsweise 4 setzt, dann ist das Ergebnis als ZL/NL = 1/16(ERGL + Rest/NL) zu interpretieren.

Natürlich kann man bei Bedarf auch UCOUNT größer als 8 wählen. In diesem Falle hat man nur zu berücksichtigen, daß das Ergebnis in das Doppelregister ERGX hineinrotiert werden muß, so wie es bei der folgenden Wort-Division gemacht wird. Zu Beginn des Programms darf in diesem Fall das Löschen von ERGH nicht vergessen werden.

Die Division zweier 16-Bit-Worte unterscheidet sich nur dadurch, daß das Rotieren sowie das Vergleichen und Subtrahieren nun für Registerpaare durchgeführt werden muß. Dies ist um einiges aufwendiger als für einfache Bytes. Beachten Sie bitte den Vergleich zweier Registerpaare, der zuerst für die höherwertigen Bytes durchgeführt wird. Die niedrigwertigen Bytes brauchen nur in dem Fall verglichen zu werden, wenn die höherwertigen Bytes gleich sind.

```
;-----------------------------------------------------------------
;         WDIV: Wort Division, wenn Zähler<Nenner!!
;         ZX/NX=1/(256*256)*(ERGX+Rest/NX)
;         Ausgang: Rest in ZX
;         NX unverändert
;-----------------------------------------------------------------
WDIV    CLRF    ERGL
        CLRF    ERGH
        MOVLW   10H
        MOVWF   UCOUNT
WDL     BCF     STATUS,CY
        RLF     ZL
        RLF     ZH
        MOVF    NH,W        ; COMP ZX,NX
        SUBWF   ZH,W        ;
        BNC     WRB         ;
        BNZ     WDM
        MOVF    NL,W        ;
        SUBWF   ZL,W        ;
        BNC     WRB         ; NC IF ZX<NX
        CLRF    ZH
        MOVWF   ZL
        GOTO    WRB
WDM     MOVWF   ZH
        MOVF    NL,W
        SUBWF   ZL,W
        MOVWF   ZL
        SKPC                ;
        DECF    ZH          ;
        BSF     STATUS,CY
WRB     RLF     ERGL
        RLF     ERGH
        DECFSZ  UCOUNT
        GOTO    WDL
        RETLW   0
```

Listing WDIV.A

6.3.2 Ganzzahlige Division

Wenn der Zähler größer ist als der Nenner, dann gehen wir wieder vor, wie bei der Papier-und-Bleistift-Methode. Wir rotieren den Nenner so lange links, bis er gerade einmal in den Zähler hineinpaßt. Da der µController aber keine Augen zum Vorausschauen hat, rotiert er einmal mehr, so lange, bis der Nenner größer ist als der Zähler. Wir merken uns die Anzahl der Rotationen in der Variablen UCOUNT. Dann führen wir anschließend ein Programm aus, das ähnlich ist wie BDIV, nur daß wir nicht den Zähler links rotieren, sondern den Nenner rechts und das genau UCOUNT Mal. Als Ergebnis erhalten wir bei der Division von zwei Bytes:

ERGL = ZL DIV NL

Das Register NL ist am Ende wieder unverändert, da wir ja genauso oft rechts wie links rotiert haben. Im ZL-Register steht am Ende des Programms der Rest, also:

ZL:=ZL MOD NL

```
;--------------------------------------------------------------
;         ;GBDIV: Division, wenn Zähler>Nenner! (Sonderfall Nenner
;         ;BYTE)
;         ERGL: =ZL DIV NL
;         ZL:  =ZL MOD NL
;--------------------------------------------------------------
GBDIV     CLRF      ERGL        ; NH:=0
          CLRF      UCOUNT
;
GDL       MOVF      NL,W        ; NL so lange links rotieren, bis NL>ZL
          SUBWF     ZL,W
          BNC       GDR
          BCF       STATUS,CY
          RLF       NL
          INCF      UCOUNT      ; UCOUNT zählt, wie oft rotiert wurde
          GOTO      GDL
;
GDR       MOVF      UCOUNT
          BZ        GDRE
          BCF       STATUS,CY
          RRF       NL          ; NL UCOUNT mal rechts rotieren
          MOVF      NL,W
          SUBWF     ZL,W        ;
          SKPNC                 ; cy=1, falls ZL>NL
          MOVWF     ZL          ; ZL:=ZL-NL, falls ZL>NL
          RLF       ERGL        ;
```

```
            DECFSZ    UCOUNT
            GOTO      GDR
GDRE        RETLW     0
```
Listing GBDIV.A

Die Ganzzahldivision von 16-Bit-Worten unterscheidet sich in der Verfahrensweise nicht, nur daß die Operationen mit Worten statt mit Bytes durchzuführen sind. Das Ergebnis ist in der Regel auch als Wort zu erfassen. Wir erhalten:

```
ERGX: = ZX DIV NX
```

Die Register NH und NL haben am Ende den gleichen Wert wie vorher und:

```
ZX: = ZX MOD NX

;------------------------------------------------------------
;           GWDIV: Wort-Division, wenn Zähler>Nenner! (Sonderfall
;           Nenner BYTE)
;           ERGX := ZX DIV NX
;           ZX := ZX MOD NX
;------------------------------------------------------------
GWDIV       CLRF      ERGL        ; NH:=0
            CLRF      ERGH
            CLRF      UCOUNT
;
GWDL        MOVF      NH,W        ; NX solange links rotieren, bis NX>ZX
            SUBWF     ZH,W        ;
            BNC       GWDR        ;
            BNZ       GWDI        ;
            MOVF      NL,W        ; NL und ZL nur vergleichen, wenn NH=ZH
            SUBWF     ZL,W        ;
            BNC       GWDR        ;
GWDI        BCF       STATUS,CY   ;
            RLF       NL          ;
            RLF       NH          ;
            INCF      UCOUNT      ; UCOUNT zählt, wie oft rotiert wurde
            GOTO      GWDL
;
GWDR        MOVF      UCOUNT
            BZ        GWDRE
            BCF       STATUS,CY
            RRF       NH          ; NX UCOUNT mal rechts rotieren
            RRF       NL          ;
```

```
            MOVF     NH,W       ; NX solange links rotieren, bis NX>ZX
            SUBWF    ZH,W       ;
            BNC      ERO        ;
            BNZ      GSUB       ;
            MOVF     NL,W       ; NL und ZL nur vergleichen, wenn NH=ZH
            SUBWF    ZL,W
            BNC      ERO
GSUB        MOVF     NH,W       ;
            SUBWF    ZL
            SKPC
            DECF     ZH
            MOVF     NH,W
            SUBWF    ZH
            BSF      STATUS,CY;
ERO         RLF      ERGL       ;
            RLF      ERGH
            DECFSZ   UCOUNT
            GOTO     GWDR
GWDRE       RETLW    0
```

GWDIV.A

6.4 Zahlenstring dekodieren

Zahlenstrings kommen in einer sehr großen Anzahl von Varianten vor. Meist werden sie von einer Schnittstelle eingelesen, und da gibt es bereits eine Fülle von Möglichkeiten des Einlesens, sowohl was die Art der Schnittstelle betrifft als auch bezüglich der Vereinbarung des String-Endes. Das Datenformat kann ganzzahlig sein oder mit Dezimalpunkt. Es kann auch ein E-Format zugelassen sein. Im einen Fall werden vorangestellte Vorzeichen erlaubt, im anderen ist eine Begrenzung der Anzahl von Ziffern vorzunehmen oder der eingelesene Zahlenwert auf bestimmte Grenzen zu überprüfen.

Wir werden uns hier auf einen sinnvollen, einfachen Fall beschränken, der die wichtigsten Elemente des Dekodierens von Zahlenstrings enthält. Die Entwicklung wird in zwei Stufen durchgeführt.

6.4.1 Einlesen ganzzahliger Werte

Zunächst betrachten wir die Eingabe eines ganzzahligen Wertes. Die Anzahl von Ziffern soll auf vier begrenzt sein. Führende Nullen werden ignoriert. Ob sie mitgezählt werden, ist Sache der Vereinbarung. Der einzulesende Wert selber wird mit zwei Byte erfaßt. Als String-Ende erwarten wir die Ziffer mit dem ASCII-Code 0DH.

Wenn zu Beginn ein Minuszeichen geschickt wird, merken wir uns das bis ganz zum Schluß, dann wird das Ergebnis negiert (invertiert und um 1 erhöht).

Da wir uns bezüglich der Art der Schnittstelle, von der wir die Zeichen lesen, nicht festlegen wollen, gehen wir einfach davon aus, daß es ein Einleseprogramm READ gibt. Das Programm READ soll das eingelesene Zeichen in der Variablen ZEICHEN zurückgeben. Erlaubt sind Dezimalziffern, welche den ASCII-Code von 30H bis 39H besitzen. Außerdem ist das Minuszeichen zugelassen, und der Wert 0DH als Eingabebeendigung erlaubt. Jede andere Eingabe führt zur Fehlermeldung. Wir nennen den dekodierten Wert aus praktischen Gründen ERGX.

Zunächst setzen wir ERGX = 0. Jede gültige Eingabe ZEICHEN wird zunächst von ihrem höherwertigen Nibble befreit und dann mit der Operation:

```
ERGX: = ERGX*10+ZEICHEN AND 0FH
```

in das Ergebnis aufgenommen. Wenn nicht spätestens nach vier Ziffern ein 0DH auftaucht, ist die Eingabe fehlerhaft.

```
ZSTRHEX   MOVLW    4            ;(5)
          MOVWF    UCOUNT
          CLRF     ERGL
          CLRF     ERGH
ZLO       CALL     READ
          MOVF     ZEICHEN,W
          ANDLW    0F0H
          XORLW    30H
          BNZ      ZEND
          MUL10    ERGH,ERGL
          MOVF     ZEICHEN,W
          ANDLW    0FH
          ADDWF    ERGL
          SKPNC
          INCF     ERGH
          DECFSZ   UCOUNT
          GOTO     ZLO
ZEND      MOVF     ZEICHEN,W
          XORLW    0DH
          RETURN                ;ZR, wenn O.K.
```

Listing ZSTRHEX.A

6.4.2 Einlesen von Short-Real-Werten

In der zweiten Stufe lassen wir auch einen Dezimalpunkt zu. Außerdem darf die Anzahl Ziffern größer sein. Dazu müssen wir uns zuerst überlegen, wie wir eine solche Zahl darstellen wollen. In unserer Praxis hat sich ein Format bewährt, das wir Short-Real-Format nennen. Dieses Format besteht aus einem 16-Bit-Wort, welches die Mantisse darstellt, und einem 8-Bit-Exponenten zur Basis 10. Das Dekodierprogramm unterscheidet sich nun in einigen Punkten vom obigen.

Ein Unterschied ist, daß ein Dezimalpunkt als Eingabe akzeptiert wird. Mit dem Punkt geschieht zunächst nichts weiter, als daß man sich merkt, daß er da war. Wir tun dies mit einem Bit in unserer bekannten Variablen STEUER. Wenn das Bit STEUER,PUNKT gesetzt ist, darf natürlich kein weiterer Punkt mehr akzeptiert werden.

Der Exponent ist ein Byte, welches wir EXPO nennen, die Mantisse nennen wir wieder ERGX. Zu Beginn werden diese Variablen = 0 gesetzt. Die Ziffern werden nun genauso in die Variable ERGX aufgenommen, wie oben. Nur nach dem Dezimalpunkt wird der Exponent bei jeder Ziffer erniedrigt. Der Exponent ist in vielen Fällen negativ, d.h., er hat die Werte 0FFH, 0FEH .. für −1, −2 ...

Wenn die Mantisse überlaufen sollte, kann man einen Fehlerabbruch machen. Man kann aber auch mehr Stellen zulassen. Vielleicht ist der Anwender gewöhnt, eine große Anzahl Stellen hinter dem Komma zu schicken, auch wenn sie die Auflösung übersteigen. Dann soll er natürlich nicht mit einem Fehlerabbruch aus dem Programm fliegen. Oder er will tatsächlich größere Werte eingeben, welche wir durch Erhöhen des Exponenten akzeptieren können. Überflüssige Stellen hinter dem Komma ignoriert man einfach. Stellen vor dem Komma erhöhen den Exponenten um eins, sobald die Mantisse voll ist. Die erste Ziffer nach dem Überlauf kann man noch berücksichtigen, indem man die vorige Ziffer ggfs. aufrundet. Die Wahl einer Mantisse von 16 Bit wird ja nur getroffen, wenn die Auflösung von 16 Bit auch ausreicht. Sollten weitere Stellen relevant sein, muß die Mantisse natürlich größer gewählt werden.

Beispiel

```
Eingabe = 401234   --->  ERGX=40123    EXPO = 1
Eingabe = 40.1234  --->  ERGX=40123    EXPO = 0FDH (-3)
```

Wenn wir erkennen, daß die nächste Eingabe die Mantisse zum Überlaufen bringen wird, setzen wir das Bit STEUER,STOP.

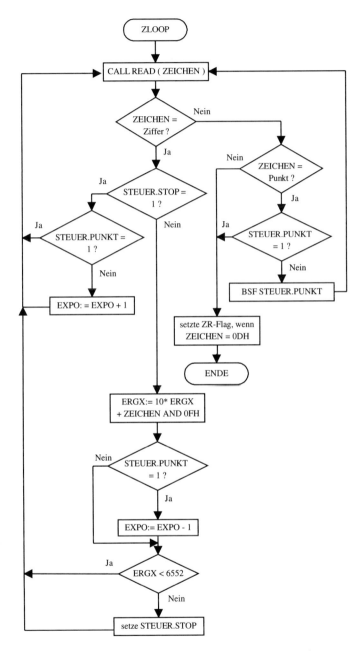

Abbildung 6.1: Einlesen eines Zahlstrings mi Dezimalpunkt

```
ZSTRDEC   CLRF      ERGL
          CLRF      ERGH
          CLRF      EXPO
          CLRF      STEUER
ZDL0      CALL      READ
          MOVF      ZEICHEN,W
          ANDLW     0F0H
          XORLW     30H
          BNZ       NOZIF
;
          BTFSS     STEUER,STOP
          GOTO      ZDIF
          BTFSC     STEUER,PUNKT
          INCF      EXPO
          GOTO      ZDL0
;
ZDIF      MUL10     ERGH,ERGL
          MOVF      ZEICHEN,W
          ANDLW     0FH
          ADDWF     ERGL
          SKPNC
          INCF      ERGH
;
          BTFSS     STEUER,PUNKT
          DECF      EXPO
          MOVLW     .26
          SUBWF     ERGH,W
          SKPNC
          BSF       STEUER,STOP
;
          GOTO      ZDL0
;
NOZIF     MOVF      ZEICHEN,W
          XORLW     '.'
          BNZ       ZDEND
          BTFSC     STEUER,PUNKT
          GOTO      ZDEND
          BSF       STEUER,PUNKT
          GOTO      ZDL0
ZDEND     MOVF      ZEICHEN,W
          XORLW     0DH
          RETURN                   ;ZR, wenn O.K.
```

Listing ZSTRDEC.A

6.5 Anwendungsbeispiele

Die folgenden Anwendungsbeispiele zeigen, daß man sich beim Umrechnen und Umformen immer auf die jeweilige Situation einstellen muß, und daß es keine Rezepte für alle Fälle gibt. Doch es gibt Standardfälle, die immer ähnlich zu bearbeiten sind.

6.5.1 Umrechnen von 8-Bit-AD-Wandlerwerten

Die AD-Wandlerwerte sind Zahlen von 0 bis 255, welche als Ergebnis einer Wandlung zur Verfügung gestellt werden, sei es durch einen internen oder externen AD-Wandler. In vielen Fällen repräsentieren diese Werte nichts weiter als eine Spannung am Eingang. In vielen Anwendungsfällen ist es nicht nötig, die AD-Wandlerwerte in irgendwelche physikalischen Größen wie Volt- oder Temperaturwerte umzurechnen. Wenn man einen Akku überwacht, dann gibt man die Grenzen für »Unterspannung« oder »Akku voll« gleich als Werte im Bereich zwischen 0 und 255 ein. Will man die Werte aber anzeigen oder an eine Schnittstelle ausgeben, dann ist es nötig, sie in physikalische Einheiten umzurechnen.

Als typisches Beispiel betrachten wir eine Temperaturerfassung mit einem AD-Wandler. Mit Hilfe eines Sensors und einer elektronischen Umformung wird die Temperatur zunächst in eine Spannung umgewandelt. Diese wird nun als AD-Wandlerwert erfaßt, welcher im Falle eines 8-Bit-AD-Wandlers ein Wert zwischen 0 und 255 ist. Wenn ein AD-Wandlerwert, den wir mit ADW bezeichnen wollen, in eine Temperatur TEMP umgerechnet werden soll, dann nimmt man in der Regel an, daß es einen linearen Zusammenhang zwischen TEMP und ADW gibt. Daß dies immer nur mehr oder weniger näherungsweise der Fall ist, soll uns hier nicht interessieren. Wir gehen zunächst einmal davon aus, daß wir wissen, welche Temperatur zu ADW = 0 (TEMP0) und welche zu ADW = 256 (TEMP1) gehört. Diese Zuordnung können wir auch dann als vorgegeben betrachten, wenn wir wissen, daß der höchste erfaßbare Wert 255 ist.

Die Temperatur, die zu einem beliebigen Wert ADW gehört, ist näherungsweise durch die lineare Kennlinie zu berechnen, wobei wir die Temperaturen im folgenden in Grad Celsius annehmen:

TEMP = TEMP0 + (TEMP1–TEMP0)*ADW/256

Wenn beispielsweise der untere Temperaturwert bei –10 und der obere bei +40 liegt, lautet die Kennlinie:

TEMP = –10 + 50*ADW/256

Zu einem AD-Wandlerwert von 128 errechnen wir dann die Temperatur 15 Grad.

Wenn wir annehmen, daß der Temperaturbereich kleiner als 256 ist, führen wir die Multiplikation (TEMP1–TEMP0)*ADW mit dem Programm BMUL durch. Das Ergebnis erhalten wir in der Variablen ERGX. Die Division durch 256 ist kein Problem. Der ganzzahlige Anteil befindet sich in ERGH. Die Dezimalstellen müssen wir aus ERGL/256 ermitteln. Bei der Anzeige einer Temperatur ist es selten sinnvoll, mehr als eine Dezimalstelle anzuzeigen, zumal wenn man nur einen 8-Bit-AD-Wandler verwendet. Meist reicht es schon, wenn man noch halbe Grade anzeigt. Aber der Übung halber zeigen wir, wie man die Dezimalstelle DEZ im vorliegenden Falle berechnet:

Aus ERGL/256 = DEZ/10 folgt, daß:

DEZ: = 10*ERGL/256.

Für die Multiplikation von ERGX mit 10 haben wir das Makro MUL10. Wir müssen vor dem Aufruf nur noch ERGH löschen. Nach der Multiplikation steht das Ergebnis wieder in ERGX. Dieses müssen wir wieder durch 256 teilen, so daß wir für DEZ das Ergebnis im Register ERGH finden.

Den Wert von ERGL ziehen wir nur noch zum eventuellen Aufrunden heran. Dazu fragen wir nur das Bit 7 ab. Ist es 0, dann brauchen wir den Rest nicht mehr zu berücksichtigen. Ist es 1, dann erhöhen wir DEZ um 1. Wenn DEZ durch die Erhöhung den Wert 10 erhält, dann muß DEZ gelöscht und der ganzzahlige Wert um 1 erhöht werden.

Wer eine solche Anwendung zum ersten Mal programmiert, wird sich vielleicht wundern, daß bestimmte Temperaturwerte nie vorkommen. Daß dies in bestimmten Fällen so sein muß, zeigen wir an einem einfachen Beispiel. Wir haben ein Außenthermometer, welches von –30 bis +50 Grad Celsius mißt. Die Temperaturspanne umfaßt 80 Grad. Wenn die Temperatur mit einer Stelle hinter dem Komma angezeigt werden soll, gibt es also 800 verschiedene Anzeigewerte. Da wir aber nur 256 verschiedene AD-Wandlerwerte haben, können auch nur 256 verschiedene Anzeigewerte vorkommen. Das ist die Folge, wenn man mit einer Anzeige eine höhere Genauigkeit anzeigt, als man mißt. Noch störender ist es allerdings, wenn man beispielsweise den Bereich von 10 bis 35 Grad Celsius erfassen will. In diesem Falle haben wir 251 mögliche Anzeigewerte bei 255 AD-Wandlerwerten. Das bedeutet, daß es fünf Temperaturwerte gibt, die zu zwei verschiedenen AD-Wandlerwerten gehören. Niemand wird dies wirklich in diesem Falle bemerken, aber es gibt Anwendungen, in denen man feststellen kann, daß die Anzeige bei manchen Eingangswerten auf eine Veränderung nicht so schnell reagiert wie bei anderen Eingangswerten. Wenn der Eingangswert mit Hilfe eines Präzisionszehngangpotis in feinsten Schritten durchgefahren werden kann, tritt dieser Effekt gnadenlos zutage.

Die einzige Lösung ist entweder eine höhere Auflösung bei der AD-Wandlung oder eine weniger genaue Stellenanzeige. Oder man akzeptiert die Anzeige wie sie ist.

```
;-------------------------------------------------------------
;   ADUM erzeugt einen Anzeigewert mit drei Stellen: ZIF2 und
;   ZIF1 für den ganzzahligen Teil, ZIF0 für die Dezimalstelle.
;   WERT0 bzw. WERT1 sind die Anzeigewerte zu ADW=0 bzw ADW=256
;   WERT0 und WERT1 sind ganzzahlig genähert.
;-------------------------------------------------------------
ADUM     MOVF    WERT1,W
         SUBWF   WERT0,W
         MOVWF   ZL
         MOVF    ADW,W
         CALL    BMUL       ;-> ERGX:=RANGE* ADW
         MOVF    ERGH,W     ;
         ADDWF   WERT0
         MOVWF   GANZ       ; ERGH = RANGE*ADW DIV 256
         CLRF    ERGH       ; ERGH UMLADEN NACH GANZ
         MUL10   ERGH,ERGL  ; ERGH:= DEZ
         BTFSC   ERGL,7
         INCF    ERGH
         MOVF    ERGH,W     ; AUFRUNDEN, WENN ERGL>128
         MOVWF   ZIF0       ; ERGX UMGELADEN NACH ZX
                            ; (NENNER IST NOCH IN NL)
         XORWF   0All       ;
         BNZ     ADAUS      ;
         CLRF    ZIF0       ;
         INCF    GANZ       ;
ADAUS    MOVF    GANZ,W
         MOVWF   ZL
         MOVLW   .10
         MOVWF   NL
         CALL    GBDIV
         MOVF    ERGL,W     ; ERGL=GANZ DIV 10 , ZL=GANZ MOD 10
         MOVWF   ZIF2
         MOVF    ZL,W
         MOVWF   ZIF1
ADRET    RETLW   0
```

Listing ADUM.A

6.5.2 Kalibrierung einer Anzeige

Im vorigen Beispiel gingen wir davon aus, daß die Werte TEMP0 und TEMP1, welche zu den AD-Wandlerwerten 0 und 256 gehören, genau bekannt sind. In der Praxis ist dies aber oft nur ungefähr der Fall, so daß wir eine Anzeige entweder bei Inbetriebnahme kalibrieren oder in regelmäßigen Abständen nachkalibrieren müssen. Dazu ist es notwendig, daß zwei verschiedene physikalische Meßwerte WERTA und WERTB präzise hergestellt werden können, und dem µController in dem Moment, in dem diese Meßwerte anliegen, über einen Taster mitgeteilt wird, daß dieser (vorher vereinbarte) Meßwert nun gültig ist. Der µController veranlaßt in diesem Moment sofort eine Messung. Den erfaßten Wert legt er sich als ADWA bzw. ADWB ab. Die beiden Werte brauchen nicht in der Nähe von 0 oder 256 zu liegen, sollten aber hinreichend weit voneinander entfernt sein. Die Werte im Bereich von 0 und 256 sind oft Extremwerte, die man gar nicht so leicht herstellen kann. Außerdem geschieht das Kalibrieren am besten in solchen Bereichen, in denen man die größte Genauigkeit erwartet, denn die Linearität ist ja meist nur in einem eingeschränkten Teil des Meßbereiches genau.

Die erste Möglichkeit, die Kennlinie mit diesen beiden Meßwerten zu kalibrieren, ist, daß man beispielsweise die obige Temperaturkennlinie in der Form

TEMP: = TEMPA + (ADW−ADWA)*(TEMPA−TEMPB)/(ADWA−ADWB)

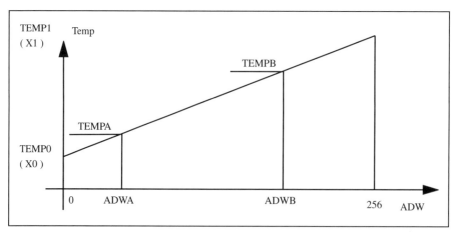

Abbildung 6.2: Kennlinie

benutzt. Diese Form erfordert erheblich mehr Rechenaufwand bei jeder neuen Messung. Man kann aber den Rechenaufwand auf den Zeitpunkt der Kalibrierung verlegen und die unbekannten Größen TEMP0 und TEMP1, welche zu den AD-Wandlerwerten 0 und 256 gehören, rechnerisch bestimmen, so daß wir wieder die einfache Kennlinie des vorigen Absatzes erhalten.

Diese Werte wollen wir hier mit X0 und X1 bezeichnen, damit wir im Auge behalten, daß es unsere Unbekannten sind, die zu berechnen sind. Sie entsprechen im obigen Beispiel den Werten TEMP0 und TEMP1. Dabei können X0 und X1 auch außerhalb des eigentlichen Meßbereiches liegen. Sie sind ja nur Rechengrößen, die wir für die Umrechnung benötigen. Es ist daher nicht einmal ein Problem, wenn sie physikalisch unsinnig sind (z.B. negative Materialdicke). In diesem Falle sollte man jedoch aufpassen, wenn sich die Anzeige im Laufe der Zeit verstellt, daß man unsinnige Werte abfängt.

Die Beziehung der Kennlinie gilt für alle Meßwerte, insbesondere auch für die beiden Kalibrierwerte. Wir erhalten zwei Bedingungen, aus denen wir die beiden unbekannten Größen X0 und X1 berechnen können:

WERTA = X0 + (X1−X0)*ADWA/256

WERTB = X0 + (X1−X0)*ADWB/256

Beachten Sie, daß in diesen Beziehungen alle Größen außer X0 und X1 als bekannt angenommen werden. Durch Subtraktion dieser beiden Gleichungen erhalten wir zunächst:

WERTB−WERTA = (X1−X0)*(ADWB−ADWA)/256

damit ergibt sich:

(X1−X0)/256 = (WERTB−WERTA)/(ADWB−ADWA)

Das ist genau der Anwendungsfall für das Programm BDIV. Mit ZL:=(WERTB−WERTA) und NL=(ADWB−ADWA) erhalten wir im Register ERGL den ganzzahligen Anteil von (X1−X0). Danach kann X0 aus einer der beiden Kalibrierbeziehungen gefunden werden. X1 wird für die Kennlinie gar nicht explizit benötigt, läßt sich aber aus der Beziehung für X1−X0 errechnen, wenn man X0 kennt.

Als konkretes Zahlenbeispiel wählen wir wieder die Temperaturanzeige von vorhin. Wir nehmen an, daß wir als Kalibriertemperaturen WERTA = 0 Grad und WERTB = 20 Grad vereinbart haben. Wenn am Eingang der Meßwert 0 Grad eingestellt ist, lösen wir eine AD-Wandlung aus und erhalten beispielsweise einen AD-Wandlerwert von 36. Dieser wird als ADWA abgelegt. Ebenso gehen wir bei 20 Grad vor und messen beispielsweise ADWB = 140. In diesem Falle ergibt die obige Berechnungsformel:

(X1−X0)/256 := 20/104

Unser Kopfrechner sagt uns, daß X1–X0 etwa 50 ist, der Taschenrechner meint 49,23. Der PIC16 sagt CALL BDIV (mit ZL: = 20 und NL: = 104), und schon hat er das Ergebnis in der ihm eigenen Form: ERGL = 49 und ZL = 23 = Rest. Der Bruchteil von 0,23 ist also gleich 23/104. Was nun? Für unsere Kennlinienformel war ein ganzzahliges Ergebnis vorgesehen. Lassen wir die 0,23 einfach weg? Wahrscheinlich können wir dies tun, da unsere Genauigkeit ja ohnehin nicht sehr hoch ist. Ein halbes Prozent Abweichung in der Steigung der Kennlinie gibt auf den gesamten Temperaturbereich bezogen nur ein viertel Grad. Bei 20 Grad ergibt dies einen Fehler von 0,1 Grad.

6.5.3 Berechnen von DA-Wandlerwerten

Wir gehen davon aus, daß wir einen physikalischen Wert im Short-Real-Format über eine Schnittstelle erhalten haben und diese in einen 12-Bit-DA-Wandlerwert umrechnen müssen. Dabei ist in der Regel ein physikalischer Wert bekannt, der RANGE, welcher dem DA-Wandlerwert von 1000H entspricht. Der höchste tatsächlich mögliche DA-Wandlerwert ist zwar 0FFFH, aber die Berücksichtigung dieses Umstands wird ggfs. durch eine spätere Korrektur stattfinden. Um zu einem physikalischen Wert den zugehörigen 12-Bit-DA-Wandlerwert zu berechnen, muß dieser Wert durch RANGE dividiert und dann mit 1000H multipliziert werden. RANGE ist ebenfalls im Short-Real-Format gegeben.

Wir haben jetzt die Division zweier Short-Real-Zahlen zu betrachten, wobei der Zähler kleiner ist als der Nenner. Wir nennen die Mantisse des Zählers ZX und die Mantisse des Nenners NX, den Exponenten des Zählers ZEX und den des Nenners NEX. Wenn ZEX > NEX ist, dann multiplizieren wir ZX so lange mit 10 und dekrementieren gleichzeitig ZEX so lange, bis ZEX = NEX. Ist dagegen NEX > ZEX, dann machen wir das gleiche mit dem Nenner. Ein problematischer Fall kann dabei auftauchen, daß nämlich der Nenner bei dieser Prozedur überläuft.

Wir wollen diesen Fall an einem konkreten Beispiel darlegen: Es sei NX = 10 und NEX = 1. Wenn ZX = 52245 und ZEX = –4, dann ist Wert des Zählers 5.2245, was korrekterweise kleiner ist als der Nenner. Nach der oben vorgeschlagenen Verfahrensweise würden wir nun den Nenner viermal mit 10 multiplizieren müssen, wobei aber der Wert 100000 entstünde, was zu einem Überlauf der Mantisse NX führt. Die Ursache hierfür ist, daß der Zähler unsinnig viele Stellen hat. Bei einem 12-Bit-DA-Wandler ist die letzte Stelle ohne jede Bedeutung. Man wird diesen Fall verhindern müssen bzw. wenn dies nicht möglich ist, den Zähler durch 10 dividieren und NEX dann um 1 erhöhen.

Wenn beide Short-Real-Werte auf den gemeinsamen Exponenten gebracht wurden, sind nur noch die Mantissen zu dividieren. Im Falle eines 12-Bit-DA-Wandlers lautet die Formel für den zu berechnenden DAC-Wert, welcher im Bereich von 0 bis = 01000H liegt:

DAC: = 1000H*ZX/NX

Dies ist genau das Ergebnis, das sich nach Aufruf von WDIV in ERGX befindet, wenn man UCOUNT = 12 wählt.

Eine Korrektur ist anzubringen, da der Bereich der DA-Werte ja nicht 1000H, sondern nur 0FFFH ist. Die angemessene Korrektur ist, daß man alle Werte, die größer als 800H sind, um 1 erniedrigt.

```
;-------------------------------------------------------------
;DACUM:    berechnet aus einem aktuellen Wert und einem RANGE-Wert
;          (beide Short-Real) einen 12-Bit-DA-Wandler-Wert
;Eingang:  ZX,ZEX; NX,NEX
;Ausgang:  ERGX
;-------------------------------------------------------------
DACUM   MOVF    NEX,W
        SUBWF   ZEX,W
        BZ      DADI
        BNC     NENA
        MOVWF   COUNT    ; COUNT=ZEX-NEX
MUN     MUL10   ZH,ZL    ; Doppelregister *10
        DECFSZ  COUNT
        GOTO    MUN
        GOTO    DADI
NENA    XORLW   0FFH
        MOVWF   COUNT
        INCF    COUNT    ; COUNT=NEX-ZEX
MUN     MUL10   NH,NL    ; Doppelregister NX*10
        DECFSZ  COUNT
        GOTO    MUN
DADI    MOVLW   .12
        MOVWF   UCOUNT
        CALL    WDIV     ; In ERGX ist DAC-Wert,
;
        RLF     ZH,W     ; muß evtl. noch aufgerundet werden,
        BC      INCEL    ; falls 2*ZH > NH
        SUBWF   NH,W
        SKPC
INCEL   INCF    ERGL     ; Aufrunden
        MOVF    ERGH,W   ; Korrektur, wegen Bereich 0FFFH statt
                         ; 1000H
```

```
           ANDLW    0F8H      ;
           SKPZ
           RETLW
           DECF     ERGL      ; Korrektur betrifft nur niedrigstes Bit
           COMF     ERGL,W
           DECF     ERGH
           RETLW    0
```

DA-Wandler-Umrechnungsprogramm DACUM.A

6.6 Erzeugen von Zahlenstrings

Zunächst betrachten wir das Erzeugen eines Zahlenstrings aus einer 16-Bit-Hexzahl. Dieser besteht aus maximal fünf Dezimalstellen, da der höchst mögliche Wert 65535 ist. Aus praktischen Gründen laden wir die Zahl nach ZX. Die Ziffern berechnen wir der Reihe nach:

ZIF5: = ZX DIV 10000   ZX: = ZX MOD 10000

ZIF4: = ZX DIV 1000   ZX: = ZX MOD 1000

ZIF3: = ZX DIV 100   ZX: = ZX MOD 100

ZIF2: = ZX DIV 10   ZX: = ZX MOD 10

ZIF1: = ZX

Man kann führende Nullen weglassen, d.h. die Zeichen erst dann an die Schnittstelle schicken, wenn erstmals eine Ziffer < > 0 auftaucht.

Falls der umzuwandelnde Wert als vorzeichenbehaftete Zahl zu behandeln ist, prüfen wir zunächst, ob sie negativ ist (höchstes Bit = 1). In diesem Falle senden wir als erstes ein Minuszeichen und negieren die Zahl vor der Umwandlung.

Wenn es sich um eine Short-Real-Zahl handelt, dann muß noch der Exponent berücksichtigt werden. Wenn eine Dezimalpunktdarstellung erwünscht ist, muß an einer bestimmten Stelle ein Punkt geschickt werden. Wenn wir beim schrittweisen Berechnen der Ziffern eine Zählvariable UCOUNT von 5 bis 1 herunterzählen, dann ist der Dezimalpunkt an die Stelle zu setzen, an der UCOUNT + EXPO = 0 ist. Wenn der Exponent positiv ist, müssen noch entsprechend viele Nullen angefügt werden.

Beim untenstehenden Programm schreiben wir die berechneten ASCII-Zeichen nicht an eine Schnittstelle, sondern in einen Buffer, auf den das FSR-Register zeigt. Das Programm wirkt vielleicht etwas unelegant, da es fünfmal fast die gleiche Programmfolge aufruft, das erste Mal mit NX=10000, dann mit NX=1000 usw. Wir dürfen aber nicht vergessen, daß Platz im EPROM meist genug vorhanden ist, die

Ausführungszeit eines Programms aber in der Regel der wichtigere Gesichtspunkt für die Gestaltung eines Programms ist. Um das Programm in der Größe nicht ausufern zu lassen, wurde das Unterprogramm PUTZ (Put Zeichen) geschrieben, welches zuerst im Falle, daß COUNT + EXPO = 0, einen Dezimalpunkt in den Buffer schreibt und anschließend den ASCII-CODE der Ziffer.

```
;-------------------------------------------------------------
;  MKZSTR: Eingang ZX, EXPO: short-Real-Zahl, FSR: Zeiger auf Buffer
;  Ausgang: String in Dezimalpunktform wenn kleiner 1: Form = .xxxxx
;  PUTZ        ;Unterprogramm zum Schreiben eines Zeichens
;              ;(ggf. vorher Punkt)
;-------------------------------------------------------------
;
PUTZ    MOVF    EXPO,W
        ADDWF   COUNT
        BNZ     PU1
        MOVLW   '.'
        MOVWF   0
        INCF    FSR
PU1     MOVF    ERGL,W
        IORLW   30H
        MOVWF   0
        INCF    FSR
        DECF    COUNT
        RETLW   0
;
MKZSTR  MOVLW   5
        MOVWF   UCOUNT
        MOVLW   .39
        MOVWF   NH
        MOVLW   .160
        MOVWF   NL          ; NX=10 000
        CALL    GWDIV
        CALL    PUTZ
        MOVLW   3
        MOVWF   NH
        MOVLW   .232
        MOVWF   NL          ; NX= 1000
        CALL    GWDIV
        CALL    PUTZ
        CLRF    NH
        MOVLW   .100
        MOVWF   NL
```

```
           CALL    GWDIV
           CALL    PUTZ
           MOVLW   .10
           MOVWF   NL
           CALL    GBDIV
           CALL    PUTZ
           MOVF    ZL,W
           MOVWF   ERGL
           CALL    PUTZ
           RETLW
```

Listing MKZSTR.A

6.7 BCD-Formate

Die Umwandlung von BCD-Format in HEX-Format und umgekehrt ist nichts weiter als ein Sonderfall der besprochenen Zahlenstring-Umwandlungen. Eine 16-Bit-BCD-Zahl ist nur eine kürzere Darstellung von vier Ziffern als ein Zahlenstring. Als unentbehrliches Dienstprogramm ist uns die Umwandlung für vier Ziffern bisher noch nicht vorgekommen, wohl aber für zwei Ziffern. Die beiden Programme HEX2BCD und BCD2HEX aus unserer Unterprogrammsammlung beziehen sich also auf Bytes. Ebenfalls das Makro INCBCD, welches beim Hochzählen der BCD-Zeit unentbehrlich ist, sowie das Makro DECBCD. Das Programm ZMUL10 für die Multiplikation ist mit 5 Befehlszyklen die schnellste Methode, eine Ziffer mit 10 zu multiplizieren.

Daß die Programme INCBCD und DECBCD als Makros und die anderen als Unterprogramme vorhanden sind, liegt an den Situationen, in denen wir persönlich die Programme am häufigsten benötigt haben. Die Zeit, die man braucht, um die Form im Bedarfsfalle zu ändern, ist jedenfalls geringer als die Zeit, die man damit verbringt, über die günstigste Form eines Programms nachzudenken oder gar unendlich viele Versionen für alle Lebenslagen zu verwalten.

```
ZMUL10     ADDWF   PC    ; Multiplikation mit 10
           RETLW   0
           RETLW   .10
           RETLW   .20
           RETLW   .30
           RETLW   .40
           RETLW   .50
           RETLW   .60
           RETLW   .70
           RETLW   .80
           RETLW   .90
```

```
;----------------------------------------------------------------
;BCD2HEX: Gegeben: BCD:BYTE, Gesucht:HEX:Byte
;Programmablauf:    HEX=10*HINIB(BCD)+LONIB(BCD)
;----------------------------------------------------------------
BCD2HEX   SWAPF     BCD,W
          ANDLW     0FH
          CALL      ZMUL10
          MOVWF     HEX        ;Hex=10*höhere Ziffer
          MOVF      BCD,W
          ANDLW     0FH
          ADDWF     HEX
          RETURN
;----------------------------------------------------------------
;HEX2BCD: Gegeben: HEX:BCD
;Programmablauf:    HINIB(BCD):=HEXDIV1    LONIB(BCD):=HEXMOD10
;----------------------------------------------------------------
HEX2BCD   MOVF      HEX,W
          MOVWF     ZL
          MOVLW     .10
          MOVWF     NL
          CALL      GBDIV
          SWAPF     ERGL,W
          MOVWF     BCD
          MOVWF     ZL,W
          ADDWF     BCD
          RETURN
;
;----------------------------------------------------------------
;Bei den Makros INCBCD und DECBCD wird angenommen, daß das REGISTER
;bereits BCD-Form hat.
;----------------------------------------------------------------
INCBCD    MACRO     REGISTER
          INCF      REGISTER
          MOVF      REGISTER,W
          ANDLW     0FH
          XORLW     0AH
          MOVLW     6                 ;wenn niedriges Nibbel=10
          SKPNZ......              .;dann addiere 6
          ADDWF     REGISTER
          ENDM
;----------------------------------------------------------------
```

```
DECBCD    MACRO    REGISTER
          DECF     REGISTER
          MOVF     REGISTER,W
          ANDLW    0FH
          XORLW    0FH
          MOVLW    6
          SKPNZ
          SUBWF    REGISTER
          ENDM
```

Listing BCD.AM

6.8 Das Modul ZEIT.AM

Dieses Modul besteht primär aus dem Unterprogramm TIMUP. Der erste Teil des Programms TIMUP ist die Abfrage, ob eine Sekunde vorüber ist. Dieser Teil setzt voraus, daß TMR1 mit einem 32768-Hz-Quarz betrieben wird. In diesem Fall hat der TMR1 alle 2 Sekunden einen Übertrag. Der Sekundentakt kann also durch Erfassen einer Flanke am zweithöchsten Bit geschehen, d.h. durch Erfassen des Moments, in dem das BIT TMR1H,6 von 1 auf 0 wechselt. In der Variablen TSTATUS ist das Bit TOV reserviert, um den Zustand eines Timerbits zu speichern und später zu vergleichen.

Bei den PIC16C5X ist kein TMR1 vorhanden, so daß dieser Teil geändert werden muß. Mit einem 4,194304-MHz-Quarz als Betriebsoszillator beispielsweise hat der TMR0 mit einem Vorzähler von 256 pro Sekunde genau 16 Überläufe.

Das Programm TIMUP ist in jedem Fall so zu gestalten, daß es prüft, ob eine Sekunde vorbei ist. Ist dies nicht der Fall, kehrt es sofort zurück. Man kann es also beliebig oft aufrufen. Bis zu einer halben Sekunde kann man dabei zu spät kommen, ohne daß eine Sekunde verlorengeht.

Der weitere Teil des Programms TIMUP ist von der Art der Zeiterfassung unabhängig. Nach Erkennen eines Sekundenüberlaufs wird die Variable SEK inkrementiert. Ist SEK = 60, wird SEK zurückgesetzt und MIN erhöht. Beim Rücksetzen ist zu beachten, daß Minute und Stunde mit 0, die Tage und Monate aber mit dem Wert 1 beginnen. Die schrittweise Erhöhung der Zeitvariablen im Falle des Überlaufs pflanzt sich fort bis zum Jahrhundertwechsel. Wer heutzutage eine Uhr programmiert, sollte sich informieren, wie viele Milliarden der Jahrhundertwechsel kostet, weil Software Entwickler vergessen haben, ihre Programme darauf vorzubereiten.

Innere Angelegenheiten 417

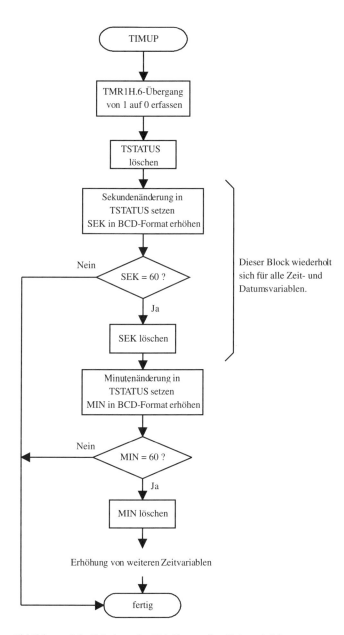

Abbildung 6.3: Schrittweise Erhöhung der Zeitvariablen

418   Kapitel 6

Die Werte für den Überlauf einer Zeitvariablen sind feste Werte bis auf die Anzahl Tage eines Monats. Hierfür brauchen wir eine Tabelle. Das Tabellenprogramm GETTAGE fragt zuerst ab, ob es sich um den zweiten Monat eines Schaltjahres handelt. Falls ja, gibt es den Überlaufwert 30 aus, ansonsten ist es ein gewöhnliches Table-Read-Programm. Die Überlaufwerte sind immer um 1 höher als der letzte mögliche Wert.

Die Variable TSTATUS dient dem Zweck, alle Überläufe dem Hauptprogramm mitzuteilen. Das Hauptprogramm setzt die Flags dieser Steuervariablen zurück, damit nicht eine Zeitveränderung zweimal bedient wird. Wenn das Hauptprogramm dies nicht tut, werden beim nächsten Aufruf von TIMUP alle Überlauf-Flags wieder gelöscht.

Die Zeitvariablen werden in der Regel in BCD-Form verwaltet. Sowohl das DCF-Protokoll als auch die meisten Uhrenbausteine liefern dieses Format. Für jede Art von Anzeige ist das BCD-Format am praktischsten. Da für bestimmte interne Anwendungen auch eine Zeitverwaltung im HEX-Format sinnvoll ist, haben wir eine zweite Version des Moduls auf der Diskette abgelegt. Das Modul heißt TIMHEX.AM.

Im BCD-Format müssen natürlich alle Überlaufwerte in diesem Format angegeben werden. Bei der Tabelle GETTAGE fällt auf, daß die Tabelle eine Lücke von sechs Werten aufweist. Dies hängt damit zusammen, daß die Eingangsvariable MON die Werte 0AH bis 0FH ja nicht annimmt, sondern von 9 auf 10H springt. Die Tabelle mit Lücke ist der einfachste Weg, diesem Umstand Rechnung zu tragen.

```
        INCLUDE  "PICREG.INC"
        LIST     P=16C74,F=INHX8M
;
OSEK    EQU      60H
OMIN    EQU      60H
OSTD    EQU      24H
OMON    EQU      13H
OJAHR   EQU      9AH
;
;-------------------------BITS IN TSTATUS
TOV     EQU      0       ;TMR OVERFLOW = ISEK
IMIN    EQU      1
ISTD    EQU      2
ITAG    EQU      3
IMON    EQU      4
IJHR    EQU      5
IJHU    EQU      6
```

;============================Variable FÜR TIMBCD
;
V_TIM   EQU   20H
TSTATUS   EQU   V_TIM+0
SEK   EQU   V_TIM+1
MIN   EQU   V_TIM+3
STD   EQU   V_TIM+4
TAG   EQU   V_TIM+5
MON   EQU   V_TIM+6
JAHR   EQU   V_TIM+7
JAHU   EQU   V_TIM+8
;
INCBCD   MACRO   REGISTER
          INCF   REGISTER
          MOVF   REGISTER,W
          ANDLW   0FH
          XORLW   0AH
          MOVLW   6
          SKPNZ
          ADDWF   REGISTER
          ENDM
;
;============================Unterprogramme für TIMBCD
;
GETTAGE   SWAPF   JAHR   ;Für BCD
          ANDLW   030H
          IORWF   MON,W
          XORLW   2
          SKPNZ
          RETLW   30H   ;FEB Schaltjahr
          DECF   MON,W
          ADDWF   PC
          RETLW   32H   ;JAN
          RETLW   29H   ;FEB
          RETLW   32H   ;MAR
          RETLW   31H   ;APR
          RETLW   32H   ;MAI
          RETLW   31H   ;JUN
          RETLW   32H   ;JUL
          RETLW   32H   ;AUG
          RETLW   31H   ;SEP
          RETLW   32H   ;OKT

```
        RETLW     0            ;Nur für BCD
        RETLW     0            ;
        RETLW     0            ;
        RETLW     0            ;
        RETLW     0            ;
        RETLW     0            ;
        RETLW     31H          ;NOV
        RETLW     32H          ;DEZ
;
TIMUP   INCBCD    SEK          ;
        MOVLW     OSEK
        XORWF     SEK,W
        BNZ       TIMEND
;
        CLRF      SEK
        BSF       TSTATUS,IMIN
        INCBCD    MIN          ;
        MOVLW     OMIN
        XORWF     MIN,W
        BNZ       TIMEND
;
        CLRF      MIN
        BSF       TSTATUS,ISTD
        INCBCD    STD          ;
        MOVLW     OSTD
        XORWF     STD,W
        BNZ       TIMEND
;
        CLRF      STD
        BSF       TSTATUS,ITAG
        INCBCD    TAG          ;
        CALL      GETTAGE
        XORWF     TAG,W
        BNZ       TIMEND
;
        MOVLW     1
        MOVWF     TAG
        BSF       TSTATUS,IMON
        INCBCD    MON          ;
        MOVLW     OMON
        XORWF     MON,W
        BNZ       TIMEND
```

```
;
        MOVLW       1
        MOVWF       MON
        BSF         TSTATUS,IJHR
        INCBCD      JAHR            ;
        MOVLW       OJAHR
        XORWF       JAHR,W
        BNZ         TIMEND
;
        CLRF        JAHR
        BSF         TSTATUS,IJHU
        INCBCD      JAHU
TIMEND  RETURN
```

Listing TIMBCD.AM

6.9 Textstring dekodieren

Die folgende Aufgabe ist z.B. interessant, wenn man ein IEEE-Gerät zu bedienen hat, welches mit ASCII-Strings angesprochen wird, die aus Befehlen und Argumenten bestehen.

Wir gehen davon aus, daß sich eine Liste gültiger Befehle im EPROM befindet. Bei einem über eine Schnittstelle ankommenden Befehlsstring soll geprüft werden, ob er mit einem der gültigen Befehle der Epromliste übereinstimmt. Wir wollen annehmen, daß es keine Unterscheidung von Klein- und Großbuchstaben gibt, d.h. nach dem Einlesen werden alle Buchstaben mit folgenden zwei Befehlen in Großbuchstaben umgewandelt:

```
BTFSC   Zeichen,6       ; Buchstabe?
BSF     Zeichen,5       ; Wenn ja, wandle um in Großbuchstabe
```

Dieses einfache Verfahren erwischt zwar alle Buchstaben richtig, wandelt aber auch einige Sonderzeichen um, wie z.B. die geschweiften Klammern in eckige. Wenn diese als Eingaben zugelassen werden, muß man sich etwas mehr Mühe machen mit dem Umwandeln.

Am bequemsten ist es, wenn der eingelesene Befehl mitsamt seinem Terminator im RAM zwischengespeichert ist, so daß seine Länge bekannt ist. Die Befehlsliste im EPROM enthält dann praktischerweise als erstes Byte vor jedem Befehl seine Länge. Dadurch kann man als erstes prüfen, ob die Länge stimmt. Wenn nicht, addiert man zum Listenzeiger die Länge und kann den nächsten String der Liste vergleichen. Das Ende der Liste erkennt man an einem String der Länge Null, d.h., es steht einfach eine 0 als Listerterminator am Ende der Liste.

422 Kapitel 6

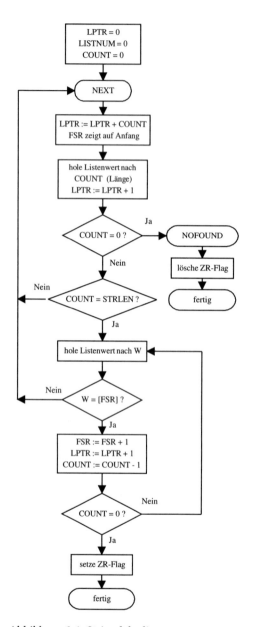

Abbildung 6.4: Stringdekodierung

Wenn die Länge des eingelesenen Befehls mit einem Befehl der Liste übereinstimmt, beginnt der Vergleich der Zeichen. Der Zeiger auf den eingelesenen Befehl steht dabei natürlich im FSR, dem Listenzeiger in dem Register LISTPTR. Wenn ein Teil der beiden zu vergleichenden Strings übereinstimmt und dann eine Differenz entdeckt wird, setzt man das FSR-Register wieder auf den Anfang zurück, während zum Listenzeiger die Restlänge addiert wird, so daß er auf die Länge des nächsten Befehls zeigt. Der Vorgang wird dann so lange wiederholt, bis entweder der String in der Liste gefunden wurde oder die Liste zu Ende ist. Bei jedem Vergleich erhöht man eine Zählvariable LISTNUM, so daß man am Ende die Nummer des erkannten Befehls besitzt. Mit Hilfe dieser Nummer kann man anschließend in eine Bedienungsroutine verzweigen.

```
;-------------------------------------------------------------------
;STRDEC findet zu einem STRING, der im RAM steht die zugehörige
;LISTNUM in der EPROM-Liste, falls STRING dort gefunden wurde.
;Ausgang: wenn gefunden ZR + NUMMER, sonst NZ
;         (NUMMER ohne Bedeutung)
;-------------------------------------------------------------------
;
STRDEC   CLRF     LPTR
         CLRF     LISTNUM   ; Nummer des gefundenen Strings
         CLRF     COUNT
NEXT     INCF     LISTNUM   ; LISTNUM läuft von 1 bis Anzahl
                            ; Listenelemente
         MOVF     COUNT,W
         ADDWF    LPTR
         MOVLW    STRING
         MOVWF    FSR
STRLO    CALL     GETLIST   ; Hole Länge
         INCF     LPTR
         IORLW    0         ; Liste zu Ende?
         BZ       NOFOUND
         MOVWF    COUNT
         XORWF    STRLEN,W  ; Länge gleich?
         BNZ      NEXT      ; falls nicht, nächstes Listenelement
DECO     CALL     GETLIST
         XORWF    0,W
         BNZ      NEXT
         INCF     FSR
         INCF     LPTR
         DECFSZ   COUNT
         GOTO     DECO
```

```
              BSF       STATUS,ZR ; ZR bedeutet: gefunden!
              RETLW     0
NOFOUND       BCF       STATUS,ZR
              RETLW     0
```
Listing STRDEC.A

Wenn der String nicht zwischengespeichert werden kann, weil zu wenig Platz vorhanden ist, kann die Prüfung auf gleiche Länge natürlich nicht stattfinden. Man muß jeden String der EPROM-Tabelle in Erwägung ziehen, wobei das Format der EPROM-Tabelle mit der vorangestellten Länge weiterhin sinnvoll ist. Man muß aber darauf achten, daß auf jeden Fall eine gewisse Anzahl von Zeichen zu speichern ist. Wenn beispielsweise beim dritten Zeichen der Vergleich fehlschlug, nachdem die ersten beiden gleich waren, müssen beim folgenden Versuch die ersten beiden Zeichen ja wieder herangezogen werden.

6.10 Barcode erzeugen

Es gibt eine Fülle unterschiedlicher Barcodes, welche sich durch die Art der Kodierung und die Grundmenge der zu verschlüsselnden Zeichen unterscheiden. Aus der Sicht des PIC16 handelt es sich immer darum, nach einem bestimmten Verfahren ein Streifenmuster zu erzeugen, welches so lange in einem Register gesammelt wird, bis 8 Bit zusammengekommen sind. Meist haben die Labeldrucker ausreichende Buffer, so daß jedes fertige Byte sofort an die Druckroutine gegeben werden kann.

Oft ist die Erzeugung des Barcodes und die Druckausgabe die einzige Aufgabe, die ein PIC16 zu erledigen hat. Auch wenn unterhalb des Barcodes noch die Zeichen im Klartext auszudrucken sind, ist das alles noch eine kleine Aufgabe, die einen größeren PIC16 ein wenig langweilen würde. Für einen PIC16C5X ist allerdings die geringe Anzahl von Registern unter Umständen eine kleine Herausforderung.

Das Streifenmuster wird so in einem Byte abgelegt, daß jedem Bit, welches 1 ist, ein Streifen der kleinsten Elementarbreite zugeordnet ist, während mit einer 0 eine Lücke signalisiert wird. Die Anzahl Bits geben die Breite der Streifen bzw. Lücken an. Die gesamte Anzahl Bits, die zu einem Zeichen gehören, ergeben in der Regel nicht ein ganzes Byte. Im unten aufgeführten Beispiel des CODE 128 sind die Streifenmuster 11 Bit breit.

Das Druckprogramm ist von der Art des verwendeten Druckers abhängig. Manche drucken quer, andere längs, der eine Drucker erwartet die Ausgabewerte parallel, der andere seriell. Auch der Pixelzahl pro inch muß Rechnung getragen werden. Wir führen daher die Einzelheiten der Programme DRUBAR und DRUZIF nicht aus. Wir bereiten die Druckausgabe so vor, daß in einem Register, welches wir PRINT nennen, immer die Streifen und Lücken durch Rotieren gesammelt werden, bis 8 Bit voll sind. Danach wird das Byte PRINT an die Druckroutine gegeben. Wenn der Drucker sehr hochauflösend ist, muß das Byte noch gezoomt werden, d.h., aus dem Byte PRINT werden zwei oder drei Byte gemacht, indem jedes Bit verzweifacht bzw. verdreifacht wird. Das Programm ZOOM3 ist unten aufgelistet.

Die Ziffern im Klartext werden als Pixelmuster in Epromtabellen abgelegt. Eine 8*8-Matrix reicht meistens schon aus. Die Mustertabellen hängen davon ab, ob längs oder quer gedruckt wird.

Da der CODE 128 aus 11 Bit besteht, die Druckausgabe aber nach jeweils 8 Bit gesendet wird, gehört nicht zu jeder Druckausgabe ein bestimmtes Zeichen. Bei der Klartextausgabe wird man aber praktischerweise eine Ziffer mit 8 Bit darstellen, so daß der Klartext und der Barcode meistens etwas gegeneinander verschoben sind. Hinzu kommt, daß das Barcodemuster am Anfang und am Ende noch durch bestimmte Anfangs- und Endmuster ergänzt wird.

Die Folge der Verschiebung ist, daß man zwei Zeiger zu verwalten hat, einen für die Barcode-Erzeugung und einen für die Klartextausgabe. Da man Register nicht im Überfluß hat, sei hier die folgende Denkaufgabe gestellt: Wie kann man das FSR-Register abwechselnd mit zwei Zeigern laden, so daß man dabei außer dem FSR nur ein Stack-Register verwendet? Dabei ist das FSR-Register mit dem Stack-Register zu vertauschen, ohne ein weiteres Hilfsregister zu verwenden. Die Auflösung der Denkaufgabe folgt weiter unten. Zunächst wenden wir uns der Aufgabe der Code-Erzeugung zu.

Code 128

Dieser Code trägt seinen Namen von der Anzahl von Zeichen, die damit kodierbar sind. Die Codetabellen und die Einzelheiten sind hier nicht von Bedeutung. Wichtig ist nur, daß man die 11 Bits dieses Codes von den redundanten Bits befreit, so daß man nur noch 8 wesentliche Bits aus einer EPROM-Tabelle zu entnehmen hat.

Beim Code 128 ist dies ziemlich einfach: Das erste (rechte) Bit ist immer eine 0, das letzte immer eine 1, und alle Codes haben ungerade Parität. Wir können also einen 8-Bit-Code in der Tabelle ablegen, bei der das erste und die beiden letzten Bits fehlen. Das vorletzte Bit wird 1, wenn der Tabellenwert ungerade Parität hat, sonst 0.

Nun zu unserer Denkaufgabe:

Vorher: FSR = PTR1 und STACK = PTR2

Nachher: FSR = PTR2 und STACK = PTR1

426   Kapitel 6

Eine mögliche Lösung1:

1. Schritt: STACK: = STACK-FSR (= PTR2-PTR1)

2. Schritt: FSR: = FSR+STACK (= PTR2)

3. Schritt: STACK: = FSR-STACK (= PTR1)

Einfacher ist es jedoch, gleich die Differenz PTR2–PTR1 im Stack zu verwahren. Um die Zeiger zu vertauschen, muß nur die Differenz zum FSR addiert bzw. subtrahiert werden. In diesem Falle muß jedoch diese Differenz bei jeder Veränderung des FSR mitgeführt werden.

```
;-------------------------------------------------------------------
;         PUTBIT     verarbeitet ein Bit:
;                    Eingang CY, Variable PRINT für die Druckausgabe
;                    falls PRINT vol(BCNT=0):
;                    DRUBAR und DRUZIF (hängen vom verwendeten Drucker ab)
;-------------------------------------------------------------------
PUTBIT    RLF       PRINT      ;
          DECFSZ    BITCNT
          RETLW                ; Falls PRINT nicht voll ist
          CALL      DRUBAR
          MOVF      DIFF,W     ;
          ADDWF     FSR
          MOVF      0,W
          MOVWF     ZIFFER
          MOVF      DIFF,W
          SUBWF     FSR
          DECF      DIFF
          CALL      DRUZIF
          MOVLW     8
          MOVWF     BITCNT     ;
          RETLW
;
;-------------------------------------------------------------------
; BARCO wandelt 10 Zeichen in BAR128-Code um. Da PUTBIT die
; Druckroutine DRUCKE, welche druckerabhängig ist, enthält, darf
; BARCO für PIC16C5X nicht als Unterprogramm aufgerufen werden.
;-------------------------------------------------------------------
BARCO     MOVLW     .10
          MOVWF     ANZAHL
```

	MOVLW	ZIFBUF	; In Zifbuf stehen 10 zu kodierende
			; Zeichen
	MOVWF	FSR	
	CLRF	DIFF	
	MOVLW	ANFCODE	; Zu jedem String gehört ein Anfangscode
			; (rechts)
	MOVWF	PRINT	; Print ist die Variable, in der die Bits
			; gesammelt werden
BARZ	CLRF	PARI	; Parity Zähler für ein Zeichen
	MOVF	0,W	; Zeichen laden
	INCF	FSR	
	INCF	DIFF	
	CALL	GERB128	; 8-Bit-Code in W
	MOVWF	BAR	; W in BAR speichern
	BCF	STATUS,CY	; als erstes Lücke
	CALL	PUTBIT	;
	MOVLW	8	
	MOVWF	UCOUNT	
BARLO	RRF	BAR	; dann 8 Bit Streifen-Lücke
	SKPNC	;	
	INCF	PARI	; INCF verändert CY nicht
	CALL	PUTBIT	;
	DECFSZ	UCOUNT	;
	GOTO	BARLO	;
	BSF	STATUS,CY	; danach Streifen, wenn PARI.0 = 1
	BTFSC	PARI	;
	BCF	STATUS,CY	
	CALL	PUTBIT	
	BSF	STATUS,CY	; zuletzt Streifen
	CALL	PUTBIT	
	DECFSZ	ANZAHL	
	GOTO	BARZ	
	MOVLW	ENDCODE	
	MOVWF	BAR	
BEND	RRF	BAR	
	CALL	PUTBIT	
	MOVF	BAR	
	BNZ	BEND	
FERTIG	NOP		; Kein Unterprogramm, wenn 16C5X

Listing BARCO.A

428   Kapitel 6

Anschließend noch das Programm ZOOM3. Dies ist die schnellste und verständlichste Methode aus einem Byte PRINT, die drei gezoomten Bytes PRINT1, PRINT2 und PRINT3 zu erstellen. Es benötigt auch keinerlei Zählvariable.

```
;-------------------------------------------------------------
;ZOOM:     arbeitet alle 8 Bit von PRINT ab; wenn diese gleich 1 sind,
;          werden in die Register PRINT1 bis PRINT3 drei Einsen
;          gesetzt.
;-------------------------------------------------------------
ZOOM3    CLRF    PRINT1
         CLRF    PRINT2
         CLRF    PRINT3
         MOVLW   7         ;00000111
         BTFSC   PRINT,0
         IORWF   PRINT1
         MOVLW   31H       ;00111000
         BTFSC   PRINT,1
         IORWF   PRINT1
         MOVLW   0C0H      ;11000000
         BTFSS   PRINT,2
         GOTO    Z02
         IORWF   PRINT1
         BSF     PRINT2
Z02      MOVLW   0EH       ;00001110
         BTFSC   PRINT,3
         IORWF   PRINT2
         MOVLW   70H       ;01110000
         BTFSC   PRINT,4
         IORWF   PRINT2
         MOVLW   3         ;00000011
         BTFSS   PRINT,5
         GOTO    Z03
         BSF     PRINT2,7
         IORWF   PRINT3
         MOVLW   1CH       ;00011100
         BTFSC   PRINT,6
         IORWF   PRINT1
         MOVLW   0E0H      ;11100000
         BTFSC   PRINT,7
         IORWF   PRINT1
         RETLW   0
```

Verdreifachen der Bits eines PRINT-Bytes

Kapitel 7

Komplexe Systeme

Unter komplexen Systemen verstehen wir ganze Geräte oder Teile von Geräten, die aus einer größeren Anzahl Komponenten bestehen und deren Mittelpunkt ein PIC16 bildet, oder auch mehrere PIC16. Die einzelnen Teile eines komplexen Systems stehen dabei in engen physikalischen und logischen Wechselbeziehungen zueinander.

Im Gegensatz zu den bisherigen Beispielen, wo wir die Anwendungen einzeln betrachtet oder höchstens als Gedankenspiele zusammengefügt haben, geht es nun darum, die gesamten Aspekte einer Problemlösung als Ganzes zu betrachten. Wenn beispielsweise die Stromversorgung in einem Gerät von einem Akku übernommen wird, hat dies für alle anderen Komponenten die Konsequenz, daß auf stromsparende Bausteine und Techniken geachtet werden muß. Ein AD-Wandler für eine einfache Akku-Überwachung ist dabei meist notwendig, so daß die Entscheidung für einen PIC16-Typ mit integriertem AD-Wandler naheliegt.

Es ist nützlich, die Komponenten eines komplexen Systems in verschiedene Kategorien einzuteilen:

- Der oder die µController,
- Die Versorgung (Stromversorgung, Bereitstellung der Takte, Resetgenerator)
- Mensch-Maschine-Interface (Schalter, Schnittstellen, Anzeigen)
- Datenspeicher
- Der gerätespezifische Funktionsblock

Dies ist natürlich aus der Sicht des Controllerteils betrachtet, der den gesamten gerätespezifischen Block als eine Komponente sieht, die natürlich für jede Anwendung wieder weiter aufgegliedert werden muß.

Diese Einteilung ist natürlich nicht eindeutig. Wenn wir unserem PIC16 beigebracht haben, einen Roboter anzusteuern, der den Telefonhörer abhebt, um uns eine Mitteilung auf den Anrufbeantworter zu sprechen, ist es fraglich, ob man dies einfach als eine Schnittstelle betrachten soll. Jede Einteilung hat auch nur dann einen Sinn, wenn sie hilft, Ordnung in unsere Gedanken zu bringen. In diesem Falle dient sie als Checkliste bei der Konzeption eines Gerätes.

Bei der Software eines komplexen Systems besteht die Aufgabe darin, die Bedienung der verschiedenen Komponenten zeitlich parallel zu organisieren und die Beziehung zwischen den einzelnen Tätigkeiten herzustellen. Dabei ist es einerseits ratsam, verschiedene Aufgabenblöcke soweit wie möglich als getrennte Module zu programmieren, andererseits muß ständig der Informationsfluß zwischen den Modulen im Auge behalten werden.

Komplexe Systeme 431

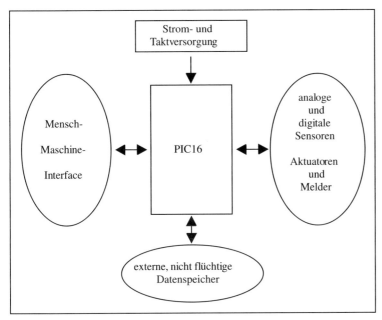

Abbildung 7.1: Komponenten eines komplexen Systems

Fast jede Entwicklung, die wir durchgeführt haben, erfuhr im Laufe der Entwicklungszeit oder danach so viele Änderungen, daß man sagen kann, man hat jedes Gerät zweimal entwickelt. Das liegt nicht an wankelmütigen Auftraggebern, sondern ist ein ganz normaler Vorgang beim kreativen Schaffen. Also sollte man sich auf diese Tatsache einrichten und jedes komplexe Programm in hinreichend kleine Module zerlegen. Wichtig ist dabei, daß man gut dokumentiert, welche Eingänge und Ausgänge die einzelnen Module haben, welche Daten und Zustände sie verändern, und in welche anderen Module diese Änderungen eingehen.

Wenn beispielsweise an vielen Stellen eines Programms anzeigepflichtige Zustände erkannt werden, ist es sinnvoll, nicht jedesmal ins Anzeigeprogramm zu laufen, sondern die Zustände in Zustandsvariablen zu sammeln und nur an einer Stelle des Programms in die Anzeigeroutine zu verzweigen.

Es gibt keine allgemeingültigen Regeln, ein Gerät zu entwerfen. Aber es gibt Fragen, die immer wieder in ähnlicher Form auftauchen, und es gibt auch Fehler, die man immer wieder machen kann. Um nicht zu abstrakt zu werden, wenden wir uns einigen einfachen, aber typischen Beispielen zu.

7.1 JUMBA

JUMBA ist ein Gerät für Haus und Garten, welches netzunabhängig arbeiten soll. Die erste Version wurde vor zehn Jahren entwickelt, natürlich damals noch ohne PIC16. Ein altes Gerät steht immer noch in Diensten, wenn es darum geht, die Balkonpflanzen zu gießen, während wir unseren wohlverdienten Urlaub ein wenig abseits unseres kleinen Balkons genießen. Es wird wohl bald in seinen wohlverdienten Ruhestand treten und einem Nachfolger Platz machen, der nur halb so groß ist, dafür aber viel mehr kann und natürlich einen PIC16 als Mittelpunkt hat. Mit der alten Jumba wird dann auch der 36-Ah-Akku in Rente gehen, der zugegebenermaßen auch in alten Zeiten etwas überdimensioniert war. Das Solarmodul dagegen wird noch eine Weile weiter seine Dienste tun.

7.1.1 Funktion

JUMBA ist für verschiedene Anwendungen erdacht. Eine der Anwendungen war eine Temperaturaufzeichnung, bei der das Gerät netzunabhängig sein mußte. In einem Gewächshaus sollte über längere Zeit die Temperatur überwacht werden, um Frostsicherheit und eventuelle Überhitzung zu beobachten. Dabei sollte auch die Außentemperatur mit aufgezeichnet werden, um einen Zusammenhang zwischen den Gewächshaustemperaturen mit dem Außenklima herzustellen.

In der hier besprochenen Gießanlage ist der Akku wegen der Echtzeit notwendig. Er könnte zwar mit einem Netzgerät geladen werden, aber die Lösung mit einem Solar-Modul erscheint uns eleganter.

Natürlich gehen bei uns die µController nicht mit einer Gießkanne durch das Haus, sondern sie steuern ein Magnetventil über ein Lastrelais an. Das Magnetventil wird zu programmierbaren Zeiten für einige Intervalle geöffnet. Das alte Gerät richtete sich dabei ausschließlich nach der Zeit.

Da ein Prozessor auch vor zehn Jahren mit dieser Aufgabe unterfordert war, wurde die Software mit anderen Fähigkeiten ausgerüstet, wie Eingänge überwachen, Wekken zu bestimmten Zeiten und anderes.

Für den Nachfolger sind die Aufgabenstellungen klar definiert. Zusätzlich zu den Fähigkeiten des Vorgängers ist mindestens eine Temperaturerfassung vorgesehen. Nachdem die Pflanzen jahrelang die einfache Zeitsteuerung gut überlebt haben, dürfte eine zusätzliche Temperaturerfassung zum Steuern der Wassermenge wohl ausreichen. Eine Feuchtigkeitskontrolle wird sicher auch kein Problem darstellen. Wir waren mit diesem Problem bisher noch nicht konfrontiert und können daher darüber noch nichts erzählen.

Unsere neue Jumba soll natürlich, genauso wie die alte, in bezug auf alle Parameter programmierbar sein. Insbesondere sollen die ablaufsteuernden Parameter durch Eingaben verändert werden können, so daß die Funktion möglichst flexibel wird.

Die wichtigste Voraussetzung für den gesamten Entwurf ist die Tatsache, daß wir nicht etwa ein Gerät in mittleren oder gar größeren Stückzahlen auf den Markt bringen wollen, sondern uns wirklich den Luxus leisten, ein Gerät ganz frei von Gedanken an die Kosten zu entwickeln (außer an unsere Arbeitskosten) und dabei jeden technischen Komfort zu nutzen, der uns sinnvoll erscheint. Wenn wir diese Grundvoraussetzung ändern, kommt ein ganz anderes Gerät heraus.

Für das Konzept des kleinen Gerätes betrachten wir die obigen Kategorien. In einem ersten Schritt werden wir die einzelnen Teile des Konzeptes nur in groben Zügen entwerfen.

7.1.2 Hardware-Entwurf

Die Punkte der Checkliste können natürlich nicht einfach der Reihe nach abgearbeitet werden, da ja alle Teile in Wechselbeziehung zueinander stehen. Die Wahl des PIC16-Typen ist mit den bisherigen Bedürfnissen schon klar. Viele Beinchen für die Anzeige und ein AD-Wandler für eine einfache Akku-Überwachung lassen fast nur den PIC16C74 zu, wenn man nicht einen der PIC16C9XX in Betracht zieht, die gerade erschienen sind.

Versorgung

Bei der Stromversorgung haben wir uns schon entschieden für einen Akku mit Solar-Modul. Wie groß der Akku und das Solar-Modul zu bemessen sind, wird aber erst am Ende der Entwicklung ausgerechnet werden können. Als Berechnungsgrundlage können wir folgende Überlegung anstellen. Die Leistungsaufnahme unseres Gerätes wird zunächst auf 2 mA grob geschätzt. Ohne Solarmodul benötigen wir in einem Monat für 720 Stunden (also für 30 Tage) Leistung. Wenn man den theoretischen Fall betrachtet, daß wir uns so lange Urlaub leisten könnten, wären das ungefähr 1,5 Ah.

Für die Spannungsreduzierung von der Akkuspannung auf die benötigten 5 Volt wählen wir einen LP2940-5, welcher ein extrem sparsamer Spannungsregler für 5 Volt ist.

Eine Akku-Überwachung benötigen wir zumindest, um das Überladen des Akkus zu verhindern. Die Spannungsüberwachung des Akkus realisieren wir so, daß wir einen Operationsverstärker direkt vom Solar-Modul gespeist derart beschalten, daß er uns den oberen Spannungsbereich gut auf die 0 bis 5 Volt des AD-Wandler-Eingangsbereiches abbildet. Falls keine Sonne scheint, hat der OP keine Versorgungsspannung. Das macht nichts, denn wir interessieren uns ohnehin nur für das obere Ende der Fahnenstange, und das kann bei Dunkelheit nicht erreicht werden. Für den Fall, daß die Akkuspannung einen oberen Grenzwert überschritten hat, muß der Ladestrom gedrosselt werden. Dies geschieht dadurch, daß wir den Ansteuerstrom vom Längstransistor reduzieren, indem wir eine 1 an einem Drossel-Pin ausgeben, welcher den kleinen Schalttransistor durchschaltet. Die Widerstände sind so zu bemessen, daß die Spannung am Emitter des Längstransistors den Akku-Grenzwert nicht überschreitet.

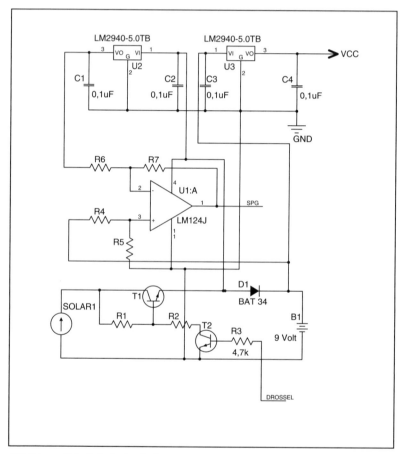

Abbildung 7.2: Solarladeschaltung

Eine Akku-Überwachung auf Unterspannung ist in unserem Falle nicht vorgesehen, da eine Unterspannung nur dann vorkommen dürfte, wenn eine der Akku-Zellen ihr Leben beendet oder durch eine Fehlfunktion oder ein defektes Bauteil unerwartet viel Strom verbraucht wird. Wenn aber die Gefahr besteht, daß sämtliche Blumen vertrocknen, weil keine Nachbarin nach dem Rechten schaut, muß man sich etwas Sichereres einfallen lassen, wie z.B. ein zweites Akkupack bereitstellen. In jedem Falle ist die Verhältnismäßigkeit einer Lösung im Auge zu behalten. Im Falle eines wirklich sicherheitsrelevanten Systems muß natürlich das System als Ganzes aufwendiger konzipiert werden.

Bei der Bereitstellung von Takten denken wir an zwei getrennte Takte, einen Arbeitstakt, der eventuell noch flexibel geschaltet werden kann, und einen präzisen 32768-Hz-Takt für die Echtzeit. Der Echtzeit-Takt kann uns auch als Wecker aus dem Sleep-Modus dienen, denn so wie es aussieht, läßt sich die Stromaufnahme noch verringern, wenn man das Gerät zwischen seinen Tätigkeiten schlafen läßt.

Damit ist für die restlichen Komponenten schon einmal festgelegt, daß die Leistungsbilanz ein wichtiger Gesichtspunkt ist.

Kommunikation

Der nächste Punkt ist der, den wir als Mensch-Maschine-Interface bezeichnet haben. Dieser Punkt scheint problemlos zu sein, führt aber erfahrungsgemäß zu den längsten und intensivsten Diskussionen. Das hängt damit zusammen, daß es für die Kommunikation so viele Möglichkeiten gibt und so viele Gesichtspunkte für die Entscheidung. Bei einem Gerät für Profis fällt die Entscheidung anders aus als bei einem Gerät für technische Laien. Die Gewöhnung an bestimmte Eingabeformen ist ein wichtiger Entscheidungsgrund. Natürlich spielt auch die Anzahl Portpins, die man opfern möchte, eine Rolle.

Fest steht, daß unsere Jumba über eine serielle Schnittstelle mit einem PC verbunden sein soll. Einfache Kommunikationen sollen aber auch durch Tasten und kleine Anzeigen möglich sein. Es wäre sicher nicht lustig, wenn man zum Abfragen der Temperatur oder Setzen der Uhrzeit oder der Schaltzeiten immer einen Rechner anwerfen müßte.

Bei der seriellen Schnittstelle werden wir die Standardlösung anwenden. Das ist die asynchrone Schnittstelle des PCs, wobei die Pegelanpassung auf der Jumba-Platine stromsparend bzw. abschaltbar gestaltet werden muß. Der Baustein LTC1382 kann über einen Pin in einen shut-down-Modus gebracht werden, in dem er nur einen Strom von 0,2 µA verbraucht.

Für die Wahl der geeigneten Anzeige ist der Stromverbrauch ein wichtiges Kriterium. Eine LCD-Anzeige ist bezüglich der Leistungsbilanz günstiger. Da wir aber beabsichtigen, die Anzeige auszuschalten, wenn das Gerät nicht gerade im Bedienungsmodus ist, spielt dieser Gesichtspunkt keine so große Rolle. Eine vierstellige LED-Anzeige ist problemloser anzusteuern.

Bei der Bedienung eines Gerätes mit Tasten gibt es zwei verschiedene Methoden. Mit der spartanischen Methode sind heute schon viele Menschen vertraut, wenn sie den Umgang mit Videorecordern, Faxgeräten und ähnlichem gewohnt sind. Bei dieser Methode werden die Eingabegrößen nur mit einer Taste aufwärts gelotst. Wenn die angezeigten Größen passen, werden sie durch eine Bestätigungstaste festgelegt. Die zweite Methode, das Eingeben durch einen Zahlenblock, gilt mittlerweile schon als lästig. Die erstgenannte Methode hat natürlich ihre Grenzen. Stellen Sie sich vor, Sie müßten an einem Geldautomaten die Kontonummern ziffernweise mit diesem Verfahren eingeben. Welche Methode wir wählen, bleibt zunächst offen, bis die Anforderungen an die Eingabe etwas mehr Gestalt angenommen haben. Unsere jetzige Jumba besitzt eine Tastatur, die einmal einer Registrierkasse gehört hat, ein Umstand, der ihr das Überleben in unserem Wand-Museum sichert.

Datenspeicher

Ein nichtflüchtiger Datenspeicher dient hauptsächlich dem Abspeichern der programmierbaren Parameter. Die Diskussion um die Größe dieses Speichers ist der gefährlichste Augenblick im Leben eines solchen Gerätes. Ein großes EEPROM bietet nämlich so viele Aspekte der Programmierbarkeit, daß vor lauter »Man könnte ja auch noch« die Entwicklung nie zu einem Ende kommt.

Wir entschließen uns, den Typ 24C65 von Arizona Microchip mit 64 kBit Speichergröße zu verwenden. Es ist ein stromsparendes CMOS-EEPROM und in unserem Labor gerade verfügbar. Die Zeit für das Schreiben einer Page (8 Byte) beträgt 5 msek.

Gerätefunktion

Beim Entwurf der Gerätefunktion ist höchste Alarmstufe angesagt, denn die Gefahr, daß die Pferde mit den Entwicklern durchgehen, ist groß. Wir entwerfen **eine** Lösung, jetzt und heute, und wir realisieren diese Lösung sofort, bevor jemand kommt und sagt: »Ich hab da noch eine Idee«. Das Gerät wird also erst in einer späteren Version das Faxgerät bedienen und Kaffee kochen.

Der Ausgang zum Ansteuern des Magnetventils geht direkt an den Optokopplereingang eines Lastrelais. Die Temperaturmessung führen wir mit Hilfe des seriellen Thermometerbausteins DS1620 durch. Die Ansprache dieses Bausteins haben wir im Kapitel 5 schon ausführlich besprochen. Der Baustein selbst ist im Kapitel 8 noch einmal kurz beschrieben. Der DS1620 wird über ein Kabel, das einige Meter lang sein kann, direkt an den Portpin angeschlossen. Die Zeit, die zum Wandeln und Übertragen benötigt wird, beträgt etwa 200 µsek.

Wenn noch Pins übrigbleiben, werden wir sie z.B. als Chip-Select für ein weiteres Thermometer benutzen oder als Ausgang für freie Verwendung mit einem ULN2003 ausrüsten. Dazu müssen wir aber erst einmal nachzählen, wie viele Portpins wir bis jetzt schon vergeben haben.

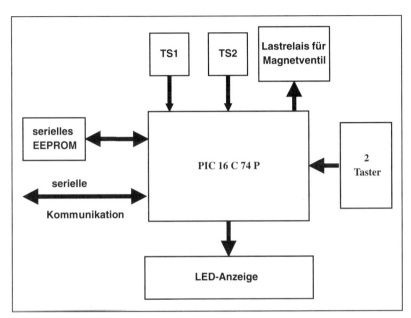

Abbildung 7.3: Blockschaltbild JUMBA

Der µController

Wie schon zu Beginn des Entwurfes festgestellt wurde, verwenden wir einen PIC16C74. Wir können also über 32 Portpins verfügen.

Wie immer fertigen wir jetzt eine vorläufige Liste der benötigten Pins an. Die vierstellige LED-Anzeige benötigt 12 Pins, 8 für die Segmente und 4 für die gemeinsamen Kathoden. Da wir jetzt schon sehen, daß wir Pins nicht im Überfluß haben, entscheiden wir uns für die Parametereingabe mit zwei Tasten. Nachdem wir alle benötigten Pins zusammengezählt haben, finden wir, daß noch 4 Pins für freie Ein- und Ausgänge übrigbleiben und noch ein Pin für ein zweites Thermometer oder einen Feuchtigkeitssensor.

Akku-Überwachung	2
TMR1-Takt	2
Anzeige	12
Taster	2
LTC1382 (V24)	3
24C65 (EEPROM)	2
DS1620 (Thermometer)	3 (+1)
Gieß-Ausgang	1
freie Aus-/Eingänge	(4)

Strombilanz

Bei der ersten Schätzung von 2mA hatten wir natürlich schon gehofft, daß dies eine großzügige Bemessung war. Wenn wir uns nun das obige Blockschaltbild betrachten, erkennen wir, daß im Ruhezustand unsere JUMBA fast nichts verbraucht. Alle beteiligten Bauteile benötigen im abgeschalteten Zustand nur winzige Ströme. Im Betriebszustand kommen wir zwar auf einige mA, die aber aufgrund des Einschaltmodus nicht ins Gewicht fallen. Der PIC16 braucht beim Aufwachen aus dem Sleep-Modus einiges an Leistung, in der Regel läuft er dann nur einige hundert µsek und kehrt danach wieder in den Sleep-Modus zurück. Die EEPROM-Zugriffe verbrauchen auch etwas. Der Gießausgang und ggfs. andere Arbeitsausgänge schlagen natürlich besonders zu Buche. Wenn man jedoch davon ausgeht, daß die eigentliche Arbeit, selbst wenn noch weitere Aufgaben zum Gießen hinzukommen sollten, zeitlich nur im Promillebereich stattfindet, schlagen sie nicht so sehr ins Gewicht. Ein Tag hat 1440 Minuten, wir gießen aber nur etwa 2 Minuten lang.

	Ruhe	Betrieb
PIC16C74	1,5–10 µA (Sleep)	2,7 mA (nominell)
EEPROM	5 µA	150 µA (lesen), 3 mA (schreiben)
LED-Anzeige	–	40 mA
DS1620	1 µA	1 mA
LT1382	0,2 µA	200 µA
Arbeitsausgang	–	etwa 5 mA

Einen dicken Batzen in der Bilanz haben wir bisher noch nicht betrachtet, das ist die Akku-Überwachung selbst. Bei der obigen Bilanz ist aber fraglich, ob auf ein Laden nicht gänzlich verzichtet werden kann. Ohne Akku-Überwachung kann man nämlich den gesamten Strombedarf auf etwa 100 µA großzügig schätzen, auch wenn man sich in der Gerätefunktion noch Optionen offenhalten will. Selbst wenn es das Doppelte wäre, kann man mit einigen Monozellen die JUMBA einige Zeit unbeaufsichtigt lassen.

Das Fazit ist, daß für die einfache Ausführung die Option für einen einfachen Solar-Regler mit Akku-Überwachung zwar bestehen bleibt, aber für einfache Aufgaben nicht angeschlossen werden muß.

7.1.3 Programm-Entwurf

Da es sich um langsame Vorgänge handelt, spielen Zeitbetrachtungen eine untergeordnete Rolle. Die Echtzeitverwaltung findet im Takt des TMR1-Überlaufs statt, welcher alle zwei Sekunden stattfindet. Das Auffrischen der Anzeigestellen geschieht in Intervallen von etwa 5 msek. Der schnellste Vorgang, der zu bedienen ist, ist das Tastenprellen, welches in einem Zeitraster von ungefähr 100 µsek stattfinden sollte. Wie dies im einzelnen geschieht, kann aber erst festgelegt werden, wenn die übrigen Gesichtspunkte des Ablaufs geklärt sind. Wahrscheinlich wählt man eine 100 µsek lange getaktete Schleife, in der man immer nach der Tastenabfrage den Überlauf des TMR1 abfragt. Der TMR1 ist für die Echtzeit vorgesehen. Wir können ihn auch für die anderen Aufgaben als Zeitbasis wählen; Zusätzlich haben wir aber auch die beiden anderen Timer zur freien Verfügung.

Gesamtstrategie

Die Tätigkeitsbereiche des Programms lassen sich den einzelnen Komponenten zuordnen. Die Akku-Überwachung ist ein in sich abgeschlossener Programmteil, dessen Aufruf zeitlich unkritisch ist. Man wird diesen Programmteil wie eine Gerätefunktion behandeln. Dabei wird man in gewissen Zeitabständen nachfragen, ob die Spannung am Akku einen bestimmten Wert erreicht oder überschritten hat, und falls ja, wird man den Ausgang für die Reduzierung des Ladestroms auf 1 setzen bzw. wenn die Spannung diesen Wert um einiges unterschreitet, diesen Pin wieder auf 0 setzen. Dabei sollte die Grenzspannung, welche für das Einschalten der Drosselung maßgebend ist, etwas höher liegen als die, welche das Ausschalten der Drosselung bestimmt (Hysterese). Ansonsten würde tagsüber ein ständiges Aus- und Einschalten der Drosselung stattfinden.

Die Kommunikationsfunktionen (Tasten einlesen, Anzeigen bedienen, serielle Schnittstelle bedienen) greifen mit den Gerätefunktionen auf gemeinsame interne und externe Datenspeicher zu und müssen teilweise zeitlich parallel organisiert werden.

Dabei können wir zwei klar getrennte Zustände unterscheiden: den reinen Arbeitszustand, wenn das Gerät alleine ist, und den Zustand, in dem die Kommunikation zu bedienen ist. Den ersten Zustand nennen wir den »Stand-Alone-Modus«, den zweiten bezeichnen wir als »Eingabe-Modus«. Diese Unterscheidung ist wichtig, weil wir im Stand-Alone-Modus die Anzeige und den V24-Baustein abschalten wollen. Man könnte zwar einen eigenen Schaltereingang dafür opfern, um diese beiden Zustände festzulegen, jedoch wäre dies Verschwendung. Das Gerät kann selbständig in den Stand-Alone-Modus verzweigen, wenn es feststellt, daß eine zeitlang keine Kommunikation mehr stattgefunden hat. Jede Tastenbetätigung oder V24-Kommunikation führt das System wieder in den Eingabemodus zurück.

Im Eingabemodus werden regelmäßig die Tasten und das SCI-Modul abgefragt. Eventuelle Eingaben müssen richtig eingeordnet werden. Die Eingaben können verschiedene Parametergruppen betreffen: die Echtzeit, die Gießzeiten, die Gießdauer und eventuell noch mehr, falls die freien Aus- bzw. Eingänge auch noch Funktionen erhalten. Für die Tastenentprellung reicht ein einfaches Entprellverfahren. Ein Tastenfehler ist zwar kein Beinbruch, da ja die eingestellten Größen immer dargestellt werden, wir haben aber nicht die Angewohnheit, solche Fehler billigend in Kauf zu nehmen.

Im Eingabe-Modus werden auch noch in festen Zeitabschnitten die Anzeigestellen aufgefrischt bzw. erneuert.

Daneben wird die eigentliche Gerätefunktion ausgeführt, genauso wie im Stand-Alone-Modus. Die Gerätefunktion besteht darin, die Echtzeit zu verwalten und bei jedem TMR1-Überlauf zu prüfen, ob eine Arbeit zu verrichten ist. Dabei werden wir das Erkennen eines TMR1-Überlaufes (alle 2 Sekunden) unterschiedlich erfassen. Im Stand-Alone-Modus werden wir durch den TMR1-Überlauf aus dem Schlaf geweckt. Im Eingabe-Modus fragen wir ein Flag ab, welches der TMR1-Interrupt hinterläßt. Vom Programm TIMUP wird nur ein Teil benötigt. Der erste Teil, der den Überlauf erfaßt, wird extern erledigt. Die Jahreszahl und der Jahrhundertwechsel sind für diese Anwendung ohne Belang. Außerdem ist zu beachten, daß das Programm TIMUP nur alle zwei Sekunden aufgerufen wird, so daß jedesmal die Sekunden doppelt erhöht werden müssen. Daß wir folglich die Aufgaben auch nur zu geraden Sekundenwerten festlegen können, dürfte kein Problem sein.

Im EEPROM stehen die Zeiten, zu denen Aufgaben beginnen, in aufsteigender Reihenfolge geordnet. Die Struktur der EEPROM-Eintragungen wird weiter unten festgelegt. Es gibt auch Aufgaben, die nicht zu festen Zeiten abzuarbeiten sind, sondern in festen Zeitintervallen. Die Erfassung der Temperatur könnte eine solche Aufgabe sein, damit ein zeitlicher Mittelwert gebildet werden kann, welcher Grundlage für die Gießmenge bildet.

Nach diesen Vorüberlegungen wagen wir ein erstes Flußdiagramm für den groben Ablauf.

Komplexe Systeme 441

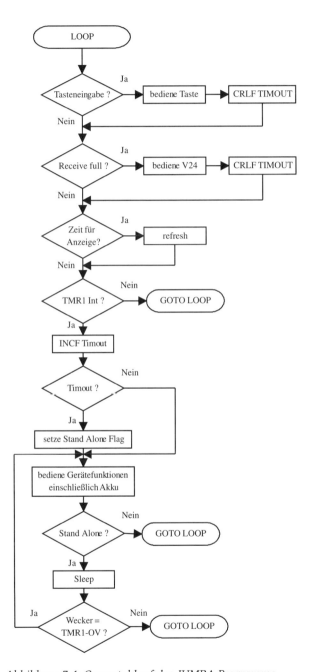

Abbildung 7.4: Gesamtablauf des JUMBA-Programms

In diesem Flußdiagramm haben wir die beiden Hauptaufgaben einfach als Funktionsblocks eingetragen, obwohl darin natürlich praktisch das ganze Programm steckt. Auf diese Weise haben wir aber schon einmal einen Überblick über den Programmfluß, und das Programm ist in zwei schon einigermaßen handliche Teile zerlegt. Hier ist der Zeitpunkt gekommen, wo man die Arbeit am gesamten Projekt verläßt, sich am besten an einen ganz anderen Tisch setzt und sich nacheinander diesen beiden Programmteilen widmet. Mit dem einfachsten Teil fangen wir natürlich an.

Bedienung der Gerätefunktion

In diese Bedienungsroutine kommen wir alle zwei Sekunden, wenn der TMR1 einen Überlauf hat. Beim Eintritt in das Programm ist zuerst zu prüfen, ob zu dem gegebenen Zeitpunkt eine Aufgabe zu erledigen ist und wenn ja, welche. Wenn wir die Akku-Überwachung einfach zu den Gerätefunktionen hinzuzählen, haben wir vier unterschiedliche Aufgaben zu bedienen:

- Akku-Überwachung
- Temperaturerfassung und Bewertung
- Beginn eines Gießvorgangs
- Steuerung eines begonnenen Gießvorgangs

Die Akku-Überwachung könnte beispielsweise alle zwei Minuten durchgeführt, die Temperatur jede Stunde erfaßt werden, der Beginn des Gießens findet zu einer Zeit statt, die durch Stunden- und Minutenwerte aus dem EEPROM zu holen ist, und das Gießen dauert etwa 10 Sekunden und ist in Intervallen von Vielfachen von 10 Sekunden zu wiederholen.

Da das Programm TIMUP uns Flags bei Minuten- und Stunden-Überläufen zur Verfügung stellt, können diese zur Erfassung der Zeiten für die ersten beiden Aufgaben herangezogen werden. Die Gießzeiten müssen immer bei einem Minuten-Überlauf mit der Echtzeit verglichen werden. Bei Gleichheit ist in das Programm zum Gießstart zu verzweigen. Wenn der Gießvorgang angefangen hat, wird er von einer EVENT-Variablen weitergesteuert. Diese wird wie in der Eventmethode benutzt, nur daß sie nicht mit dem TMR1-Wert verglichen wird, sondern mit dem Sekundenwert.

Wenn ein Gießvorgang beendet ist, wird aus dem EEPROM die Zeit für das nächste Gießen geholt und der Lesezeiger weitergesetzt. Die Datensätze des EEPROMs haben folgende Form:

1. Stunde
2. Minute

3. Nummer der Aufgabe

4. Parameter 1

5. Parameter 2

Die Nummer der Aufgabe steht vorsorglich da, für den Fall, daß weitere Aufgaben implementiert werden. Immer wenn eine Aufgabe erledigt wurde, holt man sich den nächsten Aufgabenblock ins RAM. Dabei wird entweder das gesamte EEPROM nach der nächstfolgenden Zeit durchsucht, oder man sorgt dafür, daß die Eingaben im EEPROM nach aufsteigender Zeit sortiert sind. Beides macht ein wenig Mühe. Bei der Eingabe über die V24 kann man das Sortieren ja dem PC überlassen, aber bei der Eingabe per Hand muß der PIC16 es selber erledigen.

Im folgenden gehen wir davon aus, daß die Zeiten sortiert sind und wir einen Zeiger auf die EEPROM-Daten haben. Der letzte EEPROM-Wert ist = 0FFH. Wenn als Stunde ein Wert 0FFH erkannt wird, ist der Zeiger wieder auf den Anfang zurückzusetzen.

In den beiden Parametervariablen wird die Dauer der einzelnen Gießzyklen, ihr Abstand und ihre Anzahl untergebracht. Die Anzahl Parameter muß für verschiedene Aufgaben nicht gleich sein, da aus der Nummer der Aufgabe hervorgeht, wie viele Parameter zu lesen sind. Auf ein genaues Format haben wir uns zum jetzigen Zeitpunkt noch nicht festgelegt. Die Temperaturmessung wird zwar diese Parameter beeinflussen, kann sie aber nicht ganz überflüssig machen, da ja die Art der Gießanlage noch eingeht.

Für die Akku-Überwachung ist der analoge Spannungseingang zu erfassen. Die gemessene Akku-Spannung wird mit einem Grenzwert verglichen. Liegt sie darüber, wird ein Pin gesetzt, der an die Lade-Elektronik geht und den Ladestrom einschränkt.

Die Temperatur wird von Zeit zu Zeit gemessen und zu einer Bewertungszahl hinzuaddiert, welche später für die Gießdauer mitentscheidend ist. Wie dies eingeht, ist zum jetzigen Zeitpunkt von uns noch nicht genau festgelegt.

Ein Gießvorgang geschieht so, daß das Ventil geöffnet und nach einer Zeit wieder geschlossen wird. Der Vorgang wird mehrere Male wiederholt, damit zwischenzeitlich das Wasser von der Erde aufgenommen werden kann. Ein Erfahrungswert sind fünf bis sechs Gießzyklen von zehn Sekunden Dauer im Minutenabstand.

Der Beginn eines Gießvorgangs besteht also darin, ein Flag STEUER,GIESS zu setzen und alle Parameter für das Zählen und Bemessen der Gießzyklen zu laden. Sodann wird der erste Gießzyklus durch Öffnen des Ventils begonnen. Das Öffnen des Ventils geschieht, indem das Ausgangsbit VENTIL, welches an das Lastrelais geht, auf low gelegt wird.

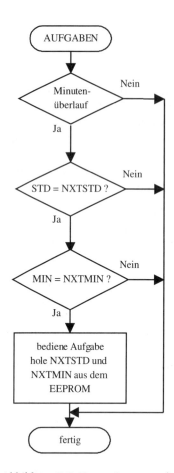

Abbildung 7.5: Verzweigung zu den Gerätefunktionen

Die Steuerung eines Gießvorgangs ist nur dann durchzuführen, wenn das Gießflag gesetzt ist. Wenn das Ventil geschlossen ist, wird die Zeit zum nächsten Öffnen erfaßt. Ist sie erreicht, wird das Ventil geöffnet, die Zeit für das nächste Schließen bestimmt und auf das erneute Schließen gewartet. Nach dem letzten Schließen wird das Gießflag gelöscht und die nächste Gießzeit geladen.

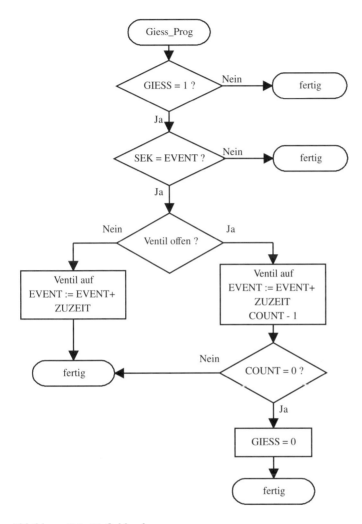

Abbildung 7.6: Gießablauf

Da es gelegentlich Stromausfall gibt, sollte man sich überlegen, ob man beim Gießen sicherheitshalber überprüft, ob auch tatsächlich Spannung am Magnetventil anlag. Hierzu empfiehlt sich eine Schaltung nach Abbildung 8.14 (Netzspannung erfassen).

Bedienung des Kommunikationsteils

Die Bedienung des Kommunikationsteils teilen wir in die vier Unterabschnitte:

- Erfassen der Eingabe, Entprellen der Tasten
- Bedienen der V24-Eingabe
- Bedienen einer gültigen Tasteneingabe
- Auffrischen bzw. Erneuern der Anzeige

Beim Erfassen der Eingabe ist auch die Zeit zu zählen, in der keine Eingaben stattfanden, damit man nach einiger Zeit automatisch in den Stand-Alone-Modus übergehen kann.

Um die Darlegung nicht unübersichtlich werden zu lassen, beschränken wir uns hier auf wenige Programmiermöglichkeiten. Wenn man erst einmal ein Gerüst für die Bedienung hat, geht eine Erweiterung auf mehr veränderbare Parameter leicht. Wir wollen daher zunächst davon ausgehen, daß die Uhrzeit gestellt werden kann und die Gießzeit. Die Gießdauer und Anzahl von Gießzyklen soll fest bleiben.

Bei der Eingabe über die V24 ist es am praktischsten, wenn man den gesamten Parameterblock in den PC einliest, ihn dort so verändert, wie man es gerne möchte, und ihn dann komplett wieder an das Gerät schickt. Diese Vorgehensweise ist für den PC und für den PIC16 am sichersten und problemlosesten. Die Echtzeit nehmen wir beim Schreiben an den PIC16 heraus, da der PIC16 sie meistens exakter besitzt als der PC. Das Stellen der Uhr ist als extra Befehl zu senden. Jedes Senden muß daher mit einem Code beginnen, der sagt, welche Variablen und ggfs. wie viele folgen.

Die Tasten müssen zunächst einmal erfaßt werden. Dazu müssen sie etwa zehnmal hintereinander auf den gleichen Wert abgefragt werden. Sind sie gleich, wird der Zähler TCNT erniedrigt, sind sie ungleich, wird der Zähler wieder auf den Anfangswert 10 zurückgesetzt. Zum Vergleich mit dem vorigen Zustand benötigen wir ein Bit für jede Taste, welches den zuletzt gelesenen Zustand speichert. Wir werden dazu in der Variablen TSTATUS die Bits TST1 und TST2 reservieren. Wenn der Zähler auf 0 zurückgezählt ist, wird der Tastenwert akzeptiert. Nun darf ein Tastenwert natürlich nicht zweimal bedient werden. Ist die Taste gedrückt, dann wird nach der Bedienung das Flag in TSTATUS,DOWN1 bzw. DOWN2 gesetzt. Für jede Taste gibt es ein DOWN-Flag. Dieses Flag wird erst wieder gelöscht, wenn erkannt wird, daß die Taste losgelassen wurde. Im folgenden Flußdiagramm wird die Erfassung einer Taste in ihrem grundsätzlichen Ablauf dargestellt.

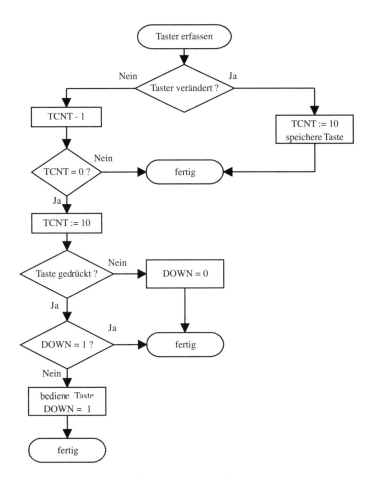

Abbildung 7.7: Erfassen der Tastenzustände

Für die Bedienung der Eingabe über die beiden Taster gibt es so viele Möglichkeiten, daß wir ein Abwägen aller Vor- und Nachteile auf das nächste Jahr verschieben. Mag sein, daß die hier vorgestellte Möglichkeit nicht einmal die Drittbeste ist, aber sie ist heute da! Unser Faxgerät stand Pate dafür.

Zunächst steht der Text UHR im Anzeigefeld. Wenn man die Bestätigungstaste drückt, wird die Uhrzeit dargestellt, und ein »Cursor« in Form eines Dezimalpunktes oder eines Blinkens steht auf der höchsten Ziffer. Mit der Aufwärtstaste kann diese Ziffer erhöht werden. Wenn der höchstmögliche Wert erreicht ist, kommt die Null wieder an die Reihe. Mit der Bestätigungstaste geht der Cursor an die nächste Ziffer. Wenn die Bestätigungstaste nach der letzten Ziffer gedrückt wird, verschwindet der

Cursor, und die Anzeige bleibt stehen. Der eingegebene Wert wird erst jetzt übernommen. Wenn nun erneut die Bestätigungstaste gedrückt wird, geht der Cursor wieder zurück an die linke Stelle. Wird statt dessen die Aufwärtstaste gedrückt, geht es zum nächsten »Menüpunkt«. Auf der Anzeige steht jetzt beispielsweise GIE1. Mit der Bestätigungstaste wird die erste bereits gewählte Gießzeit dargestellt, weiter geht es genau wie bei der Uhr. Immer, wenn ein Menütext auf der Anzeige steht, oder ein Wert ohne Cursor, kann man mit der Aufwärtstaste zum nächsten Menüpunkt gehen. Beim Menüpunkt Temperatur-Anzeigen ist die Veränderung durch die Aufwärtstaste natürlich gesperrt.

Bei der Eingabe der Gießzeiten ist als letztes eine Gießzeit 00:00 einzugeben, damit man weiß, daß eventuell dahinterstehende Werte nicht mehr gültig sind, denn die Anzahl von Gießzeiten soll variabel sein. Um Mitternacht sollte man sowieso nicht gießen, schon aus Rücksicht auf die Nachbarn. Man kann natürlich auch die Gießzeit 99:99 als Terminator bestimmen.

Das Ganze klingt zwar kompliziert, ist aber programmtechnisch einigermaßen einfach zu realisieren. Wenn ein Menüpunkt gewählt wird, welcher eine Zeit als Parameter hat, dann werden die aktuell gültigen Werte (bestehend aus Stunde und Minute), die zu diesem Menüpunkt gehören, in die Eingabebuffer ESTD und EMIN geladen. Wenn noch keine Werte eingegeben wurden, sind die Werte gleich 0. Wenn eine Aufwärtstaste zu bedienen ist, muß eine bestimmte Ziffer erhöht oder erniedrigt werden. Eine Cursorvariable CUR zeigt an, ob ein Cursor auf dem Anzeigefeld ist, und wenn ja, auf welcher Position. Wenn kein Cursor da ist, führt die Aufwärtstaste zum Verlassen des aktuellen Menüs. Der eingestellte Wert wird beim Verlassen eines Menüs übernommen. Nach dem letzten Menüpunkt kommt der erste wieder an die Reihe. Solange wir innerhalb einer Zeiteingabe sind, ist das Eingabeprogramm von der Nummer des Menüpunktes unabhängig. Erst wenn der Eingabewert übernommen wird, muß aufgrund des Menüs entschieden werden, in welche Variablen die eingegebene Zeit geladen wird, und ob sie ggfs. in das EEPROM zurückzuschreiben sind.

Wir betrachten zunächst nur das Zeiteingabeprogramm alleine:

Dabei gehen wir davon aus, daß CUR den Wert 0 für die höchste der vier Stellen (die erste von links) hat, den Wert 3 für die niedrigste (die ganz rechte) und den Wert 4, wenn kein Cursor gesetzt ist. Der Wert 4 kann durch Abfragen des Bit 2 erkannt werden und bedeutet in Wirklichkeit, daß man sich auf einer höheren Menüebene befindet, als wenn er kleiner als 4 ist.

Stunde (Zehner)	Stunde (Einer)	Minute (Zehner)	Minute (Einer)
CUR = 0	CUR = 1	CUR = 2	CUR = 3

Das Bit 0 der Variablen CUR sagt aus, ob man sich auf einer linken oder rechten Ziffer eines Wertes befindet. Wenn eine linke Ziffer an der Reihe ist (CUR = 0 oder 2), bedeutet das Erhöhen der Ziffer, daß die Zahl um 10H erhöht wird (BCD-Format). Das Bit 1 der Variablen CUR bestimmt, ob es sich um Stunde oder Minute handelt. Die Unterscheidung ist vor allem für die oberen Grenzen der Ziffern wichtig. Wir stellen die Tätigkeiten der Tastenbedienung in einer Tabelle dar:

CUR	FSR zeigt auf	Aufwärtstaste	Bestätigungstaste
00	Stunde	Stunde + 10H	CUR + 1
01	Stunde	Stunde + 1	CUR + 1 (FSR- > Minute)
02	Minute	Minute + 10H	CUR + 1
03	Minute	Minute + 1	CUR + 1 (FSR- > Stunde)
04	Stunde	Menu + 1	CUR: = 0

Tastenbedienung

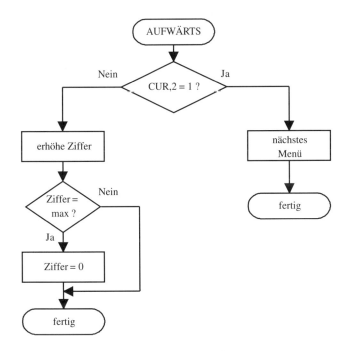

Abbildung 7.8: Bedienung für die AUFWÄRTS-Taste

450 Kapitel 7

Die Abfrage nach den Grenzen der Erhöhung geschieht folgendermaßen. Wenn beispielsweise der Wert für Stunde von 19 auf 22 erhöht werden soll, wird zuerst die erste Ziffer von 1 auf 2 erhöht, so daß nun an der Anzeige 29 steht. Wenn dann der Cursor auf die zweite Ziffer gesetzt wird, gilt die 2 auf der ersten Ziffer als gültig, und die zweite Ziffer wird auf 0 gesetzt. Wenn der Cursor auf der ersten Stelle steht und der angezeigte Wert 29 ist, dann führt ein erneutes Drücken der Aufwärtstaste zum Wert 09.

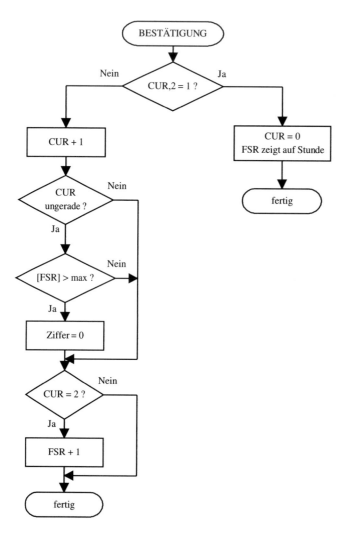

Abbildung 7.9: Bedienung für die BESTÄTIGUNG-Taste

Ein Problem dürfen wir an dieser Stelle nicht verschweigen. Wenn die Zeiten, zu denen Aufgaben ausgeführt werden sollen, in aufsteigender Reihenfolge im EEPROM stehen, dann muß bei einer Veränderung einer Zeit eventuell der gesamte Aufgabenblock umgeordnet werden. Bei wenigen Zeiten kann der gesamte Block ins RAM geladen und als Ganzes wieder weggeschrieben werden.

Über die Anzeige brauchen wir nicht viel Worte zu verlieren. Wir müssen nur die Zeiten erfassen, an denen sie aufgefrischt werden muß. Außerdem wird immer dann, wenn sich der Anzeigewert ändert, das Programm zur Code-Erstellung aufgerufen.

7.1.4 Weiterentwicklung

Unsere JUMBA ist ein etwas kopflastiges Wesen. Organisatorisch könnte sie viel mehr, als ihr die wenigen freien Pins erlauben. Sie könnte die Überwachung und Steuerung eines Alarmsystems übernehmen, die Rolläden automatisch öffnen und schließen, alles mit der gleichen Programmstruktur. Platz ist im Programmspeicher und im EEPROM reichlich vorhanden.

Damit außer einem Gießautomat auch andere Aufgaben erledigt werden können, kostet die nächste Ausbaustufe etwas Platz auf der Platine, ein wenig mehr Strom, und einen zweiten PIC16. Die beiden PIC16 teilen sich die Arbeit. Der eine übernimmt die Kommunikation, der andere die Gerätefunktionen. Beide sollten praktischerweise auf ein und dasselbe EEPROM zugreifen können, was natürlich zwischen den beiden µControllern ordentlich vereinbart sein muß.

Eine Datenkommunikation zwischen den beiden PIC16 über eine serielle Schnittstelle wie die K2 oder die K3 ist wahrscheinlich auch sehr nützlich, denn die Kommunikation nur über das EEPROM wäre doch ein wenig mühsam. Über die serielle Kommunikationsleitung kann auch noch eine gewisse gegenseitige Überwachung stattfinden, was die Sicherheit des ganzen Systems beträchtlich erhöht. Wenn einer der beiden PIC16 ausfallen sollte oder fehlerhaft arbeitet, wird der andere dies feststellen, und er kann einen Reset oder einen Alarm auslösen. Eine typische Überwachungsstrategie wäre es, wenn in regelmäßigen Abständen die Echtzeit und die Zeit der nächsten Aufgabe zwischen beiden µControllern ausgetauscht würden. Der für die Kommunikation zuständige PIC16 müßte über alles informiert werden, was sich an den Eingängen seines Kollegen ereignet.

Programmtechnisch ergeben sich einige Vereinfachungen, da man Kommunikation und Gerätefunktion nicht mehr parallel zu bearbeiten hat. Hinzu kommt aber die Verständigung der beiden PIC16 untereinander und eventuell die Alarmfunktion.

PS

Für den Fall, daß sich jemand über den Namen Jumba für so ein kleines Gerät wundert, verraten wir, daß in unserem Hause Projektnamen häufig nach vierbeinigen Freunden benannt werden. Meist sind es schwanzwedelnde, im Falle des zehn Jahre alten Jumba-Projekts war es zufällig ein berüsselter.

7.2 Einsteckkarte PICMONSTER

PICMONSTER ist eine Vielzweck-Echtzeit-I/O-Einsteckkarte, die uns bei der Entwicklungsarbeit viele wertvolle Dienste leistet.

Die Grundidee bei der Entstehung von PICMONSTER war, mit Hilfe einer PC-Einsteckkarte aus einem schnellen PC einen riesengroßen µController für das Labor zu machen. Er würde einerseits die gesamten Ressourcen eines PC haben, andererseits die Echtzeitfähigkeit und IO eines µControllers. Der Gedanke an die Realisierbarkeit einer Idee ist natürlich einer der nächsten Schritte.

7.2.1 Funktion

Die erste Traumidee, ein beliebiges PIC16-Programm auf diese Weise mit allen bekannten Debugging-Tools des PC testen zu können, mußte mit Rücksicht auf die Schnittstelle modifiziert werden. So entstand eine Einsteckkarte, welche eine Menge Echtzeit- und Hardwarefähigkeiten hat und den großen Datenspeicher des PC schnell nutzen kann. Vor allem der Bildschirm als Anzeigemedium und die Festplatte zur Aufnahme von Daten machen aus einer preiswerten Einsteckkarte ein nützliches Gerät für unser Labor. Die Aufgaben, die es übernehmen kann, sind

- Signale überwachen und protokollieren
- analoge Meßwerte (8 Bit) erfassen
- Pulse zählen
- verschiedene serielle Ein-/Ausgaben durchführen bzw. belauschen
- Pulsfolgen ausgeben
- Echtzeitfunktionen übernehmen

Die konkreten Aufgaben, die wir in der letzten Zeit damit durchführten, waren:

- Prellverhalten eines Schalters darstellen
- die Timoutdauer eines IEEE-Treibers ergründen
- Die Handshakeleitungen eines IEEE-Bus belauschen

- die Parameter einer Motorsteuerung experimentell ermitteln
- serielle Protokolle empfangen und ausgeben

7.2.2 Hardware-Entwurf

Im ersten Ausbauzustand ist PICMONSTER mit einem PIC16C74 bestückt und zusätzlich mit je einem »dummen« Ein- und Ausgabeport. Der Ausgabeport wurde mit einem D-Flip-Flop vom Typ 74HCT574 und der Eingang mit einem Eingangstreiberbaustein vom Typ 74HCT245 realisiert.

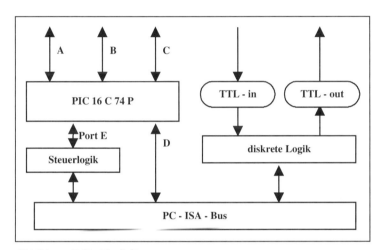

Abbildung 7.10: Blockdiagramm

Über die Stromversorgung brauchen wir uns keine Gedanken zu machen. Die entscheidende Komponente ist hier die Kommunikation über den PC-Bus. Die Schnittstelle zwischen dem PC und dem PIC16 ist verantwortlich für eine schnelle Übertragung von Befehlen und Daten.

Da wir eine baldige Realisierung wünschten, haben wir eine Wald- und Wiesenschnittstelle eingesetzt, die eher für gemütliche Übertragungsvorgänge entwickelt wurde. Lieber etwas Unvollkommenes jetzt als etwas Vollkommenes nie. Die Verbesserung der Schnittstelle ist bereits in Arbeit.

Dafür haben wir aber einen schnellen PIC16 mit 20 MHz gewählt. Das Lesen und Schreiben eines Bytes von der Schnittstelle braucht immerhin etwa zehn Befehle, und bei der Ausführung der Befehle möchten wir so schnell wie möglich sein.

Auch in der zukünftigen Realisierung wird die Karte über drei Portadressen angesprochen. Über die Basisadresse werden Befehle und Parameter zum PIC16 geschrieben und die Antworten gelesen. Die nächste Adresse wird für ein Statusregister verwendet, welches dem PC Zustandsinformationen liefert. Die übernächste Adresse wird für den Ein- und Ausgabeport verwendet.

Portadresse	Verwendung
380H	Befehl zum PIC16 schreiben
	Anwort vom PIC16 lesen
381H	Statusregister auslesen
382H	TTL-in einlesen
	TTL-out schreiben

Portadressen zur PICMONSTER-Platine

Die Bits in Status lauten wie folgt:

7	6	5	4	3	2	1	0
-	-	-	-	-	PT1	PT2	BEFDA

Dabei sind die Bits PT1 und PT2 frei verwendbare Flags, die vom PIC16 an den PC geschickt werden können. Das Flag BEFDA ist zweckgebunden, um den Zustand der Schnittstelle abfragen zu können. Das Bit BEFDA im Status-Register ist 0, wenn ein Befehl abgearbeitet ist. Das bedeutet auch gleichzeitig, daß der Rückgabewert bereitsteht und gültig ist. Eine 1 in diesem Bit von STATUS heißt, daß ein Befehl in Arbeit ist. In der zukünftigen Version werden es wohl einige Flags mehr sein.

7.2.3 Programm-Entwurf

Wir erinnern, daß das PICMONSTER-Projekt noch in der Entwicklung steckt und alle Festlegungen des Programmentwurfs vorläufig sind. Die Entscheidungen wurden einerseits nach aktuellen Bedürfnissen getroffen, andererseits gibt es bei manchen Programmdetails so viele Argumente für oder wider eine Lösung, daß ein Projekt nie zum Ende kommt, wenn man das Abwägen nicht einmal durch »Würfeln« beendet. Wenn eine Lösung nicht gut ist, zeigt sich dies im Verlaufe der Anwendungen.

Komplexe Systeme   455

Aus der Sicht des PIC16 geschieht die Kommunikation über das PSP-Modul. Die Verwendung des PSP-Interrupts ist meist nicht sinnvoll. Befehle und Parameter können ohnehin meist nur im IDLE-Zustand übernommen werden, da sie einer nach dem anderen abgearbeitet werden. Die Interruptverzweigung ist ohnehin schon sehr lang. Es kann jedoch Dauerfunktionen geben, bei denen man die Eingaben per Interrupt erhalten möchte. In diesem Falle kann man den PSP-Interrupt ja problemlos beim Start der Funktion freigeben.

Die Befehle dienen dem Zweck, in eine zugehörige Bedienungsroutine zu verzweigen. Dabei gibt es drei verschiedene Fälle:

1. Der Befehl wird sofort ausgeführt.
2. Der Befehl startet oder beendet eine Hintergrundfunktion.
3. Der Befehl startet eine Daueraufgabe, die nicht als Hintergrundfunktion laufen kann.

Als Beispiel für die erste Art von Funktionen ist die Ausgabe eines bestimmten Wertes an ein Register zu nennen, oder die Ausgabe eines einzelnen Pulses programmierbarer Länge.

Zur zweiten Kategorie gehört z.B. die Pulsausgabe mit dem PWM-Modul oder eine regelmäßige Echtzeitmeldung in programmierbaren Abständen oder das Pulsezählen.

Daueraufgaben, die nicht im Hintergrund laufen können, sind komplexe Signal-Erfassungen oder Ausgaben. Dabei kann eine solche Aufgabe entweder bis zu ihrer Beendigung den Contoller vollständig beschäftigen, oder sie wird in bestimmten Abständen seine Aufmerksamkeit benötigen, wobei aber zwischenzeitlich immer wieder Befehle entgegengenommen werden können.

Während die ersten beiden Arten von Aufgaben als Standardrepertoire im Programmspeicher abgelegt sind, wird für die dritte Art von Aufgaben häufig eine Spezialversion programmiert. Die Entwicklung ist noch zu jung, um genau sagen zu können, welche Programme man in die »Grundversion« einbauen sollte. Eine Erfahrung haben wir aber oft genug gemacht. Es lohnt sich nicht, viel Energie in eine »eierlegende Wollmilchsau« zu stecken. Der Alltag wird das Problem schon auf seine Weise lösen.

Zur Zeit haben wir eine Kernversion erstellt, welche PICMO.ASM heißt und bei weiteren Versionen als Mutter-Datei dient.

7.2.4 Befehle

Für die Befehle in der Kerndatei PICMO.ASM haben wir folgende Vereinbarung getroffen. Es gibt zwei Gruppen von Befehlen. Die Gruppe 1 dient dem Lesen und Schreiben von Special-Function-Registern (SFR). Sie enthalten die Fileadresse im Befehlsbyte. Bit 6 ist die Gruppenkennung, welche für diese Gruppe 1 ist. Das RD-Bit (Bit 5) ist 1, wenn das File-Register gelesen werden soll, und 0, wenn es geschrieben werden soll.

f7	1	RD	f4	f3	f2	f1	f0

Das Bit f7 ist für die Bankselektion zuständig.

Die Gruppe 0 enthält alle anderen Befehle. Die Gruppenkennung ist 0. Da bis jetzt weniger als 32 Befehle existieren, ist das Bit 7 eventuell noch für Extraverwendung vorgesehen.

y	0	b5	b4	b3	b2	b1	b0

Mit den Befehlen der Gruppe 1 können alle Hardware-Konfigurationen durchgeführt werden. Die File-Adresse 0 ist hier nicht zulässig, da dies ja die Adresse für die indirekte Adressierung ist. Für diese gibt es einige Extrabefehle in der Gruppe 0. Für das Beschreiben der File-Register muß natürlich ein weiterer Parameter geschrieben werden, während nach dem Befehl Lesen ein Byte zurückgegeben wird.

Elementarbefehle

Die Befehle der Gruppe 1 lauten also

Befehl	Para	Rück	Funktion
00 + File	Wert		SFR Bank 0 schreiben
20 + File		Wert	SFR Bank 0 lesen
80 + File	Wert		SFR Bank 1 schreiben
A0 + File		Wert	SFR Bank 1 lesen

Für die Befehle der Gruppe 0 haben wir versucht, ein System aufzubauen. Nachdem aber jede Anwendung zeigte, daß das System eigentlich doch besser anders wäre, haben wir den pragmatischen Weg gewählt und einfach die bisher vorhandenen

Befehle durchnummeriert. Bei der jetzigen Schnittstelle müssen Rückgabeparameter einzeln angefordert werden, in der späteren Version können sie als Block gelesen werden.

Die ersten acht Befehle sind Schreib- und Lesebefehle. Die Schattenbytes sind Abbilder der Special-Function-Register, welche die gleiche Adresse haben, bis auf Bit 6, welches beim Schattenbyte gesetzt ist. Wenn diese Schattenbytes genutzt werden, sind die Adressen von 41H bis 6FH für diesen Zweck eventuell zu reservieren. Die Schattenbytes dienen dem Zweck, Werte für Special Function Register zu schreiben, die aber erst zu programmierbaren Zeiten in die Register übertragen werden.

In der folgenden Liste stehen in der Spalte »Para« die zusätzlich zu sendenden Parameter, in der Spalte »Rück« die zurückgegebenen Parameter. Bei der jetzigen Schnittstelle müssen zurückgegebene Parameter einzeln angefordert werden, in der späteren Version können sie als Block gelesen werden.

Befehl	Name	Para	Rück	Funktion
00	WRF	File, Wert		beliebiges File-Register schreiben
01	RDF	File	Wert	beliebiges File-Register lesen
02	WR0	Wert		[FSR] schreiben
03	RD0		Wert	[FSR] lesen
04	WRI	Wert		[FSR] schreiben + INC FSR
05	RDI		Wert	[FSR] lesen + INC FSR
06	WRD	Wert		[FSR] schreiben + DEC FSR
07	RDD		Wert	[FSR] lesen + DEC FSR
08	STB			[FSR] nach PORTB (maskiert)
09	LDB			PORTB nach [FSR]
0A	STS	SFR		Schattenbyte nach SFR schreiben
0B	LDS	SFR		Schattenbyte aus SFR lesen
0C	ST0			wie 6, aber indirekt
0D	LD0			wie 7, aber indirekt

Die weiteren Befehle sind Start- und Stop-Befehle von Dauerfunktionen. Dabei haben wir nicht Funktionen auf Vorrat, gewissermaßen für alle Fälle, programmiert, sondern nur diejenigen, die in einem aktuellen Zusammenhang sinnvoll waren. Wir haben die Funktionen so programmiert, daß sie eine möglichst große Allgemeingültigkeit haben.

> **Achtung**
> Die direkten Schreibbefehle verändern das FSR-Register. Das Retten des FSR wäre natürlich kein Problem, es benötigt jedoch einige zusätzliche Befehle, welche unserem Wunsch nach schnellstmöglicher Bedienung widersprechen. Nicht nur das Retten und Wiederladen ist durchzuführen, sondern auch eine Fallunterscheidung ist zu treffen, ob ein angesprochenes Register das FSR ist oder nicht. Denn wenn man das FSR beschreiben will, darf natürlich das FSR nicht vor der Bedienung gerettet und hinterher wieder zurückgeladen werden. Der Verzicht auf das Retten ist noch keine endgültige Lösung. Zwar wird nur beim abwechselnden Gebrauch von direkter und indirekter Adressierung die Verfahrensweise lästig, jedoch ist die Fehlergefahr groß, daß man vergißt, daß das FSR verwendet wurde, und dies widerspricht eigentlich einem eisernen Prinzip.

Eine Lösung ist die, daß man das FSR-Register beliebig nutzen kann, ohne es zu retten und wiederzuladen; daß man jedoch bei indirekten Befehlen das FSR jeweils aus einem Schattenregister lädt. Beim Beschreiben und Lesens eines Registers muß dann der Sonderfall des FSR immer abgefangen werden, damit nicht das FSR-Register, sondern sein Schatten geschrieben bzw. gelesen wird.

Hintergrundfunktionen

Zur Ausführung dieser Funktionen gehen wir folgendermaßen vor:

Beim Start einer Funktion wird der Interrupt eines bestimmten Hardwaremoduls freigegeben. Eine Code-Variable wird mit der Nummer der entsprechenden Funktion für dieses Modul geladen. Um ein Beispiel zu nennen, betrachten wir das CCP-Modul. Zu diesem Interrupt gibt es eine Verzweigungsvariable, die wir CCPCODE nennen. Beim Start einer CCP-Funktion wird diese Variable mit einer Funktionsnummer geladen. Nach dem Eintritt in die CCP-Interruptroutine wird eine Verzweigung durchgeführt mit der Befehlsfolge:

```
        MOVF    CCPCODE,W
        ADDWF   PC
        GOTO    CCPF0
        GOTO    CCPF1
        ....
```

Dabei sind CCPF0, CCPF1 usw. verschiedene Funktionen, die unter dem Regime des CCP-Moduls laufen. Eine solche Funktion ist die Funktion SPORT, welche zu bestimmten Zeiten den PORTB mit bestimmten Werten setzt. SPORT ist eine Abkürzung für Setze PORT.

Für diese Funktion waren ursprünglich drei Register mit Namen BPORT, CTIMH und CTIML geplant. Im Falle eines Compare-Interrupts sollte PORTB mit dem Wert aus BPORT geladen werden, und die Register CCPR1H:CCPR1L sollten für das nächste COMPARE-Ereignis mit den Werten CTIMH:CTIML geladen werden. Das macht natürlich nur dann Sinn, wenn zwischen zwei CCP-Interrupts die Variablen BPORT und eventuell CTIM1H:CTIM1L neu geladen werden. Da oft die Zeit zum Beschreiben dieser Variablen für die Anwendung zu kurz ist, wurden zwei Sätze dieser Variablen abwechselnd für die Funktion benutzt, so daß die eine als Parameter für den nächsten Interrupt dient, während die andere neu beschrieben werden kann.

Mit diesem doppelten Parametersatz ist die Funktion auch ohne zwischenzeitliche Schreibbefehle sinnvoll, indem nämlich abwechselnd zu zwei verschiedenen Zeiten zwei verschiedene Werte in den PORTB geschrieben werden können. Dies ist eine softwaremäßige Erweiterung der PWM-Funktion. Die Werte, die an den PORTB geschrieben werden, werden maskiert, so daß immer nur ein wählbarer Teil der Portpins davon betroffen ist. Ob der TMR1 dabei gelöscht wird oder nicht, kann man durch Konfiguration des CCP-Moduls bestimmen.

Es gibt auch Funktionen, die einfach dadurch gestartet werden, daß die Hardwaremodule richtig konfiguriert werden. Für diese Befehle braucht man das Startkommando nur zur Verkürzung der Prozedur. Die Funktion PULSCNT wird gestartet durch Löschen des TMR1 und durch Setzen des T1CON.

Eine Funktion des PORTB-Interrupts ist die Funktion BCAP, welche den Zeitpunkt erfaßt, an dem das höhere Nibble des PORTB einen vorgegebenen Wert hat. Wenn am höheren Nibble des PORTB eine Änderung stattfindet, gelangen wir in diesen Interrupt. Wenn die Funktion BCAP programmiert ist, wird der PORTB auf einen Vergleichswert geprüft. Bei Gleichheit wird ein Capture ausgelöst, ohne Interrupt, und das Flag PT1 gesetzt. Der PC kann sich dann den Inhalt der Capture-Register abholen. Das Prüfen auf einen Vergleichswert CWERT wird für alle diejenigen Portpins durchgeführt, welche durch eine Maske definiert sind. Die Maske wird in der Regel auf dem niedrigwertigen Nibble 0 sein. Dies kann jedoch in bestimmten Fällen auch anders sein. Die Abfrage lautet:

```
        MOVF    PORTB,W
        ANDWF   MASKE,W
        XORWF   CWERT,W
        BNZ     WEITER
        BCF     CCP1        ; erzeugen eines Captures
        BSF     CCP1        ; wobei CCP1 Ausgang ist!
        BSF     PT1         ;Meldung an den PC
WEITER  ...
```

Setzt man die Maske = 0 und CWERT = 0, dann kann man auf diese Weise jede beliebige Änderung am PORTB erkennen.

Man sieht, daß man ganze Nachmittage verbringen könnte, sich nützliche Funktionen auszudenken. Jedoch sind wenige Funktionen, die man gut durchschaut, besser als ein Wald, den man vor lauter Bäumen nicht mehr sieht.

Beispiel: Schrittmotor überwachen

Hierbei geht es um die exakte Erfassung der Lauf- und Standzeiten eines Schrittmotors, der in Verdacht geraten war, ab und zu nicht nach Vorschrift zu arbeiten. Der Motor sollte eine bestimmte Zeit mit konstanter Halbschrittfrequenz laufen, danach acht Halbschritte lang auf der letzten Position festgehalten und dann eine zeitlang stromlos geschaltet werden. Dieser Vorgang sollte sich so lange wiederholen, bis das Gerät abgeschaltet wird. Der Verdacht betraf vor allem die acht Halbschritte, die sporadisch viel länger vermutet wurden.

Wir wählten die Funktion BCAP, die wir zuvor benutzt hatten, um die Timeout-Länge eines IEEE-Bustreibers zu ermitteln. Da wir jede Änderung erfassen wollen, setzen wir MASKE und CWERT = 0.

Zunächst müssen wir die zeitlichen Verhältnisse prüfen. Bei einer Halbschrittfrequenz von 400 Hz dauert ein Halbschritt 2,5 msek. In dieser Zeit können wir uns nicht nur die Capturewerte abholen, sondern auch noch die aktuellen Motorpositionen vom PORTB mit dem Befehl 26H lesen (20H für Lesen + 6 für PORTB).

Von Seiten des PC gibt es dabei auch keine zeitlichen Probleme, sofern man ihn davon überzeugt, daß er vorübergehend seine eigenen Aktivitäten einstellt, wie z.B. den Timerinterrupt. Die eingelesenen Werte sammelt man bis zum Ende der Erfassungszeit. Anschließend können sie dann auf Unregelmäßigkeiten untersucht werden, und das Ergebnis kann am Bildschirm dargestellt werden. Wenn man es nicht erwarten kann, muß man eventuell bei der Ausgabe auf den Bildschirm den Dienstweg umgehen und direkt in den Bildschirmspeicher schreiben.

Das kleine Turbo-Pascal-Programm enthält die Aufrufe der Basisbefehle »File schreiben« und »File lesen« und den Aufruf für den Start der BCAP-Funktion mit anschließender Erfassung der Capturewerte und der zugehörigen Motorpositionen. Das Unterprogramm WAIPT1 wartet, bis das Bit PT1 des Statusports gesetzt ist, welches nach dem Start der Funktion BCAP bei jeder Änderung des PORTB gesetzt wird. Das PIC16-Programm löscht dieses Bit der Einfachheit halber bei jedem beliebigen Befehl, da vor jedem Befehl das BEFDA-Flag aus dem Status-Register gelesen wird, und damit das Bit PT1 als mitgeteilt betrachtet wird.

```
PROGRAM STEPTEST;
(* Dieses Register ist für PICMO zum Erfassen von Motorsignalen. *)
(* Die Signale müssen mit dem high Nibble von PORTB verbunden sein*)
(* mit dem Befehl 'S' wird der Test begonnen*)
(* wenn nicht durch Taste abgebrochen, werden 16000 Wertepaare
(CAPT,MOTO)*)
(* erfaßt: CAPT=Zeit des Motorschritts, MOTO = Motorposition)*)
USES CRT,DOS;
CONST IOADR=$380;
      BEFDA=1;
      PT0  =3;
      PT1  =2;
      PT2  =1;
(*-----------------------------------------------------------------
 B11FFFFF = SFR schreiben       B:BANK, F:FREG
   B10FFFFF = SFR lesen
   Y0XXXXXX = Gruppe 0                  Y=0 (VORLÄUFIG)
-----------------------------------------------------------------*)
(* Funktionen der Gruppe 1*)
      WRSFR=$40;
      RDSFR=$60;
(* Funktionen der Gruppe 0*)
      WRF  =00;(*File schreiben*)
      RDF  =01;(*File lesen*)
      BCAP =16;(*Capture Time on Match*)
(*PIC16 Register*)
      PORTB=6;
      CCPR1L=$15;
      CCPR1H=$16;
VAR   I:INTEGER;
      X,FREG,WERT:BYTE ;
CAPT:ARRAY [0.. 16000] OF WORD;
MOTO:ARRAY [0.. 16000] OF BYTE;
BEF:CHAR;

FUNCTION TASTENDRUCK:BOOLEAN;
BEGIN
  TASTENDRUCK:=TRUE;
  IF MEMW[$40:$1A] = MEMW[$40:$1C] THEN TASTENDRUCK:=FALSE;
END;
```

```
FUNCTION FERTIG:BOOLEAN;
VAR WAIT:INTEGER;
BEGIN
  WAIT:=10000;
  REPEAT
    WAIT:=WAIT-1;
    X:=PORT[IOADR+1];
  UNTIL ((X AND BEFDA) = 0) OR (WAIT=0);
  FERTIG:= (WAIT<>0);
END;

PROCEDURE WAIHI;
VAR WAIT:INTEGER;
BEGIN
  WAIT:=1000;
  REPEAT
    WAIT:=WAIT-1;
    X:=PORT[IOADR+1];
  UNTIL ((X AND BEFDA) = BEFDA) OR (WAIT=0);
END;

PROCEDURE WAIPT1;
VAR WAIT:INTEGER;
BEGIN
  WAIT:=1000;
  REPEAT
    WAIT:=WAIT-1;
    X:=PORT[IOADR+1];
  UNTIL ((X AND PT1) = PT1) OR (WAIT=0);
END;

PROCEDURE SEND(B:BYTE);
BEGIN
  IF FERTIG THEN   BEGIN PORT[IOADR]:=B;WAIHI;END;
END;

PROCEDURE FWRITE(FREG,WERT:BYTE);
BEGIN
    IF (FREG AND $7F) < $20 THEN
    BEGIN
      SEND(WRSFR+FREG);
```

```
      SEND(WERT);
    END
    ELSE BEGIN
      SEND(WRF);
      SEND(FREG);
      SEND(WERT);
    END;
END;

FUNCTION FREAD(FREG:BYTE):BYTE;
BEGIN
  IF (FREG AND $7F)< $20 THEN
  BEGIN
    SEND(RDSFR);
    IF FERTIG THEN  FREAD:= PORT[IOADR] ELSE FREAD:=67;
  END
  ELSE BEGIN
    SEND(RDF);
    SEND(FREG);
    IF FERTIG THEN  FREAD:= PORT[IOADR] ELSE FREAD:=67;
  END;
END;


BEGIN
CLRSCR;
WRITE  (' R : READ FILE             ');
WRITELN(' W : WRITE FILE            ');
WRITELN(' S : START                 ');
WRITELN(' Q : Quit ');
WINDOW( 1,7,80,24); CLRSCR;
REPEAT
  WRITE('BEFEHL:'); BEF:=UPCASE(READKEY); WRITE(BEF);
  CASE BEF OF
    'W':BEGIN
         GOTOXY ( 10,WHEREY); WRITE('FREG:');READLN(FREG);
         GOTOXY ( 20,WHEREY-1); WRITE('WERT:');READLN(WERT);
         FWRITE(FREG,WERT);
       END;
    'R':BEGIN
         GOTOXY ( 10,WHEREY); WRITE('FREG:');READLN(FREG);
```

```
            WERT:=FREAD(FREG);
            GOTOXY ( 20,WHEREY-1); WRITELN('WERT=',WERT);
         END;
    'S':BEGIN
            SEND(BCAP);(*INIT BCAP*)
            CLRSCR;I:=1;
              REPEAT
                WAIPT1;
                CAPT[I]:=FREAD(CCPR1L)+256*FREAD(CCPR1H);
                MOTO[I]:=FREAD(PORTB);
                I:=I+1;
              UNTIL (I=16000) OR TASTENDRUCK;
              READLN;
              CLRSCR;
          (*Ergebnisanalyse*)
         END;
   END;
UNTIL BEF='Q';
END.
```

Pascalprogramm: MOSTP.PAS

Beispiel: K2-Gespräch belauschen

Es gab ein Gerät, welches zwei PIC16 an Bord hatte. Die beiden Kollegen hatten nach einem bestimmten Fahrplan Informationen auszutauschen, was nach dem von uns für diesen Zweck entwickelten Zweidrahtverfahren mit Empfängerclock geschah. Nun kommt es in den besten Familien vor, daß ein Programm, das man unter Aufwendung aller Konzentration geschrieben hat, nicht auf Anhieb so läuft, wie es geplant ist. Für solche Fälle besitzen wir den In-Circuit-Emulator PICMASTER von Arizona Microchip. Bei zwei PIC16 ist das Auffinden von Fehlern mit einem PICMASTER eine knifflige Sache. Zwei PICMASTER würden zwar schon einige Meilen weiter helfen, sind aber auch nicht das Ei des Columbus.

In diesem Falle ging es um zwei Aufgaben. Erstens wollten wir gerne wissen, was der Sender dem Empfänger mitteilen wollte, und zu welchem Zeitpunkt. Zum anderen sollte verhindert werden, daß der Sender vom Empfänger keine Antwort erhält, und frustriert in die Timeout-Routine verzweigt. Der Sender war in diesem Beispiel Master.

Wir konnten sogar noch einen Schritt weiter gehen, indem wir dem Master die Antwort »Alles o.k.« zurückschickten, um ihn auf diese Weise zum Fortführen seines Programms zu veranlassen.

Wir haben mit dem PICMONSTER einen korrekten Slave simuliert und ihn dem Master als Gegenüber angeboten.

Zu diesem Zwecke entwickelten wir die PICMONSTER-Funktionen K2SRD (K2 slave read) und K2SWR (K2 slave write). Diese Funktionen können nicht als Hintergrundfunktionen laufen, da wir sie noch nicht mit einem Hardwaremodul realisiert haben. Wenn beispielsweise die Funktion K2SRD aktiv ist, wird das PICMONSTER-Programm in seiner normalen Arbeitsschleife fragen, ob eine Kommunikation gewünscht ist. Wenn ja, bleibt das Programm in der Leseroutine bis zum Ende. In dieser Zeit ist die Eingabe von Befehlen vom PC gesperrt.

Wenn die Kommunikation zuende ist, wird dem PC Meldung gemacht, indem das Flag PT1 oder PT2 gesetzt wird. Anschließend wird die Funktion K2SRD deaktiviert. Wenn der Master sofort seine Antwort haben möchte, muß er warten, bis der PC den gelesenen Wert abgeholt, und die Funktion K2SWR aktiviert hat. Die Timeout-Zeiten des Masters liegen in der Regel im Bereich von einigen hundert µsek.

7.2.5 Der Programm-Kern

Die Hauptschleife des PICMONSTER-Programms fragt zunächst ab, ob ein Befehl am Eingangsport anliegt. Falls ja, werden zunächst die Befehle der Gruppe 1 abgefangen. Wenn es keiner dieser Befehle ist, wird die Verzweigung in die übrigen Befehle durchgeführt.

Wenn kein Befehl anliegt, wird abgefragt, ob eine Dauerfunktion aktiv ist, die nicht im Hintergrund läuft. Zu diesem Zweck verwalten wir eine Variable DAUER, welche für verschiedene Funktionen zuständige Bits definiert hat. Im Prinzip ist es möglich, mehrere solche Funktionen zu aktivieren. Die Abfrage, ob eine Dauerfunktion zu bedienen ist, wird innerhalb der Bedienung eines Befehls nicht durchgeführt, auch dann nicht, wenn ein Befehl länger dauert, z.B. wenn er mehrere Parameter übertragen muß. Diese Regelung sorgt für klare Verhältnisse und hat bisher noch niemals zu Problemen geführt.

Die Bedienungsroutinen liegen alle hintereinander im Programmspeicher, so daß das ganze Programm ein ungewöhnlich unstrukturiert erscheinendes Programmwerk ist. Außer den Bedienungsprogrammen der Befehle und der Dauerfunktionen gibt es auch noch die Interruptbedienungen, die zu den Hintergrundfunktionen gehören. Die Verzweigungen zu den Bedienungsprogrammen geschehen mit GOTO-Anweisungen, so daß man sich um die Position im Programmspeicher keine Gedanken zu machen braucht.

466   Kapitel 7

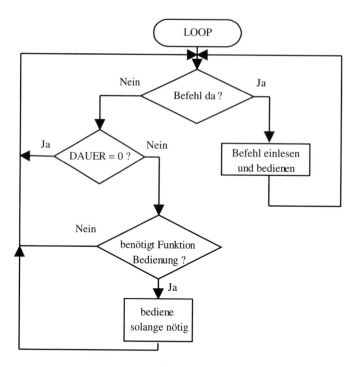

Abbildung 7.11: PICMONSTER-Hauptschleife

Eine Reihe von Unterprogrammen als Dienstprogramme sind natürlich auch noch unterzubringen. Die Sorge, daß der Programmspeicher zu klein wird, ist aber vorläufig noch nicht aktuell.

Hier ist eine abgespeckte Version einer MONSTER-Firmware, die für den Schrittmotortest hergestellt wurde. Die Schattenprogramme wurden entfernt, und von den Dauerfunktionen wurde nur der Befehl BCAP installiert, der die Hintergrundfunktion BCAP initialisiert. Als einzige Interruptroutine ist der PORTB-Interrupt installiert. Der PORTB-Interrupt ist auch insofern etwas verkürzt, da er nicht nach einer bestimmten Kombination am PORTB fragt, sondern jede Änderung meldet. Damit sparen wir auch das Retten und Wiederladen von STATUS- und W-Register, was aber beim kompletten MONSTER-Grundprogramm unerläßlich ist.

```
TITLE     "Monster-Firmware"
          INCLUDE  "PICREG.INC"
          LIST     P=16C74,F=INHX8M
;
#DEFINE   BEFDA     PORTA,5
#DEFINE   PT1       PORTA,1
#DEFINE   PT2       PORTA,2
#DEFINE   CCP1      PORTC,2    ;CAPT1-pIN
#DEFINE   nSTATWR   PORTE,0
#DEFINE   nBEFRD    PORTE,1
#DEFINE   nRESFF    PORTE,2


;
BEFEHL    EQU       20H
DAUER     EQU       21H
;
BANK_0    MACRO
          BCF       STATUS,5
          BCF       STATUS,6
          BCF       STATUS,7
          ENDM

BANK_1    MACRO
          BSF       STATUS,5
          BCF       STATUS,6
          BCF       STATUS,7
          ENDM

RESFF     MACRO     ;Flip-Flop zurück
          BCF       nRESFF
          BSF       nRESFF
          ENDM

Z_RD      MACRO     ;Schnittstelle lesen
          BCF       nBEFRD
          NOP
          MOVF      PORTD,W
          BSF       nBEFRD
          ENDM
```

```
Z_WR    MACRO           ;Schnittstelle schreiben
        MOVWF   PORTD
        BANK_1
        CLRF    TRISD   ; PORTD Ausgang
        BANK_0
        NOP
        BCF     nSTATWR
        NOP
        BSF     nSTATWR
        BANK_1
        DECF    TRISD   ; PORTD Eingang (Grundzustand)
        BANK_0
        ENDM
;
        ORG     0
        CLRF    STATUS
        GOTO    MAIN
        NOP
ISR     BCF     CCP1    ;Erzeuge Capture
        BSF     CCP1    ;
        BSF     PT1     ;Melde an PC
        BCF     INTCON,0
        RETFIE
;
MAIN    MOVLW   0
        MOVWF   PORTA
        MOVLW   0
        MOVWF   PORTB
        MOVLW   0
        MOVWF   PORTC
        MOVLW   0FFH
        MOVWF   PORTD
        MOVLW   0FH
        MOVWF   PORTE
        BANK_1          ; switch to Bank1
        MOVLW   20H     ; AUSGANG bis auf A.5
        MOVWF   TRISA
        MOVLW   0FFH
        MOVWF   TRISB
        MOVLW   04
```

```
        MOVWF    TRISC
        MOVLW    0FFH      ; EINGANG
        MOVWF    TRISD
        MOVLW    0         ; immer Ausgang
        MOVWF    TRISE
;
        MOVLW    7         ; alle PORTs digital
        MOVWF    ADCON1
        BANK_0   ; switch to Bank0
        CLRF     PCLATH
        MOVLW    0         ;88H
        MOVWF    INTCON
        CLRF     ADCON0
        MOVLW    1H        ;
        MOVWF    T1CON
        CLRF     TMR0
;
LOOP    RESFF    ; Rücksetzen des Flip-Flops
        NOP
LOOP1   CLRF     PORTA
        BTFSS    BEFDA
        GOTO     GETBEF
        MOVF     DAUER,W
        BZ       LOOP1
        GOTO     DAUFU
GETBEF  Z_RD     ; W=Eingabe
        MOVWF    BEFEHL
        BTFSS    BEFEHL,6 ; SPEZ-BIT
        GOTO     GRUP0
;-------------------------------------------------------------
;Gruppe 1
;-------------------------------------------------------------
        BCF      BEFEHL,6
        BTFSC    BEFEHL,5 ; 1:LESEN
        GOTO     RD_SFR
;
WR_SFR  MOVF     BEFEHL,W ; Beschreibe Register
        MOVWF    FSR
        RESFF
        Z_RD     ; W=WERT
```

```
               MOVWF     0
               GOTO      LOOP

RD_SFR         MOVF      BEFEHL,W  ; Lese Register
               MOVWF     FSR
               BCF       FSR,5
               MOVF      0,W
               Z_WR
               GOTO      LOOP
;
;-------------------------------------------------------------------
;Gruppe 0
;-------------------------------------------------------------------
GRUP0          ADDWF     PC
               GOTO      WRF       ;0
               GOTO      RDF       ;1
               GOTO      WRO       ;2
               GOTO      RDO       ;3
               GOTO      WRI       ;4
               GOTO      RDI       ;5
               GOTO      WRD       ;6
               GOTO      RDD       ;7
               GOTO      STB       ;8
               GOTO      LDB       ;9
               GOTO      LOOP      ; nicht implementiert
               GOTO      LOOP      ;
               GOTO      LOOP      ;
               GOTO      LOOP      ;
               GOTO      BCAP      ;E
UNKNOWN        MOVLW     067H      ;für out of Range Befehle vorgesehen
ENDE           Z_WR
               GOTO      LOOP
;-------------------------------------------------------------------
;Bedienung Gruppe 0
;-------------------------------------------------------------------
WRF            RESFF
               Z_RD      ; W=File
               MOVWF     FSR
WRO            RESFF
               Z_RD      ; W=Wert
```

```
        MOVWF   0
        GOTO    LOOP
;
RDF     RESFF
        Z_RD    ; W=File
        MOVWF   FSR
        BCF     FSR,5
RD0     MOVF    0,W
        Z_WR
        INCF    FSR
        GOTO    LOOP
;
WRI     RESFF
        Z_RD    ; W=Wert
        MOVWF   0
        INCF    FSR
        GOTO    LOOP
;
RDI     MOVF    0,W
        Z_WR
        DECF    FSR
        GOTO    LOOP
;
WRD     RESFF
        Z_RD    ; W=Wert
        MOVWF   0
        DECF    FSR
        GOTO    LOOP
;
RDD     MOVF    0,W
        Z_WR
        GOTO    LOOP
;
STB     MOVF    0,W
        MOVWF   PORTB
        GOTO    LOOP
;
LDB     MOVF    PORTB,W
        MOVWF   0
        GOTO    LOOP
;
```

```
BCAP      MOVLW     4
          MOVWF     CCP1CON
          MOVLW     1
          BANK_1
          BCF       TRISC,2   ;CCP1-PIN Ausgang
          BANK_0
          MOVWF     T1CON
          CLRF      TMR1H
          CLRF      TMR1L
          MOVLW     88H
          MOVWF     INTCON
          GOTO      LOOP
;
DAUFU     GOTO      LOOP      ; Keine Funktion dieses Typs
                              ; implementiert
          END
```

Programm: MOSTP.ASM

7.3 LPT-Modul

Die LPT-Module wurden von uns entwickelt für die einfache Anbindung von Laborgeräten an den PC über die Centronics-Schnittstelle. Wir benötigten eine einfache Möglichkeit, um vom PC aus Relaisausgänge ansteuern und Optokopplereingänge einlesen zu können. Die konkrete Anwendung, für welche die LPT-Module erdacht wurden, war das automatische Testen von elektronischen Produkten. Zu diesem Zwecke wurden bisher per Hand alle Jumperkombinationen durchgeführt, dann am Eingang der zu testenden Elektronik die verschiedenen Eingangskombinationen angelegt und die entsprechende Antwort an den Ausgängen des Produktes überprüft. Mit dem LPT-Modul können diese Tests auch von fachunkundigen Personen durchgeführt werden.

Mit den LPT-Modulen lassen sich aber auch Steuerungen durchführen mit einfachen Rückkopplungen. Um ein Beispiel zu nennen, das viele vor Augen haben, ist die Bedienung einer elektrischen Eisenbahn über den PC anzuführen. Man kann Schalter, Lichtschranken und auch analoge Meßwerte einlesen. Im Gegensatz zu PICMONSTER geschieht die Verarbeitung größtenteils im PC. Das LPT-Modul ist bei dieser Art der Anwendung nur Hand und Auge.

Das muß natürlich nicht so sein. Je nachdem, welches Programm man mit dem PIC16 programmiert, kann das Modul auch mehr oder weniger alleine arbeiten. Der Slogan: »Die Software ist das Gerät«, ist zwar nicht von uns, aber er ist für intelligente µController-Anwendungen sehr zutreffend.

Wenn ein LPT-Modul ein EEPROM auf der Platine hat, ist es auch als Datenlogger einsatzfähig. Nachdem die Geräte tagsüber Daten aufgenommen haben, werden sie nach Feierabend an den Centronics-Bus gesteckt, um den Inhalt ihrer EEPROMs an den PC abzugeben.

7.3.1 Hardware-Entwurf

Bei der Stromversorgung des LPT-Moduls wurde davon ausgegangen, daß 12V Gleichspannung zur Verfügung stehen. Mit Hilfe eines Spannungsreglers vom Typ LM7805, der mit einem eigenen Kühlkörper versehen wurde, wird die benötigte Niederspannung von +5 Volt bereitgestellt. Die Relais werden direkt von den +12 Volt versorgt.

Um bei eventuell auftretenden Schwankungen der Versorgungsspannung nicht mit Controllerproblemen konfrontiert zu werden, haben wir für das LPT-Modul einen externen Resetgenerator vom Typ MAX707 vorgesehen. Im übrigen benötigten wir ohnehin einen Reset für die Relaislatches, wofür uns ein einfaches RC-Glied nicht sicher genug war. Außerdem mußte per /INIT-Leitung ein Reset des ganzen Moduls realisierbar sein.

Da wir den µController für die Kommunikation brauchen und diese so schnell wie möglich gestalten wollten, haben wir als Takt einen 20-MHz-Quarz verwendet. Damit sind wir bei vielen PCs schneller als der Rechner selbst. Erst mit den Pentiums mit höherer Frequenz ist ein Gleichstand erreicht worden.

Die Gerätefunktion, sofern sie die Hardware betrifft, besteht aus Relais-Ausgängen und Optokoppler-Eingängen. Die Datenleitungen D0 bis D7 gehen direkt an das Latch für die Relais. Die Datenleitungen D0 und D1 werden über das Interface-GAL an den PIC16-Port geführt.

Wie bei vielen Entwicklungen mit dem PIC16 handelt es sich auch bei den LPT-Modulen um eine Halbfertig-Entwicklung, welche erst bei konkretem Bedarf mit den benötigten Bauteilen bestückt wird. Dann wird auch der PIC16 mit dem benötigten Programm ausgestattet. An die freien Pins des Controllers kann bei Bedarf auch ein serieller AD- oder DA-Wandler angeschlossen werden.

Die Komponente, die bei dieser Anwendung im Vordergrund steht, ist die Schnittstelle. Die Realisierung der Schnittstelle mit dem Centronics-Stecker dient vor allem einer bequemen Bedienung. Es gibt viele PC-Benutzer, welche aus unterschiedlichen Gründen den Gebrauch von Einsteckkarten meiden. Oft sind auch gar keine Steckplätze vorhanden, wie beim Notebook, oder die vorhandenen sind belegt. Die serielle Kommunikation über die V24-Schnittstelle ist durch die feste Baudrate erheblich langsamer. Außerdem läßt die Centronics-Schnittstelle eine Verbindung mehrerer Module an einen PC zu, was bei der V24-Anbindung nicht so einfach möglich ist.

Das eigentliche Problem bei der Verwendung der Centronics-Schnittstelle ist, daß diese nicht für den bidirektionalen Datenaustausch konzipiert ist. In neueren PCs ist die Centronics-Schnittstelle zwar oft bidirektional, aber es gibt noch keinen Standard, der sich durchgesetzt hat. Aus diesem Grunde haben wir die Handshake-Leitungen PE (Paper empty) und SLCT (Select) für eine zwei-Bit-parallele Kommunikation umfunktioniert. Diese beiden Leitungen dienen für die Datenübertragung vom PIC16 zum PC. Für die umgekehrte Richtung verwenden wir ganz brav die Datenleitungen D0 und D1. Natürlich wäre es möglich gewesen, für die Kommunikation vom PC zum PIC16 alle 8 Datenleitungen zu verwenden. Der Nutzen hätte aber in keinem akzeptablen Verhältnis zum Aufwand gestanden.

Der 2-Bit-PIC16-Port und die Ausgangsports, welche direkt vom PC aus beschrieben werden können, bilden quasi zwei »Adressen« auf dem Modul, welche durch die /SLCT-IN-Leitung ausgewählt wird. Die /ERROR-Leitung dient als R/W-Leitung.

Die Adressierung der einzelnen Module geschieht über die Datenleitung mit Hilfe eines GALs. Per Jumper kann die Moduladresse eingestellt werden. Die Leitung /AUTOFD ist dabei die Strobe-Leitung für das GAL. Ein Modul bleibt so lange selektiert, bis ein anderes Modul selektiert wird oder alle mit der Resetleitung /INIT deselektiert und in den Resetzustand versetzt werden. Über die /INIT-Leitung werden auch die Relaisausgänge in den Ruhezustand versetzt. Auch ein nicht selektiertes Modul kann über die ACK-Leitung, welche als Open-collector-Leitung ausgeführt ist, einen Interrupt an den PC schicken. Auf diese Weise gibt es keinen Buskonflikt, wenn mehrere Module gleichzeitig einen Interrupt auslösen.

| | | | | **Centronics-Definition für die LPT- Module** |
Pin	Centr	Pin-Name	Richtg.	Verwendung
1	1	/STROBE	out	Handshakeleitung 1; bzw. Datenstrobeleitung
2	2	D.0	out	Datenltg. vom PC weg; entweder über tristate-Treiber zum PIC oder direkt zu einem Latch
3	3	D.1	out	dito
4	4	D.2	out	Datenleitung vom PC weg; direkt zu einem Latch
5	5	D.3	out	Datenleitung vom PC weg; direkt zu einem Latch
6	6	D.4	out	Datenleitung vom PC weg; direkt zu einem Latch
7	7	D.5	out	Datenleitung vom PC weg; direkt zu einem Latch
8	8	D.6	out	Datenleitung vom PC weg; direkt zu einem Latch
9	9	D.7	out	Datenleitung vom PC weg; direkt zu einem Latch
10	10	/ACK	in	Interruptleitung zum PC; mit open-collector ausgeführt
11	11	BUSY	in	Handshakeleitung 2
12	12	PE	in	Datenleitung P.1 vom PIC zum PC
13	13	SLCT	in	Datenleitung P.0 vom PIC zum PC
14	14	/ADRSTB	out	Adress-Strobeleitung vom PC; zum Selektieren der Module
15	32	R/W	in	R/W-Leitung vom PIC; für 2 Bit-Comm. vom PIC zum PC 0: PIC > PC 1: PC > PIC
16	31	/INIT	out	Resetleitung vom PC an die Module
17	36	ADR	out	Adressleitung: 0: Relais-Port 1: PIC-Port
18	34	GND		
19	19	GND		
20	21	GND		
21	23	GND		
22	25	GND		
23	27	GND		
24	29	GND		
25	30	GND		

Leitungsdefinition beim LPT-Modul

7.3.2 Programm-Entwurf

Das Grundprogramm ist von seinem logischen Aufbau identisch mit dem des PICMONSTERs. Auch die LPT-Module arbeiten mit Befehlen. In der Hauptschleife wird gefragt, ob das Busy-Flag gesetzt ist. Wenn ja, muß in die Bedienungsroutine verzweigt werden, welche die vier aufeinanderfolgenden Bitpaare einliest und anschließend den entsprechenden Befehl bedient. Nach dem vollständigen Abarbeiten der Befehlsbedienung, einschließlich der Ein- und Ausgabe von Parametern, kehrt das Programm wieder in die Hauptschleife zurück.

Wenn in der Hauptschleife festgestellt wird, daß kein Befehl anliegt, wird nachgefragt, ob eine Dauerfunktion Bedienung wünscht. In der Hauptschleife haben die Befehle immer Priorität. Wenn eine Dauerfunktion aber einmal bedient wird, kehrt das Programm erst nach der vollständigen Bedienung dieser Aufgabe wieder in das Hauptprogramm zurück. Dem Anwender obliegt es, auf die Bedürfnisse einer Dauerfunktion Rücksicht zu nehmen.

Da die LPT-Module Halbfertigprodukte sind, hängen die Befehle, die man implementiert, von der Art der Anwendung ab. Im Gegensatz zu PICMONSTER, wo sich ein größerer Satz von bereitliegenden Funktionen etabliert hat, wurden bei den LPT-Modulen vorwiegend anwendungsspezifische Programmversionen erstellt, die sich in der Art der Bedienung nicht von PICMONSTER unterscheiden.

PIC16-Interfacing

In diesem Kapitel möchten wir primär die hardwaremäßige Anbindung der PIC16-µController an ihre Umgebung betrachten, wozu auch Sensoren und Aktuatoren gehören. Das Feld der Sensoren und Aktuatoren ist so groß, daß man hier nicht die ganze Palette erwarten darf. Im übrigen schreitet die Signalaufbereitung in den Sensoren so rasant voran, daß viele bereits einen digitalen Ausgang haben (z.B. digitaler Temperatursensor).

Nehmen wir beispielsweise einen Beschleunigungssensor oder einen Dehnungsmeßstreifen. Im Endeffekt läuft vieles auf eine Änderung einer Elementardimension hinaus, die entweder fast direkt in eine Spannung umgewandelt wird und damit dem AD-Wandler zugeführt wird oder in eine Frequenzänderung mündet, die an einen Timereingang gelegt wird. Letztlich ist das dann wieder ein digitaler Eingang, der keinerlei Problematik darstellt.

Bei den Ausgängen ist die Sache anders gelagert. Auch wenn nur primitive Ausgabeelemente angeschlossen werden, ist Sorgfalt angesagt. Die Ausgänge der PIC16 haben zwar eine gute Treiberfähigkeit, aber aufpassen muß man trotzdem. Für jeden Pin muß man die Belastung betrachten, und für die Ports und Portgruppen sind Strombilanzen aufzustellen, damit die maximal zulässige Belastung nicht überschritten wird. Hierzu ist das Datenblatt für jeden Typen einzeln zu betrachten, wobei die Gehäuseform auch eine Rolle spielen kann, wieviel Verlustleistung verbraten werden darf.

In den folgenden Abschnitten möchten wir die, unserer Meinung nach, wichtigsten Punkte im Umfeld des PIC16 näher betrachten.

8.1 Minimal-Stromversorgungen

Wie oft stellt man fest, daß es sehr viel ausmacht, ob man die Versorgungsspannung an eine Schaltung angelegt hat oder nicht. Im Labor ist diese Spannung auch recht leicht bereitzustellen, aber wenn das Gerät irgendwo selbständig arbeiten soll, beginnen die Probleme mit der Stromversorgung. Überall ein riesiges Netzteil zu stationieren, macht keinen Sinn. Aus diesem Grunde müssen, orientiert an den Anforderungen und Gegebenheiten, geeignete Versorgungssysteme kreiert werden.

8.1.1 Nur diskrete Bauelemente

In Handgeräten ist die Problematik eigentlich sehr klein, wenn man den Stromverbrauch im Griff hat. In den bisherigen Problemstellungen war der benötigte Strom, immer im Bereich von 2 bis 4 mA. Falls es die Anwendung erlaubt, kann man mit der Versorgungsspannung des PIC16, je nach Typ, bis zu 2,5 Volt heruntergehen. Das schafft nicht jeder PIC16! Maximal sollte man den Mitgliedern der PIC16CXX-

Familie eine Spannung von 6,0 Volt anbieten. Die PIC16C5X-Typen vertragen eine Betriebsspannung bis zu 6,25 Volt.

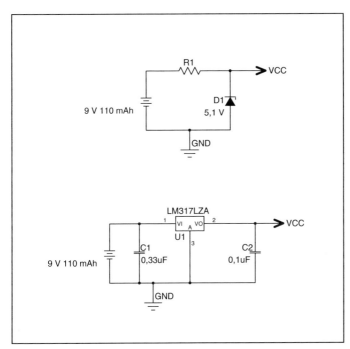

Abbildung 8.1: Einfache Handgeräteversorgung

Bei größeren Geräten, eventuell auch mit etwas mehr Stromverbrauch, wird ein Netzteil mit in das Gehäuse integriert, das in seiner Dimension doch sehr unterschiedlich sein kann. Unser Augenmerk soll hier bei minimalem Aufwand für minimalen Stromverbrauch liegen.

Die folgenden drei Vorschläge für Minimalstromversorgungen sind für eine Eingangsspannung von 230 V gedacht. Gemeinsam haben sie ebenfalls, daß sie nur zur Versorgung einer Schaltung mit einem gesamten Strombedarf von wenigen mA geeignet sind. Für bis zu 6 mA müssen diese Schaltungen kaum modifiziert werden. Bei Strömen, die darüber hinausgehen, steigt die Verlustleistung in den vordersten Widerständen derart an, daß man sich fragen muß, ob das noch die passende Versorgungsschaltung ist.

Das erste Einfachstnetzteil ist von Herrn Stegmüller, Arizona Microchip. Es ist abgedruckt im Tagungsband des Entwicklerforums von 1995. Gedacht war es für die Versorgung eines PIC16C71, der eine Phasenanschnittsteuerung ausführen sollte.

480   Kapitel 8

Der dafür verwendete TRIAC muß dabei aber unbedingt ein highsensitives Gate besitzen. Ein TRIAC mit Ansteuerströmen von 10 und mehr mA ist hier nicht mehr zu gebrauchen.

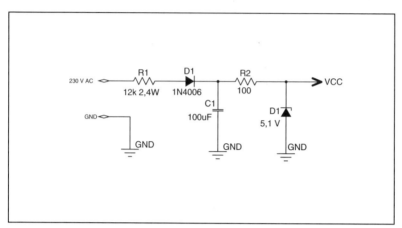

Abbildung 8.2: Einfachstnetzteil 1

Das zweite Einfachstnetzteil, das wir hier vorstellen möchten, ist von Herrn Mayer, Ritterwerke Olching. Es versorgt einen PIC16C74 mit einer LCD-Anzeige, was zusammen bei 5 V Versorgungsspannung etwa 2,3 mA verbraucht. Die Spannung, die durch die Schaltung aus Abbildung 8.3 an den PIC16 geliefert wird, liegt bei 2,7 Volt. Bei dieser Spannung dürfte der PIC16C74 laut Datenblatt eigentlich gar nicht mehr funktionieren.

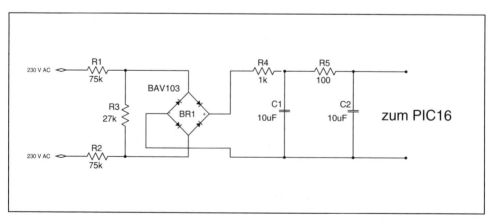

Abbildung 8.3: Einfachstnetzteil 2

Als dritte Variante möchten wir den »kapazitiven Spannungsteiler« (Abb. 8.4) ins Feld führen. Er umgeht einen Nachteil des Einfachstnetzteils 1.

Ein Nachteil der Schaltung aus Abb. 8.2 ist die große Verlustleistung, die am Widerstand R1 in Wärme umgesetzt wird. Wird dieser Widerstand durch einen Kondensator ersetzt, läßt sich eine Verbesserung erreichen.

In der dargestellten Schaltung wurden 5 mA Laststrom vorausgesetzt. Diese 5 mA werden bei 5 Volt Ausgangsspannung zur Verfügung gestellt. Durch Erhöhung des Kondensatorwertes kann man der Schaltung leicht noch mehr Ausgangsstrom entlocken.

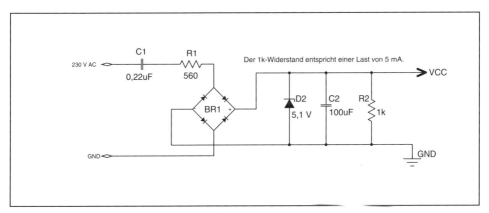

Abbildung 8.4: Kapazitiver Spannungsteiler

8.1.2 Mit integrierten Bauelementen

Moderner und energiebewußter ist natürlich ein Schaltregler. Erst vor kurzem haben wir die Bausteinfamilie LR6 und LR7 von Supertex Inc. kennengelernt. Mit diesen Bausteinen lassen sich PIC16-µController auch direkt ohne Transformator von der Netzspannung (230 Volt) versorgen. Wenn statt der Z-Diode ein Spannungsregler nachgeschaltet wird, sollte man auf sehr sparsame Typen, wie den LP2950 von National Semiconductor, setzen.

Dieser Lösungsvorschlag ist zwar preislich recht günstig, aber mit 3 mA ist dieser Baustein am Ende. Durch Montage an einem kühlen Blech kann man ihn bei seiner Arbeit unterstützen.

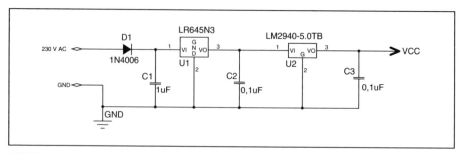

Abbildung 8.5: Integrierte Lösung

Ohne den nachgeschalteten 5 Volt-Spannungsregler läßt sich diese Schaltung auch betreiben. Hier ist allerdings zu sagen, daß die Betriebsspannung für den PIC16C74 permanent bei etwa 6,5 Volt liegt. Beim Einschalten treten Spitzen auf, die an die 12 Volt gehen. Um diese Einschaltspitzen muß man sich noch kümmern, obwohl der PIC16C74 diese Tests schadlos überstanden hat. Wir würden hier eine Z-Diode mit 6 Volt vorschlagen, um die Spitzen zu kappen.

Wird mehr Strom benötigt, kommt man nicht um externe Bauelemente herum. Aber ein Transformator ist noch nicht nötig. Es gibt einen weiteren Baustein mit der Bezeichnung HIP5600, der mit einigen externen Bauelementen schon bis zu 10 mA (peak 30 mA) liefern kann. Diesen HIP5600 konnten wir leider keinen Tests unterziehen, weil wir ihn buchstäblich erst im letzten Moment entdeckt haben.

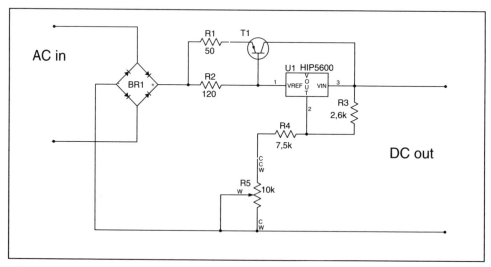

Abbildung 8.6: Schaltregler mit externen Bauelementen

8.2 Taktversorgung

Oszillatoren stellen die zweite lebensnotwendige Versorgung dar, ohne die ein µController nicht arbeiten kann. Gibt es irgendwann einmal Probleme mit einer PIC16-Schaltung, ist nach der Stromversorgung als nächstes die Taktversorgung zu überprüfen.

8.2.1 Prüfstrategie bei unterschiedlichen Oszillatortypen

Die Reihenfolge der ersten Tests sieht also folgendermaßen aus:

1. Spannungsversorgung prüfen
2. Masseanschlüsse prüfen
3. Schwingt der Oszillator (OSC1-Pin)
4. Sind Spannungen an allen Pins auf TTL-konformen Pegeln

Zurück zur Takterzeugung. Die verschiedenen Oszillatorkonfigurationen bei den PIC16 sind:

LP, XT, HS, RC

Beim Prüfen des Oszillators ist Aufmerksamkeit nötig. Durch die Berührung des OSC1-Pins mit einem Tastkopf kann die Schwingung nicht nur arg bedämpft werden, sondern sogar ganz abgewürgt werden. Aus dieser Problematik entstanden folgende Richtlinien:

- RC-Oszillator:
  Die RC-Kombination ist am OSC1-Pin. Der Pin OSC2 ist in dieser Oszillatorkonfiguration ein Ausgang, der exakt den Befehlstakt, also Fosc/4, ausgibt. Dieser Pin kann ohne Probleme abgetastet werden.

- XT-Oszillator:
  Die XT-Oszillatorkonfiguration ist für zwei verschiedene Situationen gedacht. Das Einspeisen eines externen Taktes ist die unproblematischste. Der externe Oszillator hat am OSC1-Pin einen Takt zur Verfügung zu stellen, der vom Oszilloskoptastkopf nicht vernichtet werden kann. Die zweite Art ist die Beschaltung mit einem Quarz, wobei die Pins OSC1 und OSC2 die Verbindungen zum internen Verstärker darstellen. Hierbei ist das Abtasten der Oszillatorschwingung am OSC2-Pin anzuraten, weil hier der Ausgang des Oszillatorverstärkers sitzt und die Schwingung entsprechend stark ist.

- HS-Oszillator:
  Für diese Konfiguration gilt das gleiche wie das eben für den XT-Oszillator gesagte. Der Unterschied ist nur, daß dieser Oszillatortyp ab 4 MHz bis 20 MHz zu verwenden ist.

- LP-Oszillator:
  Auch hier gilt das gleiche wie oben gesagt wurde. Der Frequenzbereich des LP-Typs geht bis etwa 200 kHz.

8.2.2 Taktprobleme bei der Verwendung des In-Circuit-Emulators PIC-Master

Hier möchten wir nicht darüber referieren, daß die Emulatorköpfe für die verschiedenen PIC16-Typen nur bis zu einer unterschiedlichen maximalen Frequenz arbeiten. Das Thema dieses Abschnitts sollen die Sockeladapter sein.

Da es für den PIC-Master von Arizona Microchp nur Emulatorköpfe in DIL-Ausführung gibt, mußten wir uns kürzlich selbst einen Adapter herstellen, um in einem Gerät den Emulator einsetzen zu können. Da es recht eng herging in dem Gerät, mußten wir den räumlichen Gegebenheiten insofern Rechnung tragen, als wir den Adapter etwa 6 bis 7 cm hoch machten. Die Verbindungen wurden mit einzelnen Litzen hergestellt.

Bis 10 MHz hatten wir keine Probleme, den auf der Platine sitzenden Quarz zu verwenden. Bei darüberliegenden Frequenzen mußten wir auf den emulatorkopfeigenen Quarzoszillator umschalten.

8.2.3 Herstellung des Betriebstaktes

Bei den PIC16-µControllern werden verschiedene Arten von Taktversorgung unterstützt. Die teuerste Lösung ist der externe Quarzoszillator. Als Alternativen können Quarze oder Keramikresonatoren den PIC16 mit einem Betriebstakt versorgen. Die dabei benötigten Widerstände und Kapazitäten sind aus Listen vom Quarz- bzw. Resonatorhersteller zu entnehmen. Ebenfalls kann man sich aus dem PIC16-Datenbuch gute Bauteilwerte für die Quarzbeschaltung holen. Bei solchen Standardoszillatoren hatten wir noch nie Probleme, bezüglich des Anschwingens. Die billigste Art, einen Oszillator aufzubauen, ist der RC-Oszillator. Aus Tabellen und Kurven, die sich auch im PIC16-Datenbuch befinden, können Richtwerte entnommen werden. An die Genauigkeit eines RC-Oszillators darf man natürlich keine übermäßigen Erwartungen knüpfen. Je nachdem, in welchem Wertebereich sich die einzelnen Bauteile befinden, ist die zu erwartende Ungenauigkeit unterschiedlich. Auch hier steht einem das Datenbuch zur Seite. Den Einfluß der konkreten Stromversorgungsschwankung kann das Datenbuch nicht angeben.

Hier möchten wir nur ein Wertepaar erwähnen:

R = 4,7 k und C = 22 pF ergeben etwa einen 4 MHz-Oszillator. Nach dem Vorteiler von 4 bleibt also 1 MHz. Das ist ein Befehl pro µsek.

Eine Besonderheit hat der RC-Oszillator gegenüber all den anderen Oszillatortypen. Er kann mit Hilfe eines Pins des PIC16 in seiner Geschwindigkeit verändert werden. So ist es möglich, durch Vergrößerung des Kondensators die Frequenz zu reduzieren. Dazu wird ein zusätzlicher Kondensator zwischen den OSC1-Eingang und einen freien Pin des Controllers gelegt. Wenn nun die Frequenz reduziert werden soll, muß der Pin vom hochohmigen Zustand auf Ausgang geschaltet werden und eine 0 ausgegeben werden. Die Frequenzänderung in die andere Richtung ist auch möglich. Durch das Reduzieren des Widerstandes kann die Betriebsfrequenz erhöht werden. Die Reduzierung des Widerstandes wird durch das Parallelschalten eines weiteren Widerstandes realisiert, der durch einen Pin des Controllers auf Vcc gelegt wird. Die andere Seite des Widerstands ist fest mit OSC1 verbunden. Bei all diesen Veränderungen muß darauf geachtet werden, daß sich die Bauteilwerte innerhalb des zulässigen Bereiches bewegen.

- für den Widerstand gilt: 3 k bis 100 k
- für den Kondensator gilt: 20 pF bis 300 pF

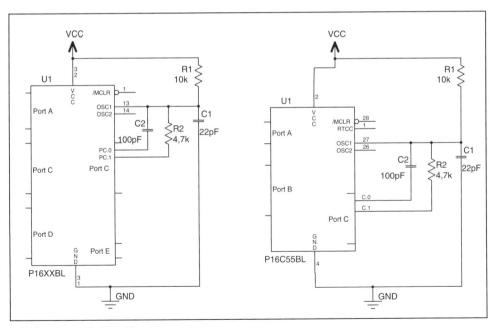

Abbildung 8.7: RC-Oszillator

Damit ist eine Anpassung der Rechnerleistung an die entsprechende Situation möglich. Da die aufgenommene Leistung eines µControllers proportional mit der Taktfreqenz ansteigt, kann ein Programm, welches die meiste Zeit nur eine niedrige Taktfrequenz benötigt, in einigen Ausnahmesituationen aber auf eine hohe Frequenz selbsttätig umschalten.

Dieses Verfahren ist besonders nützlich bei den PIC16C5X-Typen, weil bei diesen der Einsatz des Sleep-Modus gewissen Einschränkungen unterliegt.

Bei den PIC16C5X ist das Verlassen des Sleep-Modes nämlich nur durch einen Reset möglich. Wenn nun kein Reset erwünscht ist oder nicht erzeugt werden kann, läßt sich auf diese Weise die Taktfrequenz derart reduzieren, daß maximale Stromersparnis erreicht wird.

Die Lösung mit dem RC-Oszillator ist aber von ihrer Genauigkeit her nicht geeignet, eine ordentliche Echtzeit zu verwalten.

Für die Echtzeitverwaltung verwenden wir gerne einem 32768-Hz-Quarz, da er beim Zählen in einer16 Bit-Wortvariablen alle 2 Sekunden einen Überlauf erzeugt. Wenn diese Frequenz als Befehlsfrequenz zu langsam ist, kann sie einem variablen RC-Oszillator zur Seite gestellt werden.

8.2.4 Zusätzliche Takte

Von zusätzlichen Takten für präzise Timings (Echtzeit) muß man Gebrauch machen, wenn der PIC16 nicht mit einem geeigneten Quarz versorgt werden kann oder soll. Falls Energie gespart werden muß, aber gelegentlich höhere Prozessorleistung gefordert ist, kann man mit variabler Betriebsfrequenz arbeiten, wenn exakte Timings mit einem zusätzlichen Takt versorgt werden. Bei den PIC16C5X stellt ein zusätzlicher Takt einen etwas höheren Aufwand dar, so daß man eventuell mit einem 4,194304-MHz-Quarz besser bedient ist. Diese Frequenz ist exakt 2 hoch 22. Verwendet man diesen Quarz für die Erzeugung des Befehlstaktes, so reduziert sich diese Frequenz auf 2 hoch 20. Zählt man mit dieser Frequenz eine 16-Bit-Wortvariable hoch, bekommt man jede 16tel-Sekunde einen Überlauf. Zählt man diese Überläufe, so ergibt sich exakt eine Sekunde. Bei einem Standardquarz von 4 MHz erreicht man das nur mit einem gewissen Fehler.

Handhabung bei den PIC16CXX

Der 32768-Hz-Takt für die Echtzeit ist ein zusätzlicher Takt, der je nach PIC16-Typ in unterschiedliche Pins einzuspeisen ist. Bei den PIC16CXX ist das kein Problem. Die Pins C.0 und C.1 sind extra dafür da, so einen zusätzlichen Taktoszillator zu bilden. D.h., es sind nur der Quarz und zwei Kondensatoren nötig. Der Oszillator ist im PIC16 und kann bei Bedarf ein- bzw. ausgeschaltet werden. Mit diesem so erhalten Takt kann der TMR1 versorgt werden. Dieser arbeitet sogar im Sleep-Modus, so daß ein Überlaufinterrupt des TMR1 den PIC16CXX wieder aufwecken kann.

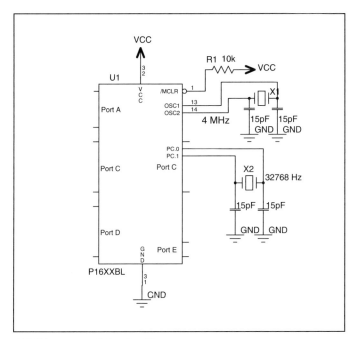

Abbildung 8.8: TMR1-Oszillator

Handhabung bei den PIC16C5X

Die PIC16C5X haben bekanntlich diese PortC.0- und C.1-Eigenschaft nicht. Was sie haben, ist wenigstens der RTCC (T0CKI)-Eingang. Da dieser Eingang keinen Oszillator bilden kann, muß dieser extern aufgebaut werden. Wie Sie bereits im Kapitel 1 gelesen haben, wird der TMR0 mit dem Betriebstakt synchronisiert. Daraus folgt, daß der TMR0 im Sleep-Modus nicht arbeiten kann. Nachdem wir aber mit dem variablen RC-Oszillator ohnehin den Sleep-Modus nicht mehr nötig haben, ist das kein Problem.

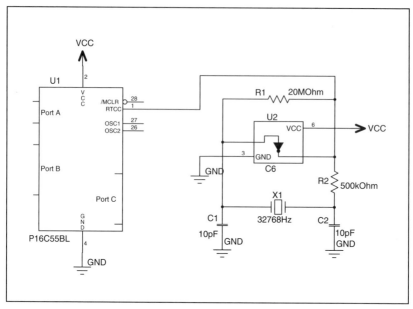

Abbildung 8.9: Externer 32768Hz-Oszillator

Will man, vielleicht auch für andere externe Komponenten, noch weitere Taktfrequenzen zur Verfügung stellen bzw. den Vorteiler vom PIC16C5X nicht bemühen, dann bietet sich eine Schaltung mit dem Baustein CD4060 an. Unserer Meinung nach stellt er eine sinnvolle Kombination dar. Er beinhaltet einen Zähler mit vorgeschaltetem Oszillatorkreis. An diesen Oszillatorkreis kann mühelos ein 32768-Hz-Quarz angeschlossen werden. Unter den vielen Ausgängen des CD4060 ist auch einer, der einen Halb-Sekundentakt ausgibt. Wie in der folgenden Schaltung dargestellt, sind nicht viele Bauelemente nötig, um dem PIC16C5X Echtzeittakte zur Verfügung zu stellen.

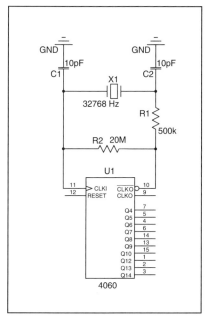

Abbildung 8.10: Taktgenerator mit dem Baustein CD4060

8.3 Reset und Brown-out

Über den Reset und die Brown-out-Protection könnte man große Vorträge halten, aber in diesem Rahmen wollen wir nur darüber reden, was es uns bringt und wie wir damit umgehen.

8.3.1 Reset

Der ordentliche Reset eines Bausteins ist nach der Versorgungsspannung und dem Takt die drittwichtigste Angelegenheit. Mit einem Baustein, dessen Resetlogik defekt ist, zu arbeiten, ist nicht möglich, weil man sich auf nichts verlassen kann. Für unproblematische Umfelder des PIC16 kann man den normalen Weg der Reseterzeugung wählen. Normal heißt in diesem Zusammenhang, daß der Pin »/MCLR« entweder direkt oder über einen 10k-Widerstand auf V_{CC} gelegt wird. Das ermöglicht es, mit der internen Resetgeneratorschaltung zu arbeiten, und weitere externe Bauelemente sind überflüssig. Nur in Fällen, wo die Versorgungsspannung beim Einschalten nicht mit der nötigen Entschlossenheit auftritt, müssen externe

Anstrengungen unternommen werden, um einen sauberen Reset zu erhalten. Von MAXIM und DALLAS gibt es dafür spezielle Bausteine, von denen wir uns Hilfe erwarten können. Aus dem Angebot der Firma MAXIM sei die Familie der MAX700 und MAX800 genannt. Je nach Typ sind außer der Reseterzeugung noch weitere Features in diesen Bausteinen enthalten.

Verwendung fand der MAX707 in einer PIC16C55-Applikation, weil noch eine höhere Betriebsspannung auf Präsenz zu überwachen war und ein externer Resettaster benötigt wurde.

In der letzten PIC16C74-Anwendung haben wir den dreihaxigen DS1233 von DALLAS verwendet, weil wir kein Stückchen übrigen Platz hatten und über das kleine TO92-Gehäuse hoch erfreut waren.

8.3.2 Brown-out

Wenn die Versorgungsspannung total ausfällt und dann wiederkommt, ist das ein klarer Fall von Black-out. Daß in einem solchen Falle ein Reset generiert wird, ist nur logisch. Wenn aber die Versorgungsspannung nur etwas mehr einbricht als erlaubt ist, spricht man von einem Brown-out. Auch diese Situation muß ordnungsgemäß durchgestanden werden. Die bereits angesprochenen Resetgeneratoren von MAXIM und DALLAS arbeiten bis zu einer Versorgungsspannung von unter 2 Volt. Das hat zur Folge, daß vor dem PIC16 garantiert der Resetgenerator arbeitet und so lange einen Reset ausgibt, bis die Spannung am PIC16 innerhalb der Toleranzen ist. Seit Anfang 1996 kommen zunehmend PIC16-Derivate auf den Markt, die eine Brown-out-Protection-Schaltung besitzen. Viele ältere Typen werden künftig in einer A-Version mit Brown-out-detection ausgeliefert. Damit ist nur noch in besonders heiklen bzw. problematischen Fällen ein zusätzlicher externer Aufwand nötig. Für die PIC16C5X-Familie, die noch ohne Brown-out-Protection sind, werden im Datenbuch einige Schaltungsbeispiele vorgestellt, die die Brown-out-Protection übernehmen sollen.

8.4 Resetzustände

Dem Zustand nach dem Reset sollte man nicht nur bei der Programmentwicklung sehr sorgfältige Beobachtung schenken, sondern auch bei der Planung der äußeren Beschaltung. Eine der unnötigsten Fehlerquellen sind vergessene Anfangswerte! Die TRIS-Register besitzen Resetwerte (0FFH), d.h., daß sich alle Portpins im Tristate befinden. Das hat wiederum zur Folge, daß eine externe Elektronik, die von einem Portpin angesteuert wird, zwischen dem Einschaltzeitpunkt und dem Zeitpunkt, an dem die TRIS-Register beschrieben werden, kein definiertes Signal bekommt. Da die PIC16-µController von einem Power-up-Timer und gegebenenfalls noch einem Oscillator-Start-up-Timer im Resetzustand gehalten werden, bis die Programmausführung beginnt, kann je nach Quarzfrequenz diese Zeitspanne schon in den msek-Bereich gehen. Bei Verwendung externer Resetgeneratoren wird diese Zeit noch viel länger. Beim DS1233 dauert der Reset mindestens 350 msek. Nicht nur angeschlossene Leistungsendstufen, sondern auch ganz normale Logikbausteine müssen davor bewahrt werden, in dieser Zeit Dummheiten zu machen. Da die Lösung mit einem pull-up- oder pull-down-Widerstand so einfach ist, sollte man daran nicht sparen.

Die internen weak-pull-up-Widerstände können für diesen Zweck nicht verwendet werden, weil diese ja erst mit einem Softwarebefehl eingeschaltet werden können. Damit scheinen diese weak-pull-ups sinnlos zu sein. Dem ist aber nicht so. Für diesen Anwendungsfall sind sie nicht gedacht. Sie sind verwendbar, wenn man mit dem PIC16-Port_B eine Tastatur dekodieren will. Damit kann man sich die nötigen Widerstände sparen und auch noch den Stromkonsum einschränken, wenn die Tastatur nicht gelesen wird.

8.5 LEDs

Leuchtdioden sind zunehmend in µControlleranwendungen zu finden, um dem Bediener Mitteilungen zu machen. Angefangen von langsamen, regelmäßigen Blinkausgaben, die den Betrieb signalisieren, bis hin zu Alarmmeldungen durch schnelles Blinken sind die Möglichkeiten vielfältig. Auch in diesem Bereich wurden in letzter Zeit erfreuliche Fortschritte erreicht. Nicht nur die Farbpalette ist größer geworden, sondern auch die Stromaufnahme ist verbessert worden. So haben früher rote LEDs locker 20 mA verspeist. Heute kommt man bei low-current-Typen mit einem Zehntel des Stroms aus.

Die Ansteuerung durch den µController ist denkbar einfach. Eine LED in Reihe mit einem 2,2-kOhm-Widerstand kann zwischen ein Versorgungspotential und einen Portpin geschaltet werden. Die Anode der LED muß dabei natürlich immer auf der positiven Seite sein. Die Kathode, mit der Abflachung am Glasrand, ist auf der anderen Seite.

Wenn es denn eine sehr leuchtstarke LED mit guten 20 mA sein soll, kann sie über einen NPN-Transistor geschaltet werden.

492   Kapitel 8

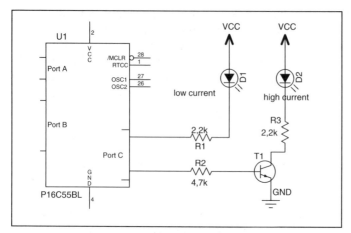

Abbildung 8.11: LED-Ansteuerung

Infrarot-LEDs sind eine besondere Art von LEDs, die häufig in Handsendern zum Einsatz kommen. Da es in diesem Bereich sehr auf den Umfang einer Schaltung ankommt, ist keiner von dem zusätzlichen Transistor begeistert. Hier bedienen wir uns eines Tricks, der auch von einem Freund (hi Bill) verwendet wird. Wir schalten mehrere Portpins zusammen. Damit das nicht zum Disaster wird, müssen die Ausgangsregister der Pintreiber mit einer 0 vorgeladen sein, und wenn die LED bestromt werden soll, werden alle Pins zu Ausgängen gemacht. Voraussetzung ist natürlich, daß die LED mit ihrem Vorwiderstand an der positiven Versorgungsspannung hängt. Aus Sicherheitsgründen sollte man regelmäßig die Werte im Ausgangs- und TRIS-Register des entsprechenden Ports auffrischen.

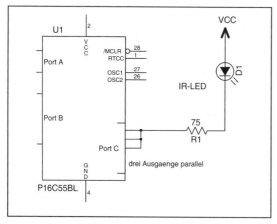

Abbildung 8.12: Zusammengeschaltete Ausgänge

PIC16-Interfacing 493

8.6 Optokoppler

Bei den Optokopplern gibt es viele Varianten. Um diesen Abschnitt übersichtlich zu halten, möchten wir uns auf drei Anwendungsfälle und drei konkrete Optokoppler-Typen beschränken.

Grundsätzlich handeln wir uns mit einem Optokoppler eine Signalverzögerung ein, die üblicherweise so aussieht, wie das nächste Diagramm es zeigt.

Je steiler die Flanken sein sollen und je kürzer damit die Verzögerung sein soll, desto höher ist der Stromverbrauch. Durch kleine Widerstände in der Ansteuerung des Optokopplers ist es möglich, die Verzögerung bei der Einschaltflanke zu reduzieren. Den Widerstand im Kollektorkreis am Ausgang des Optokopplers kann man zwar auch auf ein Minimum drücken, aber es dauert einige Zeit, bis der Ausgangstransistor aus dem Sättigungszustand herauskommt. Diese Verzögerung ist nur bei manchen Optokopplerausführungen wirksam zu bekämpfen. Der 6N139 und seine Brüder gehören zu dieser Sorte. Die Optokoppler-Typen PC817 und ILQ 30 gehören nicht zu diesem Kreis.

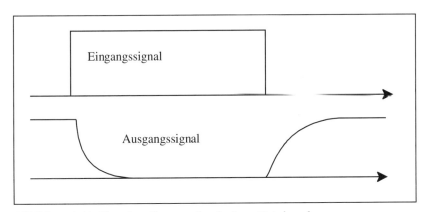

Abbildung 8.13: Signalverzögerung durch einen Optokoppler

8.6.1 Der Typ: PC817

Der erste Optokoppler, den wir hier vorstellen möchten, ist ein Einzelgänger. D.h., es ist nur ein Optokoppler in diesem Gehäuse. Wir verwenden ihn gerne in Applikationen, wo zu überprüfen ist, ob die Netzspannung anliegt oder nicht.

Insbesonders in Anwendungsfällen, die mit der Hausinstallation zu tun haben, ist er des öfteren bei uns zu finden. Hier ist es nicht immer möglich, Schalter und Taster irgendwo im Haus mit einer Niederspannung zu versorgen und abzufragen, ob der

Schalter oder der Taster betätigt wird. Einfacher ist es, die bestehende Verdrahtung zu belassen und mit den Schaltern und Tastern die 230 Volt zu schalten. Am Eingang der µControllerschaltung ist dabei eine Anpassung der 230 Volt auf das 5-Volt-Logikniveau am Controller nötig. Gerade für diesen Anwendungsfall verwenden wir gerne den Optokoppler PC817 (siehe nachfolgendes Schaltbild).

Falls die einzelnen Schalter an unterschiedlichen Orten im Haus sind, ist davon auszugehen, daß die Schaltelemente von unterschiedlichen Sicherungen oder gar Phasen versorgt werden. Das hat zur Folge, daß jede ankommende Leitung extra über eine solche Optokopplerschaltung geführt werden muß. Die Optokopplerausgänge können dann wie alle open-collector-Ausgänge einfach zusammengeschaltet werden.

> Arbeiten an 230-Volt-Netzspannung sind gefährlich und sollten nur von Personen ausgeführt werden, die wissen, was sie tun!!

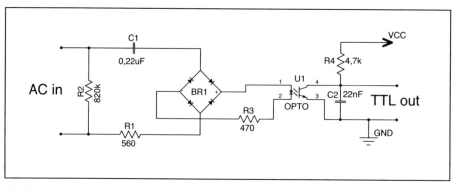

Abbildung 8.14: Netzspannung erfassen

8.6.2 Der Typ: ILQ 30

Dieser Typ ist für langsame Anwendungen bestens geeignet. So sind mit ihm einfache Statusmeldungen galvanisch getrennt an die Außenwelt vermittelbar. Durch das hohe Stromübertragungsverhältnis, wegen seiner Darlington-Fototransistoren, ist kein großer Steuerstrom nötig. Über einen Vorwiderstand von 1 kOhm ist dieser Optokopplereingang direkt an den PIC16-Portpin anschließbar. Der Ansteuerstrom liegt hier bei 5 mA, was völlig ausreicht. Die bei diesem Strom große Verzögerungszeit, bis der Ausgangstransistor durchschaltet, stört uns in diesen Situationen genauso wenig, wie die noch längere Zeit, bis der durchgeschaltete Transistor wieder sperrt. Das »Q« in seiner Typenbezeichnung kommt von quattro und heißt, daß sich vier Optokoppler in diesem Gehäuse befinden.

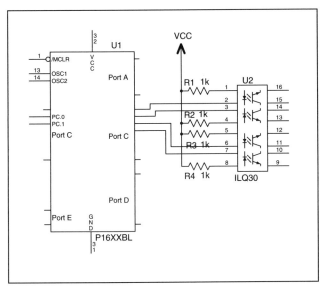

Abbildung 8.15: Darlington-Optokoppler

8.6.3 Der Typ: 6N139

Für schnelle serielle Kommunikationen muß der verwendete Optokoppler andere Qualitäten aufweisen, als es der ILQ 30 tut. Für Schnittstellen wie zum Beispiel die K2ATN verwenden wir den Typ 6N139. Er bringt die Geschwindigkeit mit, um einen Wechsel des Eingangssignals innerhalb von 1 μsek auf den Ausgang zu übertragen. Durch den herausgeführten Basisanschluß des zweiten Transistors ist die Beschaltung in optimaler Weise möglich. D.h., man kann dadurch verhindern, daß der Ausgangstransistor in die Sättigung fährt.

Das untenstehende Beschaltungsbeispiel zeigt, wie eine Verbindung zweier PIC16-μController aussehen könnte. Wenn die Widerstände die angegebenen Werte haben, garantieren wir eine μsek Verzögerungszeit. Eine Anpassung der Widerstände wird allenfalls nötig, wenn zwar der gleiche Optokopplertyp verwendet wird, aber dieser von einem anderen Hersteller stammt.

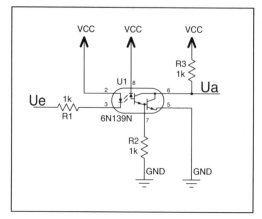

Abbildung 8.16: Schnelle Optokopplerübertragung

Für die K2 mit Optokopplern müssen natürlich zwei solche Optokoppler verwendet werden. Bei der K2ATN sind je Slave-Controller sogar drei Optokoppler nötig. Beachten Sie hierzu bitte Kapitel 5, den Abschnitt über die Kx-Schnittstellen.

8.7 Leistungstreiber

Selbst die PIC16 sind nicht in der Lage, beliebig viel Strom zu treiben. Sind z.B. kleine Motoren anzusteuern oder die Heizwendeln von Druckerköpfen, kommt man nicht umhin, einen Leistungtreiber einzusetzen.

8.7.1 Diskrete Transistoren

Zur Realisierung einzelner Leistungsschalter gibt es eine Fülle von Möglichkeiten. Angefangen vom ganz normalen NPN-Transistor bis zum Power MOSFET.

Was die »normalen« Transistoren betrifft, haben sie allesamt einen Nachteil. Sie benötigen zur Ansteuerung einen Steuerstrom. Das sind Ströme, die nichts bewegen und trotzdem von der Versorgung aufgebracht werden müssen. Aus diesem Grunde werden Schaltungen zunehmend mit MOSFET-Transistoren aufgebaut.

Feldeffekttransistoren sind durch die Steuerung mittels einer Spannung von diesem Nachteil nicht behaftet. Deshalb ist besonders in Handgeräten, die mit einer »Akkuladung« möglichst lange auskommen sollen, darauf zu achten, daß in solchen Fällen FETs zum Einsatz kommen.

PIC16-Interfacing   497

Das nachfolgende Bild zeigt eine Standardlösung zum Schalten größerer Ströme, als sie der PIC16 zu treiben in der Lage ist. Dabei wird der Verbraucher direkt mit der positiven Versorgungsspannung verbunden und das negative Potential mit dem PIC16-Ausgangspin oder mit Hilfe des Transistors angelegt.

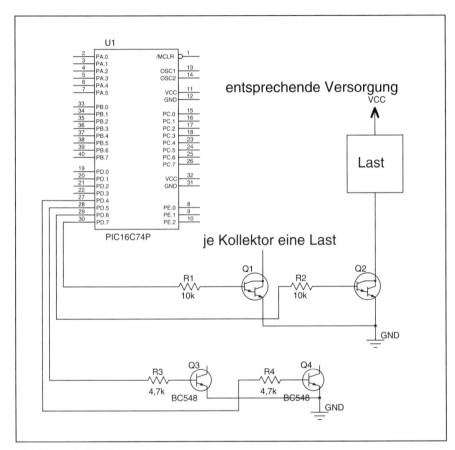

Abbildung 8.17: Diskrete Transistorlösungen

Wenn sich die Ansteuerung eines »Gerätes« so nicht realisieren läßt, daß die negative Versorgungsspannungsleitung geschaltet wird, dann wird die Realisierung aufwendiger.

In so einem Falle muß der Schalter in die positive Zuleitung gelegt werden. Das nennt man dann High-side-Schalter. Hier hängt der Aufwand auch noch von der Höhe der Spannung ab, die geschaltet werden soll. Bei der Realisierung mit MOSFET-Transistoren kommt es hierbei auch vor, daß man sich extra für diesen Schalter eine Hilfspannung generieren muß, um ein schnelles und verlustarmes Schalten zu gewährleisten. Trotzdem läßt sich dieses schaltungstechnische Problem am besten mit MOSFET-Transistoren lösen.

Hier eine prinzipielle Darstellung, um Ihnen die Recherche nach der optimalen Lösung zu erleichtern.

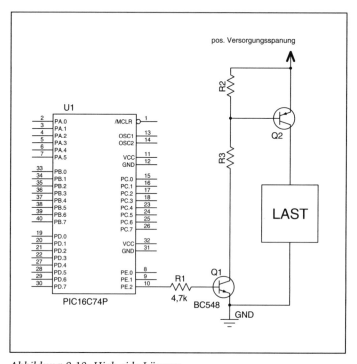

Abbildung 8.18: High-side-Lösung

8.7.2 ULN2003

Der Baustein ULN2003 ist ein 7-fach-Leistungstreiber, der mit einer Freilaufdiode ausgestattet ist und damit für die Relaisansteuerung prädestiniert ist. Sieben Kleinrelais mit maximal 50 bis 80 mA Spulenstrom sind mit diesem Baustein problemlos zu schalten.

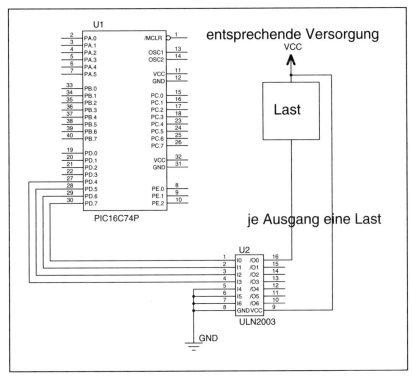

Abbildung 8.19: ULN2003-Anwendung

Die ausgangsseitige Spannung, die der ULN2003 verkraften kann, liegt bei 50 Volt, aber wegen der TTL-kompatiblen Eingänge kann er direkt mit dem PIC16 verbunden werden. Wenn es jemanden stört, daß dieser Baustein nur 7 Pfade hat, der soll seinen größeren Bruder namens ULN2803 verwenden. Dieser Baustein ist überproportional teurer, weil er nicht die große Verbreitung des ULN2003 hat.

8.7.3 Elektronische Lastrelais

Wenn es beim Schalten von ordentlichen Lasten in höhere Strombereiche geht, muß man zu einem elektronischen Lastrelais greifen. Egal ob es ein Gleich- oder Wechselspannungsrelais ist, durch den Optokopplereingang ist der PIC16 sicher auf der anderen Seite. Unabhängig von der zu schaltenden Last ist vom PIC16-Ausgang immer der gleiche Strom zu liefern. Dieser liegt im Bereich von 2 bis 28 mA.

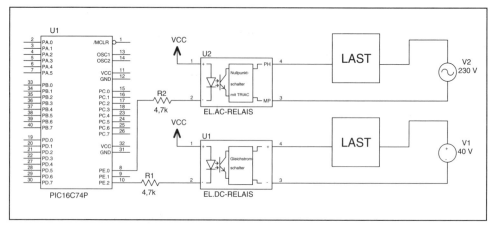

Abbildung 8.20: Elektronische Lastrelais für Gleich- und Wechselstrom

8.8 230 Volt diskret schalten

In diesem Abschnitt wollen wir die Netzspannung von 230 Volt nicht mit Hilfe von fertigen Modulen wie elektronischen Lastrelais schalten, sondern selbst einen TRIAC bedienen.

8.8.1 Netzspannung ein- und ausschalten

Da der PIC16 nicht mit der Netzspannung in Berührung kommen sollte, sehen wir für unser Ansinnen einen Optokoppler vor. Hierbei kommt natürlich wieder der PC817 zum Zuge, weil er schön klein ist und separat an eine günstige Stelle auf der Leiterplatte zu positionieren ist. Mit Hilfe einer kleinen negativen Hilfsspannung schaltet der Optokoppler den TRIAC durch, wenn der Optokopplereingang bestromt wird. Für die Zeit der Ansteuerung des Optokopplers wird während beider Halbwellen Strom im Lastkreis fließen. Sobald die Ansteuerung weg ist, wird nach dem nächsten Nulldurchgang kein Strom mehr fließen. Eigentlich ist nur ein Impuls nötig, um den TRIAC einzuschalten. Sobald dieser sogenannte Zündimpuls da war und der Laststrom zu fließen begonnen hat, bleibt der TRIAC leitend, bis zum nächsten Stromnulldurchgang.

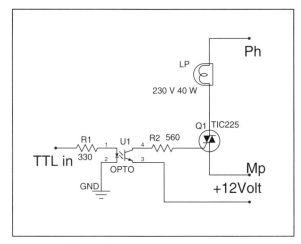

Abbildung 8.21: Netzschalter

Ohne Hilfsspannung ist diese Ansteuerung auch möglich, wenn man einen Optokoppler einsetzt, der einen TRIAC-Ausgang besitzt. Sofern die zu schaltende Last an 230 Volt hängt, aber nicht zuviel Strom benötigt, reicht eventuell bereits dieser Optokoppler. Zu dieser Klasse Optokoppler gehören die Typen namens MOC 3040.

8.8.2 Netzspannung kontinuierlich steuern

Da wir eine Lampe oder eine Heizwendel nicht nur ein- oder ausschalten wollen, sondern auch dimmen bzw. abschwächen wollen, müssen wir den Stromfluß im Lastkreis kontinuierlich regeln können. Dafür gibt es zwei Verfahren, die mit dem PIC16 einfach zu realisieren sind. Die Lösung basiert auf der Schaltung vom vorigen Abschnitt. Die angerissene Variante mit dem MOC-Optokoppler ist auch geeignet.

Phasenanschnittsteuerung

Bei diesem Verfahren müssen wir uns am Spannungsnulldurchgang der Phase orientieren, um den Zeitpunkt berechnen zu können, wann wir den Zündimpuls absetzen müssen. Eine permanente Ansteuerung des TRIACs durch den Optokoppler muß nicht sein. Es genügt, wenn ein kurzer Zündimpuls abgesetzt wird. Je nachdem, wie sehr wir die Lampe dimmen wollen, müssen wir nach dem Nulldurchgang länger warten, bis wir den Optokoppler ansteuern, d.h. einen Zündimpuls produzieren. Wir müssen für jede Halbwelle extra einen Zündimpuls ausgeben, also alle 10 msek. Diesen Nulldurchgang müssen wir also auch noch erfassen. Die nachfolgend dargestellte Lösung dieser Aufgabe ist nur eine von vielen möglichen, zeichnet sich aber dadurch aus, daß sie den PIC16 optimal vor der Netzspannung schützt.

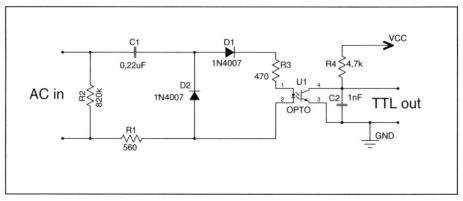

Abbildung 8.22: Erfassung des Nulldurchgangs

Die Ansteuerschaltung bleibt die gleiche, wie sie schon im Punkt 8.8.1 gezeigt wurde.

Pulspaketsteuerung

Mit diesem Verfahren steuert man die Leistung einer Heizspirale. Da diese wesentlich träger ist als eine Lampe, kann sie derart angesteuert werden, daß man N von 256 Perioden oder Halbperioden durchsteuert. Dadurch wird im Gegensatz zur Phasenanschnittsteuerung die Störabstrahlung drastisch reduziert. Die notwendige Erfassung des Nulldurchgangs und die Ansteuerschaltung werden in gleicher Weise realisiert, wie schon im letzten Abschnitt besprochen. Im oberen Teil des folgenden Diagramms wird dargestellt, daß die Heizung 0,5 sek (25 Netzfrequenzperioden) aus ist und 1 sek (50 Netzfrequenzperioden) bestromt wird. Bei sehr trägen Systemen kann die Anzahl Perioden noch weiter ausgedehnt werden. Unpraktisch wird es nur, wenn die Gesamtanzahl an Netzfrequenzperioden pro Regelperiode größer als 255 wird. Im unteren Teil des Diagramms wird nur 1/3 der maximalen Heizleistung verwendet. Es wird also 50 Perioden kein Strom fließen, und 25 Perioden werden zur Wärmeerzeugung an die Heizwendel durchgeschaltet.

PIC16-Interfacing 503

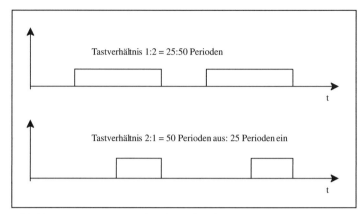

Abbildung 8.23: Beispiele für die Pulspaketsteuerung

8.9 Lautsprecher und Buzzer

Diese akustischen Meldeelemente sind für den PIC16 unterschiedlich in der Bedienung. Beim Lautsprecher muß der PIC16 die Tonfrequenz selbst erzeugen und ausgeben. Je nach der erzeugten Frequenz ist der Ton, der aus dem Lautsprecher kommt, anders. Bereits im Kapitel 3, über die Ausgaben, hat der PIC16 für uns Musik gemacht. Hier möchten wir noch eine alternative Schaltung zum Anschluß eines Lautsprechers zeigen.

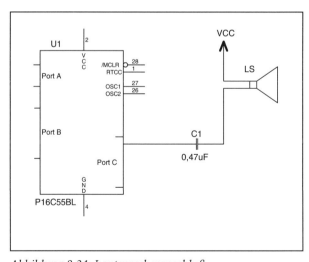

Abbildung 8.24: Lautsprecheranschluß

Bei den bereits erwähnten Buzzern muß der µController nur Spannung anlegen, und der Ton wird im Buzzer produziert. Da die meisten Buzzer bei +5 Volt noch nicht arbeiten, kann die Ansteuerung wie unten abgebildet aussehen. Da in µControllersystemen in der Regel mehrere Ausgänge zu bedienen sind, kann es sich lohnen, einen ULN2003 für alle Ausgänge zu verwenden, die etwas mehr Strom benötigen. Dabei macht es nichts, wenn z.B. eine LED nur mit +5 Volt versorgt wird, sofern die an den Freilaufdioden anliegende Spannung immer die höchste im System vorhandene ist.

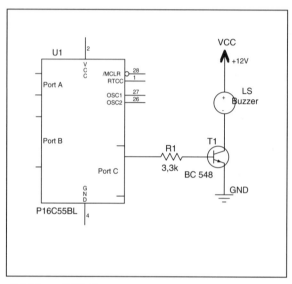

Abbildung 8.25: Buzzeransteuerung

8.10 Relais

Relais sind mechanische Schaltelemente mit garantierter galvanischer Trennung, einer maximalen Schaltfrequenz, die ziemlich niedrig liegt (Hz-Bereich) und einer sehr begrenzten Lebensdauer. Also ein Bauteil mit Vor- und Nachteilen. Auch hier wollen wir uns auf Bauformen beschränken, die im µController-Umfeld relevant sind.

8.10.1 Reed-Relais

Meist findet man diese Typen in Programmiergeräten zum Umschalten von höheren Programmierspannungen auf verschiedene Pins des Sockels. Auch in diesem Bereich gibt es noch genug Varianten, wovon einige direkt von einem Portpin bedient werden können. Natürlich nur mit Freilaufdiode, es ist nach wie vor eine Spule, mit der wir es zu tun haben. Bei etwas kräftigeren Typen ist ein Leistungstreiber wie der ULN 2003 ein praktikables Mittel zur Ansteuerung.

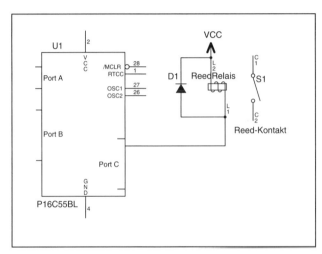

Abbildung 8.26: Relaisansteuerung

8.10.2 Normale Relais

Unter »normalen« Relais verstehen wir hier kleine vergossene Bauformen für die Leiterplattenmontage. Diese werden ebenfalls mittels eines ULN 2003 betrieben. Im ULN 2003 ist bereits eine Freilaufdiode integriert.

8.11 Spezielle Bausteine in diesem Buch

In diesem Abschnitt möchten wir eine kurze Beschreibung der besonderen Bausteine bringen, die in diesem Buch verwendet bzw. angesprochen werden. Dazu gehören auch die Pinbelegung und die Bezugsquelle, sofern Sie sich nicht den Bausatz bestellen, der kurz nach Erscheinen des Buches erhältlich sein wird.

8.11.1 MAX471, MAX472

Mit diesem Baustein kann der Strom in der Plusleitung (high side) gemessen werden. Der MAX471 hat bereits einen Präzisionswiderstand auf dem Chip. Beim MAX472 kann man selbst einen Sensorwiderstand wählen. Ausgegeben wird eine auf Masse bezogene Spannung, die dem Strom entspricht, der durch den Sensorwiderstand fließt. Die Stromrichtung wird mit der Leitung SIGN angezeigt. Wenn der Akku an RS+ angeschlossen ist und die Zuleitung an RS−, dann heißt high-Signal am Pin SIGN, daß der Strom in den Akku fließt. Er wird also geladen. Im Datenblatt ist ausführlich erklärt, welche Sensorwiderstände und andere Widerstände man wählen kann, und wie sich diese Wahl auf die Genauigkeit auswirkt.

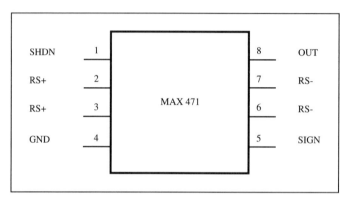

Abbildung 8.27: High-side-Stromsensorverstärker

Bezugsquelle für die Bausteine MAX471 und MAX472 ist SE Bückeburg, mit Niederlassung in München.

8.11.2 DS1620

Dieser DALLAS-Baustein ist ein digitales Thermometer und Thermostat. Es wird bereits intern die Temperatur in einen digitalen Wert umgewandelt. Die Auflösung beträgt 0,5 °, und der Meßbereich überstreicht −55°C bis +125°C. Es gibt noch drei feste Komparatorausgänge, deren Vergleichswerte an den Baustein übermittelt werden können. Damit kann bei Über- oder Unterschreiten von bestimmten Schwellwerten eine Aktivität ausgelöst werden. So kann z.B. beim Überschreiten einer bestimmten Temperatur selbständig ein Ventilator eingeschaltet werden, oder es wird beim Unterschreiten einer Temperaturschwelle eine Heizung eingeschaltet.

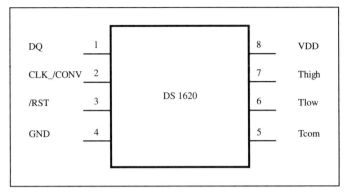

Abbildung 8.28: Digitales Thermometer und Thermostat

Zu beziehen ist dieser Baustein von DALLAS-Distributoren, wie z.B. Future Electronics in München.

8.11.3 LCD-Anzeige LTD202

Dieses zweistellige LCD-Anzeige-Modul hat je Anzeigestelle links unten einen Dezimalpunkt. Es arbeitet von 3 bis 6 Volt. Daher ist ein Multiplexbetrieb möglich, bei dem die permanent anliegende Spannung bei 2,5 Volt bleibt. Die Ziffern sind 12,7 mm hoch. Beinchen sind vorhanden, so daß das Modul problemlos in einen Sockel gesteckt oder direkt auf eine Platine gelötet werden kann. Es ist also kein segmentweise leitender Moosgummi nötig, um die Glasplatte auf ein entsprechend gestaltetes Layout auf der Platine zu kontaktieren.

```
comm    1        18    nc
p2      2        17    g2
e2      3        16    f2
d2      4        15    a2
c2      5  LTD 202  14  b2
p1      6        13    g1
e1      7        12    f1
d1      8        11    a1
c1      9        10    b1
```

Abbildung 8.29: Anschlußbelegung beim LCD-Modul LTD202

Wir haben dieses LCD-Modul von der Fa. Bürklin OHG in München bezogen.

8.11.4 LED-Anzeigestelle HPSP-7303

Diese kleinen LED-Anzeigestellen zeichnen sich durch den geringen Strombedarf aus, den sie zum Leuchten benötigen. Mit weniger als 5 mA haben wir eine ordentliche Helligkeit erreicht. Sie haben ebenfalls einen Dezimalpunkt, aber in diesem Falle ist er rechts unten.

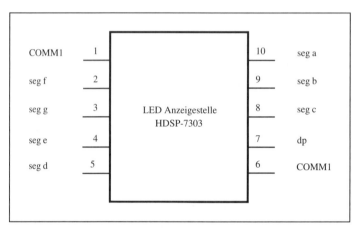

Abbildung 8.30: Das LED-Anzeigesegment HPSP-7303

Diese Anzeigen waren noch aus alten Zeiten in der Schublade. Zu beziehen ist diese Anzeige von Future Electronic in München.

8.11.5 LR645

Dieser Baustein ist für die Erzeugung von Niederspannung aus der Netzspannung geeignet. Der lieferbare Strom ist zwar nur etwa 3 mA, aber das reicht in vielen PIC16-Applikationen aus. Der Spitzenstrom beträgt 30 mA. Von den LR6- und LR7-Familien gibt es einige Bausteinvarianten und Bauformen, so daß sicher der optimale gefunden werden kann. Die Ausgangsleerlaufspannung liegt bei 8 bis 12 Volt.

Der LR645 von Supertex INC. wird von der Firma SCANTEC in Planegg vertrieben und kostet derzeit unter einer Mark.

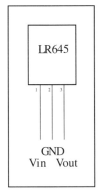

Abbildung 8.31: high input voltage linear regulator

8.11.6 HIP5600

Erst kurz vor Fertigstellung des Buches sind wir über den Baustein HIP5600 gestolpert. Seine Funktion konnten wird uns leider nicht mehr selbst anschauen. Er dürfte in etwa das gleiche machen, wie der eben vorgestellte LR645.

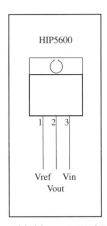

Abbildung 8.32: high input voltage linear regulator

Die Bezugsquelle für den HIP5600 ist die Fa. Conrad aus Hirschau.

8.11.7 DS1233

Dieser Resetgenerator der Firma DALLAS überwacht die Versorgungsspannung auf Einhaltung eines bestimmten Bereiches, je nach Typ unterschiedlich. Außerdem kann an dieser Resetleitung, die zum Resetpin des µControllers führt, ein Resettaster eingefügt werden, der erfaßt und entprellt wird. Nach dem Loslassen des Tasters bleibt der Resetausgang noch 350 msek lang aktiv. Dieser Reset kann auch parallel dazu an weitere Bausteine geführt werden, wie z.B. Latches für Ausgänge, die einen bestimmten Resetzustand einnehmen müssen.

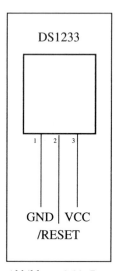

Abbildung 8.33: Resetgenerator und Brown-out-Schutz

Zu beziehen ist auch dieser Baustein von DALLAS-Distributoren, wie z.B. Future Electronics in München.

8.11.8 LTC1382

Der LTC1382 ist ein moderner V24-Treiberbaustein. Mit 220 µA Versorgungsstrom im Betrieb ist er sehr gut, und bei 0,2 µA Shutdown-Strom bleibt kein Wunsch mehr offen. Er bietet zwei Transmitter und zwei Receiver und benötigt nur vier Kondensatoren mit einem Wert von 0,1 µF. Mit dem Pin 18, welchen der µController eventuell ohnehin zum Abschalten der übrigen Peripherie bereitstellt, kann dieser Schnittstellenbaustein in den stromsparenden Shutdown-Modus geschaltet werden.

PIC16-Interfacing 511

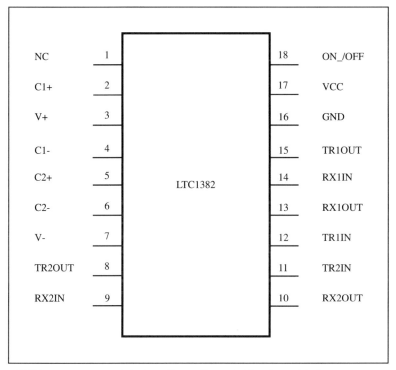

Abbildung 8.34: V24- Schnittstellentreiber mit Shutdown-Mode

Zu erhalten ist dieser Baustein bei der Firma Metronik in Unterhaching.

8.11.9 LTC1286

Dieser serielle AD-Wandler von Linear Technology hat eine Auflösung von 12 Bit und benötigt eine externe Referenz. Die Eingangsspannung und die Versorgungsspannung liegen bei 5 Volt. Er ist in der Lage, eine Differenzspannung zu messen. Sein Bruder, der LTC1298, kann zwei Kanäle lesen. Diese Eingänge sind aber nicht mehr differentiell. Es müssen lediglich mehrere CS-Leitungen zur Verfügung gestellt werden, und dann können mehrere dieser AD-Wandler gleichzeitig an der Clock- und Datenleitung hängen. Je nach Aktivierung mit der CS-Leitung kann von einem ganz bestimmten Wandler gelesen werden.

512 Kapitel 8

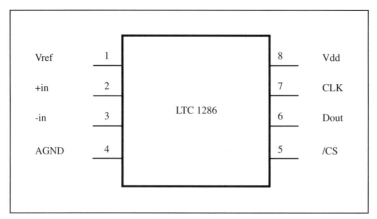

Abbildung 8.35: Serieller AD-Wandler LTC1286

Linear Technology wird von einigen Distributoren vertrieben. Wir haben diese Bausteine durch die Fa. Metronik in Unterhaching erhalten.

8.11.10 AD7249

Der AD7249 ist ein zweikanaliger DA-Wandler von Analog Devices. Außer der positiven Versorgungsspannung von 5 Volt benötigt er noch eine negative Spannung zwischen −12 und −15 Volt. Er bietet eine eigene interne Referenz an und hat ein serielles Interface für die Kommunikation. Wenn ein AD-/DA-Wandlerpärchen zusammen seine Arbeit verrichten soll, haben sich der LTC1286 und der AD7249 bewährt. Die Clockleitung steht für beide zur Verfügung, und der DA-Wandler kann den AD-Wandler mit der Referenzspannung bedienen. Für diesen DA-Wandler kann man drei verschiedene Ausgangsbereiche auswählen.

Diese sind:

♦ −5 V bis +5 V

♦ 0 bis +5 V

♦ 0 bis +10 V

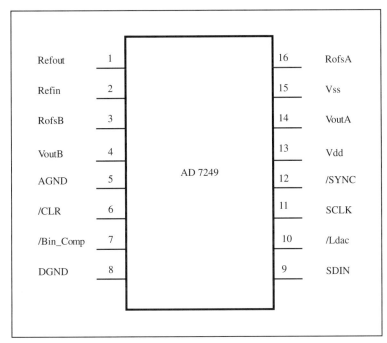

Abbildung 8.36: Serieller DA-Wandler AD7249

Beide Bausteine, den AD- und DA-Wandler, haben wir sowohl rein per Software als auch mit Hilfe des SSP-Moduls angesprochen.

Die Bausteine von Analog Devices werden u.a. von der Fa. Semitron aus Küssaberg vertrieben.

8.11.11 CD4060

Dieser CMOS-Baustein ist ein 14-Bit-Zähler mit Oszillatorkreis. Der Oszillatorkreis kann mit einem RC-Glied betrieben werden oder einem Quarz. Für einen PIC16C55 in einer Echtzeitanwendung ist die Quarzoszillatorvariante von ganz besonderem Vorteil. Am Pin Out14 läßt sich bereits ein Halb-Sekundentakt abgreifen, mit dem eben diese Echtzeitvorgänge im PIC16 getaktet werden können.

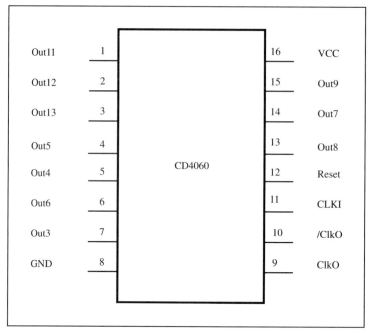

Abbildung 8.37: Zähler mit Oszillatorkreis

Diesen Baustein gibt es ebenfalls bei der Fa. Bürklin OHG in München.

8.11.12 CD4069UB

Der C6 ist ein SMD-Baustein und beinhaltet nur einen einzigen Inverter vom Typ CD4069UB. Nicht nur bei Platzknappheit ist dieser Baustein eine schöne Alternative zu den »großen« Chips. Von dieser Art Bausteine gibt es eine ganze Familie. Diese sind:

- C1 NAND mit zwei Eingängen
- C2 AND mit zwei Eingängen
- C3 NOR mit zwei Eingängen
- C4 OR mit zwei Eingängen
- C8 XOR mit zwei Eingängen
- C9 bilateraler Schalter
- CA Schmitt Trigger Inverter

Wir verwenden diese Bausteintypen gerne, wenn nur ein Gatter nötig ist und kein GAL zur Verfügung steht, der noch diese eine Gatterfunktion übernehmen könnte.

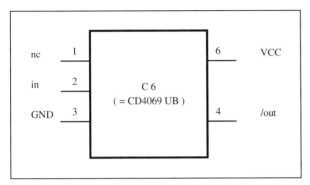

Abbildung 8.38: SMD-Inverter

Diese Bausteine fanden wir im Conrad-Katalog (Fa. Conrad, Hirschau).

8.11.13 6N139

Der Optokoppler 6N139 hat einen Darlingtonausgangstransistor, der durch seine herausgeführte Basis optimal beschaltet und so auf höchste Geschwindigkeit getrimmt werden kann. Für Audioanwendungen ist er ebenfalls geeignet. Er arbeitet bis zu einem Eingangsstrom von 0,5 mA und hat ein Stromübertragungsverhältnis von 2000%.

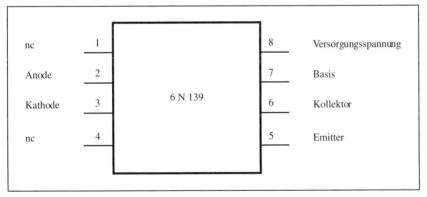

Abbildung 8.39: Schneller Optokoppler 6N139

Diesen Baustein gibt es ebenfalls bei der Fa. Bürklin OHG in München.

Kapitel 9

Entwicklungssysteme und Programmiersprachen

Dieses Kapitel ist keine Komplettübersicht der Entwicklungstools für die PIC16-µController. Dazu sollten Sie das »Third Party Guide«-Buch von Arizona Microchip zur Hand nehmen.

Unsere Zielsetzung war es, in diesem Kapitel einige uns mehr oder weniger gut bekannte Werkzeuge vorzustellen und zum Teil ihre Funktionen darzulegen.

Wir wollen Sie in keinem Falle dazu verleiten, irgendein Soft- oder Hardwareprodukt zu kaufen. Wir werden lediglich Gesichtspunkte aufzählen, die in Ihre Entscheidung einfließen können. Dazu werden wir Argumente für und wider ins Feld führen, damit Sie besser in der Lage sind, einen optimalen Einstieg durch diese große Auswahl von Entwicklungstools hindurch zu Ihren geeignetsten Werkzeugen zu finden.

9.1 Assembler

Eines der wichtigsten Programme ist der Assembler. Es ist das Programm, welches die Assemblerquelldatei in Maschinencode übersetzt. In dieser Quelldatei befinden sich nicht nur Assemblerbefehle, die direkt in einen oder mehrere Maschinenbefehle konvertiert werden, sondern auch Assembleranweisungen, welche Vereinbarungen mit dem Assemblerprogramm sind, wie er mit dem umzugehen hat, was er in der Quelldatei vorfindet. Die elementaren Assembleranweisungen wurden in Kapitel 2 besprochen.

Was den Namen Assembler betrifft, so wird er in einer doppelten Bedeutung benutzt:

- Assembler ist das Übersetzungswerkzeug.

- Assembler ist die mnemonische Form der Maschinensprache von µControllern.

Wir werden für die zweite Verwendung den Namen »Befehlssprache« verwenden, oder, wenn es gescheiter klingen soll, auch »Befehlsmnemonik«.

Es gibt nämlich noch einen weiteren Begriff, den wir davon auseinanderhalten müssen, nämlich die Sprache, in welcher der Assembler die Assembleranweisungen haben möchte. Die letztere Sprache werden wir als »Assemblersyntax« bezeichnen. In die Form der Assembleranweisungen wird in nächster Zeit sicher mehr Bewegung kommen, als in die der Befehlssprache. Es gibt einen großen Bedarf an Computerunterstützung bei der Programmentwicklung. (Hallo Microchip, haben Sie uns gehört?)

Die unten aufgeführten Assembler verwenden sowohl unterschiedliche Befehlssprachen als auch unterschiedliche Assemblersyntax. Jeder davon hat seine Vorteile. Daß wir mit dem Assembler von Microchip arbeiten, hat den wichtigen Grund, daß wir mit der Befehlssprache einmal vertraut sind. Dieses ist ein entscheidender Punkt bei der Wahl von Werkzeugen. Jeder, der mehrere Programmiersprachen anwendet, weiß, wie wichtig die Gewöhnung an vertraute Sprachelemente ist. Ein Mensch ist schließlich kein Computer.

9.1.1 MPASM, Microchip

Arizona Mircochip hat derzeit zwei Assembler im Umlauf:

- MPASM für DOS

    Die Version 1.02. läuft problemlos. Sie bietet alles, was ein Übersetzer können muß. Die Liste der Befehle finden Sie in Kapitel 6 und im Anhang. Auch die grundlegenden Assembleranweisungen sind dort kurz besprochen.

- MPASMWIN für Windows 3.1

    Die Versionsnummer dieses Assemblers ist 1.30.01. In unserem Alltag hat dieses Programm noch keine Macken gezeigt.

Die Assembleranweisungen für die Windows-Version sind die gleichen wie für die DOS-Version.

Die zweite Schiene (Windows) aufzumachen, war sicher notwendig, weil die Entwicklungstools von Microchip zunehmend auf Windows basieren. Der Umstand, daß sich die beiden Assembler einig sind in der Assemblersyntax, hat den Vorteil, daß man sich mit einem Notebook in die Sonne legen kann, im guten alten Turbo-Pascal-Editor unter DOS ein Programm schreibt und es mit der DOS-Version des Assemblers von Syntaxfehlern befreit. Nach dieser angenehmen Arbeit verlagert sich das Geschehen an den »Emulator-Rechner«, und das Projekt wird in die Hände von Windows gelegt.

9.1.2 Parallax, Wilke Technology und Elektronik Laden

Der Assembler von Parallax heißt PASM. Die aktuelle, uns vorliegende Version ist die mit der Nummer 2.2. Sie läuft unter DOS, was kein Makel ist!

Dieser Assembler benutzt eine Befehlsmnemonik, welche sehr eng an die Sprache vom INTEL 8051 bzw. Zilog Z80 angelehnt ist. Das ist für langjährige Benutzer dieser Controller bzw. Prozessoren sicherlich sehr angenehm.

Der PASM wurde bis vor kurzem noch zusammen mit einem Simulator (siehe weiter unten) und einem »Emulator für den kleinen Mann« verkauft. Dieses Ensemble haben wir schon vor Jahren getesten und als sehr angenehm empfunden. Es scheint ein neues System auf den Markt zu kommen, über das wir leider noch nichts berichten können.

Was uns heute noch an hervorstechenden Eigenschaften im Gedächtnis ist, war die Verwendung von lokalen Labeln im Programm, welche mittlerweile wohl Allgemeingut sind. Diese sind sehr nützlich, um die Symboltabelle nicht unnötig aufzublähen.

9.1.3 UCASM, Elektronik Laden

Der universellste Assembler ist wohl der UCASM. Für Anwender, die viele unterschiedliche Prozessoren und Controller zu programmieren haben, ist dieses Werkzeug insofern gut, als nicht für jeden Typ eine andere Assemblersyntax erlernt werden muß.

Die besonderen Eigenschaften im Überblick:

- gleiche Assemblersyntax für viele Prozessoren und Controller
- die Befehlsmnemonic ist gleich der von Microchip
- Kennzeichnung von Labeln mit einem nachgestellten Doppelpunkt
- Kennzeichnung von Anweisungen für den Assembler durch einen vorangestellten Punkt.

Die letzten beiden Eigenschaften werden von uns sehr geschätzt, da sie für Klarheit sorgen und die Fehlersicherheit erhöhen. Sie führen leider zur Inkompatibilität mit anderen Werkzeugen.

Der UCASM ist ein gut durchdachter vielseitiger Assembler, den wir lange in Gebrauch hatten, bevor wir uns aus praktischen Gründen entschlossen, den MPASM zu akzeptieren.

9.2 Simulatoren

Simulatoren sind wertvolle Hilfsmittel bei der Entwicklung, wenn man nicht direkt mit einem Emulator an die Hardware heran kann oder keinen Emulator besitzt. Sie dienen dazu, Programmabläufe zu testen, was natürlich seine Grenzen hat, wenn schnell veränderliche Zustände an den Eingängen den Programmablauf bestimmen.

Wir haben selber noch sehr selten Gebrauch von einem Simulator gemacht, da es uns meist weniger mühevoll erschien, über einen Programmablauf noch einmal gründlich nachzudenken.

9.2.1 MPSIM bzw. MPLAB, Microchip

Mit dem »alten« MPSIM war das Simulieren keine Freude. Es ist aber generell ein Problem, an ein simuliertes Programm Eingaben zu vermitteln, die normalerweise

Entwicklungssysteme und Programmiersprachen 521

von den unterschiedlichsten Schaltungselementen kommen. Für die Simulation von Unterprogrammen, die ausschließlich mit Daten jonglieren, ist der Simulator gut einzusetzen. Die letzte Version, die wir noch im Hause haben, ist die Version 2.03.

Neue Zeiten brechen mit dem neuen MPLAB 3.0 an. Diese integrierte Entwicklungsumgebung (natürlich unter Windows) beinhaltet auch einen Simulator. Er ist zwar noch mit einigen Kinderkrankheiten behaftet, aber man kann schon damit arbeiten, wie uns ein Kollege freudig bestätigte. Wir selbst sind noch nicht dazu gekommen, weil wir gerade zum Erscheinungszeitpunkt von MPLAB 3.0 dieses Buch geschrieben haben.

Künftig werden wir uns also nur noch ans »Fenster« setzen und die Sonne hereinlassen. Wir meinen natürlich in die Sonne legen und unter Windows simulieren.

Außer einer absolut mühelosen Eingabemöglichkeit für Eingaben ans Programm haben die Simulatoren alle Befehle, die man braucht:

- Programmablaufsteuerung für alle Varianten
- Modifikation von Programm und Daten
- Ausgabe aller Daten und Symbole

Die Befehle einzeln zu behandeln, würde heißen, noch einmal ein Buch zu schreiben. Hier möchten wir auf die Handbücher verweisen.

9.2.2 PSIM, Wilke Technology

Den PSIM müssen wir der Vollständigkeit halber zumindest erwähnen, auch wenn wir zum jetzigen Zeitpunkt darüber leider nicht berichten können. Die letzte uns bekannte Version 2.03 des PSIM läuft unter DOS. Da der PSIM mit dem PASM Hand in Hand geht, sollte jeder, der sich für diese Linie interessiert, den neuesten Stand der Dinge erfragen.

9.3 In-Circuit-Emulatoren

Ein In-Circuit-Emulator, im folgenden kurz Emulator genannt, ist ein Entwicklungshilfsmittel, das statt des eigentlichen Bausteins in die Schaltung gesteckt wird und es dem Entwickler ermöglicht, ein Programm in beliebigen Schritten abzuarbeiten und dabei alle Register sehen und ändern zu können. Dabei kann man das Programm entweder an bestimmten Stellen (Break-Points) anhalten oder auch Schritt für Schritt (single step) abarbeiten. Komfortable Emulatoren lassen auch das Abarbeiten bis zum Erfüllen bestimmter Bedingungen zu, was aber oft sehr lange dauert und nicht in Echtzeit möglich ist.

Dabei befindet er sich im Gegensatz zum Simulator in der wirklichen Welt. Der Emulator kann vom Entwickler auch benutzt werden, um Schaltungen auszuprobieren oder die Eigenschaften von Schaltungselementen kennenzulernen. Komfortable Emulatoren bieten dazu noch die Möglichkeit, externe Signaleingänge während der Programmabarbeitung in Echtzeit zu erfassen und im Trace-Speicher festzuhalten. Mit dieser Zusatzeinrichtung wird der Emulator zu einem nützlichen Experimentiergerät, was wir mit dem PIC-Master von Arizona Microchip an den folgenden zwei Beispielen zeigen.

9.3.1 Anwendungsbeispiele

Der Emulator als einfacher Logic-Analyzer

Am Beispiel eines prellenden Schalters wollen wir zeigen, wie man dem PIC-Master die Eigenschaften eines Logicanalyzers abringen kann. Ziel der folgenden Untersuchungen ist es, die ungefähre Prellfrequenz und Prelldauer zu ermitteln. In diesem Falle schreibt man eine kleine Programmloop, welche mit einem oder mehreren Trace-Punkten versehen wird, die in bestimmten Zeitabständen erreicht werden. Die Zeitabstände sollten vorher gut überlegt werden, im Zweifelsfalle sehr klein. Daß man sie hätte größer wählen sollen, erkennt man daran, daß man unsinnig große Mengen unveränderter Werte hat.

Das folgende Schaltbild zeigt die Beschaltung mit dem PIC-Master:

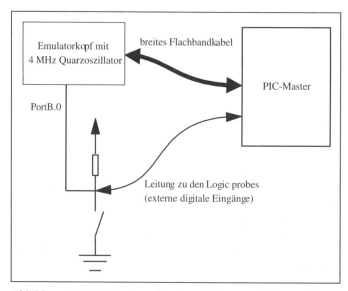

Abbildung 9.1: Der Logikanalysator als Datenaufnahmegerät

Wir nehmen an, daß der auf dem Emulatorkopf befindliche 4 MHz-Quarzoszillator ausreicht. Da wir auch sehr feine Prellpulse erfassen wollen, setzen wir an jeden Befehl der Schleife einen Trace-Point. Wenn uns diese zuviel erscheinen, weil der ganze Speicher voll ist mit unveränderten Werten, können wir einen weiteren Versuch starten, wobei wir weniger Trace-Points setzen.

Der Anfang des Programms, mit seinen Initialisierungen und Definitionen, sei hier beiseite gelassen.

Das Programm sieht beispielsweise so aus:

```
MAIN   CLRF   TMR0       ; TRIS_B nicht nötig, PORT_B ist Eingang
START  BTFSC  PORT_B,0   ; vorangestellte Schleife, damit die Erfassung
       GOTO   START      ; erst beim Schalten beginnt
LOOP   NOP               ; TRACE-POINT
       GOTO   LOOP
```

Die hier abgebildete Loop ist drei Befehlszyklen lang, so daß wir alle drei µsek einen Trace-Wert erhalten.

Die Option BREAK on Trace-Buffer full ist eingeschaltet!! Da der Tracespeicher 8192 Speicherplätze hat, können wir bei einem Abtastintervall von 3 µsek insgesamt 24576 µsek erfassen, was für einen Prellvorgang mehr als genug ist.

Ein Prellvorgang ist in der Regel nicht länger als eine msek.

Bei jedem Tracepunkt wird der aktuelle Zustand des zu überwachenden Signales aufgezeichnet. Im Trace-Speicher kann dann der Signalverlauf analysiert werden. Zum Sichtbarmachen als Kurve ist es möglich, die Daten im Trace-Speicher auf die Harddisk zu schreiben. Mit einem selbsterstellten Pascal- oder C-Programm wird diese Quelldatei derart bearbeitet, daß nur noch die relevanten Daten in der Datei bleiben. In einem weiteren Schritt lassen sich diese Daten dann auf Pulsdauer und Pulsanzahl analysieren. Diese relevanten Daten grafisch auszugeben, sollte auch keine Hürde sein.

Bei dieser Art der Datenerfassung muß man aber berücksichtigen, daß die Tracespeichereingänge eventuell eine andere Eingangsspannungsbewertung durchführen als die PIC16-Eingänge. Wenn man eine Aufzeichnung aus der Sicht bzw. mit der Eingangscharakteristik eines PIC16 machen will, muß die Loop so aussehen, daß man einen Port einliest und ihn an einem Hilfsportpin ausgibt. Dieser andere Portpin wird dann an einen Eingang des Trace-Speichers gelegt. Beim gleichzeitigen Aufzeichnen des Originalsignals und des Hilfsportpins erhält man zwei verschobene Signalverläufe, anhand derer die unterschiedliche Bewertung durch die zwei Eingangscharakteristiken ersichtlich wird.

Der Emulator als Datenerfassungsgerät

Bei diesem Experiment sollen folgende Randbedingungen herrschen:
1. Ein zeitlich kurzes Analogsignal soll erfaßt werden.
2. Die erfaßten, analogen Werte sollen für eine Auswertung zur Verfügung stehen.
3. Ein digitales Speicheroszilloskop mit Datenausgang steht nicht zur Verfügung.

Um diese Aufgabe unter den genannten Nebenbedingungen zu bewältigen, muß eine kleine Schaltung mit einem AD-Wandler entsprechender Geschwindigkeit aufgebaut werden. Der Einfachheit halber spielen wir den Versuch jetzt mit einem 8-Bit-Wandler durch. Mit einem 12- oder 16-Bit-Wandler ist es auch möglich, doch der Aufwand hierfür steigt etwas an, und die Befehlsschritte für die Erfassung dauern etwas mehr.

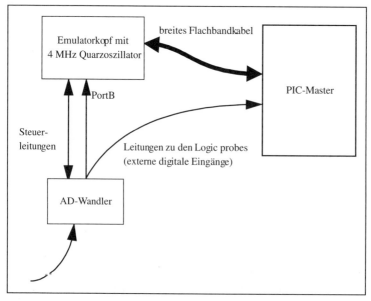

Abbildung 9.2: Erfassen analoger Signale mit dem PIC-Master

Ein Vorlauf, der in die Erfassungroutine übergeht, muß auf ein bestimmtes Ereignis warten, welches z.B. ein Schwellwert sein kann.

Die Programmloop für die Erfassung muß also den AD-Wandler starten und einlesen. In diese Einleseschleife ist ein Trace-Point zu setzen.

Entwicklungssysteme und Programmiersprachen

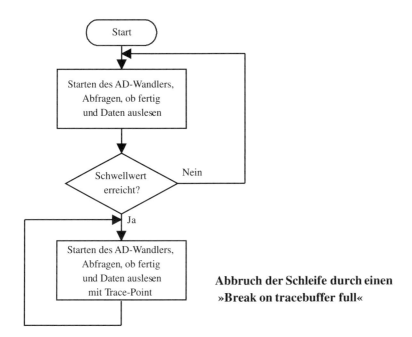

Abbildung 9.3: Programmablauf beim Erfassen analoger Signale

Die mit dieser Methode erfaßten Daten werden nun aus dem Trace-Speicher auf die Harddisk abgespeichert. Die weitere Verarbeitung erfolgt analog zu der im vorherigen Abschnitt. Liegen die Daten dann im Zahlenformat vor, kann jede Art von Analyse damit durchgeführt werden.

Ergebnis:

Wir haben soeben 8 Kbyte Daten erfaßt, was wir mit einem PIC16 nicht geschafft hätten, weil die Anzahl Register wesentlich geringer ist. Eine schnelle Ankopplung an einen größeren Speicher, was erheblichen Aufwand bedeutet hätte, mußten wir trotzdem nicht realisieren. Auch das noch relativ einfache Anschließen eines externen RAM an den PIC16 wäre nicht die beste Lösung gewesen, denn dieser Mehraufwand hätte trotz allem bedeutet, daß die Erfassung langsamer geworden wäre, als sie mit der oben beschriebenen Lösung erreicht wurde. Im übrigen helfen uns die Daten im RAM auch nicht sehr viel weiter. Von dort aus müssen sie noch in eine Datei übertragen werden, was wieder einen Programm- und Hardwareaufwand bedeutet hätte.

Wie auch bei den Programmiergeräten und vielen anderen Laborgeräten gibt es hier ebenfalls unterschiedliche Ausführungen. Es sind also Low-cost-Systeme und High-end-Geräte erhältlich.

9.3.2 Microchip

Arizona Microchip bietet beide Varianten an. Der kleine Emulator heißt ICEPIC, und der große Emulator hat den Namen PIC-MASTER. Die Software für den großen Emulator ist das »MPLAB« und bietet, wie Sie gleich sehen werden, alle Features, die man sich von einem In-Circuit-Emulator erwartet. Die letzte Version ohne integrierten Simulator ist die Version 2.20.00. Sie ist bei uns noch im Einsatz und zeigt keine Probleme. Auf die neueste Version (3.00) mit dem integrierten Simulator werden wir erst umsteigen, wenn dieses Buch vollendet ist.

Bevor wir näher auf Details eingehen, möchten wir die Leistungsmerkmale des ICEPIC und PIC-Master gegenüberstellen.

Eigenschaft	ICEPIC	PIC-Master
unterstützt PIC16C5X	ja	ja
unterstützt PIC16CXX	ja	ja
unterstützt PIC17CXX	nein	ja
»Break« bei externem Eingangssignal	nein	ja
»Break« bei bestimmtem Registerwert	nein	ja
EEPROM-Veränderung	ja	ja
Opcode ausführen	nein	ja
Einfrieren der Peripherie bei HALT	ja	ja
Mehrprozessorunterstützung	nein	ja
Online-Hilfe	beschränkt	massiv
Projektmanagement	beschränkt	massiv
Quellcodedebugging	beschränkt	massiv
step out of	ja	nein
step over	ja	ja
Trace Analysator	nein	ja
Trigger-Ausgang	nein	ja
externe Logikeingänge	nein	ja
Watch-Fenster	eines	unbegrenzt

Übersicht der wichtigsten Menüpunkte:

- Projekte öffnen und Sourcefiles darstellen
- Sourcefiles assemblieren oder kompilieren
- Darstellen von Maschinencode und Registern auf verschiedene Weisen
- Programmablauf steuern:
  - realtime-Ablauf
  - single-step-Abarbeitung
  - Softwaretrace
- Breakpoints und Trace-Points setzen
- Registerinhalte modifizieren
- Stackinhalt darstellen
- Trace-Speicher darstellen und abspeichern

9.3.3 Parallax

Auch die Firma Parallax bietet in dieser Richtung Unterstützung. Sie hatte allerdings bisher verschiedene Geräte für die einzelnen PIC16-Typen. Ferner ist momentan (1.+2.Q/1996) die Umstellung auf ein CE-konformes System im Gange, wodurch uns kein Testgerät zur Verfügung gestellt werden konnte. Bis zum Erscheinen des Buches werden die Neuentwicklungen von Parallax wohl auf dem Markt sein.

9.3.4 Yahya

Dieser kleine Emulator vom Elektronik Laden soll hier zumindest Erwähnung finden, da er sich für Einsteiger mit kleinem Bugdet anbietet. Die Lektüre der entsprechenden Ausgaben der Zeitschrift ELRAD ist anzuraten. Dieses kleine, handliche Gerät, welches mit DOS-Software betrieben wird, ist preislich attraktiv und bietet einem Anfänger einen guten Einstieg.

9.4 Demoboards

Demoboards sind eine der wichtigsten Beigaben von Entwicklungswerkzeugen. Sie gewährleisten ein schnelles, problemloses Nachvollziehen von Beispielen, was beim Einstieg in neue Gefilde sehr nützlich ist.

9.4.1 Microchip

Die beiden Demoboards von Arizona Microchip liegen stets in Reichweite und sind immer wieder eine willkommene Unterstützung, wenn zum Herstellen einer eigenen Testplatine keine Zeit ist. Man spart sehr viel Zeit, indem man schnell mal etwas aufbaut, wozu man normalerweise einige Stunden gebraucht hätte. Es werden verschiedene Typen unterstützt, und den Oszillatortyp kann man auch frei wählen. Leuchtdiodenanzeigen, ein V24-Baustein für die Verbindung zum PC und ein frei verwendbares Lötfeld bieten eine Menge Experimentiermöglichkeiten.

9.4.2 Parallax

Da uns momentan nichts von Parallax vorliegt, müssen wir von früheren Tests mit dem Parallax-Demoboard berichten, von denen wir nur noch in Erinnerung haben, daß sie erfreulich waren.

9.4.3 Demoboard zu diesem Buch

Die Freude über ein Demoboard und die daraus resultierenden Vorteile möchten wir unseren Lesern natürlich nicht vorenthalten. Deshalb werden wir speziell für dieses Buch einen Bausatz für ein Demoboard anfertigen, damit auch Sie die meisten Experimente schnell nachvollziehen können. Im Gegensatz zur Software, die wir auf CD-ROM gleich beigelegt haben, wurde auf das Beilegen einer Platine verzichtet. Ohne die entsprechenden Bauteile ist ihr Nutzen doch recht zweifelhaft, und das Buch wäre auch teurer geworden.

Ein Layout für eine Testplatine legen wir für die ganz Ungeduldigen bei. Schaltplan, Bestückungsplan und eine kurze Beschreibung folgen im Anhang.

Die Bezugsquelle für den Bausatz ist:

Elektronik Laden
Mikrocomputer GmbH
W.-Mellies-Straße 88
32758 Detmold
Tel. (0 52 32) 81 71
Fax (0 52 32) 8 61 97

bzw.

PTL Elektronik GmbH
Putzbrunner Straße 264
81739 München
Tel. (089) 6 01 80 20
Fax (089) 6 01 25 05

9.5 Programmiergeräte

Am Ende jeder Entwicklung muß der Maschinencode in einen Baustein gelangen. Für diesen Vorgang gibt es keinen zufriedenstellenden Namen. Das Wort Brennen ist falsch, denn es brennt schießlich nichts, und das Wort Progammieren ist doppeldeutig und wird eigentlich für das Erstellen eines Programms verwendet. Nichtsdestotrotz heißen die Geräte, die für diese Aufgabe zuständig sind, Programmiergeräte, die nach den vom Hersteller vorgegebenen Algorithmen das Programm in die Bausteine »einbrennen«. Einmal programmierte Bausteine sind nicht mehr reprogrammierbar, sofern es sich nicht um Typen der PIC16C8X-Familie handelt (das sind EEPROM-Typen) oder einen Fenstertypen. Es ist wohl möglich, in noch freie Bereiche des EPROM-Programmspeichers nachträglich Programmcode einzuprogrammieren. Dabei sollte man beim ersten Programmiervorgang die »Code-Protection-Fuse« noch nicht programmieren.

Um sich vor Nachbau zu schützen, ist nach dem letzten Programmiervorgang die »Code-Protection-Fuse« zu programmieren. Bei den größeren gibt es für mehrere Bereiche getrennte »Code-Protection-Fuses«.

Achtung bei den Fenstertypen

Bei den PIC16CXX ist diese Fuse an eine andere Stelle gewandert, als sie bei den PIC16C5X war. Die PIC16CXX-Bausteine sind nicht mehr löschbar, wenn die Code-Protection-Fuse programmiert wurde!

Fenstertypen können also nur dann wiederverwendet werden, wenn die »Code-Protection-Fuse« nicht programmiert wurde!

Generell gibt es ein Merkmal für Programmiergeräte, auf das geachtet werden muß, wenn es um Bausteine für die Produktion geht. Hier müssen Programmiergeräte verwendet werden, die für die Produktion zugelassen sind. Kein µControllerhersteller wird irgendeine Gewährleistung übernehmen, wenn Sie das Programm mit Ihrem eigenen Meißelchen in den Baustein programmiert haben. Welches Programmiergerät Sie für sich bzw. im Entwicklungslabor verwenden, ist Ihre Sache.

9.5.1 Microchip

Von Arizona Microchip gibt es mehrere Programmiergeräte. Das kleine System ist der PICSTART Plus. Das große, für die Produktion zugelassene, ist der PROMATE 2.

PICSTART Plus

Im Gegensatz zu den früheren PICSTARTs werden von diesem neuen PICSTART PLUS alle Baustein-Typen von Arizona Mircochip unterstützt, welche bis zu 40 Pins besitzen. Also auch die PIC17CXX und PIC14000.

Wie auch die Vorgänger besitzt er ein V24-Interface zum PC und einen 40poligen Sockel.

PROMATE 2

Der PROMATE ist in der Lage, alle Typen zu programmieren. Sockeladapter für alle Bauformen sind auch verfügbar. Die Schnittstelle zum PC ist auch hier die V24. Dieses Gerät ist für die Produktion zugelassen.

9.5.2 Elektronikladen Detmold

ALL07

Der größte Programmer vom Elektronikladen Detmold ist der ALL07 von HILO. Wir arbeiten selbst mit diesem Burschen. Vor allem von der Programmiergeschwindigkeit sind wir begeistert. Keiner der anderen uns bekannten Programmer ist so schnell wie der ALL07.

Er unterstützt alle derzeit auf dem Markt befindlichen PIC16-Derivate und ist schnell dabei, wenn neue Derivate auf den Markt kommen. Er ist ebenfalls für die Produktion zugelassen.

PICPROG16

Daneben bietet der Elektronik Laden auch noch ein Low-cost-System von Bassem Yahya an. Es enthält ein Programmiergerät für die kleinen Typen und ist mittels eines kleinen Adapters auch in der Lage, die großen PIC16-Bausteine zu programmieren.

Sogar der PIC17C42 ist damit programmierbar.

Mit einem weiteren Adapter kann ein kleiner Emulator für den PIC16C84 ähnlich einem EPROM-Simulator realisiert werden.

Er hat, genau wie die PICSTARTs, auch eine serielle Anbindung an den PC, und die Programme laufen ebenfalls unter DOS.

9.5.3 Wilke Technology

In dem schon weiter oben angesprochenen Entwicklungspaket von Parallax ist logischerweise auch ein Programmiergerät enthalten. Früher hatte es kein Gehäuse, aber dafür war es auf einer Kunststoffplatte aufgebaut, so daß Metallteile, auf die man die Platine gelegt hatte, keinen Kurzschluß verursachen konnten. Die neue angekündigte Variante mit CE-Zeichen haben wir leider noch nicht gesehen. Hoffentlich wird das schlüssige Konzept und die praktische Aufmachung beibehalten.

9.6 Hochsprachen

Außer der Assemblersprache, die wir in diesem Buch ausschließlich verwendet haben, kommen auch Hochsprachen wie »Pascal« und »C« in Frage, ein PIC16-Programm zu schreiben.

9.6.1 Pascal

Was die Pascal-Compiler für die PIC16 angeht, kennen wir nur den von Herrn Dieter Peter, aus Wuppertal.

Wir konnten uns noch nicht bis ins Detail damit auseinandersetzen, aber was uns als sehr positiv auffällt, ist, daß aus dem Pascal-Code eine PIC16-Assemblerdatei produziert wird. Damit kann bis auf den letzten Befehl überprüft werden, wie der Pascal-Code umgesetzt wurde. Seltsame und zeitverschwendende Konstrukte, die man von Hochsprachen gewöhnt ist, können so aufgespürt und ausgebügelt werden. Wenn man sieht, wie bestimmte Pascal-Befehlsfolgen übersetzt werden, kann man sich eventuell eine andere Kodierung einfallen lassen, wodurch der vom Compiler erzeugte Code gleich so wird, wie man ihn sich vorstellt.

Die uns vorliegende Beta-Version unterstützt zwar nur einige Typen, aber bei der Vollversion gehen wir davon aus, daß auf die speziellen Eigenschaften und Beschränkungen aller PIC16-Typen eingegangen wird. Im vierten Quartal '96 soll übrigens eine neue Version erscheinen.

9.6.2 C

Für die Programmiersprache »C« gibt es mehrere Compiler. Uns sind sie nicht geläufig, weil wir selber keinen Gebrauch von einer Hochsprache zum Erstellen von µController-Software machen.

Da das Interesse an solchen Werkzeugen groß ist, stellen wir hier zwei Vertreter dieser Compilerklasse vor.

Der erste ist der C-Compiler von Arizona Microchip. Dieses Programmwerk wurde ursprünglich von der Firma ByteCraft entwickelt und ist kürzlich von Microchip übernommen worden. Jede andere Software von Microchip liegt auf dem BBS (Mailbox) von Microchip und ist für jedermann zugänglich. Von diesem C-Compiler steht nur eine Demoversion zur freien Verfügung. Laut Auskunft von Microchip will man die Performance erheblich steigern.

Der zweite C-Compiler, der hier Erwähnung finden soll, ist von der Firma Keil in Grasbrunn. Dieser Compiler wird bezüglich seiner Leistungsfähigkeit und Fehlerfreiheit oft lobend erwähnt.

9.7 Programmgeneratoren

Diese neuartige Software soll nun auch für die PIC16 verfügbar sein. Die Aufgabe dieses Programmwerks ist es, dem Entwickler das Handling mit den Konfigurationsregistern aus der Hand zu nehmen. In einem Windows-basierenden System muß vom Entwickler die Funktion der einzelnen Hardwaremodule ausgewählt werden, und die Software schreibt dann einen PIC16-Programmteil, der die Initialisierung der Module erledigt. Aus unserer Sicht ist es schon wünschenswert, diese Arbeit einem PC-Programm zu überlassen, aber der Umstand, daß das Ergebnis dieses Programmgenerators C-Code ist, mindert unsere Freude darüber doch sehr. Da es in unserer Leserschaft sicher Interessenten dafür gibt, folgender Hinweis: Das Programm heißt »MP-DriveWay«, und eine Demoversion ist auf der beiliegenden CD-ROM enthalten. Die jeweils aktuelle Version kann sich jedermann vom BBS von Microchip holen.

MP-DriveWay ist von der Firma Aisys, Santa Clara, CA. Die Firma Aisys gibt keine Garantie auf die Demoversion von MP-DriveWay. Ferner besteht kein Support für diese Demoversion und keine Zusage, daß diese Demoversion in dieser Form beibehalten wird. Eigentümer jeder Kopie dieser Demo von MP-DriveWay bleibt die Firma Aisys.

Zur Erstellung von Assembler-Quellcode, u.a. für Initialisierung der Konfigurationsregister, haben wir uns eine eigene Pascal-Software geschrieben, welche in absehbarer Zeit in die weite Welt entlassen werden kann.

Kapitel 10

Anhang

10.1 PIC16C5X-Überblick

OTP	Memory	RAM	I/O	MHz	Timers	Main Features	Packages
16C52	384 x 12	25	12	4 1 MIPS	1	10 mA source/ sink per I/O, 2.5V	18P, 18SO
16C54	512 x 12	25	12	20 5 MIPS	1 + WDT	20mA source & 25mA sink per I/O, 2.0V	18 JW, 18P, 18SO, 20SS
16C54A	512 x 12	25	12	20 5 MIPS	1 + WDT	20mA source & 25mA sink per I/O, 2.0V	18 JW, 18P, 18SO, 20SS
16C55	512 x 12	24	20	20 5 MIPS	1 + WDT	20mA source & 25mA sink per I/O, 2.5V	28P, 28JW, 28SP 28SO, 28SS
16C56	1024 x 12	25	12	20 5 MIPS	1 + WDT	20mA source & 25mA sink per I/O, 2.5V	18P, 18JW, 18SO, 20SS
16C57	2048 x 12	72	20	20 5 MIPS	1 + WDT	20mA source & 25mA sink per I/O, 2.5V	28P, 28JW, 28SP 28SO, 28SS
16C58A	2048 x 12	73	12	20 5 MIPS	1 + WDT	20mA source & 25mA sink per I/O, 2.0V	18P, 18SO, 20SS

Übersicht der PIC16C5X-Familie

10.2 PIC16CXX-Überblick

OTP	Memory	RAM	I/O	A/D	Serial	PWM	Cmp	BOD	Timers
16C61	1024 x 14	36	13						1 + WDT
16C62	2048 x 14	128	22		I²C/SPI	1			3 + WDT
16C62A	2048 x 14	128	22		I²C/SPI	1		√	3 + WDT
16C63	4096 x 14	192	22		USART I²C/SPI	2			3 + WDT
16C63A NOW	4096 x 14	192	22		USART I²C/SPI	2		√	3 + WDT
16C64	2048 x 14	128	33		I²C/SPI	1			3 + WDT
16C64A	2048 x 14	128	33		I²C/SPI	1		√	3 + WDT
16C65	4096 x 14	192	33		USART I²C/SPI	2			3 + WDT
16C65A NOW	4096 x 14	192	33		USART I²C/SPI	2		√	3 + WDT
16C620	512 x 14	80	13				2	√	1 + WDT
16C621	1024 x 14	80	13				2	√	1 + WDT
16C622	2048 x 14	128	13				2	√	1 + WDT
16C710	512 x 14	36	13	4				√	1 + WDT
16C71	1024 x 14	36	13	4					1 + WDT
16C711	1024 x 14	68	13	4				√	1 + WDT
16C72	2048 x 14	128	22	5	I²C/SPI	1		√	3 + WDT
16C73	4096 x 14	192	22	5	USART I²C/SPI	2			3 + WDT
16C73A NOW	4096 x 14	192	22	5	USART I²C/SPI	2		√	3 + WDT
16C74	4096 x 14	192	33	8	USART I²C/SPI	2			3 + WDT
16C74A NOW	4096 x 14	192	33	8	USART I²C/SPI	2		√	3 + WDT
16C83 Q2/96	512 x 14	36 64 E²	13						1 + WDT
16C84	1024 x 14	36 64 E²	13						1 + WDT
16C84A Q2/96	1024 x 14	68 64 E²	13						1 + WDT

Übersicht der PIC16CXX-Familie

10.3 Die Befehlsliste der PIC16C5X und PIC16CXX

Befehle, die nur der PIC16CXX kennt, sind gekennzeichnet. Ebenso sind Befehle markiert, die bei den PIC16CXX nicht mehr verwendet werden sollen.

Befehl + Operanden	Operation	Status Flags	Kommentar
ADDWF F,D	D = W + F	CY,DC,ZF	
ANDWF F,D	D = W AND F	ZF	
CLRF F	F = 0	ZF	
CLRW	W = 0	ZF	
COMF F,D	D = NOT F	ZF	
DECF F,D	D = F - 1	ZF	
DECFSZ F,D	D = F - 1, SKIP IF ZR	none	
INCF F,D	D = F + 1	ZF	
INCFSZ F,D	D = F + 1, SKIP IF ZR	none	
IORWF F,D	D = W OR F	ZF	
MOVF F,D	D = F	ZF	
MOVWF F	F = W	none	
NOP	no operation	none	
RLF F,D	rot left thru CY	CY	
RRF F,D	rot right thru CY	CY	
SUBWF F,D	D = F - W	CY,DC,ZF	
SWAPF F,D	D = F, nibble swap	none	
XORWF F,D	D = W XOR F	ZF	

Byteorientierte Registeroperationen

Befehl	+ Operanden	Operation	Status Flags	Kommentar
BCF	F,B	clear F(B)	none	
BSF	F,B	set F(B)	none	
BTFSC	F,B	skip IF F(B) clear	none	
BTFSS	F,	skip IF F(B) set	none	

Bitorientierte Registeroperationen (Bitnummer B = 0..7)

Befehl + Operanden	Operation	Status Flags	Kommentar
ADDLW K	W = W + K	CY,DC,ZF	nur PIC16CXX
ANDLW K	W = W AND K	ZF	
CALL ADR	CALL subroutine	none	
CLRWDT	clear watchdogtimer	TO,PD	
GOTO ADR	go to adress	none	
IORLW K	W = W OR K	ZF	
MOVLW K	W = K	none	
OPTION	W nach OPTION Reg	none	bei PIC16CXX nicht mehr verwenden
RETFIE	return from INT	GIE	nur PIC16CXX
RETLW K	return with W = K	none	
RETURN	return	none	nur PIC16CXX
SLEEP	go to Standby mode	TO, PD	
SUBLW K	W = K - W	CY, DC, ZF	nur PIC16CXX
TRIS F	trisreg = W		nur PIC16C5X
XORLW K	W = W XOR K	ZF	

Konstanten und Kontrollbefehle

10.4 Programmpages und Registerbänke

Der Umgang mit den Programmpages und den Registerbänken wird von den einzelnen Familien unterschiedlich behandelt. Um die Verwirrung zu begrenzen, hier ein Überblick:

	Program-Page-select	Register-Bank-select
PIC16C5XC	STATUS <5:6> (7 Zukunft)	FSR <5:6>
PIC16CXX	PCLATH	STATUS <5> (6:7 Zukunft)

Zusammenstellung der Page- und Bank-Selektionen

10.5 Registeradressliste

00	INDF		80	INDF
01	TMR0		81	OPTION
02	PC		82	PC
03	STATUS		83	STATUS
04	FSR		84	FSR
05	PORTA		85	TRISA
06	PORTB		86	TRISB
07	PORTC		87	TRISC
08	PORTD		88	TRISD
09	PORTE		89	TRISE
0A	PCLATH		0A	PCLATH
0B	INTCON		8B	INTCON
0C	PIR1		8C	PIE1
0D	PIR2		8D	PIE2
0E	TMR1L		8E	PCON
0F	TMR1H		8F	-
10	T1CON		90	-
11	TMR2		91	-
12	T2CON		92	PR2
13	SSPBUF		93	SSPADD
14	SSPCON		94	SSPSTAT
15	CCPR1L		95	-
16	CCPR1H		96	-
17	CCP1CON		97	-
18	RCSTA		98	TXSTA
19	TXREG		99	SPBRG
1A	RCREG		9A	-
1B	CCPR2L		9B	-
1C	CCPR2H		9C	-
1D	CCP2CON		9D	-
1E	ADRES		9E	-
1F	ADCON0		9F	ADCON1

Adressen der Special-Function-Register

10.6 Die Special-Function-Register der PIC16CXX

In der folgenden Zusammenstellung des Registersatzes der derzeitigen PIC16-Typen steht als erstes immer der Name. In der gleichen Zeile, etwa in der Mitte, steht die Adresse, und im Kasten stehen die einzelnen Bits des Registers. Der dann folgende Abschnitt soll Sie, ohne den Teil des PIC16 zu erklären, aus dem das Register stammt, in die Lage versetzen, die jeweilige Konfiguration der einzelnen Bits vorzunehmen, ohne immer wieder im Datenbuch nachsehen zu müssen.

STATUS				03H			
IRP	RP1	RP0	/TO	/PD	ZR	DC	CY

IRP und RP1 gibt es noch nicht.

/POR aus PCON	/TO	/PD	Bedeutung
0	1	1	Power-on-reset
1	0	1	WDT reset during normal function
1	0	0	WDT timout wake-up from sleep
1	1	1	MCLR reset during normal function
1	1	0	MCLR reset during sleep or
			interrupt wake-up from sleep

Die Flags ZR, DC und CY werden bei bestimmten Befehlen als Ergebnis der Operation zur Verfügung gestellt. Die Verwendung des CY-Flags ist nicht üblich.

PCON				8EH			
-	-	-	-	-	-	/POR	-

INTCON 0BH

GIE	PEIE	T0IE	INTE	RBIE	T0IF	INTF	RBIF
Global interrupt.	Peripheral interrupt bit.	T0IF interrupt bit.	INT interrupt bit.	RB port change interrupt bit	TMR0 overflow interrupt flag.	External interrupt flag.	RB port change interrupt flag.

PIR1 0CH

PSPIF	ADIF	RCIF	TXIF	SSPIF	CCP1IF	TMR2F	TMR1IF

PIE1 8CH

PSPIE	ADIE	RCIE	TXIE	SSPIE	CCP1IE	TMR2IE	TMR1IE
Parallel slave port interrupt bit.	A/D converter interrupt bit.	Serial communication interface receive interrupt bit.	Serial communication interface transmit interrupt bit.	Synchronous serial port interrupt bit.	CCP1 interrupt bit.	Timer2 interrupt bit.	Timer1 interrupt bit.

PIR2 0DH

-	-	-	-	-	-	-	CCP2IF

PIE2 8DH

-	-	-	-	-	-	-	CCP2IE
							CCP2 interrupt bit.

TMR1L				0EH			
TMR1 niederwertigeres Zählerbyte							

TMR1H				0FH			
TMR1 höherwertiges Zählerbyte							

T1CON				10H			
-	-	T1CKPS1	T1CKPS0	T1OSCEN	T1SYNC	TMR1CS	TMR1ON
		11 = Vorteilerwert = 8		1 = Oszillator einschalten	Ext. Takt:	Clock-selection	Timer1 on
		10 = Vorteilerwert = 4			1 = not synch	1 = extern	1 = TMR1 in Betrieb
		01 = Vorteilerwert = 2			0 = Synch	0 = intern	0 = TMR1 halt
		00 = Vorteilerwert = 1					

TMR2				11H			
TMR2-Zählerbyte							

T2CON				12H			
-	TOUTPS3	TOUTPS2	TOUTPS1	TOUTPS0	TMR2ON	T2CKPS1	T2CKPS0
		0000 = Nachteiler ist 1		Timer2 on/off		00 = Vorteiler ist 1	
		0001 = Nachteiler ist 2		1 = TMR2 eingeschaltet		01 = Vorteiler ist 4	
				0 = TMR2 stop		1X = Vorteiler ist 16	
		1111 = Nachteiler ist 16					

SSBUF	13H
Synchronous Serial Port Receive Buffer/Transmit Register	

SSPCON								14H
WCOL	SSPOV	SSPEN	CKP	SSPM3	SSPM2	SSPM1	SSPM0
Write collision detect 1 = das SSBUF-Register wird geschrieben, während es noch das vorige Wort überträgt. Muß per Software gelöscht werden	Receive overflow flag 1 = Ein neues Byte wird empfangen, während das SSBUF-Register noch die vorherigen Daten hält. Muß per Software gelöscht werden	Sync serial port enable Im SPI Modus: 1 = Einschalten des SSP-Moduls und Konfiguration der notwendigen Pins	Clock polarity select Im SPI Modus: 1: Idle state for clock is a High Level. 0: Idle state for clock is a Low Level. Im I²C-Modus: SCK release control 1 = Enable clock 0 = Holds clock low clock	Synchronous serial port mode select 0000 = SPI-Master-Modus, clock = osc/4 0001 = SPI-Master-Modus, clock = osc/16 0010 = SPI-Master-Modus, clock = osc/64 0011 = SPI-Master-Modus, clock = (TMR2output/2) 0100 = SPI-Slave-Modus, clock = SCK pin. /SS pin control disabled 0101 = SPI-Slave-Modus, clock = SCK pin. /SS pin control disabled/SS kann als I/O-Pin genutzt werden. 0110 = I²C-Slave-Modus, 7-bit adress 0111 = I²C-Slave-Modus, 10-bit adress 1011 = I²C-Master-Modus, support enabled (Slave Idle) 1110 = I²C-Slave-Modus, 7-bit adress mit Master-Modus support enabled 1111 = I²C-Slave-Modus, 10-bit adress mit Master-Modus support enabled			

CCPR1L	15H
Capture/Compare/Duty Cycle Register (LSB)	

CCPR1H				16H			
Capture/Compare/Duty Cycle Register (MSB)							

CCP1CON				17H			
-	-	CCP1X	CCP1Y	CCP1M3	CCP1M2	CCP1M1	CCP1M0

	Two low order bits	CCP1 mode select.
	Capture: unbenutzt	0000 = Capture/Compare/PWM off
	Compare: unbenutzt	(Resets CCP1 module)
PWM: Write to low order bits in high resolution (10-bit) mode. May be kept constant (at '0') if only 8-bit resolution (in standard resolution mode) is desired.	0100 = Capture-Modus, jede fallende Flanke
	0101 = Capture-Modus, jede steigende Flanke
	0101 = Capture-Modus, jede 4te steigende Flanke
	0111 = Capture-Modus, jede 16te steigende Flanke
	1000 = Compare-Modus, setze Output bei Gleichheit (CCPxIF bit ist gesetzt)
	1001 = Compare-Modus, setze Output bei Gleichheit zuruck (CCPxIF bit ist gesetzt)
	1010 = Compare-Modus, generiere Software-Interrupt (CCPxIF bit ist gesetzt).
	CCP1-Pin ist unbeeinflußt
	1011 = Compare-Modus,
	– CCP1 setzt TMR1 zurück
	– CCP2 löscht TMR1 und startet eine A/D-Wandlung (wenn A/D-Modul an ist)
	11XX = PWM-Modus

RCSTA				18H			
SPEN	RC8/9	SREN	CREN	-	FERR	OERR	RCD8
Serial Port Enable bit 1 = Konfiguriert RA4/RX/ DT und RA5/TX/ CK pins als serielle Port-pins. 0 = Serieller Port disabled.	Receive Data Length Bit 1 = Wählt 9-bit-Empfang 0 = Wählt 8-bit-Empfang	Single Receive Enable Bit Synchronous Modus: 1 = Enables Empfang 0 = Disables Empfang	Continous Receive Enable Bit 1 = Enables Empfang 0 = Disables Empfang	Unimplemented reads als 0	Overrun Error bit 1 = Overrun. Reset durch clearing CREN 0 = Kein overrun Error	Das 9. bit of receive data, can be parity bit	

TXREG	19H
SCI Transmit Data Register	

RCREG	1AH
SCI Receive Data Register	

CCPR2L	1BH
Capture/Compare/Duty Cycle Register (LSB)	

CCPR2H	1CH
Capture/Compare/Duty Cycle Register (MSB)	

CCP2CON — 1DH

-	-	CCP2X	CCP2Y	CCP2M3	CCP2M2	CCP2M1	CCP2M0

siehe CCP1CON 17H

ADRES — 1EH

A/D Result Register

ADCON0 — 1FH

ADCS1	ADCS0	CHS2	CHS1	CHS0	GO_/DONE	-	ADON
A/D conversion clock select 00 = fosc/2 01 = fosc/8 10 = fosc/32 11 = f-RC(clock ist derived from an RC oscillator)		Analog Kanal select. 000 = Kanal 0 (RA0/AIN0) 001 = Kanal 1 (RA1/AIN1) 010 = Kanal 2 (RA2/AIN2) 011 = Kanal 3 (RA3/AIN3) 000 = Kanal 4 (RA5/AIN4) 001 = Kanal 5 (RE0/AIN5) 010 = Kanal 6 (RE1/AIN6) 111 = Kanal 7 (RE2/AIN7)			A/D conversion status bit Wenn ADON = 1 1 = A/D conversion is progress. Setting this bit starts an A/D conversion. 0 = A/D conversion not in progress/completed. Dieses Bit wird automatisch durch die Hardware gelöscht, wenn die A/D-Konversion beendet ist. Wenn ADON = 0, wird dieses Bit auf Null gezwungen		A/D on bit 1 = A/D converter module is operating. 0 = A/D converter module is shut off and consumes no operating current.

ADCON1 — 9FH

-	-	-	-	-	PCFG2	PCFG1	PCFG0
					A/D Port Konfigurationsbits. Diese Bits konfigurieren die analogen Portpins bei den verschiedenen PIC16C7X-Typen		

OPTION				81H			
/RBPU	INTEDG	RTS	RTE	PSA	PS2	PS1	PS0
Port B pull-up enable 1 = Port B pull-ups are disabled overriding any port latch value 0 = Port B pull-ups are enabled by individual port-latch values	Interrupt edge select 1 = Interrupt on rising edge 0 = Interrupt on falling edge	TMR0 signal source 1 = Transition on RA4/T0CKI pin 0 = internal instruction cycle clock (CLKOUT)	TMR0 signal edge 1 = Increment on high-to-low transition an RA4/T0CKI pin 1 = Increment on low-to-high transition an RA4/T0CKI pin	Prescaler assignement bit 1 = Prescaler assignement to the WDT 0 = prescaler assignement to TMR0			

Prescaler Wert

PS2	PS1	PS0	TMR0 Rate	WDT Rate
0	0	0	1 : 2	1 : 1
0	0	1	1 : 4	1 : 2
0	1	0	1 : 8	1 : 4
0	1	1	1 : 16	1 : 8
1	0	0	1 : 32	1 : 16
1	0	1	1 : 64	1 : 32
1	1	0	1 : 128	1 : 64
1	1	1	1 : 256	1 : 128

TRISE				89H			
IBF	OBF	IBOF	PSPMODE	-	TRISE2	TRISE1	TRISE0
Input buffer full 1 = Ein Wort wurde empfangen und wartet darauf von der CPU gelesen zu werden. 0 = Kein Wort wurde empfangen	Output buffer full 1 = Der Output-Buffer hält noch das vorher geschriebene Wort 0 = Output-Buffer wurde gelesen	Input Buffer overflow in Microprocessor mode. 1 = A Write occured, when a previously written word has not been read. Must be cleared in software. 0 = No overflow has occured.	Select parallel slave port Modus für die Ports RD und RE. 1 = Parallel Slave Port Modus 0 = General Purpose I/O.		Direction control bit for port pin RE2 1 = input 0 = Output	Direction control bit for port pin RE1 1 = input 0 = Output	Direction control bit for port pin RE0 1 = input 0 = Output

PR2	92H
Timer2 Period Register	

SSPADD	93H
Synchronous Serial Port (I²C mode) Address Register	

SSPSTAT				94H			
-	-	D_/A	P	S	R_/W	UA	BF
Data/Adress bit (I²C Modus only) 1 = Indicates that the als byte received, was data 0 = Indicates that the als byte received, was adress			Stop-bit (nur I²C-Modus) Dieses Bit wird gelöscht, wenn das SSP-Module ist disabled (SSPEN ist gecleared) 1 = indicates that a stop bit has been detected last. Dieses Bit ist 0 on reset 0 = Stop Bit was not detected last	Start-bit (nur I²C-Modus) Dieses Bit wird gelöscht, wenn das SSP-Module ist disabled (SSPEN ist gecleared) 1 = indicates that a start bit has been detected last. Dieses Bit ist 0 on reset 0 = Start Bit was not detected last	Lesen/Schreiben Bit-Information (nur I²C-Modus) Dieses Bit hält die R/_W-Bit-Information received following the last address match. Dieses Bit ist nur gültig während Transmission. 1 = Lesen 0 = Schreiben	Update Adress (nur 10-bit-I²C-Slave-Modus) 1 = Indicate that the user needs to update the address in the SSPADD-Register. 0 = Adress does not need to be updated.	Buffer voll Empfang (SPI und I²C-Modus): 1 = Receive complete, SSPBUF ist voll 0 = Receive not complete, SSPBUF ist leer Transmit (nur I²C-Modus): 1 = Transmit in progress, SSPBUF ist voll 0 = Transmit complete SSPBUF ist leer.

TXSTA				98H			
CSRC	TX8/9	TXEN	SYNC	-	BRGH	TRMT	TXD8
Clock source select bit Synchronous Modus: 1 = Master-Modus (Clock generated internally from BRG) Asynchronous Modus: Don't care	Transmit Data Length Bit 1 = Selects 9-bit Transmission 0 = Selects 8-bit Transmission	Transmit enable Bit 1 = Transmit enabled 0 = Transmit disabled SREN/ CREN overrides TXEN in SYNC-Mode	SCI Modus (Synchronous/ Asynchronous) 1 = Synchronous Modus 0 = Asynchronous Modus		High Baud Rate Select Bit Asynchronous Modus: 1 = 0 = Synchronous Modus: Unbenutzt	Transmit Shift Register (TSR) leer 1 = TSR leer 0 = TSR voll	Das 9. Bit of transmit Data, can be the calculated parity

SPBRG	99H
Baud Rate Register	

PCFG	RA	RA1	RA2	RA3	RA3	RE0	RE1	RE2	VREF
000	A	A	A	A	A	A	A	A	VDD
001	A	A	A	A	VREF	A	A	A	RA3
010	A	A	A	A	A	D	D	D	VDD
011	A	A	A	A	VREF	D	D	D	RA3
100	A	A	D	D	A	D	D	D	VDD
101	A	A	D	D	VREF	D	D	D	RA3
11x	D	D	D	D	D	D	D	D	-

Bei den verschiedenen PIC16-Typen werden die jeweils vorhandenen Portpins als analog oder digital definiert.

10.6.1 Nur PIC16C62X

PCON 08EH

						/POR	/BO
		nicht verwendet werden als 0 gelesen			Power-on Reset flag 1 = No power-on reset has occurred. 0 = A power-on has occurred. Software must set this bit after a power-on reset condition has occurred.		Brown-out Detect flag 1 = No Brown-out reset has occurred 0 = A Brown-out reset has occurred. Software must set this bit after a power on reset has occurred

CMCON 01FH

C2OUT	C1OUT			CIS	CM2	CM1	CM0
Comparator 2 output 1 = C2 Vin+ > C2 Vin- 0 = C2 Vin+ < C2 Vin-	Comparator 1 output 1 = C1 Vin+ > C1 Vin- 0 = C1 Vin+ < C1 Vin-	Comparator Input Switch Wenn CM<2:0> = 001 1 = C1 Vin-connects to RA3 0 = C1 Vin-connects to RA0 Wenn CM<2:0> = 010 1 = C1 Vin-connects to RA3 C2 Vin-connects to RA2 0 = C1 Vin-connects to RA0 C2 Vin-connects to RA1		CM<2:0> : Comparator mode siehe Tabelle Comparator I/O Operating Modes			

VRCON 09FH

VREN	VROE	VRR		VR3	VR2	VR1	VR0
VREF enable 1 = VREF circuit powered on 0 = VREF circuit powered down. no IDD drain	VREF output enable 1 = VREF is output on RA2 pin 0 = VREF is disconnected from RA2 pin	VREF Range selection 1 = Low Range 2 = High Range		VREF value selction $0 < > Vr (3:0) < > 15$ wenn VRR = 1; $(VR<3:0>/24)*VDD$ wenn VRR = 0; VREF = $1/4*VDD + (VR<3:0> *VDD)$			

Anhang 551

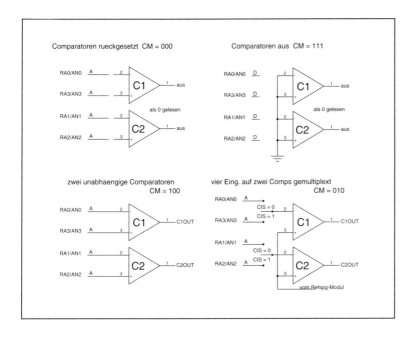

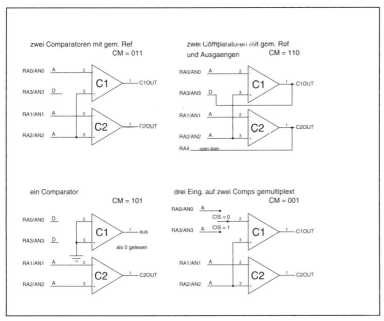

Abbildung 10.1: Aufstellung der verschiedenen Komparatormodi

10.6.2 Nur PIC16C8X

EECON1					088H			
				EEIF	WRERR	WREN	WR	RD
				EEPROM Write Operation Interrupt Flag Bit 1 = The write-Operation completed (must be cleared in software) 0 = The write-operation is not complete or has not been started	EEPROM Error Flag Bit 1 = A write-operation is prematurely terminated (any /MCLR-reset or any WDT-reset during normal operation) 0 = The write-Operation completed	EEPROM Write Enable Bit 1 = Allows write cycles 0 = Inhibits write to the date EEPROM	Write Control Bit 1 = initialisiert einen write-cycle. (The bit is cleared by hardware once write is complete. The WR Bit can only be set (not cleared) in software). 0 = Write-cycle to the data EEPROM is complete	Read Control Bit 1 = Initiates an EEPROM Read (Read takes one Cycle. RD ist cleared in Hardware. The RD bit can only be set (not cleared) in Software). 0 = Does not initiate an EEPROM Read

EECON2	089H
EEPROM Control-Register 2	

EEADR	09H
EEPROM Adress-Register 2	

EEDATA	08H
EEPROM Daten-Register	

10.7 Registergruppen für bestimmte Module

Alle Adreßangaben in der linken Spalte sind hexadezimal zu interpretieren. Alle Register mit Adressen über 08H sind bei den »alten« PIC16C5X-Bausteinen nicht verfügbar.

10.7.1 TMR0 als Zähler

Konfiguration

Address	Name	BIT 7	BIT 6	BIT 5	BIT 4	BIT 3	BIT 2	BIT 1	BIT 0
81	OPTION	/RBPU	INTEDG	RTS = 1	RTE	PSA	PS2	PS1	PS0

IO-Register

Address	Name	BIT 7	BIT 6	BIT 5	BIT 4	BIT 3	BIT 2	BIT 1	BIT 0
05	PORTA			A 5	A 4	A 3	A 2	A 1	A 0
85	TRISA			TRISA 5	TRA 4 = 1	TRISA 3	TRISA 2	TRISA 1	TRISA 0

Interrupt

Address	Name	BIT 7	BIT 6	BIT 5	BIT 4	BIT 3	BIT 2	BIT 1	BIT 0
0B/8B	INTCON	CIE	PEIE	T0IE	INTE	RBIE	T0IF	INTF	RBIF

Ergebnis

Address	Name								
01	TMR0	Timer0							

10.7.2 TMR0 als Timer

Konfiguration

Address	Name	BIT 7	BIT 6	BIT 5	BIT 4	BIT 3	BIT 2	BIT 1	BIT 0
81	OPTION	/RBPU	INTEDG	RTS = 0	RTE	PSA	PS2	PS1	PS0

Interrupt

0B/8B	INTCON	GIE	PEIE	T0IE	INTE	RBIE	T0IF	INTF	RBIF

Ergebnis

01	TMR0	Timer0

10.7.3 TMR1 als Zähler

Konfiguration

Address	Name	BIT 7	BIT 6	BIT 5	BIT 4	BIT 3	BIT 2	BIT 1	BIT 0
10	T1CON			CKPS1	CKPS0	OSCEN = 0	INSYNC	T1CS = 1	T1ON = 1

IO-Register

07	PORTC	C 7	C 6	C 5	C 4	C 3	C 2	C 1	C 0
87	TRISC	TRISC 7	TRISC 6	TRISC 5	TRISC 4	TRISC 3	TRISC 2	TRISC 1	TRC 0 = 1

Interrupt

0B/8B	INTCON	GIE	PEIE	T0IE	INTE	RBIE	T0IF	INTF	RBIF
0C	PIR1	PSPIF	ADIF	RCIF	TXIF	SSPIF	CCP1IF	TMR2IF	TMR1IF
8C	PIE1	PSPIE	ADIF	RCIF	TXIF	SSPIE	CCP1IE	TMR2IE	TMR1IE

Ergebnis

0E	TMR1L	Timer Least Significant Byte
0F	TMR1H	Timer Most Significant Byte

10.7.4 TMR1 als Timer

Konfiguration

Address	Name	BIT 7	BIT 6	BIT 5	BIT 4	BIT 3	BIT 2	BIT 1	BIT 0
10	T1CON			CKPS1	CKPS0	OSCEN	INSYNC	T1CS = 0	T1ON = 1

Interrupt

0B/8B	INTCON	GIE	PEIE	T0IE	INTE	RBIE	T0IF	INTF	RBIF
0C	PIR1	PSPIF	ADIF	RCIF	TXIF	SSPIF	CCP1IF	TMR2IF	TMR1IF
8C	PIE1	PSPIE	ADIF	RCIF	TXIF	SSPIE	CCP1IE	TMR2IE	TMR1IE

Ergebnis

0E	TMR1L	Timer Least Significant Byte
0F	TMR1H	Timer Most Significant Byte

10.7.5 TMR2 als Timer

Konfiguration

Address	Name	BIT 7	BIT 6	BIT 5	BIT 4	BIT 3	BIT 2	BIT 1	BIT 0
12	T2CON		OUTPS3	OUTPS2	OUTPS1	OUTPS0	T2ON = 1	CKPS1	CKPS0
92	PR2	Timer2 period Register							

Interrupt

0B	INTCON	GIE	PEIE	T0IE	INTE	RBIE	T0IF	INTF	RBIF
0C	PIR1	PSPIF	ADIF	RCIF	TXIF	SSPIF	CCP1IF	TMR2IF	TMR1IF
8C	PIE1	PSPIE	ADIF	RCIF	TXIF	SSPIE	CCP1IE	TMR2IE	TMR1IE

Ergebnis

11	TMR2	Timer2

10.7.6 TMR1 und CAPTURE
Konfiguration

Address	Name	BIT 7	BIT 6	BIT 5	BIT 4	BIT 3	BIT 2	BIT 1	BIT 0
10	T1CON			T1CKPS1	T1CKPS0	T1OSCEN	T1NSYNC	TMR1CS	TMR1ON
17	CCP1CON			CCP1X	CCP1Y	CCP1M3	CCP1M2	CCP1M1	CCP1M0
1D	CCP2CON			CCP2X	CCP2Y	CCP2M3	CCP2M2	CCP2M1	CCP2M0

IO-Register

07	PORTC	C 7	C 6	C 5	C 4	C 3	CCP1	CCP2	C 0
87	TRISC	TRISC 7	TRISC 6	TRISC 5	TRISC 4	TRISC 3	TRC 2 = 1	TRC 1 = 1	TRC 0 = 1

Interrupt

0B/8B	INTCON	GIE	PEIE	T0IE	INTE	RBIE	T0IF	INTF	RBIF
0C	PIR1	PSPIF	ADIF	RCIF	TXIF	SSPIF	CCP1IF	TMR2IF	TMR1IF
8C	PIE1	PSPIE	ADIF	RCIF	TXIF	SSPIE	CCP1IE	TMR2IE	TMR1IE
0D	PIR2								CCP2IF
8D	PIE2								CCP2IE

Ergebnis

0E	TMR1L	Timer1 Least Significant Byte
0F	TMR1H	Timer1 Most Significant Byte
15	CCPR1L	Timer1 Capture Register (LSB)
16	CCPR1H	Timer1 Capture Register (MSB)
1B	CCPR2L	Timer1 Capture Register (LSB)
1C	CCPR2H	Timer1 Capture Register (MSB)

10.7.7 TMR1 und COMPARE

Konfiguration

Address	Name	BIT 7	BIT 6	BIT 5	BIT 4	BIT 3	BIT 2	BIT 1	BIT 0
10	T1CON			T1CKPS1	T1CKPS0	T1OSCEN	T1NSYNC	TMR1CS	TMR1ON
17	CCP1CON			CCP1X	CCP1Y	CCP1M3	CCP1M2	CCP1M1	CCP1M0
1D	CCP2CON			CCP2X	CCP2Y	CCP2M3	CCP2M2	CCP2M1	CCP2M0
15	CCPR1L	Timer1 Compare Register (LSB)							
16	CCPR1H	Timer1 Compare Register (MSB)							
1B	CCPR2L	Timer1 Compare Register (LSB)							
1C	CCPR2H	Timer1 Compare Register (MSB)							

IO-Register

07	PORTC	C 7	C 6	C 5	C 4	C 3	CCP1	CCP2	C 0
87	TRISC	TRISC 7	TRISC 6	TRISC 5	TRISC 4	TRISC 3	TRC 2 = 0	TRC 1 = 0	TRC 0 = 1

Interrupt

0B/8B	INTCON	GIE	PEIE	T0IE	INTE	RBIE	T0IF	INTF	RBIF
0C	PIR1	PSPIF	ADIF	RCIF	TXIF	SSPIF	CCP1IF	TMR2IF	TMR1IF
8C	PIE1	PSPIE	ADIF	RCIF	TXIF	SSPIE	CCP1IE	TMR2IE	TMR1IE
0D	PIR2								CCP2IF
8D	PIE2								CCP2IE

Ergebnis

0E	TMR1L	Timer1 Least Significant Byte
0F	TMR1H	Timer1 Most Significant Byte

10.7.8 TMR2 und PWM

Konfiguration

Address	Name	BIT 7	BIT 6	BIT 5	BIT 4	BIT 3	BIT 2	BIT 1	BIT 0
12	T2CON		TOUTPS3	TOUTPS2	TOUTPS1	TOUTPS0	TMR2ON	T2CKPS1	T2CKPS0
17	CCP1CON			CCP1X	CCP1Y	CCP1M3	CCP1M2	CCP1M1	CCP1M0
1D	CCP2CON			CCP2X	CCP2Y	CCP2M3	CCP2M2	CCP2M1	CCP2M0
92	PR2	Timer2 period Register							
15	CCPR1L	Timer2 Duty Cycle Register							
16	CCPR1H	Timer2 Duty Cycle Register (Slave)							
1B	CCPR2L	Timer2 Duty Cycle Register)							
1C	CCPR2H	Timer2 Duty Cycle Register (Slave)							

IO-Register

07	PORTC	C 7	C 6	C 5	C 4	C 3	CCP1	CCP2	C 0
87	TRISC	TRISC 7	TRISC 6	TRISC 5	TRISC 4	TRISC 3	TRC 2 = 0	TRC 1 = 0	TRC 0 = 1

Interrupt

0B/8B	INTCON	GIE	PEIE	T0IE	INTE	RBIE	T0IF	INTF	RBIF
0C	PIR1	PSPIF	ADIF	RCIF	TXIF	SSPIF	CCP1IF	TMR2IF	TMR1IF
8C	PIE1	PSPIE	ADIE	RCIE	TXIE	SSPIE	CCP1IE	TMR2IE	TMR1IE
0D	PIR2								CCP2IF
8D	PIE2								CCP2IE

10.7.9 PSP-Operation

Konfiguration

Address	Name	BIT 7	BIT 6	BIT 5	BIT 4	BIT 3	BIT 2	BIT 1	BIT 0
89	TRISE	IBF	OBF	IBOF	PSPMODE = 1	-	TRISE2	TRISE1	TRISE0

IO-Register

Address	Name	BIT 7	BIT 6	BIT 5	BIT 4	BIT 3	BIT 2	BIT 1	BIT 0
08	PORTD	D 7	D 6	D 5	D 4	D 3	D 2	D 1	D 0
88	TRISD	TRISD 7	TRISD 6	TRISD 5	TRISD 4	TRISD 3	TRISD 2	TRISD 1	TRISD 0
09	PORTE	-	-	-	-	-	E 2	E 1	E 0

Interrupt

Address	Name	BIT 7	BIT 6	BIT 5	BIT 4	BIT 3	BIT 2	BIT 1	BIT 0
0B/8B	INTCON	GIE	PEIE	T0IE	INTE	RBIE	T0IF	INTF	RBIF
0C	PIR1	PSPIF	ADIF	RCIF	TXIF	SSPIF	CCP1IF	TMR2IF	TMR1IF
8C	PIE1	PSPIE	ADIF	RCIF	TXIF	SSPIE	CCP1IE	TMR2IE	TMR1IE

10.7.10 SPI-Operation

Konfiguration

Address	Name	BIT 7	BIT 6	BIT 5	BIT 4	BIT 3	BIT 2	BIT 1	BIT 0
14	SSPCON	WCOL	SSPOV	SSPEN = 1	CKP	SSPM3	SSPM2	SSPM1	SSPM0

IO-Register

07	PORTC	RX	TX	SDO	SDI	SCK	C 2	C 1	C 0
87	TRISC	TRISC 7	TRISC 6	TRC 5 = 0	TRC 4 = 1	TRC 3	TRISC 2	TRISC 1	TRISC 0

Interrupt

0B/8B	INTCON	GIE	PEIE	T0IE	INTE	RBIE	T0IF	INTF	RBIF
0C	PIR1	PSPIF	ADIF	RCIF	TXIF	SSPIF	CCP1IF	TMR2IF	TMR1IF
8C	PIE1	PSPIE	ADIE	RCIE	TXIE	SSPIE	CCP1IE	TMR2IE	TMR1IE

Status und Transfer

94	SSPSTAT			D_/A	P	S	R-/W	UA	BF
13	SSPBUF	Synchronous Serial Port Receive Buffer/Transmit Register							

10.7.11 I²C-Operation

Konfiguration

Address	Name	BIT 7	BIT 6	BIT 5	BIT 4	BIT 3	BIT 2	BIT 1	BIT 0
14	SSPCON	WCOL	SSPOV	SSPEN = 1	CKP	SSPM3	SSPM2	SSPM1	SSPM0
93	SSPADD	Synchronous Serial Port (I²C mode) Adress Register							

IO-Register

07	PORTC	RX	TX	SDO	SDI	SCK	C 2	C 1	C 0
87	TRISC	TRISC 7	TRISC 6	TRC 5 = 0	TRC 4 = 1	TRC 3	TRISC 2	TRISC 1	TRISC 0

Interrupt

0B/8B	INTCON	GIE	PEIE	T0IE	INTE	RBIE	T0IF	INTF	RBIF
0C	PIR1	PSPIF	ADIF	RCIF	TXIF	SSPIF	CCP1IF	TMR2IF	TMR1IF
8C	PIE1	PSPIE	ADIF	RCIF	TXIF	SSPIE	CCP1IE	TMR2IE	TMR1IE

Status und Transfer

94	SSPSTAT			D_/A	P	S	R-/W	UA	BF
13	SSPBUF	Synchronous Serial Port Receive Buffer/Transmit Register							

10.7.12 Asynchrone V24-Operation

Konfiguration und Status

Address	Name	BIT 7	BIT 6	BIT 5	BIT 4	BIT 3	BIT 2	BIT 1	BIT 0
18	RCSTA	SPEN	RC8/9	SREN	CREN		FERR	OERR	RCDE8
98	TXSTA	CSRC	TX8/9	TXEN	SYNC		BRGH	TRMT	TXD8
99	SPBRG	Baudraten-Generator-Register							

IO-Register

07	PORTC	RX	TX	C 5	C 4	C 3	C 2	C 1	C 0
87	TRISC	TRC 7 = 1	TRC 6 = 0	TRISC 5	TRISC 4	TRISC 3	TRISC 2	TRISC 1	TRISC 0

Interrupt

0B/8B	INTCON	GIE	PEIE	T0IE	INTE	RBIE	T0IF	INTF	RBIF
8C	PIE1	PSPIE	ADIE	RCIE	TXIE	SSPIE	CCP1IE	T2IE	T1IE
0C	PIR1	PSPIF	ADIF	RCFIF	TXIF	SSPIF	CCP1IF	T2IF	T1IF

Transfer

19	TXREG	TX7	TX6	TX5	TX4	TX3	TX2	TX1	TX0
1A	RCREG	RX7	RX6	RX5	RX4	RX3	RX2	RX1	RX0

10.7.13 Synchrone V24-Operation

Konfiguration und Status

Address	Name	BIT 7	BIT 6	BIT 5	BIT 4	BIT 3	BIT 2	BIT 1	BIT 0
0x18	RCSTA	SPEN	RC8/9	SREN	CREN		FERR	OERR	RCD8
0x98	TXSTA	CSRC	TX8/9	TXEN	SYNC		BRGH	TRMT	TXD8
0x99	SPBRG	Baud Rate Register

IO-Register

07	PORTC	RX	TX	C 5	C 4	C 3	C 2	C 1	C 0
87	TRISC	TRC 7 = 1	TRC 6 = 0	TRISC 5	TRISC 4	TRISC 3	TRISC 2	TRISC 1	TRISC 0

Interrupt

0B/8B	INTCON	GIE	PEIE	T0IE	INTE	RBIE	T0IF	INTF	RBIF
0x8C	PIE1	PSPIE	ADIE	RCIE	TXIE	SSPIE	CCP1IE	TMR2IE	TNR1IE
0x0C	PIR1	PSPIF	ADIF	RCIF	TXIF	SSPIF	CCP1IF	TMR2IF	TMR1IF

Transfer

| 0x19 | TXREG | TX7 | TX6 | TX5 | TX4 | TX3 | TX2 | TX1 | TX0 |
| 0x19 | PCREG | RX7 | RX6 | RX5 | RX4 | RX3 | RX2 | RX1 | RX0 |

10.7.14 A/D-Wandler-Funktion für die PIC16C72, 73, 74

Konfiguration

Address	Name	BIT 7	BIT 6	BIT 5	BIT 4	BIT 3	BIT 2	BIT 1	BIT 0
1F	ADCON0	ADCS1	ADCS0	CHS2	CHS1	CHS0	GO-/DON		ADON
9F	ADCON1						PCFG2	PCFG1	PCFG0

IO-Register

05	PORTA	nur zur Beachtung, welche analog belegt sind
09	PORTE	nur zur Beachtung, welche analog belegt sind
85	TRISA	die Bit, welche analogen Eingängen entsprechen, sind ohne Wirkung
89	TRISE	die Bit, welche analogen Eingängen entsprechen, sind ohne Wirkung

Interrupt

0B/8B	INTCON	GIE	PEIE	RTIE	INTE	RBIE	T0IF	INTF	RBIF
0C	PIR1	PSPIF	ADIF	RXIF	TXIF	SSPIF	CCP1IF	TMR2IF	TMR1IF
8C	PIE1	PSPIE	ADIE	RXIE	TXIE	SSPIE	CCP1IE	TMR2IE	TMR1IE
0D	PIR2								CCP2IF
8D	PIE2								CCP2IE

Ergebnis

1E	ADRES	A/D Result Register							
PCFG	RA	RA1	RA2	RA5	RA3	RE0	RE1	RE2	VREF
000	A	A	A	A	A	A	A	A	VDD
001	A	A	A	A	VREF	A	A	A	RA3
010	A	A	A	A	A	D	D	D	VDD
011	A	A	A	A	VREF	D	D	D	RA3
100	A	A	D	D	A	D	D	D	VDD
101	A	A	D	D	VREF	D	D	D	RA3
11x	D	D	D	D	D	D	D	D	-

10.7.15 Komparator-Modul: betrifft nur PIC16C62X

Konfiguration

Address	Name	BIT 7	BIT 6	BIT 5	BIT 4	BIT 3	BIT 2	BIT 1	BIT 0
1Fh	CMCON	C2OUT	C1OUT			CIS	CM2	CM1	CM0
9Fh	VRCON	VREN	VROE	VRR		VR3	VR2	VR1	VR0

IO-Register

Address	Name	BIT 7	BIT 6	BIT 5	BIT 4	BIT 3	BIT 2	BIT 1	BIT 0
05	PORTA				A 4	A 3	A 2	A 1	A 0
85	TRISA				TRISA 4	TRISA 3	TRISA 2	TRISA 1	TRISA 0

Interrupt

Address	Name	BIT 7	BIT 6	BIT 5	BIT 4	BIT 3	BIT 2	BIT 1	BIT 0
0Bh	INTCON	GIE	PEIE	T0IE	INTE	RBIE	T0IF	INTF	RBIF
0Ch	PIR1		CMIF						
8Ch	PIE1		CMIE						

Konfiguration des Referenzspannungsmodul

Address	Name	BIT 7	BIT 6	BIT 5	BIT 4	BIT 3	BIT 2	BIT 1	BIT 0
9Fh	VRCON	VREN	VROE	VRR		VR3	VR2	VR1	VR0
1Fh	CMCON	C2OUT	C1OUT			CIS	CM2	CM1	CM0
85h	TRISA				TRIS4	TRIS3	TRIS2	TRIS1	TRIS0

10.7.16 Internes EEPROM: betrifft nur PIC16C8X

Konfiguration

Address	Name	BIT 7	BIT 6	BIT 5	BIT 4	BIT 3	BIT 2	BIT 1	BIT 0
88H	EECON1				EEIF	WRERR	WREN	WR	RD
89H	EECON2	EEPROM control register							

Interrupt

0Bh	INTCON	GIE	EEIE	T0IE	INTE	RBIE	T0IF	INTF	RBIF

Transfer

08H	EEDATA	EEPROM data register
09H	EEADR	EEPROM adress register

10.8 Resetwerte der Special-Function-Register der PIC16CXX

Register	Adress	Power-on Reset
W	-	xxxx xxxx
INDF	00H	-
RTCC	01H	xxxx xxxx
PC	02H	0000 0000
STATUS	03H	0001 1xxx
FSR	04H	xxxx xxxx
PORTA	05H	--xx xxxx
PORTB	06H	xxxx xxxx
PORTC	07H	xxxx xxxx
PORTD	08H	xxxx xxxx
PORTE	09H	---- -xxx
PCLATH	0AH	---0 0000
INTCON	0BH	0000 000x
PIR1	0CH	0000 0000
PIR2	0DH	---- ---0
TMR1L	0EH	xxxx xxxx
TMR1H	0FH	xxxx xxxx
T1CON	10H	-000 0000
TMR2	11H	xxxx xxxx
T2CON	12H	-000 0000
SSBUF	13H	xxxx xxxx
SSPCON	14H	0000 0000
CCPR1L	15H	xxxx xxxx
CCPR1H	16H	xxxx xxxx
CCP1CON	17H	--00 0000
RCSTA	18H	0000 0000
TXREG	19H	xxxx xxxx
RCREG	1BH	xxxx xxxx
CCPR2L	1BH	xxxx xxxx

Register	Adress	Power-on Reset
CCPR2H	1CH	xxxx xxxx
CCP2CON	1DH	0000 0000
ADRES	1EH	xxxx xxxx
ADCON0	1FH	0000 0000
INDF	80H	-
OPTION	81H	1111 1111
PC	82H	0000 0000
STATUS	83H	0001 1xxx
FSR	84H	xxxx xxxx
TRISA	85H	--11 1111
TRISB	86H	1111 1111
TRISC	87H	1111 1111
TRISD	88H	1111 1111
TRISE	89H	0000 -111
PCLATH	8AH	---0 0000
INTCON	8BH	0000 000x
PIE1	8CH	0000 0000
PIE2	8DH	0000 0000
PCON	8EH	---- --0-
PR2	92H	xxxx xxxx
SSPADD	93H	0000 0000
SSPSTAT	94H	--00 0000
TXSTA	98H	0000 0000
SPBRG	99H	xxxx xxxx
ADCON1	9FH	---- -000

Betrifft nur PIC16C62X:

Register	Adress	Power-on Reset
CMCON	1FH	00-- 0000
PCON	8EH	---- --0x
VRCON	9FH	000- 0000

Betrifft nur PIC16C8X:

Register	Adress	Power-on Reset
EECON1	88H	---0 x000
EECON2	98H	---- ----

10.9 Anmerkungen zu Bausatz und Platine

Bei dem Bausatz handelt es sich um ein Experimentierset zum Aufbauen der meisten im Buch besprochenen Schaltungen. Zusammenlöten und Stromeinschalten reicht also nicht aus, damit sich etwas rührt. Der mitgelieferte PIC16 im Fenstergehäuse ist ohne Programm!

Man beachte, daß der PIC16C74 nicht so viele Pin besitzt, wie nötig wären, um alle Peripheriebausteine aller Beispiele aus dem Buch an den PIC16 anzuschließen.

Daraus folgt, daß sich der Leser seine gewünschte Schaltung dadurch aufbaut, daß er die einzelnen Komponenten mittels kleiner Käbelchen mit dem Kern der Schaltung verbindet. Dieser Kern ist ein PIC16C74 mit einer vierstelligen LED-Anzeige.

Die einzelnen LEDs sind genauso an diesen Kern anzuschalten, wenn sie benötigt werden. Wenn nicht, verbrauchen sie keine Pins des µControllers.

Unsere Steckkabel sehen folgendermaßen aus:

Eine 20 cm lange Litze hat an beiden Enden einen gedrehten Kontakt angelötet, wie man ihn von Chip-carrier-Sockeln her kennt. Für einen Sockel mit 40 gedrehten Kontakten lautet die Bürklin-Bestellnummer: 14 B 382. Darüber haben wir einen Schrumpfschlauch geschoben und mit Hitze fixiert. Bürklin-Bestellnummer z.B.: 91 F 202. Das Handling mit Fingern und Pinzette ist mit Schrumpfschlauch wesentlich besser, und die Gefahr von Kurzschlüssen benachbart eingesteckter Steckkabel ist absolut gebannt.

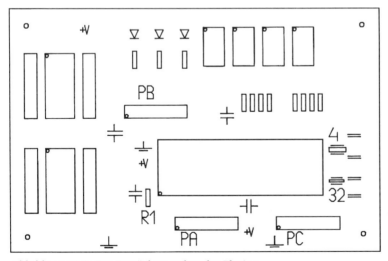

Abbildung 10.2: Der Bestückungsplan der Platine

Teileliste

Quan	Type	Value	Ref Designators
1	CRYSTAL	4,0 MHz	X1
1	CRYSTAL	32768 Hz	X2
4	HDSP-7303	LED-Anzeige	D1, D2, D3, D4
3	LED		L1, L2, L3
3	PF_16	Steckverbinder	PA, PB, PC
1	PIC16CXXP	PIC16C74-Sockel	U1
4	S-CAP	0,1 µF	C1, C2, C3, C4
4	S-CAP	15pF	U2, U3, U4, U5
1	S-RES	10k	R1
11	S-RES	1k	R10, R11, R12, R2, R3, R4, R5, R6, R7, R8, R9

- R1 ist der Widerstand am Kopfende des PIC16C74-Sockel. R1 ist mit Pin 1 (/MCLR) verbunden.
- Alle anderen Widerstände sind 1 kOhm.
- Am rechten Rand der Platine sind die vier 15 pF-Kondensatoren zu bestücken, alle in einer Reihe.
- Der 4 MHz-Quarz hat ein 5,08 mm-Raster und der 32768 Hz-Quarz ein 2,54 mm-Raster. Damit sind diese beiden Quarze eigentlich nicht zu vertauschen.

PA (JMP8x2)			PB (JMP8x2)			PC (JMP8x2)		
A.0	01 16	A.1	GND	01 16	GND	GND	01 16	GND
GND	02 15	A.2	GND	02 15	GND	GND	02 15	C.7
GND	03 14	A.3	VCC	03 14	GND	GND	03 14	C.6
GND	04 13	A.4	VCC	04 13	GND	C.2	04 13	C.5
GND	05 12	A.5	B.7	05 12	GND	C.3	05 12	C.4
GND	06 11	E.0	B.6	06 11	L.3	D.0	06 11	D.3
VCC	07 10	E.1	B.5	07 10	L.2	D.1	07 10	D.2
VCC	08 09	E.2	B.4	08 09	L.1	GND	08 09	GND

PA ist der linke Steckverbinder von den beiden, die vor dem querliegenden PIC16C74 positioniert sind, PC ist der rechte. PB ist der Steckverbinder zwischen dem PIC16C74 und den einzelnen LEDs. Der Pin EINS ist jeweils links unten.

An diesen Steckverbindern sind
Port_A.0 bis Port_A.5,
Port_B.4 bis Port_B.7,
Port_C.2 bis Port_C.7,
Port_D.0 bis Port_D.3,
Port_E.0 bis Port_E.2
und die LEDS L.1 bis L.3 herausgeführt.

Die Pins D.0 bis D.3 sind für die LED-Anzeige verwendet. Alle anderen PIC16-Pins sind zur freien Verfügung.

10.10 Bezugsquellen

Wie bekommt man Zugang zum BBS von Arizona Microchip?

- Modem auf 8N1 einstellen (8 Bit, keine Parität, 1 Stopbit, 9600 Baud maximal)
- Einen CompuServe-Knoten anwählen (man muß dazu kein CompuServe-Kunde sein; Liste der Telefonnummern folgt gleich anschließend)
- Wenn Verbindung besteht, drücken Sie einmal ⏎ (wegen der nicht CompuServe-kompatiblen Einstellung (7E1) erscheint einiger Müll auf dem Bildschirm)
- Drücken Sie +⏎, und die Aufforderung »Host Name« erscheint.
- Tippen Sie `mchipbbs`⏎ ein, und das BBS von Arizona Microchip meldet sich.

Was findet man auf dem BBS?

Auf dem BBS liegen die neuesten Versionen der verschiedenen Programme, Applikationsschriften und Fehlerreports. Weitere Informationen befinden sich in den Datenbüchern von Arizona Microchip.

CompuServe Telefonnummern sind u.a.:

	Stadt	Nummer
Deutschland:	München	089-66559393
	Frankfurt	069-20976
	Düsseldorf	0211-4792424
	Hamburg	040-6913666
	Stuttgart	0711-450080
	Berlin	030-606021
	Köln	0221-2406202
Schweiz:	Zürich	1-2731028
Österreich:	Wien	0043 1-5056178

Diese Angaben stammen aus Seminarunterlagen der Firma Future Electronics.

Adressen

- Für den Bausatz

  Elektronik Laden
  Mikrocomputer GmbH
  W.-Mellies-Straße 88
  32758 Detmold
  Tel. 05232/8171
  Fax 05232/86197

  PTL Elektronik GmbH
  Putzbrunner Straße 264
  81739 München
  Tel. 089/6018020
  Fax 089/6012505

- MAX471 und MAX472

  MAXIM GmbH
  Lochhamer Schlag 6
  82166 Gräfelfing
  Tel. 089/898137-0
  Fax 089/8544239

  SE Spezial Elektronik KG
  Kreuzbreite 14
  31675 Bückeburg
  Tel. 05722/203-0
  Fax 05722/203-120

  81806 München
  Tel. 089/427412-0
  Fax 089/428137

- DS1620, DS1233, LED-Anzeigestelle HPSP-7303, 6N139, PIC16-µController

  Future Electronics Deutschland GmbH
  Zentrale: München
  Münchner Straße 18
  85774 Unterföhring
  Tel. 089/95727-0
  Fax 089/95727-173

- LCD-Modul LTD202, CD 4060, 6N139

  Bürklin OHG
  Schillerstraße 41
  80336 München
  Tel. 089/55875-110
  Fax 089/55875-421

- Spannungsregler LR645 von Supertex INC

  SCANTEC GmbH
  Behringstraße 10
  82152 Planegg
  Tel. 089/899143-0
  Fax 089/89914327

◆ Spannungsregler HIP5600, C6, PIC16-µController

  Conrad Electronic
  Klaus-Conrad-Straße 1
  92240 Hirschau

◆ LTC1382, LTC1286, PIC16-µController: PIC16-µController:

  Metronik   Rutronik RSC-Halbleiter GmbH
  Hauptsitz München   Industriestraße 2
  82008 Unterhaching   75228 Ispringen
  Tel. 089/61108-0   Tel. 07231/801-0
  Fax 089/61108-110   Fax 07231/82282

◆ AD7249, PIC16-µController:

  Semitron W. Röck GmbH
  Im Gut 1
  79790 Küssaberg
  Tel. 07742/8001-0
  Fax 07742/6901

◆ PIC16-µController:

  Avnet E2000 GmbH
  Stahlgruberring 12
  81829 München
  Tel. 089/45110-01
  Fax 089/45110-210

Consultant-Liste

Consultants sind von Arizona Microchip anerkannte Spezialisten u.a. für die PIC16/17-µController und die seriellen EEPROMs. Ihre Aufgaben sind komplette Designleistungen und Designhilfestellung. Aufgrund ihres Wissens von der Materie sind sie besonders gut geeignet, durch Schulungen den Einstieg in die PIC16/17-µControlleranwendung zu beschleunigen.

Im »Third Party Guide« ist die komplette Aufstellung zu lesen. Hier möchten wir nur drei uns bekannte Consultants anführen.

Ingenieurbüro Blachetta
Johann-Schmidt Straße 15
86899 Landsberg
Tel. 08191/1895
Fax 08191/1895

Dieter Peter Computer & Elektronik
Eichenstraße 47
42283 Wuppertal
Tel. 0202/558670
Fax 0202/573950

Ingenieurbüro Manfred König
Johann-Gerum-Weg 14
82288 Kottgeisering
Tel. 08144/94123
Fax 08144/7642

Anhang 579

10.11 Der Inhalt der CD

Verzeichnis \CDPIC

Die Verzeichnisse \LISTINGS\KAPITEL3 bis \LISTINGS\KAPITEL7 enthalten die Quelldateien der im Buch besprochenen Programme, ebenso die verwendeten Pascal-Programme und noch einige nicht abgedruckte Sourcedateien.

Im Verzeichnis \MPLAB sind zwei Unterverzeichnisse mit dem Inhalt der Installationsdisketten. Nach der Installation werden automatisch Icons für die IDE und den Assembler MPASM für Windows erzeugt. Der Simulator ist ein Teil der IDE. Der Assembler kann auch innerhalb der IDE aufgerufen werden, d.h., zum Assemblieren eines Programmes muß die IDE nicht verlassen werden.

Im Verzeichnis \MPLAB_C befindet sich eine Demo des C-Compilers für die IDE. Er kann alternativ zum Assembler benutzt werden. Zum Installieren starten Sie die Datei demoinst.exe unter Windows.

Im Verzeichnis \MPDRIVW befindet sich die Demoversion eines Hilfsprogramms für C-Programmierer. Damit soll die Initialisierung der Peripherie-Elemente erleichtert werden. Zum Installieren wird das Programm dwinst.exe unter Windows gestartet.

Das Verzeichnis \PPP enthält die Demoversion eines Pascal-Compilers. Er ist speziell auf die Hardware der PIC-Controller abgestimmt. Es ist keine Installation nötig. Es müssen nur die Dateien von der CD-ROM in ein Verzeichnis kopiert und in Windows wie üblich angemeldet werden (DATEI, NEU, PROGRAMM).

Um die Programme auf der CD-ROM korrekt zu installieren, lesen Sie bitte unbedingt die Datei *readme.txt* auf der CD-ROM.

Stichwortverzeichnis

#DEFINE-Anweisung 71
14 Bit-Zähler mit Oszillatorkreis 513
32768Hz Quarz 416, 486
4,194304 MHz Quarz 416, 486
6N139 493, 495, 515

A
A/D-Wandler 566
AD7249 512
ADCON0 29
ADCON1 26, 29
Addition 386
ADRES 29
AD-Wandler 16, 25, 28, 37, 244, 282, 405, 524
AD-Wandler LTC1286 289
AGµC 116
Akku 249, 433
Aktuator 478
analoge Comparatoren 35
Anzeigebausteine 282
ASCII-String 421
Assembler 518
ASSP 16
asynchrone serielle Schnittstelle 366
– Zeitschleife 59

B
BANK_0 42
BANK_1 42
Barcode 424
Baudclock 31
Baudrate 378
BCD-Format 414, 418
Befehlsliste 23, 536
Befehlssatz 21
Betriebsfrequenz 485

Black-out 490
Blinken 127
Blinkverwaltung 129
Brown-out 490
Brown-out Protection 489
Brückenschaltung 167
Buzzer 503

C
C6 514
CAPTURE 558
Capture-Modus 32
CCP 28
CCP-Modul 30, 32, 226, 374
CCPxCON 32
CD4060 513
CD4069UB 514
Centronics Schnittstelle 238, 472
CMCON 26
Code-Protection-Fuse 529
Common Plane 141
Comparator 28
Compare 85, 559
Compare-Modus 32
CY-Flag 21, 388

D
Datenaufnahmegerät 522
Datenerfassung 523
Datenspeicher 18, 41, 430
DA-Wandler 16, 282, 512
DA-Wandler AD7249 287
DCF 265
Deklarationsteil 89
Dekodieren 386, 400
Dekrementieren 387
Demoboard 527f.

Derivate 25
digitales Thermometer 506
Division 395
Doppelregister 386
Dreh-Codierschalter 197
Drehstrommotor 167
Dreieck 178
DS1233 490, 510
DS1620 506

E
Echter Bruch 395
Echtzeit 116, 200, 486
EEADR 35
EECON 35
EEDATA 35
EE-Datenspeicher 25, 35
EEPROM 282, 436, 552, 568
EEPROM 93LCX6 300
Einfachsnetzteil 479
Eingangscharakteristiken 192
Einschaltzeitpunkt 490
elektronische Lastrelais 499
END-Anweisung 74
Entprellung 194
Entwicklungstool 518
Entwurf 433
EQU-Anweisung 70
EVENT 53
Event-Bereich 53
Event-Methode 56, 128
Exponent 402
externe Referenzquelle 29

F
Fenstertypen 529
FILL-Anweisung 74
Flip-Flop 235
Freilaufdiode 498
Frequenzänderung 485
FSR 18, 51
Funktionsgenerator 178f.

G
galvanische Trennung 282
Ganzzahl-Division 398
Gehäuseformen 36
Gerätefunktion 436
getaktete Schleife 58
Grundvoraussetzung 433

H
Halbduplex-Betrieb 367
Halbschrittverfahren 174
Hardwaremodul 25
Haus und Garten 432
HEX-Format 414
high input voltage linear regulator 509
high-side Stromsensorverstärker 506
HIP5600 482, 509
Hochsprache 531
HPSP-7303 508
HS-Oszillator 484
Hysterese 439

I
I^{2}C-Operation 563
I^{2}C-Bus 337
I^{2}C-Modus 33
ILQ 30 493f.
In-Circuit-Emulator 521, 526
INCLUDE-Anweisung 73
Infrarot-LED 492
Inkrementalgeber 198
Inkrementieren 387
interne Referenzspannung 36
Interrupt 38, 46, 48, 50, 60, 85, 375
Interruptvektor 47
Inverter 514
IO-Port 19, 26

K
K2ATN-Schnittstelle 355
K2-Schnittstelle 353
K3 Schnittstelle 363
kalibrieren 408
kapazitiver Spannungsteiler 481
Kennlinie 405

Keramikresonator 484
Kodieren 386
Komparator 567
Komparatormodi 551
Kondensatormotor 167
Kurz-Makros 78

L
Label 72
Lastrelais 432
Laststrom 481
Lautsprecher 503
LCD 152
LCD-Ansteuermodul 16
LCD-Anzeige 141, 435
LCD-Modul LTD202 507
LCD-Treiber 141
LED 115
LED-Anzeige 100, 435, 508
Leistungsbilanz 435
Leistungstreiber 496
Leuchtdioden 491
LIST-Anweisung 72
Logicanalyzer 522
lokale Label 75
LP2950 481
LP-Oszillator 484
LPT-Module 472
LR6 481
LR645 508
LR7 481
LTC1286 511
LTC1382 510

M
MACRO-Anweisung 75
Magnetkarte 258
Magnetventil 432
Makro 22, 42
Mantisse 402
Maschinensprache 518
Master 283
MAX471 506
MAX472 506
MAX707 490

Mensch-Maschine-Interface 430, 435
Meßbereich 408
Module 431
MOSFET-Transistoren 498
MPASM 70
Multiplexbetrieb 155
Multiplikation 388
Musik 82

N
Netzschalter 501
Netzspannung 493, 500

O
open-collector 27, 131
OPTION 30, 35
OPTION-Register 19
Optokoppler 353, 493, 515
Optokopplereingänge 472
ORG-Anweisung 74
Oszillator 31, 483

P
Pageselektion 43
Parallel Slave Port 27, 34
Parallel Seriell-Wandler 379
PC817 493
PCLATH 44
Peripheriemodul 37
Phasenanschnittsteuerung 501
PIC12C50X 16
PIC14000 16
PIC16C5X 16
PIC16C92X 141
PIC16C9XX 16
PIC16CXX 16
PIC17C4X 16
PIC-Master 484
Pintreibertest 183
PORTD 34
Power-MOSFET 167
PR2 31
Program Counter 19
Programmbeginn 91
Programmgenerator 532

Programmgerüst 76
Programmiergerät 529
Programmpages 537
Programmspeicher 43
PSP-Operation 561
PSP-Modul 28, 34, 238, 240
pull-down 491
pull-up 491
Pulsezählen 205
Pulspaketsteuerung 502
PWM 28, 560
PWM-Modul 161
PWM-Modus 32

Q
Quarz 483
Quarzoszillator 484
Quelldatei 518

R
RC-Oszillator 483
RCREG 33
RCSTA 33
read-modify-write 27, 131
Rechnen 386
Rechtecksignal 64
Reed-Relais 505
REFRESH 141, 151
Registeradreßliste 538
Registerbänke 41, 537
Relais 504
Relaisansteuerung 498
Relaisausgänge 472
Reset 489
Resetgenerator 430, 510
Resetwerte 89, 569
Resetzustände 490
Rotieren 388
RS232 366
RTCC 30

S
Schalter 194
Schaltregler 481
Schattenregister 158

Schmitt-Trigger 26, 192
Schrittmotor 65, 173, 460
SCI-Modul 33, 368, 378
Segment 143
Sensor 478
serielle AD-Wandler 511
serielle EEPROM 33, 300
serielle EEPROM 24C01A 337
Serielle Kommunikation 282, 495
Short-Real-Format 402, 410
Siebensegmentanzeige 100
Signalverzögerung 493
Simulator 520
Sinus 178
Slave 283
Sleep-Modus 30f., 438, 486
Solar-Modul 433
SPBRG 33
Special-Function-Register 18, 539
SPI-Operation 562
SPI-Modus 33
SSP-Modul 32, 286
Stacktiefe 38
Status-Register 19
Stringdekodierung 422
Stromersparnis 486
Stromversorgung 430, 478
Subtraktion 386
synchrone Schnittstelle 283

T
T1CON 31
T2CON 31
Table-Read 45
Table-Read-Programm 46
Takt 430
Taktprobleme 484
Taktversorgung 483f.
Tastatur 436
Taster 194
Temperaturaufzeichnung 432
Temperaturerfassung 432
Testplatine 528
Thermometer 282
Thermometer DS1620 322

Stichwortverzeichnis

Timerüberlauf 57
TIMUP 416
TITLE-Anweisung 74
TMR0 20, 29
TMR1 20, 30
TMR2 20, 31
Tonerzeugung 85
Tonleiter 82
TOVER 57
Trace-Point 524
TRIAC 500
Triggerimpulse 179
TRIS 23
TRISE 34
tri-state 155
TTL 26, 192
TXREG 33
TXSTA 33
Typenauswahl 36

U
Uhr 115
Uhrenbausteine 282
ULN2003 498
Umrechnen 405

V
V24 366
V24-Operation 564, 565
V24-Treiberbaustein 510
Vollduplex-Betrieb 367
VRCON 36

W
Watchdogtimer 20, 35
weak pull-up 28
Wechselrichter 166
Wechselspannung 166

X
XT-Oszillator 483

Z
Zahlenstring 400, 412
ZEIT 416
Zeitberechnung 61
Zeiterfassung 52
Zeitschleife 58
ZR-Flag 21

PRENTICE HALL

Verteilte Betriebssysteme

Andrew S. Tanenbaum

Dieses Werk bietet Ihnen eine umfassende Einführung in die Thematik der verteilten Betriebssysteme. Sie erfahren alles über die Ziele, die Hardware-, Software- und Design-Konzepte, die die modernen Systeme kennzeichnen. Vier Fallstudien zu Amoeba, Mach, Chorus und OSF/DCE zeigen die praktische Umsetzung der theoretischen Ausführungen.
1995, 704 Seiten, ISBN 3-930**436-23**-X
DM 98,–/öS 725,–/sFr 91,–

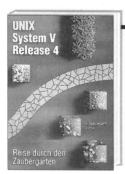

UNIX System V Release 4
Reise durch den Zaubergarten

B. Goodheart / J. Cox

Das weitgreifendste Buch über die Interna von UNIX System V Release 4. Die Autoren stellen die Techniken, Algorithmen und Strukturen des Kernels anschaulich dar, indem sie das System in mehrere Untersysteme zerlegen und deren Funktionsweise und Zusammenspiel genau erklären. Mit Übungen und Fallstudien, die Grundlagenwissen über Betriebssysteme vermitteln.
1995, 796 Seiten, ISBN 3-930**436-05**-1
DM 89,–/öS 659,–/sFr 83,–

PANIC!
UNIX Crash-Dumps analysieren

C. Drake / K. Brown

Das erste Buch, das sich ausschließlich mit UNIX-Systemabstürzen beschäftigt! Ermöglicht die selbständige Crash-Dump-Analyse (die nötigen Tools finden Sie auf der beigefügten CD-ROM), zeigt Ursachen und Vermeidungsstrategien, Insider-Informationen, die endlich nicht mehr nur UNIX-Gurus nutzen können, sondern jeder Systemadministrator.
1995, 552 Seiten, 1 CD-ROM, ISBN 3-827**2-9507**-6
DM 89,–/öS 659,–/sFr 83,–

Bücher von Prentice Hall erhalten Sie im Buchhandel.

Internet-Programmierung

Erstellen Sie Ihre eigene Internet-Software

Ganz gleich, ob Sie privater oder kommerzieller Internet-User sind: Mit diesen Büchern erlernen Sie unter der Anleitung geübter Programmierer die Erstellung eigener Internet-Anwendungen. Gezeigt wird, wie Standards in jede Art von Applikationen implementiert werden und wie die eigene Software aufgebaut werden sollte. Leichtverständliche Beispiele führen Sie in die Entwicklung von E-Mail- und anderen Programmen, wie z.B. News-Reader oder FTP, ein. Ebenso erfahren Sie Wissenswertes über TCP/IP, Winsock und die Entwicklung von Web-Seiten.

Internet-Applikationen mit Visual Basic

Michael Marchuk

Auf CD-ROM: Sourcecode aller Beispiele, über 70 komplette Internet-Programme, mehr als 60 Mbyte RFC-Dateien.
1995, 496 Seiten, 1 CD-ROM
ISBN 3-8272-**5064**-1
DM 79,–/öS 585,–/sFr 74,–

Internet-Applikationen mit Visual C++

Kate Gregory

Auf CD-ROM: Sourcecode aller Beispiele, komplette Internet-Programme – FTP, Newsreader, E-Mail, RFC-Index mit Hyperlinks, Homepage mit Links zu allen Applikationen.
1996, 528 Seiten, 1 CD-ROM
ISBN 3-8272-**5134**-6
DM 79,95/öS 592,–/sFr 74,–

Markt&Technik Buch- und Software-Verlag GmbH, Hans-Pinsel-Str. 9b, 85540 Haar, Telefon (0 89) 4 60 03-222, Fax (0 89) 4 60 03-100

CompuServe: GO GERMUT
Internet: http://www.mut.com
Markt&Technik-Produkte erhalten Sie im Buchhandel, Fachhandel und Warenhaus.

A VIACOM COMPANY

Kindersoftware-Ratgeber 1997

Lernen, Wissen, Spiel und Spaß
Ein Ratgeber für Eltern und Lehrer

Kindersoftware-Ratgeber 1997
Thomas Feibel
Lieferbar Oktober 1996, ca. 320 Seiten
ISBN 3-8272-**5174**-5
DM 29,95 / öS 222,– / sFr 28,–

Der Kindersoftware-Markt boomt, jeden Tag kommen neue Produkte hinzu. Sie als Eltern, Lehrer und Erzieher stehen mit wachsender Verwirrung dieser neuen Medienwelt gegenüber. Jetzt aber erhalten Sie mit diesem Buch, das den Markt ausführlich unter die Lupe nimmt, eine schnelle Orientierung im Kindersoftware-Dschungel. An die 120 Programme werden auf je einer Doppelseite ausführlich besprochen und mit anderen Programmen verglichen. Mit Hilfe von Übersichtskasten inkl. Wertung und Altersangabe zu jedem Programm und einer tabellarischen Marktübersicht können Sie schnell die gewünschten Programme nachschlagen. So finden Sie für Ihr Kind gezielt genau das richtige Programm.

Die neuesten Infos gibt es rund um die Uhr in:
CompuServe: GO GERMUT
Internet: http://www.mut.com
Markt&Technik-Produkte erhalten Sie im
Buchhandel, Fachhandel und Warenhaus.

Markt&Technik Buch- und Software-Verlag GmbH
Hans-Pinsel-Str. 9b, 85540 Haar
Telefon (0 89) 4 60 03-222, Fax (0 89) 4 60 03-100
A V I A C O M C O M P A N Y

ELEKTRONISCH PUBLIZIEREN

Der perfekte WEB-Server
David M. Chandler

Dieses Buch ist die ultimative Referenz für die Installation und die Optimierung eines Servers im World Wide Web!
Entdecken Sie Tips und Richtlinien zu Hard- und Software-Fragen, präsentiert von Spezialisten des Web. Verbessern Sie Ihren Server mit interaktiven Masken, Makros und Suchfunktionen. Konfigurieren Sie einen internen Web-Server für lokale Informationsverteilung.
Eine wahre Fundgrube an Programmen bietet die Webmaster CD (teilweise Shareware und Public Domain, nur in Englisch) für die Optimierung und Installation eines Web-Bereiches auf einem eigenen Web-Server.
1995, 496 Seiten, 1 CD-ROM
ISBN 3-8272-**5014**-5
DM 69,–/öS 511,–/sFr 64,–

Web Publishing mit HTML
Laura Lemay

Wollen Sie Ihre eigene Home-Page im World Wide Web erstellen, Produktinformationen oder Text, Abbildungen, Sound und Video im Internet zur Verfügung stellen? Dann ist dies Ihr Buch.
Lernen Sie – ganz einfach –, fesselnde, attraktive und gutgestaltete Web-Seiten mit der HyperText Markup Language (HTML) zu erzeugen. Nach kurzer Zeit werden Sie die Grundlagen von HTML beherrschen und den besten Weg finden, Informationen in diesem aufregenden Medium zu präsentieren.
1995, 432 Seiten
ISBN 3-87791-**847**-6
DM 59,–/öS 437,–/sFr 55,–

Noch mehr Web Publishing mit HTML
Laura Lemay

Dieser Titel ist die ideale Ergänzung zum Buch »Web Publishing mit HTML«. Hier vertiefen Sie Ihre bereits erhaltenen Grundlagen und avancieren zum Profi in der Erstellung von Web-Dokumenten.
Alle Aspekte bis hin zur Datensicherheit sowie viele neue Funktionen und neue Technologien werden behandelt. Trotzdem ist jedes Detail leicht verständlich dargestellt und anhand anschaulicher Beispiele leicht nachvollziehbar.
1995, 464 Seiten
ISBN 3-87791-**852**-2
DM 59,–/öS 437,–/sFr 55,–

Die neuesten Infos gibt es rund um die Uhr in:
CompuServe: GO GERMUT
Internet: http://www.mut.com

Markt&Technik-Produkte erhalten Sie im Buchhandel, Fachhandel und Warenhaus.

Markt&Technik
Markt&Technik Buch- und Software-Verlag GmbH, Hans-Pinsel-Str. 9b, 85540 Haar
Telefon (0 89) 4 60 03-222, Fax (0 89) 4 60 03-100

A V I A C O M C O M P A N Y

Die Welt der Netze

NDS Troubleshooting
P. Kuo / J. Henderson

Dieses Buch hilft Ihnen, den wichtigsten und zugleich schwierigsten Bestandteil von Novell NetWare 4.1 beherrschen zu lernen: die NetWare Directory Services, kurz: NDS. Es beschäftigt sich mit den Grundlagen der NDS bis hin zur Fehlersuche und -behebung. Bald können Sie die NDS so einsetzen, daß sie Ihren Anforderungen gerecht wird.
1995, 464 Seiten
ISBN 3-8272-5009-9
DM 59,– / öS 437,– / sFr 55,–

Mit NetWare ins Internet
P. Singh / R. Fairweather / D. Ladermann

Hier finden Sie eine systematische Einführung in die Protokolle unter NetWare und im Internet. Behandelt werden sämtliche Fragestellungen, die im Zusammenhang mit dem Anschluß eines Novell-LANs an das Internet auftauchen können. Viele wichtige Informationen helfen Ihnen in Verhandlungen mit Internet-Anbietern und beim Aufbau von wirkungsvollen Sicherheitseinrichtungen.
1995, 456 Seiten
ISBN 3-8272-5008-0
DM 49,– / öS 363,– / sFr 46,–

NetSync
P. Matthies / M. Edelmann

Wollen Sie einen »sanften« Umstieg auf NetWare 4? Dann sind Sie mit diesem Titel gut beraten. Hier erfahren Sie, wie Sie unter Beibehaltung der bestehenden Installation dennoch die zentrale Administration von NetWare 4 nutzen können.
Auf CD-ROM: eine komplette, multilinguale NetWare-4-Version.
1995, 320 Seiten, 1 CD-ROM
ISBN 3-87791-789-5
DM 69,– / öS 511,– / sFr 64,–

Die neuesten Infos gibt es rund um die Uhr in:
CompuServe: GO GERMUT
Internet: http://www.mut.com
Produkte von Markt&Technik erhalten Sie im Buchhandel, Fachhandel und Warenhaus.

Markt&Technik Buch- und Software-Verlag GmbH, Hans-Pinsel-Str. 9b, 85540 Haar,
Telefon (0 89) 4 60 03-222, Fax (0 89) 4 60 03-100

A VIACOM COMPANY

SAMS – die Quelle für mehr Wissen

Visual C++4 in 21 Tagen
N. Gurewich / O. Gurewich

Nach bewährtem Konzept lernen Sie programmieren mit Visual C++, jetzt auch in der aktuellsten Version 4, von den Grundlagen bis hin zum Erstellen erfolgreicher professioneller Applikationen. Sie erfahren alles Wichtige über die MFC-Bibliothek, App Wizard, OLE, ODBC und vieles andere mehr. Mit eingelegtem Lehrplan und »Spickzettel« zum Herausnehmen.
1996, 928 Seiten, 1 Disk 3,5"
ISBN 3-87791-881-6
DM 89,95 / öS 666,– / sFr 83,–

DIE NEUE DIMENSION DER PROGRAMMIERUNG

MFC – Microsoft Foundation Classes in 21 Tagen
R. Shaw / D. Osier

Ihr Weg zum professionellen C++-Programmierer: Anhand der speziell gekennzeichneten Syntaxerklärungen verstehen Sie die wichtigsten Konzepte im Nu. Hinweise, Tips und Ratschläge, was Sie tun sollten und was nicht, verdeutlichen die einzelnen Themen und zeigen Ihnen, wie Sie häufige Programmierfehler vermeiden können. Darüber hinaus vertiefen die Abschnitte »Wochenrückschau«, »Fragen und Antworten« (F&A) und »Workshop« jeweils die erlernten Konzepte, verbessern Ihre Programmierfähigkeiten und helfen Ihnen, fundierte Kenntnisse über Visual C++ 2 bzw. 4 und die MFC aufzubauen. Auf CD-ROM: Alle im Buch entwickelten Anwendungen und Lösungen (inklusive Quellcode).
1996, 784 Seiten, 1 CD-ROM
ISBN 3-87791-853-0
DM 79,95 / öS 592,– / sFr 74,–

Die neuesten Infos gibt es rund um die Uhr in:
CompuServe: GO GERMUT
Internet: http://www.mut.com
SAMS-Produkte erhalten Sie im Buchhandel, Fachhandel und Warenhaus.

Ist ein Imprint der Markt&Technik Buch- und Software-Verlag GmbH,
Hans-Pinsel-Straße 9b, 85540 Haar, Tel. (0 89) 4 60 03-222, Fax (0 89) 4 60 03-100

MR. MORE,
DER EXPERTE FÜR ALLE FÄLLE!

Erleben Sie mit Mr. More spannende Abenteuer. Das Software-Bonus Pack Mr. More bietet Ihnen vieles für Ihren PC sowie Spiel, Spaß, Spannung und Unterhaltung: Interaktive Comics, fetzige Faxcartoons, Spiele vom Feinsten, nützliche Softwareprogramme, lustige Gags und jede Menge Infotainment.
Mr. More führt Sie persönlich durch eine neue Welt der Multimedia-Animation.

Hallo, ich bin Mr. More! Sie finden mich auf dieser CD. Starten Sie mich in Windows 3.x oder 95, indem Sie im Unterverzeichis /*mrmore* die Datei *install.exe* aufrufen.

Mr. More finden Sie auf dieser sowie auf weiteren guten CD-ROMs führender Hersteller. Achten Sie auf das Mr. More Logo!

1&1 Marketing GmbH, Elgendorfer Straße 55, 56410 Montabaur